AZ | Handbuch für Asbestzementrohre

Von **Kurt Hünerberg**

Mit 116 Abbildungen und 3 Tafeln

Springer-Verlag

Berlin Heidelberg GmbH 1968

Professor Dr.-Ing. KURT HÜNERBERG
Direktor der Berliner Wasserwerke
und der Berliner Entwässerungswerke
Honorarprofessor an der Technischen Universität
Berlin

Additional material to this book can be downloaded from http://extras.springer.com

ISBN 978-3-662-39036-8   ISBN 978-3-662-40010-4 (eBook)
DOI 10.1007/978-3-662-40010-4

Vorwort

Seit dem Erscheinen meines Buches „Das Asbestzement-Druckrohr" im Jahre 1963 hat die Anwendung von Asbestzementrohren für die verschiedensten Zweige des Rohrleitungsbaus weiterhin verstärkte Bedeutung erlangt. Die fortschreitende Entwicklung neuer Bausysteme und die damit verbundenen besonderen technischen Anforderungen haben dazu geführt, daß Asbestzementrohre heute in zunehmendem Maße auch auf Gebieten eingesetzt werden, die bisher anderen Rohrwerkstoffen vorbehalten waren.

Aus dieser Situation ist der Wunsch entstanden, den Stoff meines vorerwähnten Buches auf den neuesten Stand der Technik zu bringen und gleichzeitig zu einem Handbuch geringeren Umfangs zusammenzufassen. Das vorliegende Handbuch enthält alles für den praktisch tätigen Ingenieur und für den Studierenden Wissenswerte über Asbestzementrohre, ohne jedoch ausführlich auf die Einzelheiten der zahlreichen durchgeführten Untersuchungen einzugehen.

Ich bin überzeugt, hiermit der Fachwelt ein Werk zur Verfügung gestellt zu haben, für das ein dringendes Bedürfnis besteht und das der technischen und wirtschaftlichen Bedeutung des Werkstoffs Asbestzement gerecht wird.

An dieser Stelle möchte ich meinen besonderen Dank meinem Mitarbeiter, Herrn Dr.-Ing. H. TESSENDORFF, aussprechen, der mich in ausgezeichneter Weise bei der Durchführung der umfangreichen Arbeiten unterstützt hat.

Berlin, im März 1968   **Kurt Hünerberg**

Inhaltsverzeichnis

In der Tasche:

Tafel I. *Reinwasserleitungen.* Druckabfall nach PRANDTL und COLEBROOK für Asbestzement-Druckrohre mit $k = 0{,}025$ mm und für Wasser von 12 °C.

Tafeln II und III. *Abwasserkanäle, ATV-Ausführungsgruppe II.* Druckabfall nach PRANDTL und COLEBROOK:

II für Asbestzement-Druckrohre mit $k_b = 0{,}25$ mm und für Wasser von 10 °C,

III für Asbestzement-Druckrohre mit $k_b = 0{,}40$ mm und für Wasser von 10 °C

1 Historische Entwicklung

Als vor mehr als 60 Jahren die ersten Platten aus Asbestzement den langen und mühevollen Weg von der Idee bis zur Verwirklichung beendeten, gab ihr Erfinder — LUDWIG HATSCHEK — der Welt damit einen neuen Baustoff in die Hand, dessen vielseitige Verwendungsmöglichkeit und dessen gute Eigenschaften zur Herstellung der verschiedensten Bauteile führte, so daß dieses Material immer mehr Eingang in die Bauwirtschaft fand.

HATSCHEK hat aber den neuen Baustoff „Asbestzement" nicht nur erfunden, sondern dank seiner Tatkraft und seines Unternehmergeistes sofort auch für die Herstellung und Verbreitung gesorgt. Er wurde am 9. Oktober 1856 in Olmütz geboren. Als er 1890 die in einer Zeitungsanzeige angebotenen alten Maschinen einer Asbestspinnerei ankaufte, war der Werkstoff Asbest auf dem Kontinent noch kaum bekannt. 1893 stellte er die Maschinen in einer Papiermühle in Schöndorf bei Vöcklabruck auf und gründete die „Erste Österreichisch-ungarische Asbestwaren-Fabrik Ludwig Hatschek."

Nachdem HATSCHEK zunächst Asbestwaren verschiedener Art hergestellt hatte, konzentrierte er sich bald darauf, die besonderen Eigenschaften der Asbestfaser zur Herstellung einer künstlichen Dachplatte auszunützen. Nach zahlreichen Versuchen mit unterschiedlichen Bindemitteln gelang ihm schließlich unter Verwendung von Portlandzement und einem hohen Wasserüberschuß die Herstellung des neuen Baustoffes Asbestzement. Das erste Patent für das Herstellungsverfahren wurde am 15. 6. 1901 erteilt.

Die bald steil ansteigenden Produktionsziffern veranlaßten HATSCHEK bereits 1906, eine eigene Zementfabrik aufzubauen. Seine kaufmännische Weitsicht und seinen Mut bewies er, als er im Jahre 1910 zur Sicherung seiner Versorgung mit Asbest gleichbleibender Qualität einen langjährigen Vertrag mit russischen Minenbesitzern über die Abnahme der gesamten Asbestproduktion abschloß mit der Auflage, an keinen anderen Kunden den für HATSCHEK geeigneten Asbest abzugeben.

Als LUDWIG HATSCHEK am 15. Juli 1914 starb, hatte seine Erfindung bereits viele Länder erobert. Die Entwicklung einer Asbestzementindustrie stand jedoch noch an ihrem Anfang.

Ursprünglich als Ersatz bzw. als Verbesserung bestehender Baustoffe gedacht, entwickelte sich der Asbestzement bald zu einem eigenen Material mit einer Vielzahl von Anwendungsgebieten und Formen. Bereits 1906 wurden in Casale-Monferrato bei Mailand aus Asbestzementplatten „handgeformte Rohre" mit Längsnaht für Gefälleleitungen, als Lüftungsrohre usw., also für geringe Druckbeanspruchung, hergestellt.

HATSCHEK hatte auch, jedoch erst kurz vor seinem Tode, Versuche zur Herstellung von nahtlosen Rohren auf der Plattenmaschine veranlaßt. Doch erst der Italiener MAZZA lenkte mit seinem Mitarbeiter MATTEI die Entwicklung in die entscheidende Richtung. Der grundlegende Gedanke war der, anstelle der Formatwalze der Plattenmaschine, um die sich der Mantel aus Asbestzement-Masse formt, eine herausnehmbare Kernwalze (Rohrkern) anzuordnen. Dadurch konnten das Abstreifen des Mantels von der Kernwalze und das Bewickeln eines zweiten Rohrkernes in der Maschine parallel durchgeführt werden. Nach Patentierung dieser Rohrmaschine System „MAZZA" durch die Societa Anonima „ETERNIT" Pietra Artificiale begann bereits 1913 die erste serienmäßige Herstellung nahtloser Asbestzementdruckrohre in Casale, wo auch im gleichen Jahr die erste Wasserversorgungsleitung aus diesen Rohren verlegt wurde.

Während im Laufe der Jahre noch viele Verbesserungen an der Rohrmaschine vorgenommen wurden, stieg der Bedarf an Asbestzement-Druckrohren sprunghaft an. 1935 waren in Italien bereits rund 10 000 km Hauptwasserleitungen aus diesen Rohren ausgeführt. In vielen Ländern wurden eigene Rohrfabriken in Lizenz der Societa Anonima „ETERNIT" in Genua gebaut.

In Deutschland begann die damalige Deutsche Asbestzement AG — jetzt ETERNIT AG — in Berlin-Rudow 1930 mit der Herstellung von Druckrohren.

Die erste Wasserversorgungsleitung aus Asbestzement-Druckrohren wurde in der Gemeinde Frauenzimmern (Württemberg) ebenfalls im Jahre 1930 verlegt. Sie hatte eine Länge von 1,8 km. Im nächsten Jahre folgte eine 5,4 km lange Leitung NW 125 mit einem Betriebsdruck von 8 atü für die Gemeinde Haunshein/Bayern. Ferner baute die Stadt Kempten eine 1,3 km lange Leitung NW 300, der Wasserleitungs-Zweckverband Kayna (Kreis Zeitz) verlegte 4,2 km NW 125 und die Bremer Stadtwerke rund 1,1 km NW 100 — um einige Beispiele zu nennen.

Auch in anderen Ländern wurden etwa in der gleichen Zeit erste Versuchsleitungen aus Asbestzement-Druckrohren gebaut. Aus diesen Anfängen entwickelte sich bald eine weite Verbreitung des neuen Rohrmaterials.

Heute sind Asbestzement-Druckrohre aus dem Rohrleitungsbau nicht mehr wegzudenken. Sie werden in den verschiedensten Ländern hergestellt und unter bestimmten Markenbezeichnungen in den Handel gebracht.

Insgesamt befinden sich in der ganzen Welt zur Zeit 173 Rohrwerke mit zusammen 342 Rohrstraßen zur Herstellung von Asbestzement-Druckrohren in Betrieb. Davon liegen 5 Rohrwerke mit zusammen 8 Rohrstraßen in Deutschland.

Von den Markenbezeichnungen ist als meistverbreiteter Name „ETERNIT" bekannt, der eine ganze Reihe verschiedener Hersteller in zahlreichen Ländern verbindet. Als weitere Beispiele seien die Namen „TOSCHI", „HIMANIT" und „WANIT" erwähnt.

2 Die Bestandteile des Asbestzementes

Asbestzement besteht, wie der Name schon besagt, aus Asbest und Zement.

Die Einlagerung der Asbestfasern, die gleichsam als eine über den ganzen Querschnitt verteilte Bewehrung aufgefaßt werden kann, verleiht diesem Zementprodukt eine besondere Eigenschaft, nämlich die Fähigkeit, Zugkräfte aufzunehmen. Dieser Fähigkeit verdankt das Material Asbestzement seine vielfache Verwendungsmöglichkeit als Baustoff. Besonders gut eignet sich dieses in sich zugfeste Material zur Herstellung von Druckrohren. Entsprechende Herstellungsverfahren, wie z. B. das Wickelverfahren nach MAZZA, können dabei diesen Vorzug noch unterstreichen.

Im folgenden soll kurz auf die Eigenschaften der Bestandteile des Asbestzements eingegangen werden.

2.1 Asbest

Asbest wird fast in allen Ländern gefunden. Sein Vorkommen ist jedoch qualitativ und quantitativ sehr verschieden, so daß letzten Endes nur wenige Lagerstätten einen Abbau lohnen. Im allgemeinen rechnet man mit einem Asbestgehalt von etwa 5% als unterste Grenze der Rentabilität eines Abbaus, wenn die einliegende Faser genügende Länge ausweist [27]. Die vier größten Asbesterzeuger sind Kanada, Rußland, Rhodesien und die Südafrikanische Union. Danach folgen die USA, Cypern, Italien und Finnland.

Der Asbest wird in Gesteinsadern oder -nestern gefunden. Seine Faserrichtung verläuft hauptsächlich quer, in einigen Fällen aber auch längs zur Gesteinsader. Man unterscheidet je nach ihrem Muttergestein Serpentin- und Amphibol-Asbeste. Die Serpentinasbeste werden auch Chrysotil oder Weißasbeste genannt [9]. Das Muttergestein selbst, das im Gegensatz zum Asbest nicht kristallisiert ist, hat nicht dieselbe chemische Zusammensetzung wie der anliegende Asbest, sondern ist frei von chemisch gebundenem Wasser, während alle Asbeste mehr oder weniger Kristallwasser und chemisch gebundenes Wasser enthalten (Chrysotile bis etwa 15%). Es handelt sich hierbei um endogene Erstarrungsgesteine ultrabasischer (mafischer) Art, wie hauptsächlich Olivine beim Chrysotil oder neben Olivin Pyroxen- und Augit-Gestein beim Amphibolasbest [70].

Auf die Vorgänge, die zur Auskristallisation von Asbesten führen, kann hier nicht näher eingegangen werden. Es sei nur angedeutet, daß durch den lösenden und infiltrierenden Angriff hydrothermaler Wässer auf ein ultrabasisches Gestein, z. B. Olivin, in Verwerfungsspalten eine Umwandlung des ursprünglichen Magnesiumsilikats durch Hydratisierung eintrat („Serpentinisierung"). Mit sinkender Temperatur der hydrothermalen Lösungen und fallendem Druck begann Asbest auszukristallisieren [37]. Es gibt, insbesondere für die Amphibolasbeste, auch andere Entstehungshypothesen, auf welche hier nicht näher eingegangen werden soll.

Serpentinasbest, auch *Chrysotil* oder Weißasbest genannt, kommt in dem serpentinisierten Olivin, der das Muttergestein darstellt, vor und hat meistens keinen oder nur einen geringen Gehalt an Kalk.

Chemisch ist Asbest ein Magnesiumsilikathydrat, das daneben noch Kalk oder Alkalien oder auch Eisen enthalten kann. Diese Unterschiede ergeben sich aus der Verschiedenheit des Muttergesteins. Die chemische Zusammensetzung ist $Mg_6(OH)_6(Si_4O_{11}) \cdot H_2O$. Ältere Darstellungen der Struktur lauten $H_4Mg_3Si_2O_9$ oder $Mg_3Si_2O_7 \cdot 2H_2O$.

Von dem im Chrysotil enthaltenen Wasser wird etwa ein Viertel beim Glühen bei mittleren Temperaturen bis ca. 500 °C ausgetrieben. Damit ist eine Kristallgitterveränderung im Molekül verbunden.

Das spezifische Gewicht beträgt bei Chrysotil 2,2 bis 2,5 p/cm³, die Härte nach MOHS 3 bis 4, der inkongruente Schmelzpunkt liegt bei 1550 °C. Die Farbe der allgemein weniger als 40 mm langen Faser schwankt je nach Herkunft zwischen Weiß, Hellgrau und Graugrün.

Die seidenartig glänzende Faser ist in der Regel weich und biegsam, weshalb Chrysotil in der Technik am weitesten verbreitet ist, obwohl es gegenüber den spröderen Amphibolasbesten vielfach geringere Zugfestigkeiten hat. Chrysotil kommt von allen Asbestarten auch am häufigsten vor.

Die verschiedenartig zusammengesetzten Amphibol- oder Hornblendeasbeste unterscheiden sich vom Chrysotil vor allem durch den hohen Eisengehalt sowie durch das Fehlen des freien Kristallwassers und einen geringeren Gehalt an Verbindungswasser.

Die technisch wichtigsten Arten der Amphibolasbeste sind *Anthophyllit, Amosit, Tremolit* und *Blauasbest.*

Für die Druckrohrherstellung ist hiervon nur Blauasbest (mineralogisch Krokydolith) von Interesse, der dem Chrysotil aus fabrikatorischen Gründen zugesetzt werden kann. Seine Struktur beschreibt in etwa die Formel $Na_2MgFe_5^{II}(OH)_2(Si_4O_{11})_2$.

Das spezifische Gewicht beträgt 3,4 p/cm³, die Härte 5,5 bis 6,0. Dieser härteste aller Asbeste besitzt auch die größte Zugfestigkeit.

Die Faserkristalle des Minerals Asbest sind viel feiner als alle tierischen, pflanzlichen und synthetischen Fasern. So liegt z. B. die Dicke der röhrenförmigen Chrysotilfaser bei etwa $2 \cdot 10^{-5}$ mm.

Die Zugfestigkeit der Asbestfaser (auch mit Substanzfestigkeit bezeichnet zum Unterschied zur Festigkeit versponnener Garne) ist außerordentlich hoch. Sie beträgt bei Chrysotil 56 bis 75 kp/mm², bei Blauasbest 75 bis 225 kp/mm² [27]. Die Festigkeit nimmt ab mit zunehmender Temperatur.

Tabelle 1. *Zusammenstellung verschiedenster Fasern* [27]

Faserart	Durchmesser (mm)	Zahl der Fasern auf 1 mm	Faseroberfläche (cm²/p)
Nylon	0,0075	132	3 100
Azetatkunstseide	—	—	3 800
Baumwolle	0,01	100	7 200
Seide	—	—	7 600
Wolle	0,02 bis 0,0275	36 bis 50	9 600
Viskosekunstseide	—	—	9 800
Chrysotil	0,000018 bis 0,000029	34 000 bis 56 000	130 000 bis 220 000
Menschl. Haar	0,0395	25	—
Nessel (Ramie)	0,0246	40	—
Glas	0,0065	153	—
Schlackenwolle	0,00355 bis 0,0071	141 bis 282	—

Asbest gilt als ein gegen Chemikalien weitgehend widerstandsfähiges Material. Obwohl diese Aussage nicht als allgemeingültig betrachtet werden darf, kann jedoch in den Grenzen, in denen bei der Wasserversorgung, Abwasserbeseitigung und im Boden selbst Agenzien vorkommen, Asbest als korrosionsfest betrachtet werden. Insbesondere zeigte sich bei umfangreichen Korrosionsversuchen die wichtige Tatsache, daß Chrysotil unter dem Einfluß von Basen zur Bildung von Additionsverbindungen neigt, die ihrerseits gegen einen chemischen Angriff sehr widerstandsfähig sind [27]. Dies ist unter anderem die Ursache dafür, daß Asbestzement im allgemeinen höheren Widerstand gegen chemische Angriffe aufweist als andere Zementprodukte.

2.2 Zement

Als Bindemittel für Asbestzement kommt überwiegend genormter Portlandzement in Frage. In besonderen Fällen wird zur Erzielung bestimmter Materialeigenschaften auch auf andere Zementarten zurückgegriffen, sofern diese Zemente der DIN 1164 „Portlandzement, Eisenportlandzement und Hochofenzement" entsprechen.

Zemente sind hydraulische Bindemittel, die sowohl an der Luft als auch unter Wasser erhärten. Sie werden durch Feinmahlen einer aus Kalk und den sogenannten „Hydraulefaktoren" (Kieselsäure, Tonerde, Eisenoxyd) bestehenden, gesinterten oder geschmolzenen Rohmasse gewonnen, wobei Gips als Abbinderegler addiert wird.

Hinsichtlich der Herstellung und der Eigenschaften der Zemente sei auf die einschlägige Fachliteratur verwiesen [52]. Hier soll nur kurz auf den Erhärtungsvorgang eingegangen werden. Er stellt das Zusammenwirken physikalischer und chemischer Vorgänge dar. Die bei der Hydratation entstehenden Neubildungen sind teils gelförmig (Klinkerkomponenten C_3S, C_2S), teils wohl kristallisiert (Klinkerkomponenten C_3A, C_4AF).

Als Erstarrung (Abbinden) bezeichnet man die erste Phase des Erhärtens, in der der Zementmörtel seine Plastizität verliert. Bei diesem Prozeß wird Wärme frei. Die beschriebenen Erhärtungsvorgänge dauern sehr lange und können sich über Jahre erstrecken. Zum Verzögern oder Beschleunigen der Abbindezeit werden dem Zementmörtel mitunter entsprechende Chemikalien zugesetzt, deren Einfluß auf die Hydratation der Kalziumsilikate aber gering ist [10].

Das spezifische Gewicht des Portlandzementes liegt zwischen 3,0 und 3,2 p/cm³.

Nach ihren Festigkeitseigenschaften werden die Zemente in Güteklassen eingeteilt. Die Güteklasse bezeichnet die Mindestdruckfestigkeit nach 28 Tagen, die an Prüfkörpern nach DIN 1164 bestimmt wird. Die Norm enthält in gleicher Weise Werte für die Mindest-Biegezugfestigkeiten. Die tatsächlichen Druck- und Biegezugfestigkeiten liegen jedoch wesentlich höher. Die Zugfestigkeit ist im allgemeinen kleiner als die Biegezugfestigkeit und beträgt etwa 22 kp/cm².

Für die Herstellung von Asbestzement-Druckrohren werden in der Regel Portlandzement, Hochofenzement und als Spezialzement hochsulfatbeständiger Zement verwendet. Davon nimmt Portlandzement nach DIN 1164 den breitesten Anwendungsbereich ein. Seine Eigenschaften, von denen als Beispiele neben den Festigkeiten nur die Raumbeständigkeit, das Erstarrungsverhalten und die Mahlfeinheit erwähnt seien, sind in der Norm festgelegt.

Hochofenzement gehört zur Gruppe der Hüttenzemente, die ebenfalls in DIN 1164 genormt sind. Sie sind gegenüber dem Portlandzement dadurch gekennzeichnet, daß sie Bindemittel mit latenthydraulischem Erhärtungsvermögen enthalten, die erst durch die Anwesenheit einer weiteren als Erreger dienenden Komponente zum Abbinden und Erhärten veranlaßt werden. Derartige Bindemittel sind schnell gekühlte, glasige Hochofenschlacken, deren Kalk- und Tonerdegehalt von besonderer Bedeutung ist. Bei Hochofenzement wird als Erreger Portlandzementklinker gemeinsam mit der Hochofenschlacke vermahlen. Nach DIN 1164 muß der Gehalt an Portlandzementklinker weniger als 70% betragen.

Ähnlich wie bei der Erzeugung von Portlandzement dient ein geringer Gipszusatz der Steigerung des Abbinde- und Erhärtungsprozesses.

Hochsulfatbeständiger Zement ist völlig frei von Trikalziumaluminat und ist damit beständig gegen neutrale Sulfatwasserangriffe. Er ist im Handel unter der Bezeichnung SULFADUR (Dyckerhoff Zementwerk AG), DUR-ATHERM (Normen-Hochofenzement der Heidelberger Portlandzement AG), SULFIRM (Alsen PZ).

2.3 Anmachwasser

Schließlich ist zur Herstellung des Baustoffes Asbestzement außer Asbest und Zement auch Wasser erforderlich zur Hydratation der Verbindungen des Zementes. Für die vollständige Hydratation rechnet man bei Beton praktisch mit dem Verhältnis Anmachwassermenge zur Zementmenge, dem Wasserzementfaktor, von etwa 0,4. Mit zunehmendem W/Z-Faktor werden die Festigkeitseigenschaften eines Betons schlechter.

Setzt man die Druckfestigkeit bei einem W/Z-Faktor von 0,4 gleich 100%, so sinkt sie bei einem W/Z-Faktor von 1,0 auf etwa 25 bis 30% ab [35]. Der Wasserzementfaktor soll daher so niedrig gehalten werden, wie es die Verarbeitbarkeit und Verdichtung des Betons erlaubt. Es ist jedoch zu bemerken, daß der W/Z-Faktor im Augenblick des Abbindens maßgebend ist. Der große Wasserüberschuß, mit dem die Asbestzementmischung angesetzt wird, bedeutet also keine Festigkeitsverminderung, da das überschüssige Wasser bereits beim Wickelprozeß wieder entzogen wird. Beim Abbinden besitzt das Asbestzement-Druckrohr einen W/Z-Faktor von $\leq$ 0,3.

3 Die Herstellungsverfahren für Asbestzement-Druckrohre

Die Herstellung von Druckrohren aus Asbestzement ist mit der Entwicklung geeigneter Spezialmaschinen unlösbar verkettet. Erst mit der

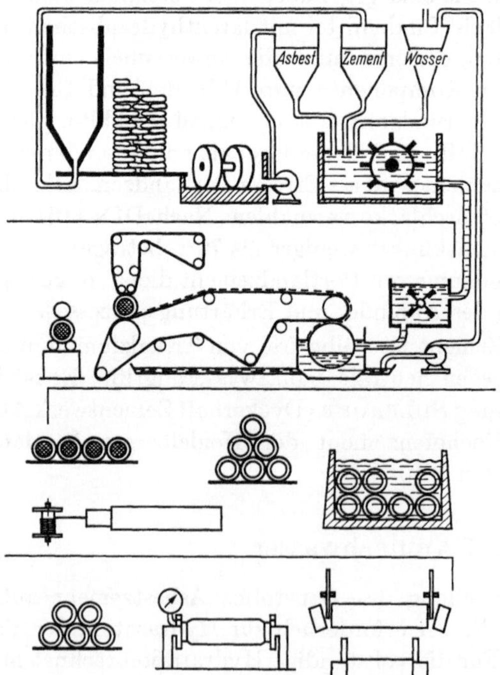

Abb. 1.
Schematische Darstellung der vier Herstellungsstufen für Asbestzement-Druckrohre

Konstruktion der entsprechenden Rohrmaschine gelang der Übergang vom handgeformten, mit einer Nahtstelle versehenen Rohr zum maschinell erzeugten nahtlosen und druckfesten Rohr. Grundsätzlich läßt sich der Herstellungsgang in vier Abschnitte unterteilen:

1. Aufbereiten des Asbestes und Herstellen der Asbestzement-Mischung,
2. Wickeln der Rohre auf einer Rohrmaschine,
3. Abbinden und Erhärten der Rohre,
4. Nachbearbeiten der Rohre.

3.1 Aufbereiten des Asbestes und Herstellen der Asbestzement-Mischung

Asbestzement besteht, wie der Name schon besagt, aus Asbest und Zement. Praktisch können alle vorkommenden Asbeste für die Herstellung von Asbestzement Verwendung finden, sofern die Fasern nicht zu klein sind. Man gibt jedoch dem Chrysotil wegen seiner günstigen Materialeigenschaften den Vorzug und setzt diesem lediglich zur Regulierung der Standfestigkeit der Rohre während ihrer Herstellung etwas Blauasbest zu.

Als Bindemittel benutzt man im allgemeinen normalen Portlandzement PZ 275 entsprechend DIN 1164. Zur Erzielung besonderer Eigenschaften des Asbestzementes, wie z. B. Erhöhung der Korrosionsbeständigkeit, können u. U. Spezialzemente herangezogen werden. Hierbei kommen besonders die hochsulfatbeständigen Zemente in Betracht. Zuschlag- oder Füllstoffe sind nach DIN 19800, Blatt 2, nicht erlaubt. Beim Dampfhärtungsverfahren nach MORBELLI wird jedoch ein Teil des Bindemittels durch Quarzmehl ersetzt, das aber kein Zuschlag- oder Füllstoff im Sinne der DIN 19800 ist, sondern lediglich einen Teil des Bindemittels darstellt.

Die Asbestfasern haben die Aufgabe, dem Asbestzement eine hohe Zugfestigkeit zu verleihen, daher beeinflussen Asbestqualität, Zusammensetzung des Asbestes (bei gleichzeitiger Verwendung mehrerer Asbestarten), die vorhandenen Faser-Sieb-Kurven und schließlich die Größe des Asbestanteils an der Mischung in viel stärkerem Maße die Güte des Asbestzementes als es die Beschaffenheit des Bindemittels, also des Portlandzementes, vermag.

Von der Konsistenz der Asbestzementmischung ausgehend, unterscheidet man

das *Naßverfahren*,
das *Halbtrockenverfahren* und
das *Trockenverfahren*.

Die Herstellung der Mischung erfolgt beim Naß- und beim Halbtrockenverfahren in der gleichen Weise, wobei lediglich der Wassergehalt verschieden ist. Beim Trockenverfahren wird Asbest und Zement ohne Wasserzusatz, also trocken, gemischt und erst unmittelbar vor der Verarbeitung oder auch erst nach Einbringen in eine Form mit Wasser zusammengebracht, z. B. durch Besprengen oder Tauchen. Für die Herstellung von Druckrohren kommt hauptsächlich das Naßverfahren zur Anwendung.

Es wurde von HATSCHEK entwickelt und beruht auf dem Grundgedanken, Asbest und Zement mit sehr großem Wasserüberschuß zu mischen, den so erzeugten wäßrigen Brei zu verarbeiten und das Überschußwasser während der Verarbeitung und vor dem Erstarrungsbeginn wieder abzuziehen. Die Zementpartikelchen werden an der Oberfläche der Asbestfaser adsorptiv gebunden, so daß die Zementaufnahme entsprechend der Gesamtoberfläche des Asbestes nach oben begrenzt ist. Für Asbestzement-Druckrohre ist das übliche Mischungsverhältnis Asbest zu Zement 1 : 6 (Gewichtsteile).

Der im Anlieferungszustand aus Faserbündeln bestehende Rohasbest muß vor der Mischung mit Zement möglichst weitgehend in einzelne Fasern zerlegt oder aufgeschlossen werden, da mit zunehmender Feinheit der Asbestfasern auch ihre festigkeitserhöhende Wirkung und ihre zementbindende Oberfläche wächst. Dies geschieht meist in einem Kollergang, dessen Wirkungsweise die Faserlänge weitgehend erhält, aber auch in Kugel- und Hammermühlen. Anschließend erfolgt eine gute und gleichmäßige Mischung von aufgeschlossenem Asbest, Zement und Wasser in dem mit einer Messerwalze ausgerüsteten sogenannten Holländer.

Betrachtet man den im Holländer entstehenden wäßrigen Brei genauer, so findet man im Wasser schwimmende Asbestfasern, an denen die Zementpartikel hängen. Das Wasser selbst ist klar. Ein sichtbarer Beweis für die Richtigkeit der diesem Verfahren zugrunde liegenden Idee.

Für den dünnflüssigen Asbestzementbrei, auch „Stoff“ genannt, dient eine Rührbütte mit Rührhaspel als Puffersilo zwischen dem chargenweise arbeitenden Holländer und der kontinuierlich arbeitenden Rohrwickelmaschine.

Das bei der Verarbeitung zurückgewonnene Überschußwasser wird wieder zur „Stoff“herstellung benutzt, so daß bis auf die Deckung der Verluste ein Wasserkreislauf vorhanden ist. Dadurch wird der Zementverlust beschränkt und die Herauslösung der für den Abbindeverlauf wichtigen Gipsbestandteile des Portlandzementes verhindert.

3.2 Wickeln der Druckrohre auf einer Rohrmaschine

Von allen Entwicklungen zur Lösung des maschinellen Problems der Asbestzement-Druckrohrherstellung hat sich das nach seinem Erfinder, dem Italiener ADOLFO MAZZA, benannte MAZZA-Verfahren auf Grund seiner technischen und wirtschaftlichen Vorzüge am meisten durchgesetzt und die größte Verbreitung gefunden. Heute werden nach diesem Verfahren Asbestzement-Druckrohre in über 30 Staaten hergestellt.

Den Ausgangspunkt für die Entwicklung des Verfahrens bildete die von HATSCHEK verwendete Plattenmaschine, auf deren Formatwalze bereits ein nahtloses Rohr hergestellt wird, das zur Plattenherstellung in Längsrichtung aufgeschlitzt werden muß. Es tauchte daher schon bald der Gedanke auf, die Formatwalze auswechselbar zu machen und als Rohrkern zu benutzen. Aus diesem Gedanken wurde nach ersten Patenten von BERMIG (1912) und HATSCHEK (1913) von dem Italiener MAZZA und seinem Mitarbeiter MATTEI im Werk Casale der S.A. ETERNIT Genua die Rohrmaschine System MAZZA entwickelt. Ihre Grundlagen bilden die drei im folgenden kurz beschriebenen Patente. Das erste Patent beinhaltete die Anordnung von zwei Rohrkernen, die links und rechts der Maschine in Scharnieren einseitig eingehängt sind. Während der eingeschwenkte Rohrkern zum Wickeln am Transportfilz anliegt, kann gleichzeitig vom ausgeschwenkten Kern das vorher gewickelte Rohr abgezogen werden. Nach einem zweiten Patent aus dem Jahre 1920 wurde die Druckpartie mit dem Oberfilz eingeführt. Preßrollen sorgen für ausreichende Verdichtung des Asbestzementmantels, während das ausgepreßte Wasser vom Oberfilz aufgenommen und abgeführt wird. Ein drittes Patent (1923) sah vor, den Anpreßdruck für die Preßwalze im Laufe des Wickelvorganges mit zunehmender Rohrwanddicke automatisch zu verringern, um so das nach längerer Druckwirkung auftretende Lösen vom Kern bei Rohren mit größeren Wanddicken zu verhindern.

Nach diesen Patenten war auch die Herstellung von wasserdichten und druckfesten Rohren mit größerer Wanddicke möglich.

Die Arbeitsweise der 4,0, 5,0 oder 6,0 m breiten Rohrmaschine geht im Prinzip aus Abb. 2 hervor. Von dem Siebzylinder im Stoffkasten werden die Asbestfasern mit den daran haftenden Zementpartikeln aufgenommen und an den Transportfilz als 0,1 bis 0,2 mm dickes Vlies abgegeben. Dieses Vlies wird an der Brustwalze auf den rotierenden, glatten Stahlkern gewickelt. Durch die Druckrolle werden die einzelnen Wickellagen aufeinandergepreßt, entwässert und verdichtet. Der Anpreßdruck der Druckrolle in der Druckpartie beträgt je nach Durchmesser und Wanddicke des Rohres 10 bis 30 kp/cm² und wird im Laufe des Wickelprozesses verringert. Die Laufgeschwindigkeit des Transportfilzes beträgt 30—40 m/min. Nach Beendigung des Wickelvorganges wird bei der

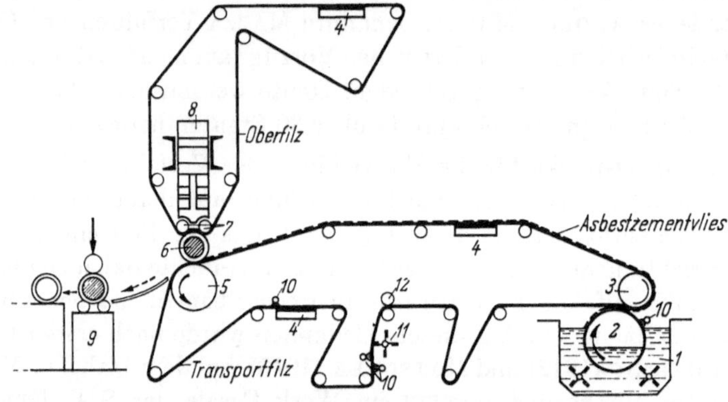

Abb. 2. Schema der MAZZA-Rohrmaschine.
1 Stoffkasten; *2* Siebzylinder; *3* Gautschwalze; *4* Saugkasten; *5* Brustwalze; *6* Rohrwalze; *7* Druckrollen; *8* Druckpartie; *9* Kalander; *10* Spritzrohr; *11* Filzschläger; *12* Filzpreßwalze.

heute gebräuchlichen Bauart der Maschine der lose gelagerte Kern nach vorn herausgerollt und ein neuer Kern eingeschoben. Im anschließend angeordneten Kalander wird die äußere Oberfläche geglättet, die Rohr-

Abb. 3. Wickeln eines Großrohres auf der Rohrmaschine System MAZZA.

wand nachverdichtet und das rotierende Rohr aufgeweitet, so daß der Kern herausgezogen werden kann.

Wenn die an der Luft gelagerten Rohre eine ausreichende Anfangsfestigkeit erreicht haben, werden sie zum Wasserbecken transportiert und dort zur Erhärtung eingelagert. Zur Verkürzung der Wickelzeit kann die Zahl der Siebzylinder im Stoffkasten vergrößert werden.

Nach dem MAZZA-Verfahren hergestellte Druckrohre weisen auf Grund der Herstellungsmethode bestimmte kennzeichnende Eigenschaften auf:

Ausrichtung der Asbestfasern: Durch die von Siebzylinder und Rührhaspel im Stoffkasten erzeugte Walzenströmung und wegen der geringen Dicke des aufgenommenen Vlieses ordnen sich die mit Zementpartikeln beladenen Asbestfasern nur in der Ebene des Vlieses an und zwar größtenteils in Transportrichtung. Daher liegen im fertig gewickelten Rohr die Asbestfasern nie in Radialrichtung. Die parallel zur Rohrachse orientierten Fasern bestimmen die Längsbiegefestigkeit, die senkrecht dazu orientierten Fasern bestimmen die Ringzugfestigkeit. Durch Änderung der Stoffbewegung im Stoffkasten kann man das Festigkeitsverhältnis beeinflussen.

Rohroberfläche: Durch die Oberflächenbeschaffenheit des Rohrkerns wird ein Rohr mit sehr glatter Innenfläche und dementsprechend sehr gutem hydraulischen Verhalten erzeugt.

Materialgefüge: Durch die starke Komprimierung der Wickelschichten erzielt man ein weitgehend homogenes und dichtes Materialgefüge [72].

Neben dem MAZZA-Verfahren ist hinsichtlich der praktischen Anwendbarkeit nur noch das MAGNANI-Verfahren zu erwähnen [37].

3.3 Abbinden und Erhärten der Rohre

Der im fertigen Rohr verbleibende Wassergehalt beträgt etwa 15 bis 20%. Bis eine ausreichende Anfangsfestigkeit erreicht ist, wird das Rohr bei normaler Luftfeuchtigkeit gelagert. Danach kommt es für die Dauer von 2 bis 3 Wochen in ein Wasserbad, wo sich der Erhärtungsvorgang vollzieht. Hierbei werden Schwindspannungen (Eigenspannungen) vermieden und die Abbindewärme wird gleichmäßig abgeführt. Durch die Wasserlagerung und infolge der gleichmäßigen Verteilung der Asbestfasern über den Querschnitt treten bei Asbestzement-Druckrohren keine Schwindrisse auf.

Nach der Wasserlagerung erfolgt noch eine viele Jahre dauernde Nachhärtung des Asbestzementes durch weitere Hydratation noch unabgebundener Klinkerkörner und Gelverfestigung im Zusammenwirken mit der Karbonatisierung freien Kalkhydrats.

Anstelle der Wasserlagerung wird vor allem in den USA vielfach auch eine Dampfhärtung vorgenommen (MORBELLI-Verfahren). Hierbei werden die mit reaktionsfähiger Kieselsäure angereicherten Rohre für die

Dauer von 8 bis 24 h einem Dampfdruck von 7 bis 12 atü bei 170 bis
200 °C ausgesetzt.

3.4 Nachbearbeiten der Rohre

Nach Herausnahme aus dem Wasserbad werden die Rohre einer ab-
schließenden Bearbeitung zugeführt.

Auf der Schneidebank wird das Rohr auf genaue Länge geschnitten.
Die Normallänge beträgt je nach Breite der Rohrmaschine 4,0, 5,0 oder
6,0 m.

Um einen einwandfreien Paßsitz der Rohrverbindungen zu gewährleisten, werden die Rohre innerhalb der nach DIN 19800, Blatt 2, zugelassenen Toleranzen auf der Rohrmaschine etwas stärker gewickelt und
die Rohrenden auf die nach DIN 19800, Blatt 1, geforderte Wanddicke
unter allmählichem Übergang abgedreht. Beide Arbeitsgänge können
auf modernen Großmaschinen gleichzeitig durchgeführt werden.

Bei der anschließenden Prüfung auf Wasserdichtheit dürfen sich nach
DIN 19800 bei Belastung mit dem doppelten Nenndruck während 30 s
keinerlei Schäden am Rohr zeigen.

Abschließend gelangt das Rohr zur Maß- und Oberflächenkontrolle und
wird dann auf Lager gestapelt.

4 Asbestzement-Druckrohre

4.1 Allgemeine Beschreibung

Asbestzement-Druckrohre der Nennweiten NW 65 bis NW 400 sind in
DIN 19800, Blatt 1 und 2, Ausgabe Januar 1956, genormt. Eine Erweiterung auf Rohre größerer Nennweiten ist in Vorbereitung. Blatt 1 enthält Angaben der Maße für Rohre der Nenndrücke ND 2,5 bis ND 12,5,
Blatt 2 enthält die Technischen Lieferbedingungen. Die DIN 19800 ist
im Anhang abgedruckt.

Auf internationaler Ebene wurde die Normung der Rohre auf die
Nennweiten bis NW 1000 ausgedehnt (ISO Recommendation 160: Asbestos Cement Pressure Pipe — June 1960).

Zur Zeit werden Asbestzement-Druckrohre bis zur Nennweite NW 1600
und für Prüfdrücke bis 50 atü hergestellt.

4.2 Hydraulische Eigenschaften

4.2.1 Reibungsverluste

Asbestzement-Druckrohre zeichnen sich auf Grund ihrer Herstellungs-
weise durch eine sehr glatte Innenfläche aus. Diese Eigenschaft weist

ihnen im Hinblick auf die Fließvorgänge eine Sonderstellung zu, die nur von wenigen anderen Rohmaterialien in gleicher Weise erreicht wird. Die absolute Wandrauhigkeit von Asbestzement-Druckrohren ist sehr gering. Aus dieser Tatsache ergibt sich der inzwischen hinlänglich bekannte geringe Reibungswiderstand, den diese Rohre einer Strömung entgegenstellen.

Die ersten umfangreicheren Durchflußversuche an fabrikneuen Asbestzement-Druckrohren wurden 1925 von SCIMEMI durchgeführt. Ihnen folgten zahlreiche weitere Untersuchungen, von denen vor allem die systematischen Versuche von LUDIN [55] von Bedeutung waren. Die auf Grund der LUDINschen Untersuchungen entwickelte Durchflußgleichung kann jedoch heute als überholt angesehen werden, nachdem auf dem 2. Internationalen Wasserkongreß 1952 in Paris beschlossen worden war, die hydraulische Berechnung von Rohrleitungen in Zukunft an Hand der theoretisch besser begründeten Formel nach PRANDTL-COLEBROOK durchzuführen und im Bericht B, Technischer Ausschuß des Internationalen Wasserkongresses in London 1955, für unisolierte Asbestzementrohre die absolute Wandrauhigkeit von $k = 0{,}025$ mm bzw. für isolierte Asbestzementrohre glattes Verhalten, also $k = 0$, vorgeschlagen wurde.

Die auf den Rohrdurchmesser bezogene relative Wandrauhigkeit k/d ist der Maßstab für die Wandverhältnisse eines Rohres im Hinblick auf sein hydraulisches Verhalten.

Löst man die PRANDTL-COLEBROOKsche Gleichung

$$\frac{1}{\sqrt{\lambda}} = -2\lg\left[\frac{2{,}51}{\mathrm{Re}\cdot\sqrt{\lambda}} + \frac{k}{3{,}71\cdot d}\right] \text{ nach } k \text{ auf, so erhält man:}$$

$$k = \left[\frac{1}{10^{\frac{1}{2\cdot\sqrt{\lambda}}}} - \frac{2{,}51}{\mathrm{Re}\cdot\sqrt{\lambda}}\right]\cdot 3{,}71\cdot d\,. \tag{4/1}$$

Setzt man nun die in den LUDINschen Versuchen gemessenen Verlusthöhen h_v in die obige Gleichung ein mit Hilfe der nach λ aufgelösten Widerstandsgleichung $\lambda = h_v\cdot d\cdot 2\,g\,/\,L\cdot v^2$, so erhält man den Meßwerten zugeordnete absolute Wandrauhigkeiten. Die Durchführung dieser Rechnung ergab für neue Rohre NW 50 bis NW 250 k-Werte zwischen 0,0133 und 0,0262 mm, für alte Rohre NW 125 $k = 0$. Dabei dürften allerdings die größten Werte mit Versuchsfehlern behaftet sein.

Zur Überprüfung der k-Werte können die von PRESS [V47] erhaltenen Ergebnisse von Fließversuchen an einer rund 105 m langen Versuchsleitung aus unisolierten Rohren NW 200 herangezogen werden. Bei Auftragung der aus diesen Versuchen ermittelten λ-Werte über der Fließgeschwindigkeit v zeigte sich folgendes: Bis zu Geschwindigkeiten von etwa $v = 1,0$ m/s lagen die λ-Werte oberhalb der Kurve für $k = 0,02$ mm. Bei Geschwindigkeiten zwischen 1,0 und 5,0 m/s lagen die λ-Werte zwischen den Kurven für $k = 0,01$ mm und $k = 0,02$ mm. Für Geschwindigkeiten über 5,0 m/s schmiegten sich die λ-Werte der Kurve für $k = 0,02$ mm an. Die λ-Werte nähern sich infolge der Einzelverluste an den Rohrstößen für kleine v-Werte nicht der Glattkurve ($k/d = 0$).

Nach den Ergebnissen sowohl der LUDINschen als insbesondere auch der PRESSschen Versuche erscheint somit der auf dem Internationalen Wasserkongreß 1955 angenommene k-Wert für unisolierte Rohre gerechtfertigt.

Für unisolierte Asbestzement-Druckrohre ist daher die absolute Wandrauhigkeit mit $k = 0,025$ mm anzusetzen.

Im Bereich der üblichen Fließgeschwindigkeiten $v = 1,0$ m/s bis $v = 3,0$ m/s liegt diese Annahme darüber hinaus auf der sicheren Seite.

4.2.2 Verhalten bei Druckstoß

4.2.2.1 Hydraulisch-elastisches Verhalten

Hydraulische Druckstöße können verschiedene Ursachen haben, wie zum Beispiel die Betätigung von Reglerarmaturen, das Auftreten von Rohrbrüchen, den Ausfall von Pumpen usw. Das Verhalten der Rohrleitungen wird bestimmt durch ihre elastischen Eigenschaften sowie durch die Elastizität des geförderten Mediums. Die Größe der Druckstöße ist vor allem abhängig von der Fließgeschwindigkeit v_0, der Druckwellengeschwindigkeit a und von der Art der Erzeugung von Druckstößen. In einem verzweigten Rohrnetz können Druckstöße infolge Aufspaltung der Reflexionswellen relativ schnell abgebaut werden. Bei Fernversorgungsleitungen dagegen können sie zu hohen Innendruckbelastungen und nachfolgenden Rohrschäden führen. Hier muß für einen Abbau der Druckstoßhöhe gesorgt werden, z. B. durch zeitliche Steuerung der Regelarmaturen, die Anordnung von Windkesseln u. dgl.

Die Druckwellengeschwindigkeit a ist unter anderem abhängig von dem elastischen Verhalten der Rohrleitung, das sowohl bedingt ist durch die Elastizität des Rohrmaterials als auch gegebenenfalls durch eine zusätzliche Elastizität der Rohrverbindung. Je elastischer die Rohrleitung ist, um so geringer ist die Größe der Druckstöße.

Beim vollkommenen Druckstoß beträgt die maximale Drucksteigerung

$$\frac{\Delta p}{\gamma_w} = \frac{v_0}{g} \cdot a. \tag{4/2}$$

Die Wellengeschwindigkeit ist

$$a = \sqrt{\dfrac{\dfrac{g}{\gamma_w}}{\dfrac{1}{E_w} + \dfrac{d}{s \cdot E_r}}} \quad (\text{m/s}) \qquad (4/3)$$

mit

E_w = Elastizitätsmodul des Wassers,
E_r = Elastizitätsmodul der Rohrleitung.

Um das Verhalten der Asbestzement-Druckrohre bei Druckstößen näher zu untersuchen und insbesondere auch den Einfluß der REKA-Kupplungen zu erfassen, wurden spezielle Druckstoßversuche von PRESS im Institut für Wasserbau und Wasserwirtschaft an der Technischen Universität Berlin unternommen [V 48].

Als Beispiel zeigt Abb. 4 den charakteristischen Verlauf der Druckstoßschwingungen, wie er bei diesen Versuchen vom Oszillographen aufgezeichnet wurde. Der Druckstoßverlauf wurde durch drei Druckmeßdosen gemessen, von denen Dose 1 unmittelbar vor dem den Druckstoß erzeugenden Schnellschlußschieber, Dose 3 in rund 95 m Abstand vor dem Schnellschlußschieber und Dose 2 etwa in der Mitte zwischen 1 und 3 eingebaut war.

Aus den so gewonnenen Druckbildern wird die Druckwellenfortpflanzungsgeschwindigkeit a zweckmäßig über die Laufzeit der Druckwelle bestimmt. Die Wellenlänge (das ist der Abstand von Wellenberg zu Wellenberg) im Druckstoßbild ergibt die Zeit T, die die Druckwelle braucht, um viermal die Entfernung L zwischen Schieber und Reflexionspunkt zu durchlaufen. Man erhält daher die Geschwindigkeit a einfach aus

$$a = \frac{4 \cdot L}{T} . \qquad (4/4)$$

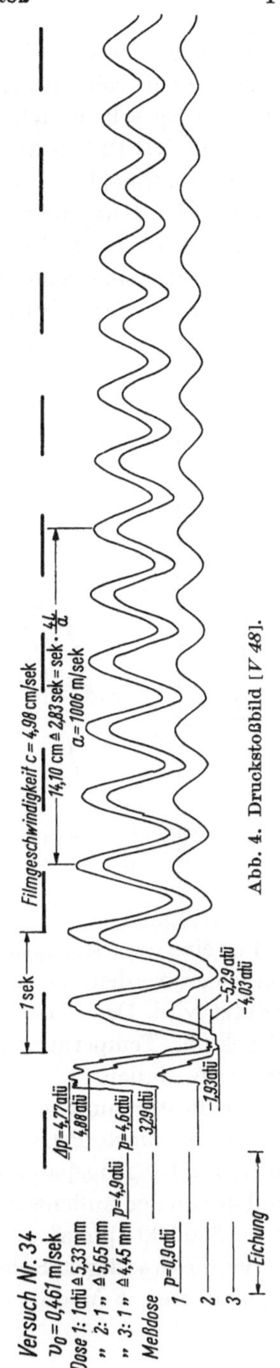

Abb. 4. Druckstoßbild [V 48].

Als Ergebnis der Untersuchungen über das Verhalten der Asbestzement-Druckrohrleitung kann festgestellt werden, daß die mittlere Fortpflanzungsgeschwindigkeit der Druckwelle für die Versuchsleitung
NW 200, ND 12,5 beim Einbau von REKA-Kupplungen $a = 1007$ m/s
$\pm$ 0,6% betrug [*V 48*]. Es ist nun von Interesse, wie groß der tatsächliche
Einfluß der Kupplungen auf die Laufzeit a ist. Zu dieser Überlegung
braucht man den a-Wert, der sich bei einer theoretisch angenommenen
fugenlosen Asbestzement-Druckrohrleitung mit den Abmessungen der
vorliegenden Versuchsleitung einstellen würde.

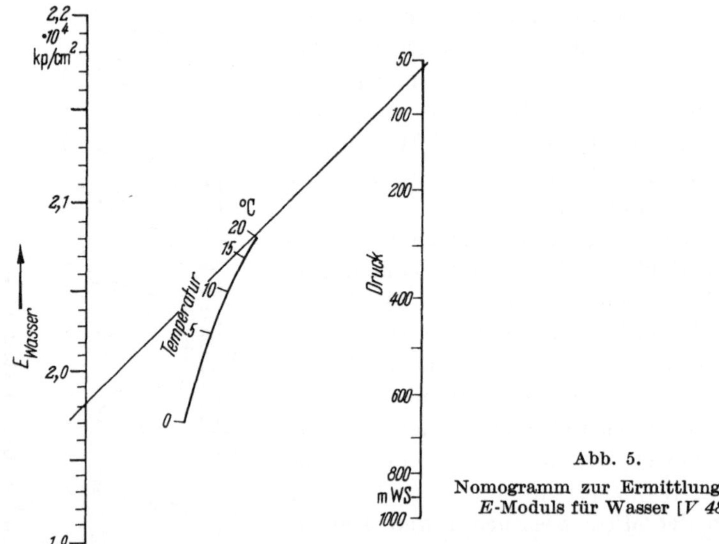

Abb. 5.

Nomogramm zur Ermittlung des
E-Moduls für Wasser [*V 48*].

Für eine derartige gedachte Rohrleitung kann der a-Wert aus Gl. (4/3)
berechnet werden, wenn für E_r der E-Modul des Rohrmaterials allein eingesetzt wird. Der Elastizitätsmodul E_w für das Wasser ist abhängig vom
Druck und Temperatur und kann aus dem Nomogramm der Abb. 5 entnommen werden.

Zur Bestimmung des Elastizitätsmoduls E_r für das Asbestzement-
Druckrohr führte PILNY entsprechende Messungen durch [*V 41*]. Aus der
mittleren Ringzugspannung an durch Innendruck belasteten Rohrstücken
und der an der Außenwand gemessenen Ringdehnung ergab sich ein Wert
$E_r = 330\ 000$ kp/cm².

Bei dickwandigen Rohren ist jedoch in Gl. (4/3) an Stelle von E_r ein
äquivalenter E-Modul E_r'' einzuführen, der berücksichtigt, daß die

Außenrandspannung von der mittleren Ringzugspannung abweicht und für die Aufweitung des Rohres die Maximalspannung am Innenrand der Rohrwandung maßgebend ist. Es ist

$$E_r{}'' = E_r \frac{d^2}{(d + s)^2 + s^2} \, . \tag{4/5}$$

Der E-Modul für das Wasser ist bei einem Druck von 6 atü und einer Temperatur von $+ 20\ °C\ E_w = 19\,800\ \text{kp/cm}^2$. Mit Hilfe dieser Werte kann nach Gl. (4/3) die Geschwindigkeit a für die fugenlose Rohrleitung berechnet werden, wenn man vorher entsprechende Korrekturen vornimmt zur Berücksichtigung der Randspannungen und -dehnungen.

Der hier nur angedeutete Rechnungsgang zeigt, daß bei Anwendung von REKA-Kupplungen die Druckwellengeschwindigkeit nur 95% des Wertes a für die Rohrleitung ohne Kupplungen beträgt. Es zeigt sich ferner, daß die Anteile der Wasserelastizität, der Rohrelastizität und der Kupplungselastizität beim Abbau des Druckstoßes sich wie $5{,}31 : 3{,}74 : 1$ verhalten [37]. Die angegebenen Zahlenwerte stellen nur eine Abschätzung für die untersuchte Rohrleitung dar. Mit steigendem $\delta = d/s$ wird der Kupplungseinfluß kleiner.

Während Druckstoßuntersuchungen an besonderen Versuchsleitungen zu einwandfreien und exakten Ergebnissen führen, können entsprechende Untersuchungen an bestehenden Betriebsleitungen erheblich davon abweichende Ergebnisse haben, weil im allgemeinen eindeutige Versuchsbedingungen hier nur schwer zu erreichen sind. Es sollen deshalb hier auch kurz einige der an den verschiedensten Orten durchgeführten Versuche an Betriebsleitungen erwähnt werden. Die Ergebnisse sind in Tab. 2 zusammengestellt.

1939 unternahm die Druckstoß-Kommission des S.I.A. in der Schweiz eine Reihe von Versuchen an einer ETERNIT-Rohrleitung NW 150/125 mit GIBAULT-Kupplung [V 23].

Die Ergebnisse der Druckstoßversuche faßte die Druckstoß-Kommission dahingehend zusammen, daß bei der untersuchten ETERNIT-Druckrohrleitung auf Grund der etwas geringeren Laufgeschwindigkeit a die maximalen Druckstöße etwa um 10% niedriger liegen als bei Stahlrohrleitungen.

GANDENBERGER hat ebenfalls mehrere Betriebsleitungen aus Asbestzement hinsichtlich des Verhaltens bei Druckstößen untersucht. 1959 führte er Druckstoßversuche an zwei verschiedenen Versorgungsleitungen aus, so einmal an einer Asbestzement-Druckrohrleitung NW 200 der Schozach-Gruppenwasserversorgung, zum anderen an einer Leitung NW 150 der Strohgäu-Gruppenwasserversorgung.

Die mit REKA-Kupplungen versehene Druckrohrleitung der Schozach-Gruppe hatte eine Länge von 4755 m und umfaßte Rohre der Nenndrücke ND 12,5, ND 10 und ND 6. Abb. 6 zeigt den Verlauf der Druckwelle, die durch Abschalten der Pumpe erzeugt wurde. Das Druckstoßdiagramm ergab $a = 984$ m/s. Der daraus errechnete E_r-Modul der Rohrleitung einschließlich Kupplungen lag im Mittel bei $2{,}06 \cdot 10^5$ kp/cm² und damit

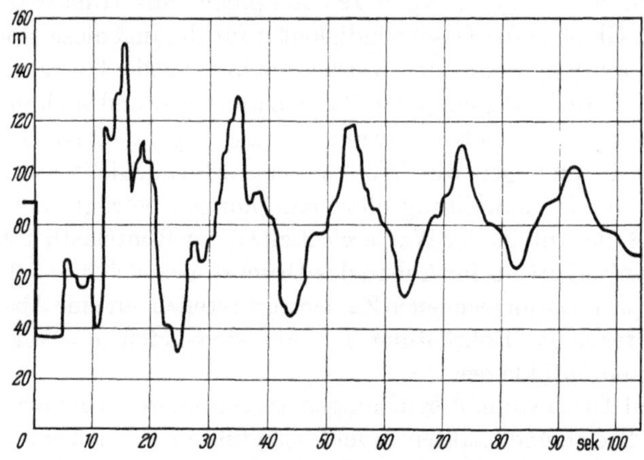

Abb. 6. Druckstoßdiagramm einer Leitung NW 200 von 4755 m Länge, $s = 22{,}18{,}13$ mm; $H_0 = 85{,}5$ (mWS); $H = 90$ (mWS); $Q = 16{,}6$ (l/s) [V 26].

um etwa 30% unter dem Wert der Asbestzementrohre, so daß GANDENBERGER eine Verbesserung der elastischen Eigenschaften der Rohrleitung infolge des Einflusses der REKA-Kupplungen vermutet.

Die ebenfalls mit REKA-Kupplungen verbundene Druckrohrleitung NW 150, ND 12,5 ($s = 17$ mm) der Strohgäu-Gruppe hatte eine Länge von 2706 m. Die Versuche ergaben hier im Mittel $a = 1040$ m/s, woraus sich ein E_r-Modul von $2{,}09 \cdot 10^5$ kp/cm² errechnete.

1961 führte GANDENBERGER Druckstoßversuche an einer mit REKA-Kupplungen versehenen Asbestzement-Druckrohrleitung NW 600 in Trier durch [V 26]. Die Versuchsstrecke hatte eine Länge von 4318 m ($s = 30$ bis 38 mm). Bei diesen Versuchen fand GANDENBERGER im Mittel $a = 908$ m/s und errechnete daraus den mittleren Elastizitätsmodul $E_r = 250\,900$ kp/cm². Daß der E_r-Modul hier etwas höher liegt, ist darauf zurückzuführen, daß der druckstoßmindernde Einfluß der REKA-Kupplungen bei größeren Nennweiten kleiner wird.

GANDENBERGER ermittelte bei seinen Versuchen den E_r-Modul nach Gl. (4/3) für dünnwandige Rohre.

KESSLER [*44*] fand 1937 bei Druckstoßversuchen an einer 10,435 km langen Leitung mit SIMPLEX-Kupplungen, Durchmesser 355 mm, Wellengeschwindigkeiten zwischen 1018 und 1051 m/s, aus denen er einen mittleren E_r (bzw. E_r'')-Modul von 237 263 kp/cm² errechnete.

Stellt man abschließend die oben beschriebenen Ergebnisse zusammen (Tab. 2), so ergeben sich als Mittelwerte:

$$\text{für } a \ = \ \quad 999 \ (\text{m/s}),$$
$$\text{für } E_r'' = 228\,000 \ (\text{kp/cm}^2).$$

Für die überschlägliche Berechnung des zu erwartenden Druckstoßes kann daher ohne Rücksicht auf die Abmessung des Rohres selbst mit einer Druckwellenfortpflanzungsgeschwindigkeit von $a = 1000$ m/s gerechnet werden.

Der Wert E_r bzw. E_r'' ist der E-Modul für die Rohrleitung einschl. Kupplungen.

Die Berechnung der Druckstoßhöhe wird in Abschn. 9.2 behandelt.

Tabelle 2. *Zusammenstellung der Untersuchungsergebnisse*

Nr.	Versuche	d_m (mm)	s_m (mm)	$\dfrac{d_m}{s_m} = \delta_m$	a (m/s)	E_r'' (kp/cm²)
1.	PRESS	200,58	23,5	8,53	1007[1]	263 000
2.	GANDENBERGER	200	22 18 13	6,83 8,34 11,55	984[1]	206 250
3.	GANDENBERGER	150	17	8,83	1040[1]	209 000
4.	GANDENBERGER	600	38 35 30	17,67	908[1]	250 900
5.	KESSLER	350	—	—	1035[3]	237 263
6.	Schweizer Versuch	150 125	19 und 24 mm	7,88 und 5,20	965[2] 1062[2]	— —

[1] REKA-Kupplungen [2] GIBAULT-Kupplungen [3] SIMPLEX-Kupplungen

4.2.2.2 Festigkeitsverhalten

Von der EMPA[1] wurden in Verbindung mit den Versuchen der Druckstoßkommission Festigkeitsuntersuchungen durchgeführt. Es zeigte sich,

---

[1] Eidgenössische Material-Prüfungs- und Versuchsanstalt für Industrie, Bauwesen und Gewerbe, Zürich.

daß die Dehnung infolge der durch den Druckstoß erzwungenen Aufweitung des Rohres affin verläuft mit der Druckstoßwelle. Außerdem stimmten die gemessenen Dehnungen mit den bei statischen Versuchen unter entsprechender Belastung erhaltenen Werten gut überein [72].

Roš [72] beanspruchte in der EMPA Asbestzement-Druckrohre durch schlagartig auftretenden Wasserinnenüberdruck, den er mit Hilfe eines Fallgewichtes erzeugte. Hierbei zeigte sich, daß die Rohre eine um etwa 30% höhere Festigkeit aufwiesen als beim entsprechenden statischen Innendruckversuch. Die Zerstörung der Rohre erfolgte meistens durch Heraussprengen eines Rohrstücks aus der Wandung, im Gegensatz zu den bekannten Längsrissen in Y-Form beim statischen Versuch. Somit ist eine zusätzliche Sicherheit bei Druckstoßbeanspruchung gegeben.

4.3 Physikalische Eigenschaften

4.3.1 Gefügebeschaffenheit, Quasiisotropie

Aus der Herstellung des Asbestzement-Druckrohres durch Wickeln eines dünnen Asbestzement-Filmes in zahlreichen Lagen um einen Stahlkern ergibt sich, daß die Asbestfasern nie in Radialrichtung des Rohres angeordnet sein können. An Schliffbildern kann gezeigt werden, daß die Fasern in der Ebene der Wickelschichten parallel oder geneigt zur Umfangrichtung verlaufen, nicht dagegen parallel zur Rohrlängsachse.

Da die kurzen Asbestfasern in Analogie zu den Stahleinlagen im Stahlbeton als gewissermaßen „kontinuierlich" verteilte Zugbewehrung aufgefaßt werden können, ist zu erwarten, daß die Zugfestigkeit des Asbestzementes am größten in Richtung des Faserverlaufes ist. Schräg dazu wird sich die Zugfestigkeit verringern. Entsprechend der Gefügebeschaffenheit und damit dem Festigkeitsverhalten muß daher Asbestzement als anisotroper Körper angesehen werden.

Für die praktische Verwendung ist man jedoch bestrebt, die Festigkeitseigenschaften in den drei Hauptspannungsrichtungen des räumlichen Spannungszustandes möglichst weitgehend einander anzugleichen, um somit zumindest ein quasiisotropes Verhalten zu erreichen.

Zur Klärung der Frage der Quasiisotropie wurden in den Jahren 1942 und 1943 von der EMPA[1] in Zürich Festigkeitsversuche an Probekörpern durchgeführt, die gemäß Abb. 7 aus einem Rohr NW 400, Wanddicke 40 mm, herausgearbeitet wurden [72].

---

[1] Eidgenössische Material-Prüfungs- und Versuchsanstalt für Industrie, Bauwesen und Gewerbe, Zürich.

Die jeweils auf den Größtwert bezogenen Ergebnisse enthält Tab. 3.

Tabelle 3. *Quasiisotropes Verhalten des Asbestzementes*

Spannungsart		Tangential	Radial	Längs
Elastizitätsmodul	E	100,0%	—	92,2%
Druckfestigkeit	σ_D	90,5%	100,0%	98,0%
Zugfestigkeit	σ_Z	99,0%	100,0%	89,8%
Längsbiegefestigkeit	σ_B	100,0%	—	80,5%
Biege-Schwellfestigkeit	σ_{BU}	100,0%	—	94,5%
Biege-Schwingungsfestigkeit	σ_{BD}	100,0%	—	95,5%
Scherfestigkeit	τ	100,0%	25,8%	83,4%
Torsions-Ursprungsfestigkeit	τ_U	100,0%	—	100,0%
Torsions-Schwingungsfestigkeit	τ_D	100,0%	—	100,0%

Alle Werte innerhalb einer Zeile sind jeweils auf den Größtwert = 100% bezogen!

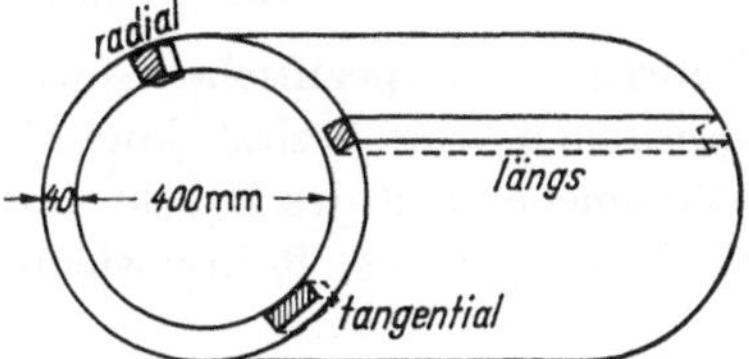

Abb. 7. Schematische Darstellung der Lage der aus dem Asbestzement-Druckrohr herausgearbeiteten Probekörper [72].

Faßt man die Ergebnisse der Tab. 3 und die der anschließend beschriebenen Versuche zusammen, so ergibt sich trotz des starken Einflusses, den der Faserverlauf im Hinblick auf die Belastungsrichtung ausübt, eine beachtliche Gleichheit der Festigkeiten, so daß man unter Berücksichtigung des besonderen Gefügeaufbaues von einer Quasiisotropie sprechen darf.

Bei Betrachtung der an Probestäben erhaltenen Festigkeitswerte ist jedoch zu beachten, daß erhebliche Unterschiede gegenüber den am unversehrten Rohr ermittelten Festigkeiten bestehen. Durch das Herausarbeiten des Probestabs wird der natürliche Verlauf der Asbestfasern gestört und die Werte lassen daher nur beschränkt Rückschlüsse auf die Eigenschaften des Rohres zu.

4.3.2 Spezifisches Gewicht und Raumgewicht des Asbestzements

Das spezifische Gewicht und das Raumgewicht des Asbestzements wurde an zahlreichen Proben aus Druckrohren unterschiedlicher Nennweite und Wanddicke ermittelt [*V 41*].

Zur Bestimmung des spezifischen Gewichtes (Reinwichte) wurde die Pyknometermethode mit Toluol als Meßflüssigkeit angewandt, zur Er-

mittlung des Raumgewichtes (Rohwichte) die Wasserverdrängungs-
methode, wobei die Proben durch Kochen weitestgehend gesättigt worden
waren. Es zeigte sich bei beiden Werten keine Abhängigkeit von der
Nennweite bzw. Wanddicke.

Die Untersuchungen ergaben als Gesamtmittel aller Proben für das
spezifische Gewicht

$$\gamma = 2{,}452 \ (p/cm^3)$$

mit einer Streuung von $\pm$ 0,05 (p/cm^3),
für das Raumgewicht

$$\gamma_r = 1{,}885 \ (p/cm^3)$$

mit einer Streuung von $\pm$ 0,046 (p/cm^3).

Untersuchungen an der EMPA, Zürich, ergaben Werte von

$$\gamma = 2{,}405 \ (p/cm^3), \quad \gamma_r = 1{,}943 \ (p/cm^3).$$

Während das spezifische Gewicht als reines Materialgewicht mehr
theoretischen Wert besitzt, kommt dem Raumgewicht als dem Gewicht
der Volumeneinheit des Druckrohres mehr praktische Bedeutung zu.

Zur Ermittlung des Rohrgewichtes kann in der Praxis für luftgelagerte
Rohre mit

$$\gamma_r = 2{,}1 \ (p/cm^3)$$

gerechnet werden.

4.3.3 Wasseraufnahme und Wasserdichtheit

Durch Hohlräume im Gefüge eines festen Materials kann Wasser aufgenommen und festgehalten werden. Stehen die Hohlräume miteinander
in Verbindung, so kann die Wasseraufnahme der Porosität entsprechen.
Sind dagegen die Hohlräume ganz oder zum Teil gegeneinander durch
feste Gefügebestandteile abgegrenzt, so wird die Wasseraufnahme entsprechend kleiner.

Die Größe der Wasseraufnahme hängt stark von dem Sättigungs-
verfahren ab, ob die Sättigung durch einfache Wasserlagerung, unter
Druck bzw. Unterdruckwirkung oder durch Kochen erfolgt.

Allgemein errechnet sich die Wasseraufnahme aus dem Gewichtsunter-
schied der wassergesättigten und der trockenen Probe. PILNY [V 41] fand
bei Wassersättigung durch Kochen von Druckrohrproben eine durch-
schnittliche Wasseraufnahme von 15,7% des Trockengewichtes (s. Abb. 9).
Andere Verfasser fanden an wassergelagerten Proben je nach Abmessungen der Proben und Dauer der Wasserlagerung sehr unterschiedliche
Werte [37]. Unter den Bedingungen der Praxis ist die Wasseraufnahme

geringer. Für luftgelagerte Rohre beträgt der Wassergehalt 8 bis 12%.
Den starken Einfluß der Dauer der Wasserlagerung auf die Größe der
Wasseraufnahme zeigt Abb. 8.

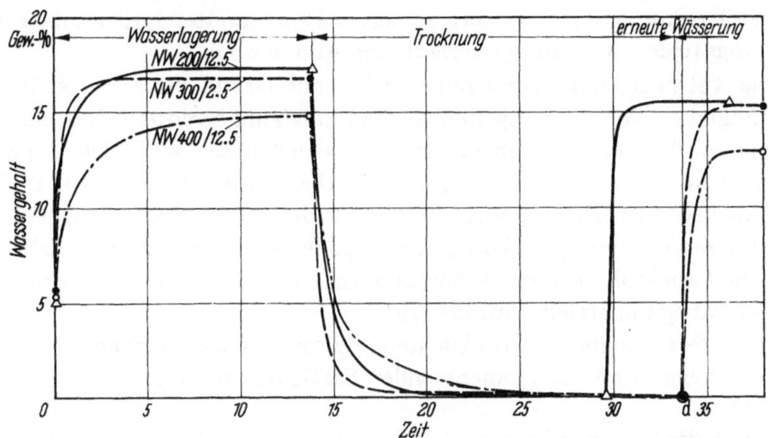

Abb. 8. Darstellung der Wasseraufnahme und der Austrocknung in Abhängigkeit
von der Zeit [*V 41*].

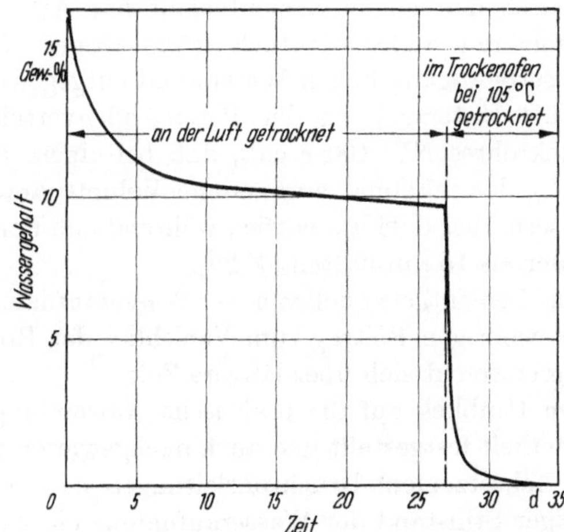

Abb. 9. Lufttrocknung und
anschließende Ofentrocknung
in Abhängigkeit von der Zeit,
Darstellung des Mittelwertes
von 3 Proben NW 200, ND 2,5
(s = 11 mm) [*V 41*].

Danach wird bei Wasserlagerung praktisch nach sieben Tagen die
maximale Sättigung der raumfeuchten Druckrohrproben erreicht. Bei
anschließender Ofentrocknung unter 105 °C betrug nach sechs Tagen die
Wasserabgabe weniger als 0,5% des Trockengewichtes. Bei einer zweiten

Wasserlagerung war die Wassersättigung bereits nach zwei Tagen erreicht, der End-Wassergehalt lag jetzt jedoch niedriger, da bei der ersten Wasserlagerung Abbindewasser aufgenommen und das Material dadurch dichter wurde (Anstieg des Raumgewichts).

Bei Trocknung einer wassergesättigten Probe an der Luft ergibt sich ein langsamerer Trocknungsverlauf, wie Abb. 9 zeigt.

Die Tatsache, daß Asbestzementrohre auf Grund ihrer Porosität in Abhängigkeit von dem augenblicklichen Sättigungsgrad eine bestimmte Menge an Wasser aufnehmen, wird verschiedentlich als Zeichen eines permanenten Wasserverlustes gewertet. Diese Ansicht entspricht nicht den vorliegenden Erfahrungen. Ferner ist die in älterer Literatur häufig vertretene Auffassung zu korrigieren, daß in der Rohrwand von Asbestzement-Druckrohren auch bei höchsten Innendrücken keine vollkommene Wassersättigung erzielt wird [24, 76].

Daß die anfänglich zu beobachtende geringe Wasseraufnahme durch ein trockenes Rohr mit zunehmender Sättigung abklingt, hat mehrere Ursachen.

Durch die lagenmäßige Struktur des aus vielen Schichten hergestellten Asbestzement-Druckrohres sind über die ganze Wanddicke durchgehende Kapillaren weitgehend ausgeschlossen.

Durch den hohen Zementgehalt hat Asbestzement ein sehr dichtes Gefüge mit außerordentlich feingliedriger Kapillarstruktur, die einer Wasserbewegung hohen Widerstand entgegensetzt.

Eine Untersuchung der Porengrößenverteilung an der Probe eines Druckrohres NW 100 ergab, daß bei einem Gesamtporenvolumen von 17,9% der maximal vorhandene Volumenanteil auf Poren mit Durchmessern über 0,06 μm entfiel, während alle Poren einen kleineren Durchmesser als 15 μm hatten [V 29].

Die Zementgele quellen unter Wasseraufnahme und liefern damit einen sehr wichtigen Beitrag zum Verschluß der Rohrwand. Dieser Quellvorgang erstreckt sich über längere Zeit.

Im Hinblick auf die praktische Anwendung kann mit ausreichender Sicherheit festgestellt und auch nachgewiesen werden, daß bei erdverlegten Asbestzement-Druckrohrleitungen nach einer bestimmten Zeit ein völliger Stillstand der Wasseraufnahme eintritt, was gleichzeitig als Beweis für die vollkommene Dichtheit anzuerkennen ist. Dies zeigte sich auch an mehreren Druckrohrleitungen verschiedener Nennweiten, bei denen nach mehrwöchiger Betriebsdauer Druckprüfungen gemäß DIN 19801 durchgeführt wurden. Hierbei ergab sich weder ein Druckabfall noch eine meßbare Wasseraufnahme.

Da in der Praxis mit der Durchführung der Abnahmeprüfung meist nicht bis zur vollständigen Wassersättigung gewartet werden kann, sind in DIN 19801, Tab. 1, zulässige Werte für die Wasseraufnahme angegeben. Hierbei hat man sich bei der Festlegung der oberen Grenzwerte auf die sichere Seite begeben. Ausgeführte Druckprüfungen haben gezeigt, daß die tatsächliche Sättigungsmenge wesentlich geringer ist (vgl. Abschn. 8.1.9).

Mit dem Quellen der Zementgele bei Wasseraufnahme ist eine Vergrößerung des Volumens verbunden, die bei Asbestzement-Druckrohren zu einem Längenzuwachs und einer Durchmesservergrößerung führt, die im Hinblick auf die Rohrlegung von Interesse sind.

Versuche [*V 41*] zeigten, daß beim Übergang vom raumfeuchten Zustand (Wassergehalt 5 bis 8 Gew.%) zum wassergesättigten Zustand (Wassergehalt 15 bis 17 Gew.%) die Längenzunahme zwischen 0,87 und 1,13⁰/₀₀ liegt.

Die Längenänderung wächst im allgemeinen mit zunehmender Differenz zwischen Anfangs- und Endwassergehalt. Bei Rohrlagerung im Freien sinkt unter unseren klimatischen Verhältnissen der Wassergehalt normalerweise nicht unter 8 Gew.%. Demgemäß kann für die Praxis mit Längenänderungen bis zur Sättigung von etwa 0,8 bis 0,9⁰/₀₀ gerechnet werden.

Für die Durchmesservergrößerung wurden je nach Rohrnennweiten und Wasseraufnahme Werte zwischen 0,13 und 0,26 mm gemessen. Für die Praxis sind die Durchmesseränderungen ohne Bedeutung, da die Rohrverbindung hierdurch nicht beeinträchtigt wird.

4.3.4 Dichtheit gegenüber Erdöl und Gas

Bei Einwirken von Erdöl findet kein Quellen der Zementgele und damit keine Selbstdichtung der Rohrwand statt. Der Öldurchtritt geht mit gleichbleibender Geschwindigkeit vor sich in Abhängigkeit vom Innendruck und vom Fließwiderstand in den Wandkapillaren. Für Erdölleitungen können Asbestzement-Druckrohre daher nur mit einem ölbeständigen Innenanstrich eingesetzt werden.

Asbestzement-Druckrohre sind auch für Gasleitungen geeignet, wie sowohl die hierfür vorliegenden, mehr als 40 jährigen Erfahrungen zeigen, als auch die ergänzend durchgeführten Eignungsprüfungen des Institutes für Gastechnik, Feuerungstechnik und Wasserchemie der Technischen Hochschule Karlsruhe [*V 27*].

In Belgien wurde bereits 1923 eine erste Versuchsleitung NW 75 verlegt, die in 35 Betriebsjahren keinerlei Mängel oder Undichtigkeiten aufwies [*V 27*]. Von der Antwerpener Gaswerk AG wurden für etwa 22 % des gesamten Gasleitungsnetzes, das sind 450 km, Asbestzement-Druckrohre mit sehr günstigen Erfahrungen verlegt [*61*].

In Belgien und Holland zusammen sind über 4000 km Asbestzement-Gasrohrleitungen bis NW 600 in Betrieb, hauptsächlich im Niederdruckbereich, einzelne Leitungen aber auch für Drücke bis 1 atü.

In der Sowjetunion wurden vor etwa 25 Jahren die ersten Erdgasleitungen aus Asbestzement-Druckrohren verlegt, hauptsächlich wegen ihres guten Korrosionsverhaltens. Unter anderem wurde neuerdings eine 6 km lange Ferngasleitung NW 500 aus diesen Rohren gebaut, die selbst unter einem Druck bis 6 atü nur unwesentliche Gasverluste zeigt [*57*]. Auch in Italien und Österreich wurden Asbestzement-Druckrohre für Gasleitungen verwendet.

In Deutschland wurden die ersten Gasleitungen aus Asbestzement vor rund 30 Jahren gelegt. Aufgrabungen jahrelang betriebener Gasleitungen, z. B. bei Aurich/Ostfriesland, in Obertshausen bei Offenbach/Main und in Heide/Holstein zeigten keinerlei wahrnehmbare Mängel oder Schäden. In den beiden erstgenannten Fällen handelte es sich um Toschi-Rohre der Torfit-Werke. Auf Grund der guten Erfahrungen legten die Stadtwerke Heide 1959 eine 4,4 km lange Mitteldruckleitung NW 100 für einen Betriebsdruck von 3000 mm WS und 1963 eine 7,2 km lange Leitung NW 100 für einen Betriebsdruck von 2000 bis 10000 mm WS.

Zur Prüfung der Asbestzement-Druckrohre auf Dichtheit gegenüber Gasen wurden vom Gasinstitut Rohre NW 100 und NW 80 unter Drücken zwischen 10000 und 200 mm WS untersucht. Die Rohre waren zum Teil ungeschützt, zum Teil hatten sie einen inneren bzw. einen beiderseitigen Inertolanstrich auf Teerpechbasis. Außer den Rohren wurden auch Kupplungen, vorzugsweise Reka-Kupplungen, untersucht.

Die Durchlässigkeit ist sowohl von der Wanddicke als auch vom Vorhandensein eines einfachen oder mehrfachen Schutzanstrichs abhängig. Feuchte Rohre sind wesentlich weniger durchlässig als trockene. Die günstigsten Werte ergab das dickerwandige Rohr ND 12,5 mit innerem und äußerem Schutzanstrich. Der Gasverlust betrug rund 0,1 l/h bei 200 mm WS Druck und rund 0,6 l/h bei 10000 mm WS Druck, jeweils für 100 m Leitungslänge.

Im mittleren Druckbereich kann als mittlerer Verlust der Wert 0,24 l/h je 100 m Leitungslänge angesehen werden.

Für die Durchlässigkeit der Reka-Kupplungen kommt im mittleren Bereich noch der Wert 0,03 l/h je 100 m Leitungslänge hinzu unter der Annahme, daß 25 Kupplungen auf 100 m Leitungslänge entfallen.

Demnach ergibt sich der Gesamtverlust einer 100 m langen Asbestzement-Druckrohrleitung bei Anwendung von Schutzanstrichen oder bei durchfeuchteter Rohrwand zu 0,27 l/h.

Unter Berücksichtigung der bei Gasleitungen erfahrungsgemäß auftretenden Rohrnetzverluste und der aus der Gasstatistik des DVGW zu errechnenden Rohrnetzbelastung wurde vom Gasinstitut 1,0 l/h als zulässiger Wert für reine Rohrleitungsverluste auf 100 m Leitungslänge angegeben. Die mittleren Versuchsergebnisse betragen also nur etwa ein Viertel des zugelassenen Wertes.

In DIN 2470 für Gasrohrleitungen von mehr als 1 atü Betriebsdruck ist eine Gleichung für den zulässigen Druckabfall bei der Dichtheitsprüfung angegeben. Daraus errechnet sich zum Beispiel für eine Leitung NW 100 bei einem Mindestprüfdruck von 4 kp/cm² ein zulässiger Gasverlust von 1,03 l/h je 100 m Leitungslänge. Für Leitungen mit Betriebsdrücken unter 1 atü ist DIN 19630 für die Dichtheitsprüfung maßgebend, in der keine Grenzwerte für die zulässige Undichtigkeit angegeben sind.

Unter Einhaltung der zulässigen Gasdurchlässigkeit von 1,0 l/h je 100 m Leitungslänge einschließlich Kupplungen sind

> trockene Rohre bis höchstens 500 mm WS,
> trockene Rohre mit einem Außenanstrich bis 1000 mm WS,
> feuchte Rohre ohne oder mit doppeltem Außenanstrich und
> trockene Rohre mit innerem und äußerem Schutzanstrich bis
> 2000 mm WS

anwendbar.

Gebrauchte Asbestzementrohre sind sowohl im trockenen als auch im feuchten Zustand weniger gasdurchlässig als neue Rohre.

Alle oben beschriebenen Versuche wurden mit Methan durchgeführt. Für Stadtgas sind wegen der höheren Zähigkeit etwa 20% geringere Durchlässigkeitswerte zu erwarten.

Nach den Versuchen und praktischen Erfahrungen können Asbestzement-Druckrohre für Gasleitungen im Niederdruckbereich unter 500 mm WS ohne Bedenken angewendet werden, bei besonderer Berücksichtigung der Betriebsbedingungen und Bodenverhältnisse auch im Mitteldruckbereich (500 bis 10000 mm WS). Für höhere Drücke wird allgemein eine Epoxidharzauskleidung zur Erreichung der Gasdichtheit empfohlen.

4.3.5 Temperaturverhalten

Asbestzementerzeugnisse sind sehr widerstandsfähig sowohl gegenüber höheren als auch gegenüber sehr tiefen Temperaturen, sie zeigen bei schroffen Temperaturwechseln keine Risse und Sprünge oder dergleichen und sie sind nicht brennbar.

Versuche mit Druckrohrproben, die 30 mal gefroren und wiederaufgetaut wurden mit maximalen Temperaturdifferenzen von 70 °C haben keinerlei Veränderung des Asbestzementmaterials gezeigt [*V 37*]. Festigkeitsuntersuchungen haben gezeigt, daß auch keine Schädigung des Gefüges eingetreten ist (vgl. Abschn. 4.4.11).

Asbestzement-Druckrohre können auch als Säulenverkleidungen verwendet werden. Entsprechende Brandprüfungen nach DIN 4102 an Stahlbetonsäulen mit 1 cm dicker ETERNIT-Rohrummantelung haben gute Resultate ergeben und zu einer Zulassung dieser Konstruktion als feuerbeständige Bauteile im Sinne der DIN 4102 geführt [*32*].

Untersuchungen über die Verformung der Asbestzement-Druckrohre infolge Temperaturänderung [*V 38*] haben bei einer Temperaturdifferenz von 81 °C eine radiale Wärmeausdehnung von etwa $1^0/_{00}$ des Rohraußendurchmessers ergeben. Die axiale Wärmeausdehnung lufttrockener Proben betrug $0{,}75^0/_{00}$ bei einer Temperaturdifferenz von 60 °C.

Aus den Versuchsergebnissen errechnen sich im Bereich der üblichen, praktisch vorkommenden Temperaturgrenzen Wärmeausdehnungszahlen

$$\text{in radialer Richtung } \alpha_r = 1{,}67 \cdot 10^{-2} \text{ (mm/m °C)},$$
$$\text{in axialer Richtung } \quad \alpha_l = 1{,}25 \cdot 10^{-2} \text{ (mm/m °C)}.$$

Die Umfangsdehnung beträgt

$$\alpha_u = \alpha_r \cdot \pi. \tag{4/6}$$

Vergleichsweise betragen die Wärmeausdehnungszahlen für Beton etwa $1{,}0 \cdot 10^{-2}$ (mm/m °C).

Es sei noch erwähnt, daß bei höheren Temperaturen (oberhalb etwa + 200 °C) eine Verkürzung des Materials eintritt infolge beginnenden Austreibens des Gel-Wassers. Ab 300 °C kann bereits mit beginnendem Verlust des Kristallwassers gerechnet werden.

4.3.6 Wärmeleitfähigkeit

Die Wärmeleitfähigkeit des Asbestzementes ist gering. Die Wärmeleitzahl der Rohre beträgt

in lufttrockenem Zustand im Temperaturbereich zwischen + 10° und 30 °C

$$\lambda = 0{,}583 \pm 3\% \text{ (kcal/m} \cdot \text{h} \cdot \text{°C)} \quad [\textit{V 36}],$$

bei einem volumetrischen Feuchtigkeitsgehalt von 0,7% bei einer mittleren Temperatur von 65 °C

$$\lambda = 0{,}367 \text{ (kcal/m} \cdot \text{h} \cdot \text{°C)} \quad [\textit{V 7}],$$

bei einem volumetrischen Feuchtigkeitsgehalt von 2,5%

$$\lambda = 0{,}352 \ (\text{kcal/m} \cdot \text{h} \cdot {}^\circ\text{C}) \qquad [V\ 7].$$

Aus der Wärmeleitzahl λ ergibt sich die Wärmedämmzahl D (Durchlaßwiderstand).

$$D = \frac{s}{\lambda}$$

mit s (m) = Wanddicke,
die Wärmedurchgangszahl k (Wärmeübergang Wasser-Rohroberfläche und Speichervermögen des Rohres vernachlässigt)

$$k = \frac{1}{D + \dfrac{1}{\alpha_a}}$$

mit α_a = Wärmeübergangszahl Luft-Rohroberfläche = 20 (kcal/m^2 · h · °C).

4.3.7 Elektrische Leitfähigkeit

Asbestzement-Druckrohre haben nur eine geringe elektrische Leitfähigkeit und müssen innerhalb einer metallenen Rohrleitung als Isolierstellen betrachtet werden. Da in zunehmendem Maße auch andere nicht leitende Materialien in die Rohrleitungen eingebaut werden, soll nach Empfehlung des DVGW aus Gründen der Korrosion und aus Sicherheitsgründen grundsätzlich das Wasserrohrnetz nicht zur Schutzerdung herangezogen werden.

Infolge der geringen elektrischen Leitfähigkeit, die durch die Materialzusammensetzung bedingt ist, findet keine elektrolytische Korrosion (z. B. durch Streuströme) statt.

Messungen des spezifischen elektrischen Widerstandes in Rohrlängsrichtung mit Wechselstrom von 30 V und 800 Hz ergaben als Mittelwerte

für das lufttrockene Rohr $\varrho_{L,\ \text{trocken}} = 390\ (\Omega \cdot \text{m})$,
für das feuchte Rohr (24-stündige Wasserlagerung)

$$\varrho_{L,\ \text{feucht}} = \quad 4\ (\Omega \cdot \text{m})$$

ohne Wasserfüllung [$V\ 40$].

Entsprechende Versuche mit Frequenzen von 50 und 800 Hz an wassergefüllten Rohren ergaben als mittleren spezifischen elektrischen Widerstand

$$\varrho_{L,\ \text{wassergefüllt}} = 18\ (\Omega \cdot \text{m}) \qquad [V\ 40].$$

Daß hier $\varrho_{L,\ \text{wassergefüllt}} > \varrho_{L,\ \text{feucht}}$ ist, dürfte darauf zurückzuführen sein, daß die Messung am wassergefüllten Rohr 1 h nach der

Wasserfüllung erfolgte und die Rohrwand daher noch nicht den Sättigungsgrad erreicht hatte wie nach 24 stündiger Wasserlagerung.

Der kleinste Meßwert für den spezifischen Widerstand am feuchten Rohr ergab sich zu

$$\min \varrho_L = 1{,}38 \ (\Omega \cdot \text{m}).$$

Zum Vergleich seien die spezifischen Widerstände einiger Metalle angeführt (nach WESSEL: Physik, Leipzig 1950):

$$\text{Stahl, gehärtet:} \quad \varrho = 0{,}45 \ \cdot 10^{-6} \left(\frac{\Omega \cdot m^2}{m} \right)$$

$$\text{Stahl, weich:} \quad \varrho = 0{,}15 \ \cdot 10^{-6} \quad \text{,,}$$

$$\text{Eisen:} \quad \varrho = 0{,}098 \cdot 10^{-6} \quad \text{,,}$$

$$\text{Kupfer:} \quad \varrho = 0{,}017 \cdot 10^{-6} \quad \text{,,}$$

Asbestzement-Druckrohre können nicht zur Schutzerdung herangezogen werden, da sie einen zu hohen Erdungswiderstand haben.

Für die Verwendung von Asbestzementrohren als Kabelschutzrohre ist der Durchgangswiderstand R_D von Bedeutung.
Zahlreiche Versuche an Asbestzement-Kabelschutzrohren NW 100, $s = 8$ mm, ergaben spezifische Durchgangswiderstände

für lufttrockene Rohre $\varrho_D = 3{,}5 \cdot 10^7 \ldots 1{,}88 \cdot 10^8 \ (\Omega \cdot \text{cm})$,
für nasse Rohre $\varrho_D = 1 \cdot 10^6 \ldots 9 \cdot 10^6 \ (\Omega \cdot \text{cm})$.

Elektrische Durchschlagsversuche gemäß VDE 0303, Teil 2, an ungeschützten Kabelschutzrohren NW 100, $s = 8$ mm, ergaben eine mittlere Durchschlagsspannung von rund 21 000 V. Dieser Wert kann auch auf Asbestzement-Druckrohre übertragen werden.

4.4 Mechanische Festigkeiten
4.4.1 Ringzugfestigkeit

Die Ringzugfestigkeit ist von Bedeutung für die Belastung des Rohres durch Innendruck. Wird der Innendruck bis zum Berstdruck gesteigert, so ist die Bruchspannung des Materials erreicht.

Von PILNY durchgeführte Berstversuche an Rohrproben in den Nennweiten NW 80 bis NW 400 und der Nenndruckstufen ND 2,5, ND 10 und ND 12,5 haben gezeigt, daß die erreichten Berstdrücke sehr sicher die nach DIN 19 800 geforderten Mindestberstdrücke erreicht haben [*V 41*]. Insbesondere für die Nenndruckstufe ND 2,5 lagen die Versuchswerte wesentlich über den verlangten Mindestwerten, da hier für die Dimensionierung Scheiteldruck und Längsbiegung maßgebend sind. Der Berstdruck wird innerhalb einer Nenndruckstufe kleiner mit zunehmender Nennweite.

Aus den Berstdrücken lassen sich die Bruchspannungen errechnen. Hierzu wurde die in DIN 19800 vorgesehene Gleichung

$$\sigma_z = \frac{p_i \cdot d}{2s} \qquad (4/7)$$

mit

p_i = Berstdruck,
d = Innendurchmesser,
s = Wanddicke,

verwendet, obwohl die tatsächlichen Randspannungen andere Werte haben (vgl. Abschn. 9.4.6.3).

Es ergab sich als mittlere Bruchspannung (NW 80 bis NW 400)

für die Druckstufe ND 2,5 $\sigma_z = 288,4 \pm 17,2$ (kp/cm²),
für die Druckstufe ND 10 $\sigma_z = 277,0 \pm 22,5$ (kp/cm²),
für die Druckstufe ND 12,5 $\sigma_z = 275,3 \pm 25,2$ (kp/cm²).

Zur Berechnung der angegebenen Standardabweichungen wurden die Mittelwerte für jede Nennweitengruppe als Einzelwerte betrachtet.

Berstversuche an Großrohren NW 500 bis NW 1000 ergaben als mittlere Bruchspannung

$$\sigma_z = 315,7 \pm 38,6 \text{ (kp/cm²)} \qquad [V\ 8,\ V\ 10].$$

Daß hier der Mittelwert der Ringzugfestigkeit höher liegt als bei den Rohren bis NW 400 hat vor allem seine Ursache darin, daß für die Großrohre keine genormten Wanddicken vorgeschrieben sind und daher die Wanddicke durch Verbesserung der Festigkeitseigenschaften (bessere Materialqualität) vermindert werden kann.

Die nach DIN 19800 geforderte Mindestbruchspannung min $\sigma_z = 200$ kp/cm² wurde bei allen untersuchten Nennweiten und Druckstufen stets überschritten.

Mit wachsendem Verhältnis $\delta = d/s$ scheint die Ringzugfestigkeit zu steigen, ein gesicherter Zusammenhang ließ sich jedoch nicht nachweisen.

Für die Bemessung größerer Rohre ($> $ NW 400) kann auf Grund der Versuchsergebnisse mit einer Mindest-Ringzugfestigkeit $\sigma_z = 250$ kp/cm² gerechnet werden.

Im Zusammenhang mit den Innendruckversuchen wurden auch die Umfangsdehnungen an der Rohraußenfläche an Rohren NW 200 gemessen [V 41]. Hierbei konnte kein eindeutig bestimmbarer Einfluß der Wanddicke festgestellt werden. Dagegen konnte eine gewisse Stützwirkung der Kupplungsmuffen beobachtet werden, die zur Folge hatte, daß in Rohrmitte eine größere Aufweitung eintrat als in den Viertelspunkten der Rohrlänge. Der Einflußbereich dieser Stützwirkung über die Rohrlänge wird um so kleiner, je dünnwandiger das Rohr und je größer der Innendruck ist.

Als Beispiel sei angeführt, daß für Rohre NW 200, ND 12,5 bei einer Erhöhung der Ringzugspannung von 40 kp/cm² auf 160 kp/cm² die zugehörige elastische Dehnung an der Rohraußenfläche im Mittel bei 0,45⁰/₀₀ lag.

Die Versuche zeigten, daß bei höheren Spannungen der Anteil der bleibenden Dehnung an der Gesamtdehnung schnell anwächst und das Material sich zu strecken beginnt. Dies veranschaulicht Abb. 10 für Rohre NW 200, ND 12,5.

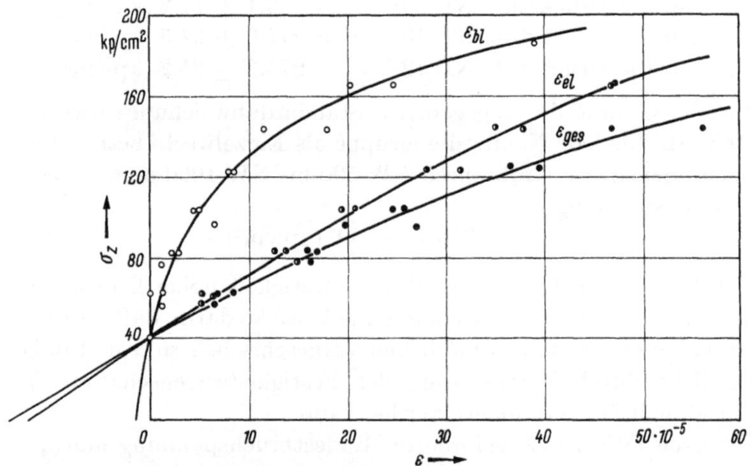

Abb. 10. Einzelwerte und Mittelwertskurven der von PILNY gemessenen Umfangsdehnungen infolge Innendruck in Rohrmitte, NW 200/ND 12,5 (*l* = 50 cm) [*V 41*].

4.4.2 Scheiteldruckfestigkeit

Die Scheiteldruckfestigkeit ist für die Belastung erdverlegter Rohre durch Erdlasten und Verkehrslasten von Bedeutung. Derartige Belastungen erzeugen Biegemomente in der Rohrwand, man spricht daher auch von Ringbiegefestigkeit bzw. Ringbiegezugfestigkeit. Der Ausdruck Scheiteldruckfestigkeit entspricht der Bezeichnung nach DIN 19 800.

Die Ermittlung der Scheiteldruckfestigkeit erfolgt gemäß DIN 19 800 an Rohrproben mit Zweilinienlagerung. Die Maximalmomente treten dabei im Rohrscheitel und an der Rohrsohle auf, an deren Innenseiten nach Überschreiten der Bruchdehnung der Bruch eingeleitet wird.

Die Scheiteldruckspannung infolge einer zentrisch wirkenden Linienlast bei Einlinienlagerung errechnet sich zu

$$\sigma_d = \frac{3\,P\,(d+s)}{\pi \cdot s^2 \cdot l} \quad (\text{kp/cm}^2). \tag{4/8}$$

Darin ist

P = Bruchlast (kp),
d = Rohrinnendurchmesser (cm),
s = Wanddicke (cm),
l = Länge der belasteten Mantellinie (cm).

Die Scheiteldruckfestigkeit muß nach DIN 19800 mindestens 450 kp/cm² betragen, bei 20 cm Probenlänge.

Von PILNY [V 41] durchgeführte Scheiteldruckversuche an Rohrproben der Nennweiten NW 100 bis NW 400, der Druckstufen ND 2,5 bis ND 12,5 und der Probenlänge 20 cm bis 60 cm ergaben als Gesamtmittel der Scheiteldruckfestigkeit

$$\sigma_d = 522{,}4 \pm 39{,}1 \ (\text{kp/cm}^2).$$

Die Einzelwerte ließen bei gleicher Nenndruckstufe eine deutliche Verminderung der Festigkeiten mit größer werdender Nennweite erkennen.

Scheiteldruckversuche an Rohren NW 200, ND 10 ergaben nach dem Prüfzeugnis der BAM [V 9] für das Mittel aus 20 Einzelwerten und die zugehörige Standardabweichung

$$\sigma_d = 776 \pm 48 \ (\text{kp/cm}^2).$$

Scheiteldruckversuche an Großrohren wurden von WEINHOLD [V 30, V 31] (NW 600 und NW 1000), von der ETERNIT AG unter Aufsicht der BAM [V 8] (NW 500 bis NW 800) und als Werkversuche der ETERNIT AG (NW 700 bis NW 900) durchgeführt.

Da alle diese Versuche Ergebnisse gleicher Größenordnung zeigten, können sie zusammengefaßt werden. Man erhält für das Gesamtmittel mit Standardabweichung den Wert

$$\sigma_d = 634{,}7 \pm 61{,}0 \ (\text{kp/cm}^2).$$

Für die Bemessung größerer Rohre (> 400 NW) kann auf Grund der Versuchsergebnisse mit einer Mindestscheiteldruckfestigkeit $\sigma_d = 530$ kp/cm² gerechnet werden.

Auch hier zeigen die Rohre größerer Nennweiten höhere Scheiteldruckfestigkeiten als die Rohre kleinerer Nennweiten, worauf bereits bei der Ringzugfestigkeit hingewiesen wurde (s. Abschn. 4.4.1).

Neben den Bruchversuchen wurden auch Verformungsbestimmungen durchgeführt, um einen Zusammenhang zwischen der theoretischen

Rechnung und dem tatsächlichen Verhalten herstellen zu können [*V 41*]. Die Verformungsmessungen beschränkten sich auf die Nennweite NW 200. Es wurden die vertikalen und horizontalen Durchmesseränderungen in Rohrmitte und an den Rohrenden von 20 cm, 40 cm und 60 cm langen Proben gemessen. Die Rohre wurden nach Aufbringen einer Vorlast stufenweise bis zur Endlast von 65 bis 80% der Bruchlast belastet.

Als Beispiel zeigt Abb. 11 die vertikalen (ΔD_v) und horizontalen Durchmesseränderungen (ΔD_h) in Abhängigkeit von der Scheiteldruckspannung gemäß Gl. (4/8) für eine 40 cm lange Rohrprobe NW 200/ND 2,5. Die

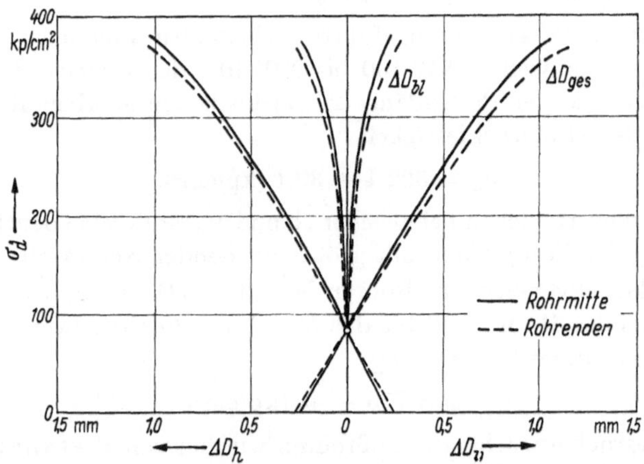

Abb. 11. Änderung des vertikalen und horizontalen Durchmessers infolge Scheiteldruck-belastung an Rohrproben NW 200/ND 2,5 von 40 cm Länge [*V 41*].

Verformung infolge Vorlast muß zu den eingetragenen Werten noch hinzugefügt werden und kann durch geradlinige Extrapolation der Verformungskurven bis zur Abszisse ermittelt werden, da die Scheiteldruckspannung infolge der Vorlast im elastischen Bereich liegt. Die Unterschiede der Verformungen zwischen Rohrmitte und den Rohrenden wachsen mit zunehmender Probenlänge und sind Null bei den 20 cm langen Proben. Der Grund liegt in der Schwierigkeit, bei der Prüfung längerer Rohre eine gleichmäßige Verteilung der einzuleitenden Linienlast zu erreichen.

Bei den dickerwandigen Rohren sind naturgemäß die Verformungen entsprechend kleiner, wenn auch nicht in dem Maße, wie es rechnerisch zu erwarten gewesen wäre.

Außer der Bestimmung der Durchmesseränderungen wurden auch die örtlichen Dehnungen an der Innenseite von Scheitel und Sohle und an der Außenseite der Kämpfer gemessen. Als Beispiel zeigt Abb. 12 die Meßwerte für die gleiche Probe wie in Abb. 11.

Es treten ähnliche Unterschiede der Werte von Rohrmitte und den Rohrenden auf wie bei den Durchmesseränderungen. Die Dehnungen an den Kämpfern sind jedoch wesentlich kleiner als in Scheitel und Sohle. Die gemessenen Werte zeigten keine Übereinstimmung mit den berechneten, sondern sie waren in vertikalem Durchmesser größer und in horizontalem Durchmesser kleiner als die Rechenwerte.

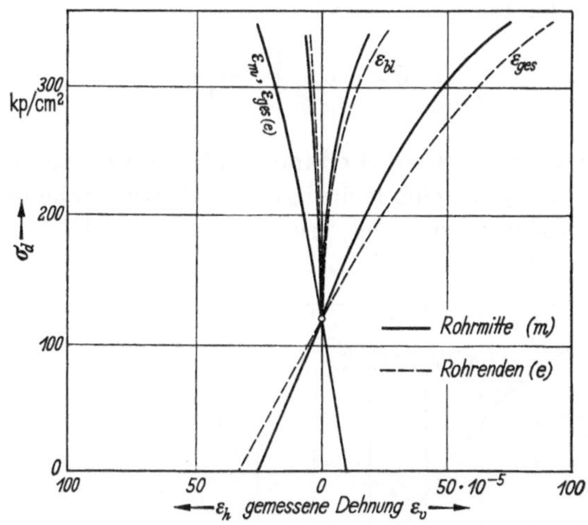

Abb. 12. Örtliche Dehnungen der Rohrwand in den vertikalen und horizontalen Scheiteln infolge Scheiteldruckbelastung bei Rohrproben NW 200/ND 2,5 mit 40 cm Länge (aus [*V 41*]).

4.4.3 Zusammengesetzte Festigkeit bei gleichzeitiger Einwirkung von Scheitellast und Innendruck

Bei der praktischen Beanspruchung erdverlegter Rohre wirken in der Regel Belastungen aus Innendruck und Scheitellasten gleichzeitig, d. h. den reinen Ringzugspannungen sind Ringbiegespannungen überlagert. Für den Praktiker ist es daher von Interesse zu wissen, mit welchen Festigkeitswerten bei verschiedenen Anteilen beider Belastungsarten zu rechnen ist.

Zu diesem Zweck wurden Werkversuche der ETERNIT AG an 1 m langen Rohrproben NW 500 von 32 mm Wanddicke durchgeführt und zwar

sowohl bei konstantem Innendruck und Steigerung der Scheitellast bis
zum Bruch, als auch bei konstanter Scheitellast und Steigerung des
Innendrucks bis zum Bruch [64]. Die Versuche hatten das folgende
Ergebnis:

Je größer die Ringzugspannung $\bar{\sigma}_z$ ist (Berechnung nach Gl. 4/7), um so
kleiner ist die zusätzliche Scheiteldruckfestigkeit $\bar{\sigma}_d$ (berechnet nach Gl.
4/8) und je größer die Scheiteldruckspannung $\bar{\sigma}_d$ ist, um so kleiner ist die
zusätzliche Ringzugfestigkeit $\bar{\sigma}_z$.

Dabei ist es auf die Spannungssumme ohne Einfluß, welche der beiden
Belastungen konstant gehalten und welche bis zum Bruch gesteigert
wird. Der Zusammenhang zwischen $\bar{\sigma}_z$ und $\bar{\sigma}_d$ kann durch eine quadra-
tische Parabel der Form

$$\bar{\sigma}_d = \sigma_d \cdot \sqrt{\frac{\sigma_z - \bar{\sigma}_z}{\sigma_z}} \qquad (4/9)$$

dargestellt werden und entspricht damit der SCHLICKschen Kurve. Hierin
bezeichnet σ_z und σ_d die reine Ringzugfestigkeit bzw. Scheiteldruckfestigkeit ohne Zusatzbeanspruchung, ermittelt gemäß DIN 19 800, während

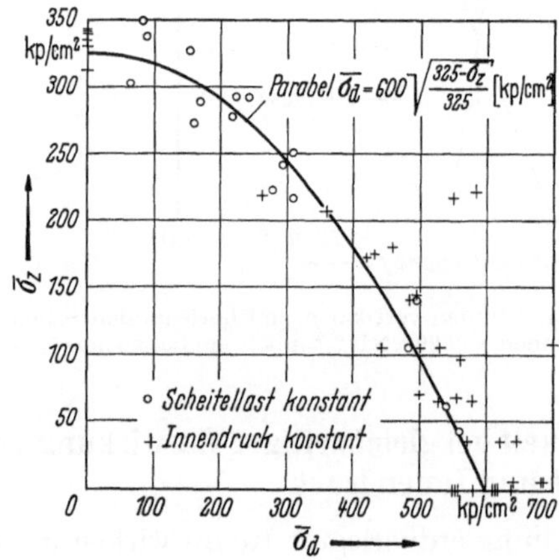

Abb. 13.
Zusammenhang der Spannungen
und Festigkeiten bei gleichzeitiger
Einwirkung von Scheitellast und
Innendruck [64].

die gestrichenen Werte die entsprechenden Spannungen bzw. Festigkeiten bei zusammengesetzter Belastung darstellen.

Für die untersuchten Rohre ergab sich im Mittel der Zusammenhang

$$\bar{\sigma}_d = 600 \cdot \sqrt{\frac{325 - \bar{\sigma}_z}{325}} \cdot \qquad (4/10)$$

Beträgt z. B. die Ringzugspannung aus einem Innendruck von etwa 10 atü rund 78 kp/cm², so ergibt sich nach Gl. (4/10) eine zusätzliche Scheiteldruckfestigkeit von

$$\bar{\sigma}_d = 600 \cdot \sqrt{\frac{325 - 78}{325}} = \text{rd. } 525 \ (\text{kp/cm}^2).$$

In Abb. 13 sind die Versuchswerte sowie die Parabel gemäß Gl. (4/10) aufgetragen.

Die Auftragung der Summenfestigkeit $\bar{\sigma}_z + \bar{\sigma}_d$ über $\bar{\sigma}_z/\bar{\sigma}_d$ zeigte, daß ein nennenswerter Abfall der Summenfestigkeit erst ab etwa $\bar{\sigma}_z/\bar{\sigma}_d = 0{,}4$ auftritt.

4.4.4 Längsbiegefestigkeit

Wenn die Rohrleitung nicht satt auf der Grabensohle aufliegt oder ungleichmäßige Setzungen der Sohle auftreten, so wird das Rohr durch die Auflasten auf Längsbiegung beansprucht.

Nach DIN 19800 wird für die Längsbiegefestigkeit mindestens 250 kp/cm² gefordert. Sie ist für Rohre bis NW 200 durch einen Längsbiegeversuch mit einer Einzellast in Rohrmitte bei 200 cm Stützweite zu bestimmen. Bei größeren Nennweiten ist für die Bemessung die Ringzugfestigkeit bzw. die Scheiteldruckfestigkeit maßgebend, da wegen des größeren Widerstandsmomentes die Längsbiegespannung hier nicht die Festigkeitswerte erreicht.

Biegebrüche infolge Einzellast können bei diesen Rohren bis zu einer bestimmten Grenze nur durch Vergrößerung der Stützweite erreicht werden. Außerhalb dieser Grenze wird das Rohr durch die Einzellast nur örtlich zerstört, ohne daß ein Biegebruch eintritt.

Die Biegespannung wird für den Balken mit kreisringförmigem Querschnitt berechnet, obwohl dies bei kleineren Verhältnissen Stützweite : Innendurchmesser nur näherungsweise richtig ist.

Auf Grund des Herstellungsverfahrens nach MAZZA für AsbestzementDruckrohre erfordert die Erreichung ausreichender Längsbiegefestigkeiten besondere Maßnahmen. Durch entsprechende Rührbewegung im Stoffkasten kann erreicht werden, daß sich ein größerer Prozentsatz der Asbestzementfasern unter einem mehr oder weniger großen Winkel zur Wickelrichtung anordnet. Jedoch liegen die Längsbiegefestigkeiten nicht ganz so hoch über der geforderten Mindestfestigkeit wie die Scheiteldruck und die Ringzugfestigkeit.

Von PILNY [*V 41*] durchgeführte Längsbiegeversuche an Rohren NW 100 bis NW 200, Druckstufe ND 10 und ND 12,5, ergaben als Gesamtmittelwert der Längsbiegefestigkeit

$$\sigma_b = 313{,}5 \pm 22 \ (\text{kp/cm}^2).$$

Sie liegt um etwa 25% über der geforderten Mindestfestigkeit. Die aus 19 Einzelwerten berechnete Standardabweichung beträgt etwa 7% des Mittelwertes.

Die Längsbiegefestigkeit scheint mit zunehmendem $\delta = d/s$ abzunehmen, der Zusammenhang ist aber nicht gesichert. Ein Einfluß des Rohralters auf die Festigkeit ist kaum noch vorhanden, sofern die anfängliche Erhärtung ein bestimmtes Maß erreicht hat.

Versuche an Rohren NW 200, ND 10, ergaben nach dem Prüfzeugnis der BAM [*V 9*] für das Mittel aus 6 Einzelversuchen und die zugehörige Standardabweichung

$$\sigma_b = 330 \pm 15 \ (\text{kp/cm}^2).$$

Für die Bemessung kann auf Grund der Versuchsergebnisse mit einer Mindest-Längsbiegefestigkeit $\sigma_b = 275$ kp/cm² gerechnet werden.

Durch die Längsbiegefestigkeit ist gewährleistet, daß Asbestzement-Druckrohre auch dann nicht zu Bruch gehen, wenn die Rohrauflagerung teilweise unterbrochen wird, wie z.B. bei der nachträglichen Unterfahrung durch Kanalisationsleitungen. Der statische Nachweis zeigt, daß z. B. für Rohre NW 200, ND 10 bei einer Auflagerunterbrechung von 2 m Länge, einer Erdüberdeckung von 1,50 m und Verkehrsbelastung durch SLW 60 noch eine Mindestsicherheit gegen Längsbiegebruch von 2,83 vorhanden ist.

4.4.5 Zusammengesetzte Festigkeit bei gleichzeitiger Einwirkung von Längsbiegebelastung und Innendruck

Im praktischen Betrieb werden Druckrohre durch Wasserinnendruck und durch äußere Kräfte belastet. Während für Rohre größerer Nennweiten die Überlagerung von Innendruck und Scheitellast von Bedeutung ist (s. Abschn. 4.4.3), spielt für Rohre kleinerer Nennweite die Längsbiegebeanspruchung im Betriebszustand eine Rolle.

Zur Ermittlung der zusammengesetzten Festigkeiten bei gleichzeitiger Einwirkung von Längsbiegebelastung und Innendruck wurden Werkversuche der ETERNIT AG an 2 m langen Rohren NW 100, ND 10 durchgeführt, wobei die äußere Last als Einzellast in Rohrmitte aufgebracht wurde. Vergleichsversuche zur Ermittlung der reinen Innendruckfestigkeit und Längsbiegefestigkeit ohne Zusatzbelastung ergaben im Mittel

$\sigma_z = 287{,}7$ kp/cm² bzw. $\sigma_b = 400{,}3$ kp/cm². Die Stützweite für die Längsbiegeversuche betrug 165 cm. Die Festigkeiten wurden aus den Gleichun-
gen nach DIN 19 800 berechnet.

Die Überlagerungsversuche wurden derart durchgeführt, daß die eine
Belastungsgröße konstant gehalten und so gewählt wurde, daß die Spannung etwa $^1/_3$ bzw. $^2/_3$ der entsprechenden Festigkeit betrug, während die
andere Belastungsgröße bis zum Bruch gesteigert wurde. Die gemittelten
Ergebnisse enthält Tab. 4.

Tabelle 4. *Mittlere Festigkeitswerte bei überlagerter Beanspruchung durch Innendruck
und Längsbiegebelastung*

Konstante Lastgröße		Variierte Lastgröße	
Ringzugspannung	81	Längsbiegefestigkeit	411
σ_z (kp/cm²) ca.	170	$\bar\sigma_b$ (kp/cm²) i. M.	431
Längsbiegespannung	140	Ringzugfestigkeit	234
σ_b (kp/cm²) ca.	272	$\bar\sigma_z$ (kp/cm²) i. M.	255

Es zeigt sich die Tendenz, daß die Längsbiegefestigkeit bei zunehmendem Innendruck ebenfalls etwas größer zu werden scheint. Die Ringzugfestigkeit scheint durch die gleichzeitige Längsbiegebelastung etwas kleiner zu werden. Diese Versuche müssen noch ergänzt werden. Für die
Praxis läßt sich aber jetzt schon der Schluß ziehen, daß sich die Längs-
biegetragfähigkeit eines Rohres nicht verringert, wenn der gleichzeitig
wirkende Innendruck $^2/_3$ des Berstdrucks nicht überschreitet.

4.4.6 Druckfestigkeit in Rohrlängsrichtung

Die Druckfestigkeit in Rohrlängsrichtung spielt in der Praxis eine
Rolle, wenn die Rohrenden z. B. durch unsachgemäße Verlegung an-
einanderstoßen oder wenn die Rohre in den Kupplungen zu stark aus-
gelenkt werden. Im letzteren Fall treten einseitige Pressungen auf, die
zu örtlicher Überbeanspruchung des Materials führen können.

Außerdem werden z. B. durch den Innendruck auf die Stirnseite der
Rohre Längsspannungen erzeugt.

Schließlich ist die Druckfestigkeit in Rohrlängsrichtung von großer
Bedeutung für die Anwendung von Asbestzement-Druckrohren bei
Durchpressungen (vgl. Abschn. 8.3.5).

PILNY [*V 41*] führte Versuche an Rohren NW 100 bis NW 400
verschiedener Nenndruckstufen durch, also an Rohren der Normal-
qualität.

Die Druckfestigkeit errechnet sich zu

$$\sigma_l = \frac{4\,P}{(D^2 - d^2)\cdot\pi}\;(\text{kp/cm}^2) \qquad\qquad (4/11)$$

mit

$P=$ Bruchlast (kp),
$D=$ Außendurchmesser (cm),
$d=$ Innendurchmesser (cm).

Es ergaben sich Festigkeitswerte für die wassergesättigten Rohre zwischen etwa 300 und 550 kp/cm² mit relativ starker Streuung. Der Bruch erfolgte durch örtliche Materialzerstörung an der Stirnseite der Rohre, nicht etwa durch Ausknicken. Es bildeten sich schräg verlaufende Bruchfugen entsprechend den Schubspannungsrichtungen aus. Eine Abhängigkeit der Längs-Druckfestigkeit von der Dünnwandigkeit, d. h. von $\delta = d/s$, konnte nicht festgestellt werden.

Roš fand bei Versuchen an lufttrockenen Rohren NW 100 bis NW 400 wesentlich höhere Festigkeitswerte als PILNY, und zwar lagen die Mittelwerte etwa zwischen 630 und 1050 kp/cm² [72].

Versuche der Bundesanstalt für Materialprüfung an lufttrockenen Rohren NW 450 ergaben einen mittleren Festigkeitswert von 532 kp/cm² [V 12]. Bei hydraulisch gepreßten Rohren können für die Druckfestigkeit in Rohrlängsrichtung die an lufttrockenen Rohren ermittelten Werte zugrunde gelegt werden (vgl. Abschn. 8.3.5).

4.4.7 Schlagfestigkeit (Zähigkeit)

Eine kennzeichnende Materialeigenschaft des Asbestzementes ist seine Zähigkeit. Sie hat zur Folge, daß sich eine Schlag- oder Stoßbeanspruchung nur auf die Schlagstelle selbst auswirkt, nicht aber auf das ganze Rohr. Durch Schlagarbeit zerstörte Rohre aus Asbestzement weisen nur eine streng begrenzte, örtliche Zerstörung auf, ohne daß von der Bruchstelle Randrisse ausgehen, wie Abb. 14 erkennen läßt.

Die Schlagbeanspruchung wird durch die Schlagenergie E ausgedrückt, das Produkt aus Fallhöhe und Fallkörpergewicht. Ergebnisse von Schlagversuchen können nur in Zusammenhang mit dem gewählten Erliegekriterium verglichen werden. Die bei Schlagversuchen an Naturstein als Erliegekriterium definierte Änderung der Rücksprunghöhe kann bei Asbestzement-Druckrohren nicht angewandt werden, da hier die Rücksprunghöhen ohne erkennbare Gesetzmäßigkeit stark variieren. PILNY [V 41] untersuchte Rohre NW 200 und NW 400 der Druckstufen ND 2,5 und ND 12,5 ohne Innendruck und unter Innendruck in Höhe des Nenndrucks. Für die Versuche an Rohren ohne Innendruck wurde als Erliegekriterium der Zustand festgelegt, bei dem sich an der Innenfläche eine merkbare Ausbeulung oder ein Riß zeigte. Für die unter Innendruck stehenden Rohre galt als Erliegekriterium der Zerstörungsgrad, bei dem

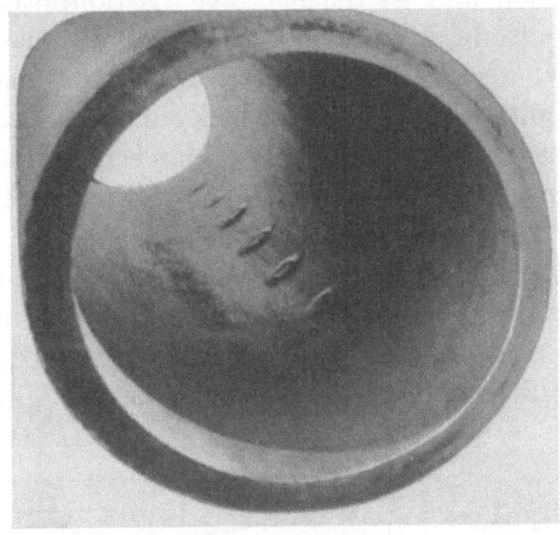

Abb. 14. Blick in ein unter Innendruck geprüftes Asbestzement-Druckrohr NW 400, ND 12,5.

sich spätestens drei Minuten nach dem Schlag eine Durchfeuchtung der Schlagstelle einstellte. Diese unterschiedlichen Kriterien sind beim Vergleich der Ergebnisse beider Versuchsreihen zu berücksichtigen. Abb. 14

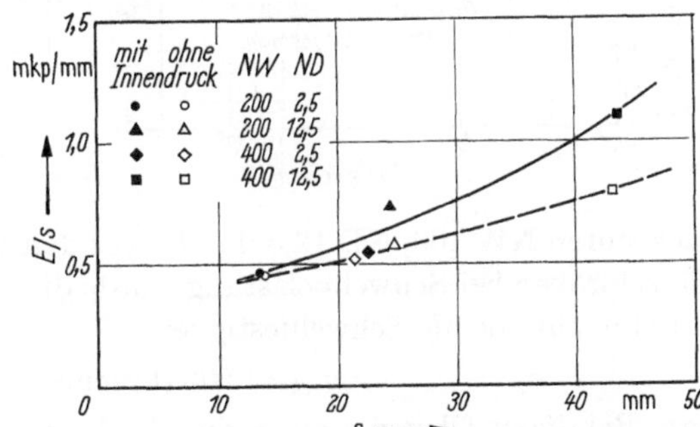

Abb. 15.

Darstellung der bezogenen Schlagenergie E/s [V 41].

zeigt die Schlagstellen an einem unter Innendruck geprüften Rohr. Abb. 15 enthält die auf die Wanddicke bezogene Schlagenergie in Abhängigkeit von der Wanddicke.

4.4.8 Dauerfestigkeit

Bei Beanspruchung eines Materials durch dynamische Belastung tritt der Bruch bei wesentlich niedrigeren Lasten auf als bei statischer Belastung. Zur vollständigen Beurteilung eines Materials müssen daher auch dynamische Festigkeitsversuche durchgeführt werden. Bewegt sich die Belastung innerhalb einer Periode zwischen Null und dem Maximalwert, so spricht man von Schwellbelastung. Ändert die Belastung ihre Vorzeichen und ist die negative Lastamplitude gleich der positiven Lastamplitude, so spricht man von Wechselbelastung. Als Schwellfestigkeit bzw. als Wechselfestigkeit bezeichnet man die positiven Spannungsamplituden, die bei einer beliebig hohen Lastwechselzahl ertragen werden ohne daß ein Bruch eintritt. Man erhält sie als Asymptote an die WÖHLER-Kurve, die sich aus den dynamischen Festigkeiten in Abhängigkeit von der Lastwechselzahl ergibt.

Für erdverlegte Druckrohre ist die Dauerfestigkeit von Bedeutung, z. B. wegen der Beanspruchung durch dynamische Verkehrslasten.

PILNY führte Versuche zur Ermittlung der Längsbiegeschwellfestigkeit [*V 42*] und der Längsbiegewechselfestigkeit [*V 41*] an Asbestzement-

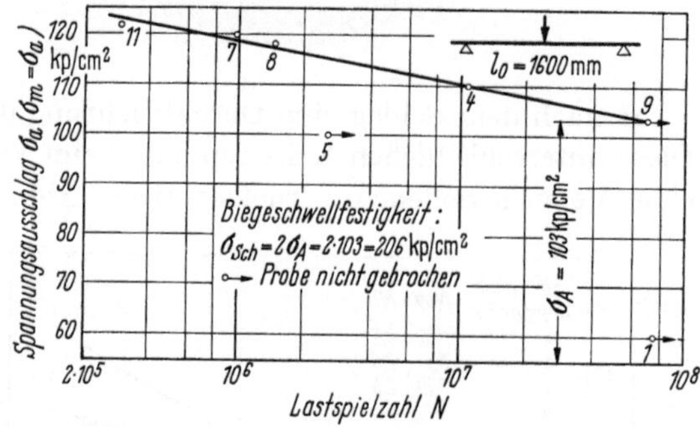

Abb. 16. WÖHLER-Linie für die Längsbiegeschwellfestigkeit von Asbestzement-Druckrohren NW 100/ND 12,5 nach PILNY [*V 42*].

Druckrohren NW 100, ND 12,5 durch. Aus den Versuchsergebnissen von 8 Einzelproben bei Schwellbelastung wurde die WÖHLER-Linie aufgetragen (Abb. 16), die als Schwellfestigkeit

$$\sigma_{sch} = 206 \ (\text{kp/cm}^2)$$

ergab. Bei dieser Oberspannung ging die Probe auch nach $70 \cdot 10^6$ Lastwechseln nicht zu Bruch. Bei einer mittleren statischen Biegefestigkeit von $\sigma_b = 404$ kp/cm² ergibt sich ein Verhältnis $\sigma_{sch} : \sigma_b = 0{,}51$.

Aus der WÖHLER-Kurve zur Wechselbelastung ergab sich die Längsbiegewechselfestigkeit (positive Spannungsamplitude) zu

$$\sigma_a = 107 \ (\text{kp/cm}^2)$$

bei einer mittleren statischen Biegefestigkeit von $\sigma_b = 313$ kp/cm².

Bereits 1959 führte WEINHOLD Versuche an Asbestzement-Druckrohren NW 400 und NW 600 mit verschiedenen Wanddicken zur Ermittlung der Ringbiegeschwellfestigkeit durch [*V 30* bis *V 34*]. Dabei wurden die Lasten ebenso wie bei den zum Vergleich durchgeführten statischen Scheiteldruckversuchen über ein oberes und unteres Sandbett mit einem Auflagerwinkel von etwa 60° eingeleitet, um den praktischen Verhältnissen möglichst nahe zu kommen. Die Versuche wurden für jede Rohrdimension mit je zwei unterschiedlichen, von Null verschiedenen Unterlasten gefahren. In der Praxis ist die Unterlast z. B. durch die statische Erdlast gegeben. Als Beispiel zeigt Abb. 17 die Ergebnisse für Rohre

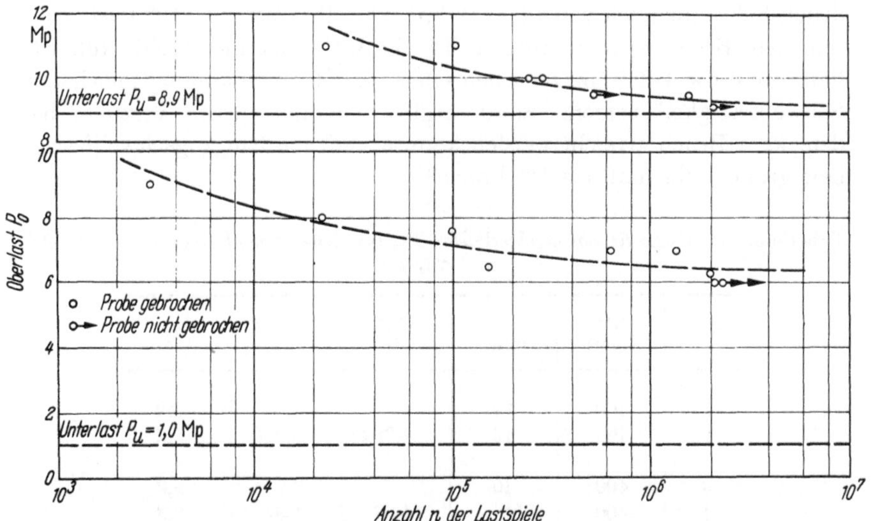

Abb. 17. Ringbiegeschwellbelastung NW 400, $s = 40$ mm nach WEINHOLD [*V 32*, *V 33*].

NW 400, $s = 40$ mm (entspricht ND 12,5). Die WÖHLER-Kurve wurde vom Verfasser eingetragen zur Ermittlung der kritischen Schwellbelastung P_{kr}, die bei beliebig vielen Lastwechseln ertragen wird.

Die zusammengefaßten Versuchsergebnisse enthält Tab. 5. Die Ergebnisse zeigen, daß nicht die Höhe der Unterlast P_u, sondern die Differenz zwischen Oberlast P_o und Unterlast P_u für die Größe der kritischen Schwellast maßgebend ist. Dieses Verhalten ist einleuchtend und bedeutet für die Praxis:

Je höher die statische Grundbelastung durch die Erdlast ist, um so größer wird zwar auch die kritische Schwellast, aber um so kleiner wird die für die Aufnahme der Verkehrslasten zur Verfügung stehende Differenz P_o bis P_u.

Im Hinblick auf die Ringbiegeschwellfestigkeit zeigen Asbestzement-Druckrohre ein außergewöhnlich günstiges Verhalten, da bei Lastwechselzahlen über 10^6 und einer Oberlast von ca. 40% der statischen Festigkeiten kein Bruch mehr auftritt.

1966 führte PILNY Versuche an Rohren NW 500 mit 35 mm Wanddicke an den abgedrehten Rohrenden zur Ermittlung der Ringzugschwellfestigkeit durch [V 43]. Während der statische Berstdruck zu 48,2 kp/cm² ermittelt wurde, was einer nach DIN 19800 errechneten Ringzugfestigkeit von 306,1 kp/cm² entspricht, konnte bei einem Innendruck-Schwellbereich von 14 ± 10 kp/cm² selbst bei $2,1 \cdot 10^6$ Lastwechseln kein Bruch erreicht werden. Da die Unterlast hier nicht Null ist, kann man die Differenz zwischen Ober- und Unterspannung gleich der Schwellfestigkeit setzen. Somit ergibt sich aus diesem Versuch, bei dem kein Bruch erreicht werden konnte, daß die Ringzugschwellfestigkeit größer sein muß als 127 kp/cm².

Tabelle 5. *Kritische Ringbiegeschwellasten P_{kr} für Asbestzement-Druckrohre NW 400 und NW 600*

Nr.	NW (mm)	s (mm)	P_{st}* (Mp)	P_u (Mp)	P_{kr} (Mp)
1	400	19		3,0	3,2
2	400	19	4,964	0,250	2,2
3	400	40		8,9	9,2
4	400	40	14,87	1,0	6,3
5	600	30		5,53	6,1
6	600	30	9,22	0,92	4,6
7	600	60		16,7	20,1
8	600	60	27,8	5,56	12,0

* Statische Bruchlast

4.4.9 Nachhärtung

Der chemische Erhärtungsprozeß der zementgebundenen Stoffe führt zu einer zeitabhängigen Steigerung der Materialfestigkeiten. Die Ursache liegt darin, daß sich die Hydratation der Klinkerkomponenten, besonders des langsam reagierenden Dikalziumsilikats über längere Zeit erstreckt. Die dabei stattfindende Gelbildung und Kristallisation der Umsetzungsprodukte bedingt die Verfestigung.

Um den zeitlichen Verlauf der Nachhärtung zu verfolgen, wurden Rohre NW 100, ND 10 über einen Beobachtungszeitraum von einem Jahr in bestimmten Zeitabständen Innendruck-, Scheiteldruck-, Längsbiegungs- und Längszugversuchen unterworfen [*V 41*].

Als Beispiel zeigt Abb. 18 den angenäherten zeitlichen Verlauf der Scheiteldruckfestigkeit. Für die übrigen Festigkeiten verlaufen die Kurven ähnlich. Allgemein ist beim Beginn der Erhärtung ein steiler Anstieg

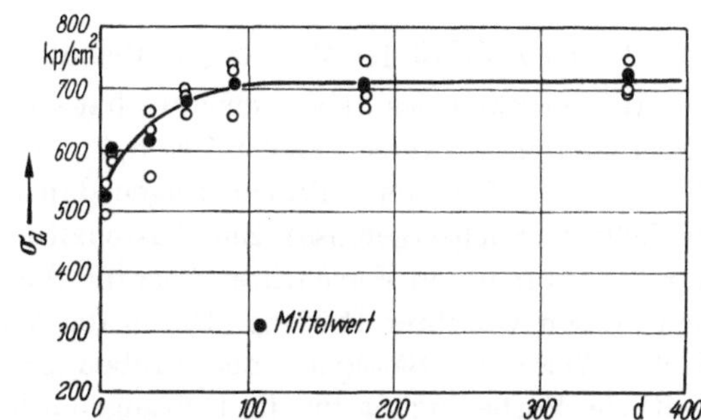

Abb. 18. Einfluß der Nachhärtung auf die Scheiteldruckfestigkeit [*V 41*].

der Festigkeiten zu beobachten, der allmählich bis zum Endwert abklingt. Das Verhältnis der 28 Tage-Festigkeit zur Festigkeit nach einem Jahr betrug für die Scheiteldruckfestigkeit etwa 87,5%, für die Innendruckfestigkeit etwa 83%, für die Längszugfestigkeit etwa 89%. Für die Längsbiegefestigkeit lassen sich wegen der Streuung der Versuchswerte keine Angaben machen. Die Innendruckfestigkeit scheint auch nach einem Jahr noch weiter anzuwachsen, während für die anderen Festigkeitswerte die praktischen Endwerte anscheinend erreicht wurden. Allgemein kann gesagt werden, daß gegenüber der 28 Tage-Festigkeit innerhalb des ersten Jahres nach Herstellung noch ein Festigkeitszuwachs von etwa 15% zu erwarten ist.

Die Beobachtung der Nachhärtung über längere Zeiträume ist schwierig. Beachtung verdient der Bericht von ROMANOFF und DENISON [*19*], deren Beobachtungen sich über 13 Jahre erstreckten. Sie untersuchten die Innendruck- und Scheiteldruckfestigkeiten sowie Wassergehalt und Raumgewicht. Danach ergab sich die Tendenz, daß bei im Wasserbad gehärteten Rohren eine Nachhärtung mit Anstieg der Festigkeiten und des Raumgewichtes und Absinken der Wasseraufnahme bis zu 7 Jahren auftrat. Danach nahm die Innendruckfestigkeit zwar ab, lag aber auch nach 13 Jahren noch wesentlich über dem Ausgangswert. Bei der Scheiteldruckfestigkeit blieb der Maximalwert erhalten. Bei dampfgehärteten

Rohren, die ein höheres Raumgewicht und eine geringere Wasseraufnahme zeigten, war die Nachhärtung nach zwei bis vier Jahren beendet. Im weiteren Verlauf der Versuchszeit war jedoch ein starker Rückgang der Festigkeiten zu beobachten.

Die angeführten Versuchsergebnisse lassen den Schluß zu, daß die Nachhärtung hauptsächlich im ersten Jahr nach der Herstellung stattfindet und dann allmählich ausklingt.

4.4.10 Einfluß des Wassergehaltes auf die Festigkeiten

Der Wassergehalt des Asbestzementes hat einen Einfluß auf die Höhe der Festigkeiten. An verschiedenen Orten durchgeführte gleichartige Versuche an „raumfeuchten" Proben zeigen daher im allgemeinen unterschiedliche Versuchsergebnisse. Zur Ausschaltung dieses Einflusses enthalten die Prüfnormen Vorschriften über die Wasserlagerung der Asbestzementproben vor ihrer Prüfung. Durch die Wasserlagerung kann auf einfache Weise die Sättigung der Proben erreicht werden, die eine einheitliche Vorbedingung für die Prüfungen schafft.

Innendruck- und Scheiteldruckversuche bei unterschiedlichem Wassergehalt an Rohren NW 200, ND 2,5 zeigten deutlich, daß mit steigendem Wassergehalt die Festigkeiten abnehmen [*V 41*]. Die Ringzugfestigkeit der wassergesättigten Proben (Wassergehalt etwa 15 bis 16%) lag im Mittel um 19,1% niedriger als die Festigkeit der getrockneten Proben mit etwa 2% Wassergehalt. Gegenüber der lufttrockenen Probe (10% Wassergehalt) betrug die Festigkeitsabnahme der wassergesättigten Probe etwa 15%.

Die Ringbiegefestigkeit der gesättigten Proben lag um 6% unter der Trockenfestigkeit. Behelfsmäßige Prüfungen der Längsbiegefestigkeit ergaben etwa gleiche Festigkeitsabnahme wie die Innendruckversuche.

4.4.11 Scheiteldruckfestigkeit gefrorener Rohrproben

Scheiteldruckversuche an Rohrproben NW 200, ND 2,5, die nach siebentägiger Wasserlagerung bei — 60 °C gefroren wurden, ergaben eine um etwa 59% höhere Scheiteldruckfestigkeit als nichtgefrorene Proben. Diese Festigkeitssteigerung ist auf die Stützwirkung des in den Poren enthaltenen Eises zurückzuführen. Gleichartige Versuche an Proben, die 10 mal bei — 20 °C durchfroren und anschließend wieder aufgetaut wurden, ergaben keine Beeinflussung der Scheiteldruckfestigkeit gegenüber den nichtgefrorenen Proben [*V 41*].

4.4.12 Elastisches Verhalten

Die elastischen Eigenschaften eines Materials werden durch den Elastizitätsmodul gekennzeichnet. Während bei einem isotropen Material, das in seinem Dehnungsverhalten dem HOOKEschen Gesetz folgt, der E-Modul von der Lastgröße und -richtung unabhängig ist, ist dies bei Asbestzement nicht der Fall. Hier gehört zum Wert des E-Moduls die Angabe, in welcher der drei Hauptwirkungsrichtungen die Belastung erfolgte (axial in Richtung der Rohrachse, radial in Richtung des Rohrdurchmessers oder tangential in Richtung des Rohrumfanges), ob es sich um Zug- oder Druckbelastung handelte, für welchen Spannungsbereich der E-Modul ermittelt wurde und ob die Bestimmung am ganzen Rohr oder am Probestab erfolgte. Von den unterschiedlichen Werten des E-Moduls sind nachstehend nur die für die Praxis wichtigen aufgeführt.

Axiale Druckbeanspruchung von Rohrstücken im Spannungsbereich 100 bis 350 kp/cm²:

$$E = 220\,000 \text{ bis } 240\,000,$$
$$\text{im Mittel } E = 230\,000 \text{ (kp/cm}^2\text{)}.$$

Längsbiegebeanspruchung von Rohren, Spannung $\sigma_b = 100$ kp/cm², wobei der E-Modul aus der gemessenen Durchbiegung in Rohrmitte berechnet wurde:

$E = 225\,000$ bis $240\,000$ (kp/cm²) aus der elastischen Durchbiegung,
$E = 205\,000$ bis $210\,000$ (kp/cm²) aus der Gesamtdurchbiegung.

Scheiteldruckbeanspruchung von kurzen Rohrstücken, Spannung etwa 180 kp/cm², wobei der E-Modul aus den gemessenen vertikalen und horizontalen Durchmesseränderungen berechnet wurde:

$$E = 255\,000 \text{ (kp/cm}^2\text{)}.$$

Innendruckbeanspruchung von Rohren im Spannungsbereich 0 bis 80 kp/cm²:

$$E = 330\,000 \text{ (kp/cm}^2\text{)}.$$

Die angegebenen Zahlenwerte für den Elastizitätsmodul lassen erkennen, daß sich wegen der Abhängigkeit von der Spannung und Belastungsart ein allgemeingültiger Mittelwert nicht angeben läßt. Für jeden besonderen Anwendungsfall muß der entsprechende E-Modul gewählt werden. Näheres s. [37], wo auch Angaben über die Größe der POISSONschen Zahl enthalten sind, die ebenfalls von der Belastung abhängig ist. Für die Druckstoßberechnung kann jedoch überschläglich mit einem

E-Modul für die Rohrleitung von $E_r = 250\,000$ kp/cm² gerechnet werden (vgl. Abschn. 4.2.2.1).

Wegen ihres niedrigen Elastizitätsmoduls in Verbindung mit der bei üblichen Auflasten erforderlichen Wanddicke sind Asbestzement-Druckrohre in der Regel als elastische Rohre zu betrachten. Das bedeutet, daß sie sich unter Auflasten mindestens ebenso stark verformen wie der umgebende Boden (vgl. Abschn. 9.4.1.1). Dieses elastische Verhalten wirkt sich günstig aus bei Beanspruchung durch dynamische Verkehrslasten.

4.4.13 Abriebfestigkeit

Im Hinblick auf die Verwendung eines Rohrwerkstoffs für Abwasserleitungen oder Feststofftransportleitungen ist die Frage seiner Abrieb- und Verschleißfestigkeit von besonderer Bedeutung. Um Anhaltspunkte für diese Festigkeitswerte zu erhalten, wurden zahlreiche sehr verschiedenartige Versuche durchgeführt.

PRESS [*V 50*] wandte bei seinen Verschleißversuchen mit Druckwasser unter Sand- bzw. Kieszugabe hohe Fließgeschwindigkeiten an, um die Versuchszeit herabzusetzen. Die unter diesen extremen Versuchsverhältnissen gewonnenen Ergebnisse waren auf normale Betriebsbedingungen umzurechnen.

Zur Prüfung einer punktförmigen Beanspruchung wurde ein Wasserstrahl mit einer Geschwindigkeit von etwa 45 m/s auf eine Rohrhalbschale NW 100 geleitet. Die Messung der Eindringtiefe an der Aufprallstelle in zeitlichen Abständen von 10 h ergab eine Endtiefe von 2,2 mm nach insgesamt 83 h Versuchsdauer. Es zeigte sich, daß die Eindringtiefe zu Beginn des Versuches schneller zunahm als gegen Ende, was durch die Polsterwirkung der freigelegten Asbestfasern nach anfänglicher Ausspülung des Bindemittels zu erklären ist. Im Hinblick auf die extreme Punktbeanspruchung ist der gemessene Verschleiß als äußerst gering anzusehen.

Zur Prüfung der Flächenabnutzung wurde ein Wasser-Sand- bzw. Wasser-Kies-Gemisch im Kreislauf durch eine Asbestzementrohrleitung NW 100, ND 10 gefördert. In diese Versuchsleitung waren fünf Krümmer eingebaut, die im Laufe der Versuche durch den Abrieb zu zerstören waren. Die Versuche wurden mit verschiedenen Fließgeschwindigkeiten und Korngrößen durchgeführt und es wurden insgesamt etwa 100 Krümmer untersucht. Die Wucht des Wasser-Kies-Gemisches veranschaulicht Abb. 19, die den Kies 7/10 mm vor Versuchsbeginn und das gleiche Material nach achtstündiger Versuchsdauer gegenüberstellt.

Die Zerstörung der Krümmer erfolgte grundsätzlich in einem schmalen Bereich an der Krümmeraußenseite. Um die Versuchszeiten bis zum Bruch kurz zu halten, wurde eine möglichst hohe Konzentration des Wasser-Kies-Gemisches angestrebt. Zum Vergleich der Versuche untereinander wurden alle Ergebnisse auf die Konzentration von 1 Gewichtsprozent umgerechnet. Die Auftragung dieser Werte in doppelt logarithmischem Maßstab ergab Geraden für die Abhängigkeit der Bruchzeit von der Fließgeschwindigkeit bzw. vom Korndurchmesser. Hierdurch ist eine einfache Umrechnung der Versuchswerte auf andere Fließgeschwindigkeiten oder Korndurchmesser möglich. Es ergab sich

für Korndurchmesser 1 mm, $v = 0{,}8$ m/s Bruchzeit $t = 34{,}9$ Jahre,
1 mm, $v = 1{,}6$ m/s Bruchzeit $t = 3{,}85$ Jahre,
2 mm, $v = 1{,}6$ m/s Bruchzeit $t = 1{,}92$ Jahre.

Hierbei ist zu berücksichtigen, daß die Fließgeschwindigkeiten des Wassers und des Kieses gleich sind.

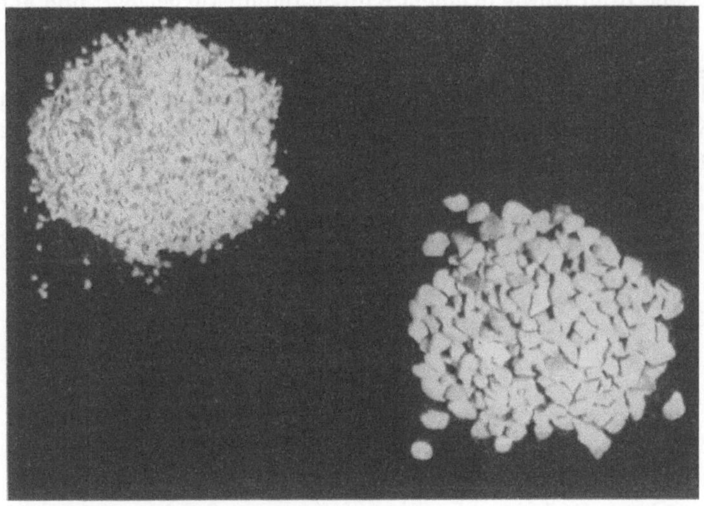

Abb. 19. Benutzter Kies vor der Zugabe und nach 8 stündigem Versuchsbetrieb [*V 50*].

In der Praxis findet beim Einsatz von Asbestzement-Druckrohren in der Kanalisation ein Sandtransport und damit Verschleiß nur während der Regenstunden statt, in denen die Schleppkraft des Wassers zum Transport des abgelagerten Sandes ausreicht. Für Berlin beträgt das

4*

Verhältnis der Regenstunden zu Trockenstunden im Jahr etwa 1 : 8. Außerdem ist zu berücksichtigen, daß nur während eines Bruchteils der Regenstunden ein Sandtransport stattfindet, daß die Sandgeschwindigkeit größtenteils nur einen Bruchteil der Wasserfließgeschwindigkeit ausmacht, daß die Sandkonzentration in der Praxis bei weitem niedriger ist als 1 Gewichtsprozent, und vor allem, daß der Verschleiß an geraden Rohren wesentlich kleiner ist als an Krümmern, die in Kanälen allgemein nicht angewendet werden. Aus diesen Tatsachen ergibt sich für die Lebensdauer ein Vielfaches der obengenannten Zahlenwerte.

Es kann daher auf Grund der Versuchsergebnisse von PRESS festgestellt werden, daß Asbestzement-Druckrohre gegenüber Sand- bzw. Kiesabrieb eine erstaunlich hohe Widerstandsfähigkeit aufweisen, die sie auch für den Transport von Geschiebe führenden Wässern bzw. Abwässern mit hoher Sicherheit geeignet erscheinen lassen.

PÖPEL [*V 25*] führte Abriebversuche mit einem Sand-Wasser-Gemisch an einem 4,0 m langen Versuchsrohr NW 450 durch. Das an den Enden verschlossene Rohr wurde in einem Kippgestell mittig gelagert und nach Art einer Bockschaukel auf und nieder bewegt. Der Abrieb wurde an mehreren Meßpunkten mechanisch gemessen. Der für die Untersuchungen verwendete Sand bzw. Kies entstammte einem Mehrkammer-Langsandfang der Kläranlage Stuttgart-Mühlhausen und hatte die in Tab. 6 angegebene Kornzusammensetzung.

Tabelle 6. *Kornzusammensetzung des für Abriebversuche von* PÖPEL *verwendeten Sandes* [*V25*]

Korngröße (mm)	Prozentuale Menge %
1 — 2	55
2 — 3	15
3 — 5	15
über 5	15
Zusammen:	100

Das Wasser-Sand-Gemisch bestand aus 12 kp Sand und 10 l Wasser, wobei sich nur etwa $^2/_3$ der Füllung an der Rutschbewegung beteiligten. Insgesamt wurden rund 90 000 Kippbewegungen ausgeführt mit einer gesamten über die Rohrsohle geförderten Sandmenge von 1433 Mp. Die größte dabei gemessene Abriebtiefe in Sohlenmitte betrug nur rund

1,5 mm, die Querschnittsverminderung an dieser Stelle betrug rund 1,9 cm². Auch diese Versuche zeigten ebenso wie die von PRESS durchgeführten Versuche mit Wasserstrahlbeaufschlagung, daß der Abrieb anfangs stärker ist und später langsamer vor sich geht. Das nach Auswaschen des Bindemittels übrigbleibende Asbestfasergeflecht mindert als Schutzschicht den mechanischen Angriff bis zu einem gewissen Grade ab. Für die Praxis läßt sich jedoch anhand der Versuchsergebnisse sagen, daß der Abrieb mit der zu fördernden Sandfracht direkt proportional wächst. Eine rechnerische Übertragung der Versuchsergebnisse auf praktische Verhältnisse ergab für einen Abwasserkanal NW 1000 mit üblichem Gefälle unter Zugrundelegung der IMHOFFschen Werte für das Verhältnis von Trockenwetter- zu Regenwetterabfluß und für die Sandfracht eine Lebensdauer von weit über 100 Jahren. Diese Rechnung soll nur ein Anhaltspunkt sein, wobei zu berücksichtigen ist, daß die Beanspruchung im Versuch durch das Hin- und Herschieben einer kompakten Sandmasse weit ungünstiger sein dürfte als im praktischen Betrieb. Doch zeugt auch bereits dieser Wert von der erheblichen Widerstandsfähigkeit des Asbestzement-Druckrohres gegenüber Abrieb, wie er bei Abwasserleitungen auftreten kann. Befürchtungen, daß Asbestzement-Druckrohre dem Abrieb in Abwasserleitungen nicht gewachsen sind, sind somit gegenstandslos.

Im Jahre 1934 führte die Staatliche Versuchsanstalt für Baustoffe des Technologischen Gewerbemuseums in Wien Abriebversuche an 18 cm langen Druckrohrproben NW 150 mit Innenanstrich durch. Die an den Enden verschlossenen Rohrproben wurden mit 500 p Basaltsplitt gefüllt und durch eine Rüttelmaschine horizontal bewegt. Der mittlere Gewichtsverlust nach 80 h Versuchsdauer betrug 12,3 p und ist vor allem auf die abgeschliffene Asphaltschicht zurückzuführen, während ein wahrnehmbarer Angriff auf das Rohrmaterial selbst nicht festzustellen war [*V 52*]. Eine von der Versuchsanstalt durchgeführte Deutung für die Praxis ergab, daß zur Zerstörung eines Rohres mit 1 cm Wanddicke größenordnungsmäßig ein Durchfluß von 8000 Mp des vorliegenden Basaltsplitts erforderlich wäre. Somit ist nach den Feststellungen der Versuchsanstalt die Gefahr eines mechanischen Durchscheuerns der Asbestzement-Druckrohre bei den üblichen Kanalisationsleitungen innerhalb von sehr großen Zeiträumen nicht zu erwarten.

Ergänzend führte das gleiche Institut eine weitere Versuchsreihe durch, bei der die Rohrproben aus einer Entfernung von 15,5 cm durch einen Quarzsandstrahl von 2 bzw. 3 atü Blasdruck während der Dauer von 1 min auf einer Kreisfläche von 60 mm Durchmesser beaufschlagt wurden. Der hierbei gemessene Gewichtsverlust betrug rund 12 bzw. 17 p.

Ähnliche Versuche mit Stahlspänen als Abriebmittel wurden im Prüflaboratorium des Polytechnikums von Mailand durchgeführt, die größenordnungsmäßig gleiche Gewichtsverluste ergaben wie die Wiener Versuche [*V 51*].

Von PILNY [*V 44*] wurden Versuche durchgeführt um festzustellen, ob beim Durchfluß von Reinwasser mit sehr hoher Geschwindigkeit Erosionen an der Rohrwand auftreten. Durch eine Versuchsstrecke aus Asbestzement-Druckrohren NW 50 mit zwei je 8,0 m langen geraden Rohrstrecken wurde Berliner Leitungswasser mit einer Geschwindigkeit von 12,3 m/s im Kreislauf gefördert. Nach einer Durchflußmenge von 100 000 m³ ergaben die Verschleißmessungen, die mit einer Meßgenauigkeit von $2 \cdot 10^{-3}$ mm für die mittlere Erosionstiefe ausgeführt werden konnten, keinerlei Verminderung der Wanddicke. Dagegen ergab sich eine Wanddickenzunahme durch Abscheiden der im Wasser gelösten Verbindungen von $1,2 \cdot 10^{-2}$ mm.

In extremen Fällen können die Rohre zur Erhöhung der Abriebfestigkeit mit einer Epoxidharz-Beschichtung versehen werden. Derartig geschützte Rohre weisen auch gegen eine kombinierte Abrieb- und Schlagbeanspruchung eine hohe Widerstandsfähigkeit auf, wie Untersuchungen der Städtischen Baustoff-Prüfungsanstalt Wuppertal gezeigt haben [7].

Bei diesen Versuchen wurde ein beidseitig verschlossenes Rohr NW 200, das mit einem Gemisch aus Karborundpulver, Mahlkugeln und Wasser von bestimmtem Gewicht gefüllt war, in Rotation versetzt. Nach z. B. 10 000 Umdrehungen wurde der Abrieb gewichtsmäßig bestimmt und auf die Rohroberfläche bezogen. Nach den Versuchsergebnissen ist die Widerstandsfähigkeit der Asbestzementrohre mit Epoxidharz-Beschichtung derjenigen von Rohren mit gebrannten Glasuren mindest als gleichwertig zu betrachten.

Zusammenfassend kann auf Grund der Versuchsergebnisse gesagt werden, daß Asbestzement-Druckrohre eine hohe Abriebfestigkeit besitzen, und daß daher Befürchtungen gegen eine Verwendung dieser Rohre für den Abwassertransport gegenstandslos sind.

Alle bisher betrachteten Abriebversuche wurden im Hinblick auf den möglichen Sandabrieb in Abwasserleitungen durchgeführt. Es muß jedoch auch bei anderen Verwendungszwecken für Asbestzement-Druckrohre mit mechanischer Abnutzung gerechnet werden. So interessiert bei der Verwendung von Asbestzementmantelrohren für Fernheizleitungen die Abriebfestigkeit einer kombinierten Auflagerkupplung gegenüber den Längenänderungen der Stahlrohre infolge Temperaturschwankungen. Hierzu wurden von der ETERNIT AG Versuche mit einem wassergefüllten

Stahlrohr NW 400 durchgeführt, das beidseitig auf Asbestzement-Rohrhalbschalen aufgelagert wurde. Der Versuch wurde so angeordnet, daß die gleiche statische Beanspruchung wie bei den Auflagerkupplungen in der Praxis vorlag. Das Stahlrohr wurde während 24 Stunden mit einer Geschwindigkeit von 5 cm/s über einen Verschiebungsweg von 150 mm hin und her bewegt. Der an der Auflagersohle gemessene Abrieb betrug im Mittel 2,5 mm bei einer ursprünglichen Dicke der Lagerschale von 40 mm. Es zeigte sich, daß der abgeriebene Asbestzementstaub die Unebenheiten der Stahlrohroberfläche derart ausglich, daß beinahe von einer Reibung Asbestzement auf Asbestzement gesprochen werden kann. Das Versuchsergebnis zeigte eine beachtlich gute Abriebfestigkeit des Materials, die für die praktischen Belange als völlig ausreichend betrachtet werden kann und läßt für die praktische Anwendung eine sehr geringe Abnutzung der Auflagerkupplungen erwarten. In der Praxis würde der oben genannte Abriebwert erst in rund 100 Jahren erreicht werden, wobei zu berücksichtigen ist, daß dieser Wert bei weitem noch nicht dem zulässigen Grenzwert entspricht.

4.4.14 Untersuchungen an dynamisch belasteten, erdverlegten Asbestzement-Druckrohren

Vom CURT-RISCH-Institut der TH Hannover wurden Großversuche zur dynamischen Beanspruchung erdverlegter Kanalisationsrohre ohne Innendruck in rolligem und in bindigem Boden durchgeführt [*V 21*, *V 22*]. Neben den Versuchen mit Verkehrsbelastungen durch Fahrzeuge und durch verschiedene Verdichtungsgeräte bei unterschiedlichen Überdeckungshöhen wurde auch eine Schwingmaschine eingesetzt, um eine Verbindung zwischen theoretischen Untersuchungen und den praktischen Versuchsergebnissen herstellen zu können.

Neben anderen Rohrwerkstoffen wurden Asbestzement-Druckrohre NW 600 mit 37 mm Wanddicke von 4,0 m Länge untersucht, an die beidseitig je ein 1,0 m langes Rohrstück mit REKA-Kupplungen angeschlossen wurde. Die Verformung wurde in Rohrmitte gemessen.

Als Anhaltswerte für die in rolligem Boden (Versuchsplatz A) beim Einsatz von Verdichtungsgeräten auftretenden Verformungen sei erwähnt, daß die vertikale Durchmesseränderung beim Stampfen mit einer 100-kp-DELMAG-Explosionsramme und 30 cm Überdeckungshöhe etwa 110 µ, beim Einsatz eines 500-kp-DELMAG-Frosches und 1,20 m Überdeckungshöhe etwa 270 µ und beim Übergang eines 1,6-Mp-Rüttelverdichters von Bohn & Kähler bei 1,10 m Überdeckungshöhe etwa 270 µ betrug.

Die Versuche mit der Schwingmaschine in rolligem Boden zeigten, daß die Elastizität der Rohre nur wenig von der Bodenelastizität abweicht. Das heißt, daß die Verformungen von Rohr und Boden in etwa einander entsprechen, was bei dynamischer Beanspruchung von großer Bedeutung ist. Ebenso wie bei der Beanspruchung durch die Verdichtungsgeräte klingen auch hier die Durchmesseränderungen und damit die Rohrbeanspruchungen mit zunehmender Überdeckung ab. Dehnungsmessungen in Rohrmitte und am Spitzende ergaben, daß infolge des verformungshindernden Einflusses der REKA-Muffe die Beanspruchungen zum Rohrende hin stark abklingen. Die horizontalen Bewegungen der Rohre waren in allen Fällen um eine Zehnerpotenz kleiner als die vertikalen und können für gewöhnlich vernachlässigt werden.

Die Versuche in bindigem Boden, der aus Geschiebemergel bestand (Versuchsplatz B), zeigten, daß die Rohrbeanspruchung beim Schlagen mit DELMAG-Fröschen hier wesentlich höher liegt als im Sandboden. Außerdem werden die Stampfschläge in bindigem Boden weniger gedämpft als im Sandboden.

Die vertikalen Durchmesseränderungen ergeben sich im Mittel um etwa 30% höher als im Sandboden.

Versuche mit Fahrzeugen, um die in der Praxis tatsächlich auftretenden Verkehrsbelastungen zu ermitteln, konnten nur in rolligem Boden durchgeführt werden. Die Überdeckungshöhe betrug 1,20 m. Es wurden verschiedene Lastkraftwagen mit maximal 10 Mp Achslast sowie ein 44-Mp-Panzer eingesetzt. Beim Überfahren eines 10 cm hohen Meßkeils auf einer Kopfsteinpflasterdecke traten dabei bei Fahrgeschwindigkeiten von 8 bis 10 km/h zusätzliche Stoßbeanspruchungen in Höhe von etwa 30 bis 70% der statischen Lasten auf. Bei Fahrversuchen mit dem Panzer auf der Kopfsteinpflasterdecke ohne Meßkeil mit etwa 26 km/h Geschwindigkeit ergaben sich dynamische Amplituden von etwa 30% der statischen Werte.

Um einen Anhalt über die tatsächliche Rohrbeanspruchung zu erhalten sei erwähnt, daß sich aus der bei der Panzerbelastung gemessenen Dehnung von $\varepsilon = 9 \cdot 10^{-5}$ eine Scheitelzugspannung von 22,5 kp/cm² ergab, also ein sehr geringer Wert.

Faßt man die Ergebnisse der vorliegenden Schwingungsuntersuchungen und Fahrversuche zusammen, so kann folgendes festgestellt werden:

a) Schwinger-Versuche. Die Beanspruchung der Rohre ist von der Verlegetiefe abhängig. Während das untersuchte Asbestzement-Druckrohr im Sandboden des Versuchsplatzes A sich gut den dynamischen Einwirkungen anpaßte, war dies beim bindigen Boden des Versuchsplatzes B nicht der Fall. Das drückt sich darin aus, daß die gemessenen Eigenfrequenzen im Sandboden bei allen Überdeckungshöhen gleich blieben, während sie im bindigen Boden von der Überdeckungshöhe abhängig waren. Daher lassen sich auch die Rohrverformungen des im rolligen Boden verlegten Asbestzement-Druckrohres hinreichend genau aus den Schwingbewegungen des Bodens ermitteln, wobei die Verformungen entsprechend der Abklingfunktion des Bodens mit der Tiefe abnehmen. Im bindigen Boden können die Auswirkungen bei gleicher Erregerkraft um etwa 25% größer werden als im rolligen, wo eine stärkere Dämpfung herrscht.

Der Einbau einer Kopfsteinpflasterdecke ergibt bei beiden Bodenarten eine Erhöhung der Eigenfrequenz. Beim Sandboden konnte durch die lastverteilende Wirkung des Kopfsteinpflasters eine Verminderung der Rohrbeanspruchung um 20% bis 40% beobachtet werden.

b) Verdichten der Gräben. Der Einsatz von Stampfgeräten ergibt Stoßbeanspruchungen des Rohres, die sich in einer starken Verformungsspitze ausdrücken. Im rolligen Sand wurden keine Nachschwingungen des Rohres beobachtet. Der Einsatz einer 100-kp-Explosionsramme ist ab 30 cm Überdeckung ungefährlich für das Rohr, dagegen müssen schwerere Geräte mit Vorsicht angewendet werden. Hier zeigen sich erhebliche Einwirkungen auf das Rohr, so daß diese Geräte erst von größeren Überdeckungshöhen ab eingesetzt werden sollten. Im Versuchsbericht des CURT-RISCH-Institutes wird darauf hingewiesen, daß die im „Merkblatt über das Zufüllen von Leitungsgräben"[1] angegebenen Mindestüberdeckungshöhen für schwere Verdichtungsgeräte (DELMAG-Frösche usw.) u. U. zu gering sind. Im bindigen Boden ist eine Verdichtung durch Stampfgeräte ungenügend, während hier die Erregerfrequenz des Rüttelverdichters eine größere Rolle als beim Sandboden spielt. Es konnte gezeigt werden, daß die Beanspruchungen des Rohres nach Überschreiten der Eigenfrequenz trotz höherer Erregerkräfte wieder abnehmen, so daß es bei Wahl geeigneter Arbeitsfrequenzen möglich ist, die Verdichtungswirkung durch höhere Erregerkräfte zu verbessern und gleichzeitig dabei die Rohrbeanspruchung zu vermindern.

c) Versuche mit Verkehrsbelastungen. Die statischen Beanspruchungen durch Lastkraftwagen verhalten sich praktisch wie die Achslasten. Eine Abhängigkeit der dynamischen Zusatzbeanspruchung von den Achslasten ist nicht erkennbar. Bei seitlicher Vorbeifahrt klingt die Rohrbelastung sehr schnell ab. Letzteres gilt auch für die Keilüberfahrt (Nachahmung

---

[1] Herausgegeben von der Forschungsgesellschaft für das Straßenwesen e. V., 5 Köln, Maastrichter Str. 45.

eines Schlagloches), wo jede Achse eine Verformungsspitze im Rohr erzeugt, die sofort abklingt. Bei höheren Fahrgeschwindigkeiten kann eine Entlastung der Vorderachse und eine zusätzliche Belastung der Hinterachse um 10% bis 20% erfolgen.

Zusammenfassend läßt sich als Ergebnis der zahlreichen durchgeführten Festigkeitsversuche feststellen, daß Asbestzement-Druckrohre hohe statische Festigkeitswerte aufweisen, die teilweise wesentlich über den in der Norm geforderten Mindestwerten liegen, daß sie günstiges Verhalten gegenüber dynamischen Beanspruchungen zeigen und daher auch für Rohrleitungen unter verkehrsreichen Straßen geeignet sind und daß sie im Hinblick auf die Verwendung für Abwasserkanäle bemerkenswerte Abtriebfestigkeiten haben.

4.5 Verhalten gegen chemische Einwirkungen

In diesem Abschnitt sollen vor allem Probleme der Innen- und Außenkorrosion behandelt werden. Bei den komplizierten Vorgängen der Korrosion ist vor allem die Einwirkungszeit und Konvektion von ausschlaggebender Bedeutung. Es ist daher nicht ohne weiteres möglich, aus Versuchen eindeutige Aussagen über die zu erwartende Korrosionsbeständigkeit zu erhalten. Bei kurzzeitigen Laborversuchen, die in der Regel jeweils mit nur einem bestimmten Agens durchgeführt werden, liegen grundsätzlich andere Verhältnisse vor als unter natürlichen Gegebenheiten. Erkenntnisse aus Korrosionsversuchen im Laboratorium müssen daher durch Beobachtungen an verlegten Leitungen ergänzt werden und umgekehrt. Unter diesem Blickwinkel sind Laborversuche als Ergänzung praktischer Beobachtungen äußerst wertvoll.

Neben den Laborversuchen wurden alte Asbestzement-Druckrohrleitungen in den verschiedensten Gegenden der Bundesrepublik Deutschland aufgegraben und untersucht, die unterschiedlichen Einbau- und Betriebsbedingungen unterworfen waren. Die Ergebnisse dieser Untersuchungen enthält Abschn. 5.

4.5.1 Allgemeine Betrachtung zur Korrosion von Asbestzement-Druckrohren

Beim Asbestzement besteht die Möglichkeit einer Korrosion dann, wenn Agenzien vorhanden sind, die die im Rohrwerkstoff enthaltenen Kalziumverbindungen und geringen Mengen Magnesiumhydrat angreifen. Da das Material selbst basisch ist, kommen hierbei im wesentlichen saure Reaktionen in Frage. Das Hauptgewicht aller Boden- und Wasseruntersuchungen im Hinblick auf Korrosion muß daher auf der Erfassung des

Säuregrades liegen. Bei Trinkwasserleitungen kommt als Angriffsmittel für die Innenkorrosion hauptsächlich aggressive Kohlensäure in Betracht.

Allgemein lassen sich die Korrosionsvorgänge auf chemische oder elektrochemische Reaktionen zwischen Rohrmaterial und Umgebung zurückführen. Bei den elektrochemischen Vorgängen bildet sich ein Element, das aus einem Elektrolyten, einer Kathode und einer Anode besteht und in dem ein Korrosionsstrom fließt. Die Bildung eines elektrochemischen Korrosionselementes setzt somit die elektrische Leitfähigkeit des betreffenden Materials voraus.

Damit wird aber gleichzeitig offensichtlich, daß die erwähnten Korrosionselemente, die auf elektrochemischen Vorgängen beruhen, beim Asbestzement-Druckrohr wegen seiner äußerst geringen elektrischen Leitfähigkeit von vornherein entfallen.

Aus gleichem Grund ist auch die sogenannte Fremdstromkorrosion nicht möglich, worauf jedoch noch näher eingegangen wird (Abschn. 4.5.4).

Bei Korrosionserscheinungen an Asbestzement-Druckrohren wird die angegriffene Oberfläche bis zu einer bestimmten Tiefe erweicht und das filzartige Asbestfasergeflecht durch Auslaugen der Kalziumverbindungen freigelegt. In den meisten Fällen werden die Korrosionsprodukte von der korrodierenden Flüssigkeit gelöst. Entstehen dagegen schwer lösliche Korrosionsprodukte, so füllen diese das Fasergeflecht aus. Um die grundsätzlichen Vorgänge aufzuzeigen, führte EICK [23] einen vereinfachten Korrosionsversuch durch, indem er aus Druckrohren gefertigte Platten im Alter von vier Wochen in verschiedene Bäder einhängte. Die Flüssigkeiten hatten folgende Zusammensetzung:

1. Pufferlösung aus 0,5%iger HCl mit Natriumacetatzugabe bis $p_H = 4,5$,
2. 0,5%ige HCl mit $p_H = 1,5$,
3. 0,5%ige H_2SO_4 mit $p_H = 1,4$.

Die Ergebnisse zeigt Abb. 20.

Die Korrosionsgeschwindigkeit nimmt ab mit zunehmender Korrosionszeit. Die Ursache hierfür liegt nach EICK in der Ausbildung einer inerten Asbestfilzschicht, die wie ein Puffer zwischen der noch nicht angegriffenen Rohrwand und der aggressiven Flüssigkeit wirkt. Die Flüssigkeit stagniert in den Poren dieser Pufferschicht.

Mit zunehmender Dicke der Filzschicht infolge fortschreitender Korrosion wird die aggressive Flüssigkeit weniger direkt als mehr über den Weg der Diffusion an das Material herangeführt, damit die Korrosion erschwert, was sich in der flacher werdenden Neigung der Kurven ausdrückt [23]. Insofern leistet Asbestzement auf Grund seiner Struktur eine Art von Selbstschutz, auf den nicht genügend hingewiesen werden kann.

Die verminderte Korrosionswirkung von Lösung 3 gegenüber Lösung 2 trotz etwa gleichen p_H-Wertes hat ihre Ursache in der diffusionshemmenden Wirkung des entstehenden schwerlöslichen Kalziumsulfats, das die Hohlräume des Asbestfasergeflechts ausfüllt.

Das hier gezeigte Korrosionsverhalten mit einer im Lauf der Zeit abnehmenden Korrosionsgeschwindigkeit ist für das Material charakte-

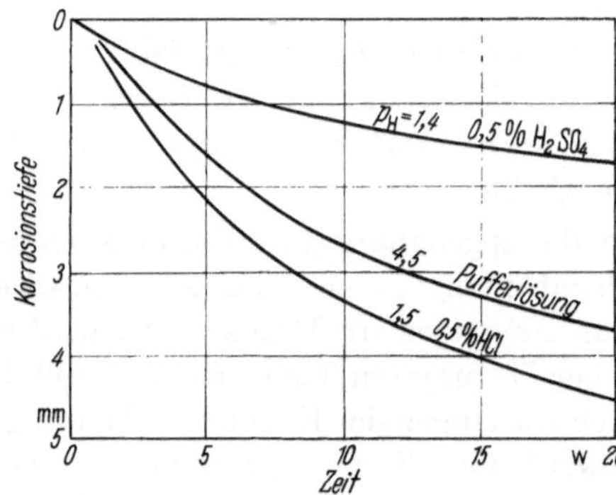

Abb. 20. Einfluß der Kontaktzeit auf die Korrosionstiefe [23].

ristisch. Es kann auch an den meisten Großversuchen sowie durch die Erfahrungen mit verlegten Leitungen nachgewiesen werden.

Im Folgenden seien noch kurz die wichtigsten, mit der Korrosion im Zusammenhang stehenden Grundbegriffe in Erinnerung gerufen.

p_H-**Wert.** Der Säuregrad einer wäßrigen Lösung wird in der Praxis meistens mit dem p_H-Wert charakterisiert. Dieser ist ein Maßstab für den Gehalt an Wasserstoffionen, die durch Dissoziation der vorhandenen Moleküle freigeworden sind. Bei der elektrolytischen Dissoziation entstehen positiv bzw. negativ geladene Ionen, die Kationen bzw. Anionen. Die Dissoziation in einer wäßrigen Lösung erfolgt im allgemeinen nicht vollständig, sondern es bildet sich ein durch die Dissoziationskonstante K gekennzeichneter Gleichgewichtszustand zwischen dissoziierten und nicht dissoziierten Molekülen aus. Die Dissoziationskonstante für Wasser beträgt bei 18 °C $K = 10^{-14}$, so daß für das Konzentrationsgleichgewicht der Reaktionen

$$H_2O \rightleftarrows H^+ + OH^-$$

$$\frac{[H^+] \cdot [OH^-]}{[H_2O]} = K = 10^{-14} \text{ gilt.} \tag{4/12}$$

Die Konzentrationen haben die Dimension Mol/l.

Das Produkt der Wasserstoffionen und der Hydroxylionen bleibt im Wasser und auch in allen sonstigen verdünnten, wäßrigen Lösungen stets konstant. Bei der Dissoziation des Wassers und bei allen chemisch neutralen Lösungen sind die Konzentrationen der Wasserstoffionen und der Hydroxylionen einander gleich, also nach Gl. (4/12) 10^{-7} Mol/l. Je größer die H^+-Ionenkonzentration und je kleiner die OH^--Ionenkonzentration ist, um so saurer ist die Lösung, und je größer die OH^--Ionenkonzentration gegenüber der H^+-Ionenkonzentration ist, um so basischer wird die Lösung. Der p_H-Wert ist der negative dekadische Logarithmus der Wasserstoffionenkonzentration in Mol/l. Demnach ist für chemisch neutrale Lösungen $p_H = 7$, für saure Lösungen $p_H < 7$, für basische Lösungen $p_H > 7$.

Die chemische Reaktionsgeschwindigkeit ist temperaturabhängig und zwar wird sie nach BÜRKNER [12] ungefähr verdoppelt bei einer Temperaturerhöhung um 10 °C. Mit steigender Temperatur nimmt auch die Dissoziation zu. Für die Aggressivität ist die tatsächlich vorhandene Wasserstoffionenanzahl maßgebend und es ist besonders zu beachten, daß diese mit dem p_H-Wert in einem logarithmischen Zusammenhang steht, so daß auch schon kleine p_H-Wert-Änderungen große Änderungen der H^+-Ionenkonzentration bedeuten. So erhöht sich z. B. bei einem p_H-Wert-Abfall von 5,8 auf 5,2 die H^+-Ionenkonzentration auf etwa das Vierfache.

Härte und Kalk-Kohlensäure-Gleichgewicht. Natürliche Wässer, die sowohl sauer als auch basisch reagieren, sind verdünnte Lösungen von Stoffen, die sie in der Atmosphäre und auf ihrem Fließweg im Boden aufnahmen. Die meist vorhandene Kohlensäure bildet mit den schwer löslichen Kalzium- und Magnesiumkarbonaten lösliche Hydrogenkarbonate. Auch für die Verbindungen mineralischer Säuren kommen vornehmlich Kalzium und Magnesium in Frage. Diese Verbindungen bestimmen die Härte des Wassers, wobei zwischen Gesamthärte, Karbonathärte und Nichtkarbonathärte unterschieden wird.

Die *Karbonathärte* umfaßt alle im Wasser enthaltenen Verbindungen der Kohlensäure mit den Erdalkalimetallen, vorwiegend Kalzium und Magnesium, sofern sie löslich sind, z. B. die Hydrogenkarbonate. Da die Hydrogenkarbonate bei Erhitzen des Wassers in unlösliche Karbonate überführt werden und dann ausfallen, nennt man die Karbonathärte auch vorübergehende oder temporäre Härte.

Die *Nichtkarbonathärte* schließt im Gegensatz dazu — wie der Name schon besagt — alle Verbindungen ein, die nicht der Kohlensäure entstammen. Es sind dies die Sulfate und Chloride der Erdalkalimetalle. Sie

fallen durch Kochen nicht aus, daher wird die Nichtkarbonathärte
auch häufig als bleibende oder permanente Härte bezeichnet.

Die *Gesamthärte* schließlich bildet die Summe aus Karbonat- und Nichtkarbonathärte. Gemessen wird die Härte in Härtegraden. Neben dem
deutschen Härtegrad (°d) sind noch der französische, englische und
amerikanische Härtegrad üblich. Die Beziehung des Härtegrades zu der
Menge an gelösten Härtebildnern ergeben sich wie folgt:

$$1 \text{ deutscher Härtegrad} \qquad = 10 \text{ mg } CaO/l = 7{,}19 \text{ mg } MgO/l,$$
$$1 \text{ französischer Härtegrad} \quad = 10 \text{ mg } CaCO_3/l,$$
$$1 \text{ englischer Härtegrad} \qquad = 10 \text{ mg } CaCO_3 \text{ in } 0{,}7 \text{ l Wasser}$$
$$(1 \text{ grain } CaCO_3 \text{ in } 1 \text{ Imp. gallon}),$$
$$1 \text{ amerikanischer Härtegrad} = 10 \text{ mg } CaCO_3 \text{ in } 0{,}585 \text{ l Wasser}$$
$$(1 \text{ grain } CaCO_3 \text{ in } 1 \text{ US gallon}).$$

Für die deutschen Bezeichnungen wurden folgende Kurzzeichen eingeführt:

Gesamthärte	°d G,
Karbonathärte	°d K,
Nichtkarbonathärte	°d NK.

Entsprechend seiner Gesamthärte bezeichnet man ein Wasser gemäß
Tab. 7.

Tabelle 7

Härte	Bezeichnung
0 — 5 °dG	sehr weich
5 — 10 °dG	weich
10 — 20 °dG	mittelhart
20 — 30 °dG	hart
über 30 °dG	sehr hart

Die verschiedenen Härtegrade werden nach DIN 19 640 wie folgt umgerechnet:

Tabelle 8.   *Umrechnung der verschiedenen Härtegrade* (nach DIN 19 640)

	Erdalkali-Ionen mval/l	Deutscher Grad °d	Engl. Grad °e	Franz. Grad °f	ppm[1] $CaCO_3$
1 mval/l Erdalkali-Ionen	1	2,80	3,51	5,00	50,0
1 Deutscher Grad	0,357	1	1,25	1,78	17,8
1 Engl. Grad	0,285	0,798	1	1,43	14,3
1 Franz. Grad	0,200	0,560	0,702	1	10,0
1 ppm $CaCO_3$	0,0200	0,0560	0,0702	0,100	1

[1] Bei den Umrechnungsfaktoren dieser Spalte ist vorausgesetzt, daß 1 l Wasser eine
Masse von 1 kg enthält.

Die Menge des im Wasser gelösten Kohlendioxyd ist vom Druck und von der Temperatur abhängig. Ein geringer konzentrationsabhängiger Teil hiervon (etwa $^1/_{1000}$) verbindet sich mit dem Wasser zu echter Kohlensäure nach folgender Reaktionsgleichung:

$$CO_2 + H_2O \rightleftarrows H_2CO_3.$$

Das praktisch wasserunlösliche Kalziumkarbonat wird durch Kohlensäure in leicht lösliches Hydrogenkarbonat überführt:

$$CaCO_3 + H_2CO_3 \rightleftarrows Ca(HCO_3)_2.$$

Zwischen Kalziumkarbonat, Kalziumhydrogenkarbonat und freier Kohlensäure stellt sich ein den Druck- und Temperaturverhältnissen entsprechendes Gleichgewicht ein. Um eine bestimmte Menge Kalziumkarbonat in Form von Hydrogenkarbonat in Lösung zu halten, wird eine entsprechende Menge an freier Kohlensäure benötigt, die sogenannte zugehörige freie Kohlensäure. Es wird also sowohl Kohlensäure zur Bildung von Hydrogenkarbonat als auch zu dessen Inlösunghalten, d. h. zur Aufrechterhaltung des Gleichgewichts benötigt.

Die Gesamtkohlensäure setzt sich zusammen aus der Hydrogenkarbonat-Kohlensäure und der freien Kohlensäure. Bei der Hydrogenkarbonat-Kohlensäure unterscheidet man die gebundene Kohlensäure, das ist das an CaO und MgO gebundene CO_2, und die mengenmäßig gleich große halbgebundene Kohlensäure, die in den Bikarbonaten steckt und z. B. beim Erhitzen entweicht:

$$Ca(HCO_3)_2 = CaCO_3 + H_2O + CO_2,$$
$$= CaO + \underline{CO_2} + H_2O + \underline{CO_2}.$$

Die mengenmäßige Beziehung zwischen Karbonathärte und Hydrogenkarbonat-Kohlensäure lautet:

$$1\ °d\ K = 10\ mg\ CaO/l = 17{,}848\ mg\ CaCO_3/l,$$
$$= 7{,}848\ mg\ gebundene\ Kohlensäure/l,$$
$$= 7{,}848\ mg\ halbgebundene\ Kohlensäure/l,$$
$$= 2 \cdot 7{,}848 = 15{,}696\ mg\ Hydrogenkarbonat\text{-}Kohlensäure/l.$$

Tab. 9 gibt die gebräuchlichen Umrechnungsfaktoren wieder (s. S. 64).

Unter freier Kohlensäure versteht man das nicht an Metall gebundene Kohlendioxyd, also die im Wasser frei vorhandene Kohlensäure und das gelöste Kohlendioxyd. Sie setzt sich zusammen aus der zugehörigen freien Kohlensäure, die zur Aufrechterhaltung des Kalk-Kohlensäure-Gleichgewichts erforderlich ist und aus dem darüber hinaus vorhandenen Anteil, der überschüssigen (aggressiven) freien Kohlensäure. Letztere wirkt

Tabelle 9. *Umrechnungsfaktoren zur Berechnung der verschiedenen Kalk- und Kohlensäureanteile an der Karbonathärte aus* [50]

°dK	CaO mg/l	CaCO$_3$ mg/l	gebund. CO$_2$ mg/l	halbgebund. CO$_2$ mg/l	Hydrogenkarbonat CO$_2$ mg/l
1	10	17,848	7,848	7,848	15,696
0,1	1	1,7848	0,7848	0,7848	1,5696
0,0559	0,559	1	0,4397	0,4397	0,8794
0,1274	1,274	2,274	1	1	2
0,0637	0,637	1,137	0,5	0,5	1

korrosiv. Sie verhindert die Bildung von rostschützenden Deckschichten aus Kalziumkarbonat, die sich ansonsten beim Fehlen aggressiver Kohlensäure im Zusammenhang mit der anfänglichen Rostbildung und der dabei auftretenden Wandalkalität bilden können. Aus Beton- oder Asbestzementrohren wird von der überschüssigen freien Kohlensäure soviel Kalziumkarbonat gelöst, bis sich ein neuer Gleichgewichtszustand einstellt, der eine entsprechend erhöhte Menge an zugehöriger freier Kohlensäure erfordert. Daraus ergibt sich, daß nur ein bestimmter Teil der überschüssigen aggressiven Kohlensäure kalkaggressiv ist, während dagegen die gesamte Menge eisenaggressiv ist.

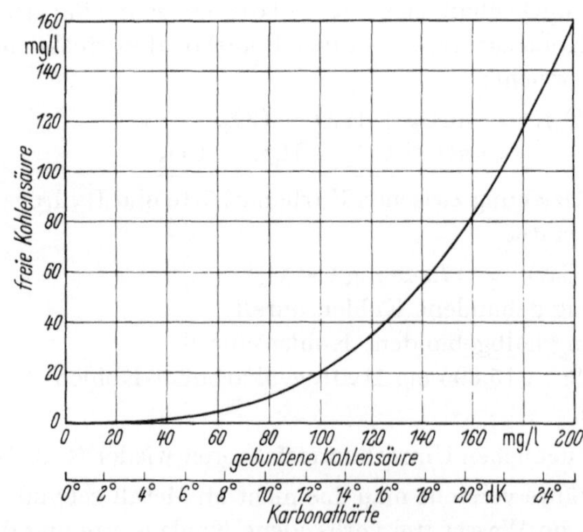

Abb. 21. Kalk-Kohlensäure - Gleichgewichts-Kurve nach TILLMANS ($t = 10$ °C).

Enthält ein Wasser keine überschüssige, sondern nur zugehörige freie Kohlensäure, so steht es im Kalk-Kohlensäure-Gleichgewicht, das von TILLMANS eingehend untersucht wurde. Die von ihm aufgestellte Gleichgewichtskurve zeigt Abb. 21. Liegt bei einem Wasser bestimmter Kalkhärte der Gehalt an freier Kohlensäure unter der Kurve, so fällt Kalziumkarbonat aus, bis die freie Kohlensäure für die verringerte Kalkhärte als zugehörig ausreicht. Diese Wässer neigen zur Deckschichtbildung. Liegt der Gehalt an freier Kohlensäure über der Kurve, so ist das Wasser aggressiv, da es überschüssige freie Kohlensäure enthält.

Beim Asbestzement- oder Betonrohr wird soviel Kalkhydrat bzw. Kalziumkarbonat aus dem Zementmaterial herausgelöst, bis sich ein neuer Gleichgewichtszustand bei der Kalkhärte k_2 gegenüber der ursprünglichen Härte k_1 eingestellt hat (Abb. 22). Abb. 22 läßt erkennen, daß nur

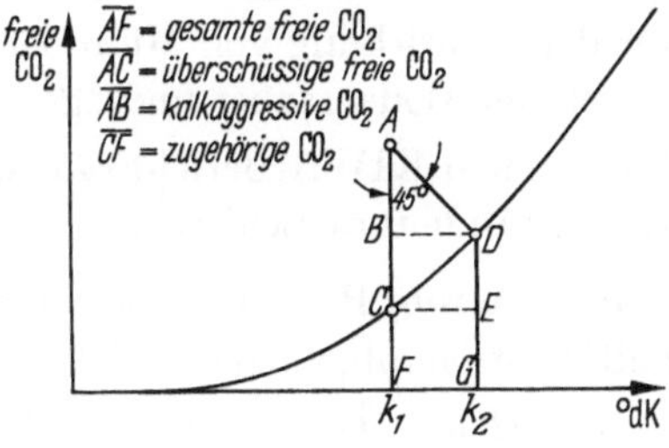

Abb. 22. Schema der TILLMANSSchen Kurve mit Eintragung der verschiedenen Kohlensäuremengen eines beliebigen Wassers.

ein Teil der überschüssigen freien Kohlensäure (Strecke $\overline{AC}$) kalkaggressiv ist (Strecke $\overline{AB}$), während die Reststrecke $\overline{BC}$ als zugehörige freie Kohlensäure für die Aufhärtung benötigt wird. Zur Erreichung des neuen Gleichgewichtszustandes bei k_2 bedarf es einer entsprechend langen Einwirkungszeit. Bei durchströmten Rohrleitungen ist jedoch häufig die Kontaktzeit zu gering, so daß das Gleichgewicht nicht erreicht wird.

Bei der praktischen Anwendung der TILLMANSSchen Kurve zur Beurteilung der Korrosionsgefährdung ist zu berücksichtigen, daß der Einfluß der in allen Wässern mehr oder weniger vorhandenen Magnesiumhärte und die Anwesenheit gelöster Salze das Ergebnis etwas verfälscht.

Sulfatreduktion. Der Korrosionsvorgang von Eisen im Boden führt zur Bildung von $Fe(OH)_2$, wobei freier Wasserstoff entsteht. Der freie Wasserstoff sammelt sich an der Kathode an und bremst den Korrosionsvorgang, bis dieser schließlich ganz zum Stillstand kommt, d. h., der Wasserstoff polarisiert die Kathode. Bei der aeroben Korrosion erfolgt die Depolarisation der Kathode und damit der Fortgang der Korrosion durch den Sauerstoff der Luft, der den Wasserstoff zu Wasser oxydiert und gleichzeitig zur Bildung dreiwertigen Eisenhydroxyds, des Rostes, führt. Es ist aber auch eine Depolarisation durch mikrobiologische Vorgänge möglich. Die hierbei tätigen Mikroorganismen leben unter Abschluß von Luftsauerstoff, also z. B. in Moor-, Klei- und nassen Tonböden. Man spricht daher von anaerober Korrosion. Einer der wesentlichsten Prozesse dieser Art ist die Sulfatreduktion nach dem Schema

$$H_2SO_4 + 8\,H \rightarrow H_2S + 4\,H_2O,$$

bei der das Spirillum desulfuricans die Sulfate im Boden zu Schwefelwasserstoff oder Sulfiden reduziert. Der im Sulfat gebundene Sauerstoff kann zur Oxydation des freien Wasserstoffs und damit zur Depolarisation der Kathode herangezogen werden. Im Zusammenhang mit der Sulfatreduktion ist meistens auch freier Schwefel bzw. Pyrit im Boden anzutreffen, der bei anschließender Belüftung des Bodens, gegebenenfalls unter der Mitwirkung von Mikroben, zu Schwefelsäure oxydieren kann, wodurch der Boden sauer und aggressiv wird.

Nach einem KIWA-Bericht [48] werden bezüglich Korrosion folgende Bodenzustände unterschieden:

Fall 1: Aerob, Reaktion angenähert neutral ($p_H = 7$),

Fall 2: Anaerob, aktive Sulfatreduktion, Reaktion angenähert neutral ($p_H = 7$),

Fall 3: Aerob, Reaktion sauer bis sehr stark sauer ($p_H = 3$ bis < 1),

Fall 4: Wechselnd aerob und anaerob.

Während bei Metallangriffen im allgemeinen und beim Eisen im besonderen der frei werdende Wasserstoff den Ausgangspunkt für alle Korrosionsbetrachtungen bildet, spielt beim Angriff auf Asbestzement der Wasserstoff keine Rolle. Hierin liegt der wesentliche Unterschied zwischen der Bodenkorrosion des Eisens und der des Asbestzementes [48]. Unter diesem Gesichtspunkt betrachtet, können eiserne Gegenstände daher bei allen vier Bodenzuständen korrodieren, während Asbestzement nur in den Fällen 3 und 4 angegriffen wird. Der Fall 1 scheidet aus, da keine Säure vorhanden ist, die das Kalziumkarbonat des Asbestzements angreifen könnte. Im Fall 2 ist dagegen Sulfat vorhanden, das als zementgefährdend bekannt ist. Dieses Salz wird jedoch durch die mikrobiologische Reaktion abgebaut und der dabei entstehende Schwefelwasserstoff schadet dem Asbestzement nicht. Die Sulfatreduktion übt also in Bezug auf Asbestzement eine schützende Wirkung aus. Kalkhaltige Böden, in denen das Sulfat in Form von Gips auftritt, sind korrosionschemisch als besonders günstig zu beurteilen. Gefährlich für Asbestzement sind Böden des Falles 3, die unter anderem auch aus Böden des Falles 2 durch nachträgliche Belüftung entstehen können. Daraus ergibt sich die Gefährlichkeit von Böden nach Fall 4.

4.5.2 Innenkorrosion

Unter dem Begriff „Innenkorrosion" werden Schäden oder Veränderungen an der inneren Rohroberfläche zusammengefaßt, die auf den chemischen Angriff durch die geförderte Flüssigkeit zurückzuführen sind.

Bei der Verwendung von Asbestzement-Druckrohren für Abwasserleitungen können Innenkorrosionen die verschiedenste Ursache haben. Rein häusliche Abwässer mit im allgemeinen neutraler bis schwach alkalischer Reaktion sind völlig harmlos. Industrielle und gewerbliche Abwässer dagegen enthalten oft sehr stark angreifende Agenzien der unterschiedlichsten Art, die nähere Untersuchungen erfordern.

Bei der Verwendung von Asbestzement-Druckrohren für Trinkwasserleitungen sind die Verhältnisse weniger vielfältig. Die erforderliche Beschaffenheit des Trinkwassers als Lebensmittel schließt die Anwesenheit der meisten korrosiv wirkenden Agenzien aus. In der Hauptsache kommt hier nur Kohlensäure in Betracht. Weiterhin ist bei diesen Leitungen die Frage der Geruchs- und Geschmacksbeeinflussung des Wassers durch das Rohrmaterial sowie die Herauslösung gesundheitsschädigender Bestandteile der Rohrwandung oder des Innenschutzes zu untersuchen. Diese Punkte haben zwar nichts mit Korrosion zu tun, sollen aber trotzdem im Zusammenhang hiermit erörtert werden.

Korrosionsversuche sollen das Verhalten der Asbestzement-Druckrohre gegenüber speziellen Agenzien aufzeigen. Sie sind daher im Labor mit künstlich hergestellten aggressiven Lösungen durchzuführen. Eine Verwendung natürlicher Wässer scheidet wegen der Vielfalt der in ihnen enthaltenen aggressiven Bestandteile in der Regel aus. Im folgenden soll über derartige Labor-Korrosionsversuche berichtet werden [*V 19*].

Die Versuche wurden als Durchflußversuche an einem 2,0 m langen Druckrohr NW 50 durchgeführt. Die Fließgeschwindigkeit betrug 5 m/h bei stark aggressiven Wässern bzw. 2,5 m/h bei schwach aggressiven Wässern. Vor Versuchsbeginn wurden die Rohre 24 h lang gespült.

Der **Versuch mit aufbereitetem Trinkwasser** sollte zeigen, inwieweit das durchfließende Wasser durch die bei fabrikneuen Asbestzement-Druckrohren vorhandene Wandalkalität infolge des noch nicht karbonatisierten Kalziumhydroxyds beeinflußt wird. Es wurde Berliner Leitungswasser mit einer Gesamthärte von 12,8 °dG und einer Karbonathärte von 10,8 °dK verwendet, das sich mit einem Gehalt an freier Kohlensäure von 14 mg/l CO_2 praktisch im Kalk-Kohlensäure-Gleichgewicht befand. Nach 8 Wochen wurde der Versuch abgebrochen. Eine wesentliche Beeinflussung des Wassers erfolgte nicht, seine chemischen Veränderungen lagen knapp an der Grenze der Feststellbarkeit [*V 19*]. Die

5*

Innenwandung der Rohre war mit einem grauweißen, hauchdünnen, feinkörnigen Belag aus abgeschiedenem Kalziumkarbonat bedeckt, der eine gleichmäßige und verhältnismäßig glatte Oberflächenstruktur besaß.

Zusammenfassend kann festgestellt werden, daß bei Durchfluß des im Kalk-Kohlensäure-Gleichgewicht stehenden Berliner Leitungswassers die Asbestzement-Druckrohre nach anfänglicher, sehr geringfügiger Kalziumkarbonat-Ausscheidung von amorpher Struktur keinerlei Veränderungen erfahren und damit auch das Wasser praktisch nicht beeinflussen [*V 19*]. Ergänzende Standversuche von 28 Wochen Dauer zeigten, daß durch die CaO-Alkalität der Rohrwandung etwa 14 Wochen lang eine Entkarbonisierung des Wassers unter Abscheiden von Kalziumkarbonat stattfindet, die zu einer deutlichen Härteverminderung des Wassers führt. Mit dem Ausscheiden von Härtebildnern klingt die Wandalkalität ab. Bei einem mit Bitumenanstrich aus Inertol W 49 versehenen Versuchsrohr wurde anfänglich ein nicht erklärbarer Abfall der Gesamthärte sowie ein Anstieg der Karbonathärte des Wassers beobachtet.

Zusammenfassend läßt sich sagen, daß ein karbonathärtehaltiges Leitungswasser vom Typ des Berliner Trinkwassers beim längeren Stehen in einer neuen Asbestzement-Druckrohrleitung nicht nachteilig beeinflußt wird. Anfängliche Veränderungen der Härten klingen nach einiger Zeit ab. In Endsträngen länger stagnierendes Wasser wird demnach in chemischer Hinsicht auch nach Wochen nicht verändert; die besondere Eignung von Asbestzement-Druckrohren für solche Fälle steht damit fest. Während der Geruch und Geschmack des Wassers im ungeschützten Rohr unbeeinflußt bleibt, ist im bituminierten Rohr eine anfängliche Beeinträchtigung möglich.

Andere Autoren erhielten ähnliche Ergebnisse [*42*].

Abschließend läßt sich feststellen, daß vom chemischen Standpunkt aus die Verwendung von Asbestzement-Druckrohren für Trinkwasserleitungen unbedenklich ist und eine Beeinflussung des Wassers lediglich für fabrikneue Rohre kurzzeitig auftreten kann. Die dabei vorübergehend auftretende Verminderung der Härte und damit verbundene Erhöhung des p_H-Wertes ist für den Gebrauch des Wassers nicht bedeutend und kann überdies durch entsprechendes Spülen vor der Inbetriebnahme in weitem Maße eingeschränkt werden.

Versuche mit aggressiver Kohlensäure sind für die Frage der Rohrkorrosion von besonders weiter Bedeutung, da Kohlensäure in allen natürlichen Wässern vorhanden ist.

In der Praxis werden bei hohem Gehalt an aggressiver Kohlensäure Asbestzement-Druckrohre mit entsprechendem Innenschutz verwendet, weshalb in den Versuchen mit hochaggressiven Lösungen ebenfalls geschützte Versuchsrohre verwendet bzw. Inhibitoren zugesetzt wurden.

An ungeschützten Rohren wurde ein Durchflußversuch von 24 Wochen Dauer bei 2,5 m/h Fließgeschwindigkeit mit Berliner Leitungswasser durchgeführt, das auf einen Gehalt an überschüssiger freier Kohlensäure von etwa 55 mg/l angereichert wurde, sowie ein Vergleichsversuch mit einem Weichwasser von etwa 6 °dG und ebenfalls 55 mg/l aggressiver Kohlensäure [*V 19*]. Der Angriff der Kohlensäure führt zu einer Aufhärtung des Wassers und Verminderung der Kohlensäure. Die Aufhärtung ist beim Versuch mit Weichwasser deutlich größer, d. h. daß das Weichwasser bei gleichem Gehalt an aggressiver Kohlensäure wesentlich angriffsfreudiger und gefährlicher ist als mittelhartes Wasser, was aus der TILLMANSschen Kurve (Abb. 21) ohne weiteres erklärbar ist. Beim Versuch mit aggressiv gemachtem Berliner Leitungswasser war der Korrosionsangriff anfangs etwa ebenso stark wie beim Weichwasser-Versuch, ließ dann aber nach und nahm etwa ab der 11. Woche ein konstantes, aber gegenüber Versuchsbeginn verringertes Maß an. Dies wird auf den angriffshemmenden Einfluß des freigelegten und verbleibenden Asbestfaserpolsters zurückgeführt. Bei aggressivem Weichwasser dagegen blieb die Stärke des Korrosionsangriffs konstant, da hier die freigelegten Fasern schließlich ganz herausgelöst und fortgespült wurden.

Der korrosionshemmende Einfluß des Asbestfaserpolsters ergibt sich also nicht grundsätzlich, sondern ist vermutlich nur bis zu einer bestimmten Aggressivität möglich. Ein Stillstand der Korrosion ergibt sich jedoch durch diesen hemmenden Einfluß nicht.

Die Versuche zeigten, daß ungeschützte Asbestzement-Druckrohre durch aggressive Kohlensäure angegriffen werden, wobei sich das Ausmaß des Angriffs nach der Aggressivität richtet und bei gleichem Gehalt an aggressiver Kohlensäure mit abnehmender Härte des Wassers zunimmt.

In praxi wäre ein Wasser mit 55 mg/l aggressiver Kohlensäure als stark aggressiv zu bezeichnen, bei dem man niemals ungeschützte Rohre verwenden würde. Aus dem Ergebnis des Versuchs mit aggressiv gemachtem Berliner Leitungswassser läßt sich eine Wanddickenverminderung von etwa 3 mm in 15 Jahren errechnen, so daß immerhin eine gewisse Widerstandsfähigkeit auch der ungeschützten Rohre festgestellt werden kann.

Asbestzementrohrleitungen erhalten zum Transport hochaggressiver Wässer einen oder mehrere Innenanstriche bzw. bei aggressiven Böden auch Außenanstriche (s. Abschn. 7). Dieser seit Jahrzehnten bewährte Rohrschutz ist die einfachste und wirtschaftlichste Schutzart. Hierzu wurden auch Laborversuche an geschützten Rohren durchgeführt. Ferner wurde der Einfluß von Inhibitor-Zusätzen zum Wasser auf Asbestzement-Druckrohre untersucht. An derartigen genau zu dosierenden Zusätzen kommen für Trinkwasserleitungen Silikate und Phosphate in Frage. Für die Versuche wurden Ferrosil (Firma Henkel & Cie) bzw. Dinatriumhydrogenphosphat verwendet.

Ein 12 Wochen dauernder Versuch bei 2,5 m/h Fließgeschwindigkeit wurde mit einem Spezialanstrich auf Kunststoffbasis durchgeführt, wie er für Rohrleitungen zum Transport höchstaggressiver Flüssigkeiten vorgesehen wird. Das Berliner Leitungswasser wurde bis zu einem Gehalt von 180 mg/l aggressiver Kohlensäure angereichert [*V 19*]. Während der Versuchszeit erfuhr das Wasser keinerlei Veränderungen, das Rohr bzw. der Spezialanstrich wurden nicht beeinflußt und die Haftfähigkeit des Anstrichs blieb unverändert.

Versuche mit aggressiven Wässern, denen ein Zusatz von Ferrosil und Phosphat zugegeben wurde, zeigten, daß hierdurch auch an Asbestzement-Druckrohren eine Verminderung der Korrosion erfolgen kann, und daß die Rohre durch diese Zusätze nicht ungünstig beeinflußt werden, so daß einer Verwendung derartiger Inhibitoren in einem Rohrnetz, in dem sich auch Asbestzement-Druckrohre befinden, nichts im Wege steht.

Versuche mit reinem Zusatz von Dinatriumhydrogenphosphat an bituminierten Rohren zeigten, daß weder eine Beeinflussung des Bitumenbelages noch eine Veränderung des Wassers stattfindet, was durch zahlreiche Erfahrungen an verlegten Leitungen bestätigt wird. Entsprechende Versuche an einem ungeschützten Rohr ergaben die Bildung einer dünnen Kalziumphosphat-Schutzschicht, die zu verminderter Korrosion führen kann. Bei ungenügender Phosphatzugabe wird die Rohrwand nicht vollständig abgedeckt, so daß an den freibleibenden Stellen mit verstärkter Korrosion zu rechnen ist. Versuche von EICK [*23*] zeigten ähnliche Ergebnisse. Eine schädigende Wirkung der Phosphatzusätze auf die Asbestzement-Druckrohre hat sich nicht gezeigt, so daß gegen ihre Anwendung im Rohrnetz keinerlei Bedenken bestehen.

Versuche mit Salzsäure. Die Durchflußversuche von 12 Wochen Dauer bei 5 m/h Fließgeschwindigkeit wurden an einem ungeschützten Versuchsrohr und an einem Rohr mit dreifachem inneren Schutzanstrich auf Steinkohlenteerpechbasis (Inertol I dick L) durchgeführt. Die Salzsäurelösung hatte einen p_H-Wert von etwa 3,4 bis 3,6. Bei dem Rohr mit Schutzanstrich zeigten sich keine Veränderungen des Wassers und kein Angriff auf die Rohrwand. Der Schutzanstrich war vollwirksam und beständig. Das ungeschützte Asbestzementrohr dagegen wurde ziemlich stark angegriffen. In der Praxis wird bei Wässern mit $p_H \leq 6{,}0$ bereits fabrikseitig ein entsprechender Schutzanstrich für die Rohre vorgesehen. Der Versuch hat daher ebenso wie die folgenden Versuche mit hochaggressiven Agenzien an ungeschützten Rohren mehr theoretische Bedeutung und dient der Ergründung der Grenzen des Materials, um die erforderlichen Schutzmaßnahmen festlegen zu können.

In der Bundesanstalt für Materialprüfung (BAM) in Berlin wurden sehr extreme Wechseltauchversuche mit 2%iger und 5%iger Salzsäure durchgeführt [*V 6*], also mit Konzentrationen, die in der Praxis im allgemeinen bei weitem nicht erreicht werden. Auch hier zeigte sich an Proben, die mit einem doppelten Schutzanstrich aus Inertol I versehen waren, kein Angriff der Rohrwand, während ungeschützte Proben stark korrodiert waren.

Aus den Versuchen mit Salzsäure wird offensichtlich, daß das ungeschützte Asbestzement-Druckrohr von dieser Mineralsäure, je nach der vorhandenen Konzentration stärker oder schwächer angegriffen wird. Die Versuche zeigen jedoch auch weiterhin, daß bereits ein Schutzanstrich auf Teer- oder Bitumenbasis in ein- oder mehrlagiger Ausführung einen wirksamen und zuverlässigen Schutz darstellt. Derart geschützte Asbestzement-Druckrohre können stärkeren Konzentrationen ausgesetzt werden, ohne daß eine wesentliche Werkstoffzerstörung zu erwarten ist.

Durchflußversuche mit Schwefelsäure an ungeschützten Rohren sollten den Einfluß des p_H-Wertes mineralsaurer Lösungen auf die Korrosion ergeben. Der p_H-Wert wurde auf 3,5, 4,5 und 5,5 eingestellt, die Versuchsdauer betrug 12 Wochen bei einer Fließgeschwindigkeit von 5 m/h. Die Ergebnisse können hier im Einzelnen nicht aufgeführt werden, jedoch zeigte sich, daß der p_H-Wert hinsichtlich der Korrosion sehr bedeutungsvoll ist, da seine Änderung einen im logarithmischen Maßstab veränderten Gehalt an Wasserstoffionen zur Folge hat (vgl. Abschn. 4.5.1).

Von SCHLÄPFER [*74*] 1934 durchgeführte Versuche mit Asbestzement-Druckrohren hinsichtlich ihrer Verwendungsmöglichkeiten als Rauchrohre bzw. Gasabzugsrohre zeigten, daß die Rohre durch die SO_2-haltigen Abgase und die korrosiven Kondenswässer chemisch nicht nennenswert beeinflußt werden, so daß ihre Verwendungsfähigkeit für die genannten Zwecke gegeben ist. Unter Berücksichtigung längerer Betriebszeiten ist das Aufbringen eines Schutzanstrichs empfehlenswert.

Versuche mit Sulfaten. Übermäßige Gehalte an Sulfaten (SO_4^{--}) führen zur Bildung von Ettringit, $3\,CaO \cdot Al_2O_3 \cdot 3\,CaSO_4 \cdot 32\,H_2O$, das infolge seiner Volumenvergrößerung das Materialgefüge eines ungeeigneten Zementes mechanisch zerstören kann. Es entsteht nur bei Tempera-

turen unter 80 °C und bei neutraler bis alkalischer Reaktion der Mutter-
lauge [23]. Der in der Literatur mitunter genannte Wert von 300 mg/l als
schädlicher Sulfatgehalt ist nicht für Asbestzementrohre maßgebend.
TILLMANS hält erst einen Gehalt von 1000 mg SO_4^{--}/l und mehr für
beton- bzw. zementschädlich.

Betrachtungen hierzu sind stets unter Angabe des verwendeten Zementes anzustellen, da bereits bei einem C_3A-Gehalt $\leq 3\%$ praktisch
kein Sulfattreiben mehr auftritt.

Die durchgeführten Versuche von 9 Wochen Dauer bei 5 m/h Durch-
flußgeschwindigkeit sollten das Verhalten von Asbestzement-Druckrohren gegenüber wesentlich höheren Sulfatgehalten zeigen. Dem Berliner
Leitungswasser wurde Magnesiumsulfat zugesetzt, so daß der SO_4^{--}-Ge-
halt 3000 mg/l betrug. Am ungeschützten Rohr fand zunächst ein Angriff
statt, bei dem durch Umwandlung des in der Oberfläche enthaltenen
freien Kalks eine dünne, relativ weiche Gipsschicht entstand. Infolge
einer gewissen Schutzwirkung dieser Schicht wurde eine tiefer wirkende
Rohrkorrosion nicht beobachtet. In der Praxis ist es zweckmäßig, bei
derartigen Sulfatkonzentraten einen Schutzanstrich vorzusehen. Der
Versuch mit einem bituminierten Rohr ergab keine Veränderung des
Wassers und keine Beeinflussung des Schutzanstrichs oder der Rohrwand.

Ein parallel durchgeführter Standversuch von 13 Monaten Dauer mit
Wasser der gleichen Zusammensetzung ergab auch am ungeschützten
Rohr keine Veränderung der Rohrwand, bis auf eine hauchdünne, kaum
wahrnehmbare Gipsschicht.

Vom Niederländischen Studienausschuß für Asbestzementrohre durchgeführte Standversuche mit Lösungen von Natriumsulfat und Magnesiumsulfat bis zur Sulfatkonzentration von 5000 mg SO_4^{--}/l ergaben
keinerlei Veränderungen der ungeschützten Rohrproben [48]. Allerdings
ist die Verwendung des Gewichtsverlustes als Korrosionskriterium bei
diesen Versuchen als problematisch zu betrachten.

Zusammenfassend kann gesagt werden, daß für den Angriff sulfat-
haltiger Lösungen auf Asbestzement-Druckrohre ein Grenzwert von
1000 mg SO_4^{--}/l, speziell für den Außenschutz, noch eine genügende
Sicherheit einschließen dürfte. Im Hinblick auf die geringen Kosten ist
es natürlich mit Rücksicht auf die Gesamtanalyse des Bodens oder
Grundwassers auch bei Sulfatkonzentrationen unter 1000 mg SO_4^{--}/l
möglich, einen Schwarzanstrich aufzubringen, durch den jede Gefährdung ausgeschlossen wird, bzw. einen geeigneten Zement zu verwenden.

Versuche mit Sulfiden. Dem Berliner Leitungswasser wurde Natrium-
sulfid zugesetzt, und zwar 30 mg Na_2S/l, wodurch der p_H-Wert von 7,4

auf 7,7 erhöht wurde. Der Durchflußversuch am ungeschützten Rohr dauerte 12 Wochen bei 2,5 m/h Fließgeschwindigkeit [*V 19*]. Eine gegenseitige Beeinflussung von Wasser und Rohrwand oder eine Verminderung der Wanddicke konnte nicht festgestellt werden. An dieser Stelle sei erwähnt, daß Schwefelwasserstoff nach EICK [*23*] in reduzierendem Wasser für Asbestzement-Druckrohre ungefährlich ist. Kommt dagegen H_2S-haltiges Abwasser mit Luftsauerstoff in Berührung, wie z. B. bei teilgefüllten Freispiegelleitungen, so kann das durch Oxydation entstehende Sulfat bzw. die Schwefelsäure zu Korrosion führen.

Versuche mit Orthophosphorsäure. Der Durchflußversuch von 12 Wochen Dauer bei 5 m/h Fließgeschwindigkeit wurde an einem ungeschützten Rohr und an einem Rohr mit dreifachem Teeranstrich durchgeführt. Dem Berliner Leitungswasser wurde so viel Orthophosphorsäure (H_3PO_4) zugesetzt, daß sich $p_H = 3{,}6$ ergab. Das mit Schutzanstrich versehene Rohr erwies sich als voll korrosionsbeständig, irgendwelche Korrosionserscheinungen waren ebensowenig festzustellen wie eine Veränderung des Wassers oder der Schutzschicht.

Das ungeschützte Rohr zeigte zwar einen Angriff auf die Rohrwand, jedoch besitzt das phosphorsaure Wasser eine geringere Aggressivität als die vergleichbaren salz- und schwefelsauren Wässer. Es bildet sich eine Schutzschicht aus schwerlöslichem Kalziumphosphat, die das weitere Herauslösen des Kalks und damit die Korrosion weitgehend hemmt.

Versuche mit Ammoniumchlorid. Ammoniumsalze wirken wie schwache Säuren, da unter Reaktion mit dem Kalziumhydroxyd lösliche Kalziumsalze sowie Ammoniak entstehen. Für den Durchflußversuch von 12 Wochen Dauer bei 2,5 m/h Fließgeschwindigkeit wurden dem Berliner Leitungswasser 500 mg NH_4Cl/l zugesetzt. Es wurde ein ungeschütztes und ein Rohr mit dreifachem Teeranstrich untersucht. Eine eindeutige Beeinflussung des Wassers durch die ungeschützte Rohrwand, die auf Korrosionsvorgänge schließen lassen könnte, ist nicht eingetreten. Ebenso zeigten weder die Oberflächen des ungeschützten noch die des geschützten Rohres irgendwelche Veränderungen durch die Einwirkung des ammoniumchloridhaltigen Wassers.

Versuche mit Salpetersäure. Wechseltauchversuche der Bundesanstalt für Materialprüfung (BAM) [*V 6*] mit 2%iger Salpetersäure ergaben nach 2890 h Versuchsdauer starke Korrosionen der ungeschützten Proben, wobei die Korrosionstiefe in der gleichen Größenordnung lag wie beim entsprechenden Versuch mit 5%iger Salzsäure.

Versuche mit Essigsäure. Die Wechseltauchversuche der BAM [*V 6*] mit 5%iger und 1%iger Essigsäure (CH_3COOH) ergaben für die ungeschützten Proben Korrosionstiefen, die ungefähr die Hälfte der Werte beim Versuch mit 5%iger Salzsäure betrugen. Versuche von SCHLÄP-FER [74] mit 1%iger Essigsäure zeigten ein Abklingen der Korrosion nach anfänglich starkem Oberflächenangriff und eine Korrosionstiefe von 1 bis 2 mm nach fünfmonatiger Versuchszeit.

Versuche mit Färbereiabwässern. Diese Versuche wurden an Ort und Stelle in einer Färberei durchgeführt, indem Halbschalen aus Asbestzement-Druckrohren NW 100 direkt unter dem Ablauf einer Färbebütte angeordnet wurden. Die zwei Jahre dauernden Versuche umfaßten ungeschützte Proben, Proben mit einem zweifachen Anstrich aus Inertol I dick L und Proben mit einem Spezialanstrich auf Kunststoffbasis. Die anfallenden Abwässer hatten eine sehr wechselnde Beschaffenheit und waren z. T. sehr sauer mit p_H-Werten unter 1,0, wenn auch ihre Einwirkungszeit im Laufe des Tages jeweils nur kurz war (Analysen s. [37]).

Zusammenfassend zeigten die Versuche, daß die geschützten Proben gegenüber dem Angriff aggressiver Flüssigkeiten voll widerstandsfähig waren. Die ungeschützten Proben zeigten eine oberflächliche Korrosion, die jedoch nicht tiefgreifend war. In Anbetracht der Versuchsbedingungen muß das Ergebnis als sehr zufriedenstellend bezeichnet werden.

Versuche mit Schlachthofabwässern [V 20]. Ein ungeschütztes Rohr NW 100 mit rund 12 mm Wanddicke und von 1,0 m Länge wurde in die Abwasserleitung der Kuttelei eines Schlachthofes eingebaut und nach rund vierzig Monaten Betriebszeit untersucht. Die Abwässer waren neutral bis schwach alkalisch und enthielten Fettpartikelchen, Blut und andere für Schlachthofabwässer charakteristische Stoffe (Analyse s. [37]). Bei der Untersuchung zeigte die Rohrsohle nach Entfernung des abgelagerten Sandes eine tiefschwarze Verfärbung, die keinen Einfluß auf die Härte des Zementgefüges hatte und die auf einen Fäulnisprozeß der abgelagerten organischen Stoffe zurückzuführen sein dürfte. Hierbei führte der entstandene Schwefelwasserstoff zur Bildung einer hauchdünnen Eisensulfidschicht. Die restliche Rohrwandung war in Härte, Farbe und Struktur gegenüber normalem Asbestzement unverändert und es konnte kein Eindringen von Öl oder Fett festgestellt werden. Aus dem Versuch geht hervor, daß fettreiche Schlachthofabwässer das Asbestzement-Druckrohr nicht beeinflussen und unvermeidliche Fäulnisvorgänge ohne Korrosion der Rohrwand stattfinden.

Versuche mit Abwässern einer Wäscherei und Reinigungsanstalt [V 20]. Es wurden ein ungeschütztes Rohr und ein mit Bitumen-Innenschutz versehenes Rohr NW 250 von je 2,0 m Länge und rund 30 mm Wanddicke in die Abwasserleitung einer Berliner Wäscherei eingebaut (Ana-

lysen s. [*37*]). Die Belastung der Leitung erfolgte stoßweise und zwar
überwiegend mit Reinigungsabwässern, weniger mit eigentlichen Wäsche-
reiabwässern. Die Untersuchung nach einer Betriebszeit von rund 40 Monaten zeigte teilweise nur dünne Beläge von ausgeschiedenem Kalziumkarbonat, im übrigen aber wies die Rohrwand die glatte, unveränderte
Struktur eines neuen Asbestzementrohres auf, ein Angriff war praktisch
nicht festzustellen. Die Verwendungsmöglichkeiten von Asbestzement-
Druckrohren für derartige Abwässerleitungen sind somit voll bewiesen.

Versuche mit Molkereiabwässern. In zwei Großmolkereien in Westfalen
wurden Asbestzement-Druckrohre in bestehende Abwasserleitungen eingebaut. Zwei Leitungen NW 125 führten ein Mischwasser aus reinem
Molkereiabwasser und häuslichem Abwasser ab, die dritte Leitung
NW 200 war eine reine Molkereiabwasserleitung (Analysen s. [*37*]). In
jede Leitung wurden mehrere 60 cm lange Rohrstücke eingebaut, die
teils ungeschützt, teils mit einem zweifachen Bitumenanstrich und teils
mit einem Kunststoffanstrich versehen waren. Die Zusammensetzung der
Abwässer war zeitlich und örtlich stark unterschiedlich, der Milchsäure-
gehalt betrug maximal rund 560 mg/l, daneben waren größere Anteile an
Buttersäure und Essigsäure vorhanden. Die Gesamtreaktion war jedoch
überwiegend neutral bis alkalisch. Die ersten nach 26 bis 34 Monaten
Betriebszeit ausgebauten Versuchsrohre zeigten ebenso wie die zweiten
nach rund 8 bzw. 9 Betriebsjahren ausgebauten Proberohre teilweise
Abscheidungen von Kalziumkarbonat aus dem Abwasser sowie geringe
Karbonatisierung der Rohroberfläche (maximale Karbonatisierungstiefe
0,7 mm innen, 1,6 mm außen). Der Bitumenanstrich hatte sich an vielen
Stellen abgelöst, ebenso hatte der Kunststoffanstrich (Krautoxin) teil-
weise seine Haftung verloren und zeigte starke Blasenbildung. Eine
schädliche Veränderung der Rohroberfläche konnte jedoch in keinem
Falle festgestellt werden, so daß Asbestzement-Druckrohre auch für der-
artige Abwasserleitungen ohne Schutzanstrich voll verwendbar sind
[*V 24*]. Auch an den REKA-Dichtungsringen zeigten sich nach der langen
Betriebszeit keine Schäden, die Oberfläche war nicht rissig und eine
Alterung nicht erkennbar.

4.5.3 Außenkorrosion

Unter Außenkorrosion versteht man die Wirkung eines chemischen
Angriffs auf die äußere Rohroberfläche. Bei erdverlegten Rohrleitungen
spricht man auch von Bodenkorrosion, bei oberirdisch verlegten Rohrleitungen von atmosphärischer Korrosion. Die Beständigkeit von Asbestzement gegen atmosphärische Korrosion ist durch die zahlreiche Ver-

wendung von Dacheindeckungen und dergleichen genügend erwiesen. Hier soll daher nur die Bodenkorrosion behandelt werden.

Während Innenkorrosionsversuche im Laboratorium mit einzelnen Agenzien erhöhter Konzentration durchführbar und leicht überschaubar sind und Rückschlüsse auf die in der Praxis vorliegenden Verhältnisse erlauben, sind Laborversuche zur Bodenkorrosion kaum durchführbar, da hier die Wirkung meist auf dem Zusammentreffen vielfältiger Agenzien beruht und eine Erhöhung der Konzentration und damit der Bodenaggressivität meist nicht ohne Änderung des Charakters des betreffenden Bodens möglich ist. Man ist daher auf Feldversuche in der Natur angewiesen. Derartige Versuche größeren Ausmaßes, die sich über rund 13 Jahre erstreckten, wurden in den Niederlanden und den USA durchgeführt. In Abschn. 5 wird außerdem über Untersuchungen an aufgegrabenen Betriebsleitungen berichtet.

Die niederländischen Feldversuche mit Asbestzement-Druckrohren. Die Feldversuche wurden im Jahre 1938 begonnen und nach dem Kriege fortgesetzt. Ihre Ergebnisse sind in Versuchsberichten veröffentlicht [*48, 49*]. Die Entwicklung und Technologie der Schutzanstriche stand seinerzeit noch in den Anfängen, so daß die als Außenschutz verwendeten Bitumenanstriche wegen ihrer geringen Haftfestigkeit und ihrer Empfindlichkeit gegen das Einwachsen von Pflanzenwurzeln [*14*] das Auftreten von Korrosion nicht verhindern konnten. In Deutschland wird nach dem heutigen Stand der Technik als Außenschutz für Asbestzement-Druckrohre kein Bitumen verwendet, sondern nur noch Teerpechlösungen oder Epoxidharze, die einwandfreie und festhaftende Schutzüberzüge bilden.

Die Untersuchungen umfaßten auch umfangreiche Versuche mit ungeschützten Rohren, die man in der Praxis heute in den stark aggressiven Böden Hollands nicht mehr verlegen würde. Die sechs verschiedenen Versuchsfelder wurden so gewählt, daß möglichst viele der in den Niederlanden vorkommenden aggressiven Bodenarten mit p_H-Werten von 3,7 bis 8,1 erfaßt wurden. Die Versuchsergebnisse zeigten, daß mit Korrosionen bei einem p_H-Wert des umgebenden Bodens kleiner als 6 gerechnet werden muß und daß die Korrosion ungeschützter Asbestzementrohre nicht zum Stillstand kommt, sondern mit der Zeit fortschreitet. Auf Grund der Erfahrungen muß jedoch ergänzt werden, daß hier die Grundwasserbewegung von Einfluß ist. Bei geringer Grundwasserbewegung kann sich um das Rohr eine Pufferzone aus Korrosionsprodukten bilden, die den Korrosionsfortschritt verlangsamt oder zum Stillstand bringt. In sauren Böden mit stärkerer Grundwasserbewegung dagegen können die neutralen und alkalischen Korrosionsprodukte ausgewaschen werden, so daß die Pufferwirkung abgeschwächt wird. Asbestzementrohre sollten daher in kalkaggressiven Böden nur mit einem wirksamen Außenschutz gelegt werden.

Die amerikanischen Feldversuche. Die 1937 begonnenen Feldversuche sowohl mit dampfgehärteten als auch mit wasserbadgelagerten Rohren wurden vom National Bureau of Standards durchgeführt [19]. Die Untersuchung der nach 13 Jahren ausgebauten Versuchsrohre umfaßte u. a. auch Festigkeitsprüfungen, die recht eindeutige Ergebnisse hinsichtlich des Korrosionseinflusses erbrachten. Allgemein ergab sich zunächst eine Verbesserung der Materialqualität mit erhöhter Festigkeit. Im Laufe der Zeit gingen die Festigkeitswerte infolge der Korrosion durch die ausgesucht aggressiven Böden allmählich zurück, jedoch lagen die Endwerte nach Beendigung der Versuche zum größten Teil noch oberhalb der Ausgangsfestigkeiten. Hierbei zeigten die dampfgehärteten Rohre zum Teil erheblich schlechtere Festigkeitseigenschaften als die unter Wasser normal gehärteten, was den europäischen Erfahrungen entspricht und bestätigt, daß die Korrosionsempfindlichkeit nicht vom Gehalt an freiem Kalkhydrat abhängt.

Der Korrosionsprozeß wird sowohl durch organische als auch durch anorganische Azidität gefördert.

Zusammenfassend kann gesagt werden, daß bei p_H-Werten unter 6,0 mit Bodenkorrosion zu rechnen ist und ein Schutzanstrich vorgesehen werden sollte. Besonders gefährlich sind Böden mit Sulfatreduktion und anschließender Belüftung, die zu stark saurer Reaktion führt. Bitumenanstriche sollten nur für den Innenschutz verwendet werden, für den Außenschutz sind Teerpechanstriche geeigneter. Das zusätzliche Einlagern von Kalk in die Rohrbettung in aggressivem Boden kann die Lebensdauer einer Leitung nur begrenzt verlängern. In stark aggressiven Böden kann ein Rohrschutz mit Epoxidharzbeschichtung zweckmäßig sein.

4.5.4 Erdstrom- und Streustromkorrosion

Bei den elektrischen Strömen, die eine elektrolytische Korrosion der Rohrleitungen verursachen können, unterscheidet man die Rohreigenströme, die bei beträchtlicher Entfernung der anodischen und kathodischen Bereiche auch als Langstreckenströme bezeichnet werden und die aus elektrischen Anlagen und zwar überwiegend von elektrischen Gleichstrombahnen und Erdungen herrührenden Streuströme [50].

Unterschiedliche Oberflächenbeschaffenheit eines Rohres oder z. B. unterschiedlicher Sauerstoffgehalt oder Salzgehalt des umgebenden Bodens führt zu unterschiedlichen elektrischen Potentialen dieser Bereiche, so daß sich unter Zwischenschaltung des feuchten Bodens als Elektrolyt ein Element bildet, das zum Fließen der Rohreigenströme führt. Voraussetzung hierfür ist jedoch, daß im Rohr ein Transport der freigewordenen Elektronen zwischen den beiden Elektroden des Elements, also von der elektrochemisch unedleren Anode zur elektrochemisch edleren Kathode, möglich ist, d. h. daß das Rohrmaterial elektrisch leitend ist. Elektrische Streuströme können die Rohrleitung anstelle des umgebenden Erdbodens ebenfalls nur dann als Fließweg benutzen und an den Stromaustrittsstellen damit zu Korrosionsschäden führen, wenn die Rohrleitung ein elektrischer Leiter ist.

Asbestzementrohre sind sehr schlechte elektrische Leiter. Wie unter Abschn. 4.3.7 ausgeführt, bewegen sich die Längswiderstände in Größen, die denen der Böden entsprechen. Infolgedessen eignen sie sich nur sehr schlecht als Elektrodenkörper im Sinne der Elemente Boden — Rohrleitung. Wichtiger ist allerdings noch die bemerkenswerte Tatsache, daß selbst unter der Annahme eines wenn auch nur geringen, jedoch durchaus denkbaren Stromflusses längs eines Asbestzement-Druckrohres eine Abtragung des Materials im anodischen Bereich nicht möglich ist, da Kationen von der Art der Metallionen nicht existieren. Daraus ergibt sich die Feststellung, daß nämlich

> *die Bildung von Korrosionselementen beim Asbestzement-Druckrohr infolge der äußerst geringen elektrischen Leitfähigkeit und des nichtmetallischen Charakters des Materials nicht möglich ist.*

Zur weiteren Bestätigung dieser Tatsache wurde in der Physikalisch-Technischen Bundesanstalt ein Versuch über den Einfluß von Streuströmen auf ein Asbestzement-Druckrohr NW 100, ND 12,5 durchgeführt [*V 39*]. Der zwischen zwei Kupferelektroden mit 220 V Gleichspannung durch den Erdboden fließende Strom hatte die Möglichkeit, nach Durchtritt durch die Wand des wassergefüllten Versuchsrohres den im Rohrinnern liegenden stählernen Zuganker als Fließweg zu benutzen. Der Versuch zeigte keine wahrnehmbaren Veränderungen des Rohrmaterials an den Stromdurchtrittsstellen, so daß damit erwiesen ist, daß eine elektrochemische Korrosion bei Asbestzement-Druckrohren nicht möglich ist.

Verschiedentlich wird auch für elektrische Nichtleiter eine gewisse Korrosionsgefahr darin gesehen, daß sich die Kationen und Anionen des Elektrolyten in den Elektrodenbereichen anreichern können und so z. B. im Anodenbereich eine erhöhte SO_4^{--}-Ionenkonzentration auftreten kann. Praktische Erfahrungen über eine Korrosion des Asbestzementes durch derartige Vorgänge liegen jedoch nicht vor.

4.6 Bakteriologisches Verhalten

Die Kenntnis des Verhaltens einer Rohrleitung in hygienischer Hinsicht ist bei ihrer Verwendung zum Transport von Trinkwasser unerläßlich. Neben den Forderungen, daß weder Geruch noch Geschmack noch das Aussehen des Trinkwassers beeinträchtigt werden dürfen, steht vor allem die Notwendigkeit im Vordergrund, daß die Rohrleitung selbst keimfrei ist und bleibt, und daß sie zumindest einem Keimwachstum keinen Vorschub leistet. Zur Überprüfung des bakteriologischen Verhaltens von Asbestzement-Druckrohren und der zugehörigen REKA-Kupplungen wurden auf Veranlassung des Verfassers im Bundesgesundheitsamt — *Institut für Wasser-, Boden- und Lufthygiene* — unter der Leitung von Prof. Dr. KRUSE entsprechende Versuche durchgeführt und deren Ergebnisse in mehreren Versuchsberichten [*V 13* bis *V 18*] niedergelegt.

Die einzelnen Versuchsgruppen umfaßten Durchflußversuche mit 15 cm/min Fließgeschwindigkeit, kombinierte Durchfluß- und Standversuche mit Standzeiten unterschiedlicher Dauer und reine Standversuche. Als bakterienhaltiges Versuchswasser wurde vollbiologisch gereinigtes Abwasser verwendet, das mit entchlortem Berliner Leitungswasser verdünnt wurde, sowie Flußwasser und schließlich biologisch gereinigtes Abwasser, das während der Versuchsdauer künstlich belüftet wurde.

Neben Asbestzementrohren mit und ohne REKA-Kupplungen wurden zum Vergleich Rohre aus Kupfer, verzinktem Stahl, Glas und schwarz gestrichenem Glas untersucht. Die Versuche, mit denen überprüft werden sollte, ob Asbestzement-Druckrohre im Vergleich zu den anderen Rohrmaterialien irgendwelche Stoffe an das durchfließende oder stagnierende Wasser abgeben, die zu vermehrtem Bakterienwachstum führen, und ob die Innenwandung der Rohre die Ansiedlung und Vermehrung von Bakterien begünstigt oder behindert, ergaben, daß sich alle Versuchsrohre mehr oder weniger gleich verhalten und keine wesentlichen Unterschiede zwischen den Gesamtkeimzahlen im Versuchswasser und im Belag auf der Rohroberfläche festzustellen waren. Nur bei den Kupferrohren zeigten sich zum Teil wesentlich niedrigere Keimzahlen, was der oligodynamischen Wirkung des Kupfers zuzuschreiben ist. Eingehängte Probeplättchen aus Asbestzement ergaben praktisch keine anderen Keimzahlen als solche aus Glas. Bei Bestimmung der auf der Rohroberfläche angesiedelten Keimzahlen ergaben sich allerdings bei den Asbestzement-Rohrstücken mit REKA-Kupplungen wesentlich höhere Werte als bei den übrigen Proben, was auf Bakterienansiedlungen in den Hohlräumen der Kupplungsmuffen (Vergleichsmaterial wurde ohne Kupplungsmuffen geprüft) zurückgeführt wurde[1]. Es handelte sich ferner nur um harmlose, besonders resistente Sporenbildner, die seuchenhygienisch völlig bedeutungslos sind [*V 13*]. Außerdem ist bei den neueren REKA-Kupplungen mit Distanzring der Kupplungshohlraum verkleinert und geschlossen, so daß ein günstigeres bakteriologisches Verhalten erwartet werden kann. Bei den Standversuchen mit in Flußwasser eingehängten Materialproben zeigte sich bei einer Temperatur von 20 °C anfänglich ein stärkerer Keimanstieg bei den Asbestzementproben, der jedoch im weiteren Versuchsverlauf wieder zurückging und sich den anderen Proben anglich.

Versuche, mit denen überprüft werden sollte, ob ein Durchwachsen von Bakterien durch Asbestzement-Druckrohre möglich ist, verliefen mit völlig negativem Ergebnis. Sie bewiesen, daß die Rohre gegenüber Bakterien undurchlässig sind und auch in verseuchtem Grundwasser einen einwandfreien Schutz des in ihnen geförderten Trinkwassers in bakteriologischer Hinsicht gewährleisten, da auch die REKA-Kupplungen gegen Bakterien dicht sind, wie in Abschn. 6 gezeigt wird. Die Dichtheit der Asbestzement-Druckrohre gegen Bakterien wurde auch durch andere Untersuchungen bestätigt [*48, 60, 76*].

Versuche der Berliner Wasserwerke zur Ermittlung der Zeit, die erforderlich ist, um Rohrleitungen aus verzinktem Stahl, bituminiertem Stahl, Gußeisen, verschiedenen Kunststoffen und Asbestzement keimfrei zu spülen, zeigten, daß letztere höhere Spülgeschwindigkeiten und längere Spülzeiten erforderten als die übrigen Rohrleitungen. Die höhere Anfangsverkeimung war bereits nach kurzer Spülzeit auf die Vergleichswerte abgebaut. Die Versuchsergebnisse werden durch die Erfahrungen bei der Entkeimung verlegter Asbestzement-Druckrohrleitungen im Rohrnetz bestätigt. Diese Eigenschaften konnten dadurch abgemindert werden, daß im Herstellerwerk durch die Verwendung keimfreien Druckspülwassers dafür gesorgt wird, daß die nach der Herstellung sterilen Rohre nicht nachträglich verkeimen. Ist durch die Spülung nach der Rohrlegung die Entkeimung vollständig erreicht, so bleiben Asbestzement-Druckrohrleitungen auch weiterhin keimfrei. Die Gefahr einer Wiederverkeimung ist auch bei längerem Stagnieren des Wassers in der Leitung nicht gegeben.

4.7 Verhalten gegen Radioaktivität

Im Zusammenhang mit der Frage, ob Asbestzement-Druckrohre auch für den Transport radioaktiver Flüssigkeiten und Abwässer verwendbar sind, wurden vom BATTELLE-Institut in Frankfurt/M. Untersuchungen

---

[1] Für den Praxisvergleich müßte hier die geringe Fließgeschwindigkeit und die 10-fach größere Zahl der Kupplungen (alle 50 cm) berücksichtigt werden.

darüber durchgeführt, inwieweit das Material radioaktive Isotope adsorbiert und damit selbst strahlend wird, in welchem Maße es strahlungsdurchlässig ist und ob seine Festigkeitseigenschaften durch radioaktive Strahlung verändert werden. Im folgenden können die Ergebnisse dieser drei Untersuchungsgruppen nur kurz aufgeführt werden, nähere Angaben enthält [37].

Wegen der Vielfalt der möglichen radioisotopenhaltigen chemischen Verbindungen und der Abhängigkeit der Adsorptionsvorgänge von physikalischen und chemischen Faktoren ist eine allgemein gültige Aussage über die Adsorption von radioaktiven Substanzen an Asbestzement nicht möglich [V 3]. Für spezielle Verwendungszwecke sind stets besondere Untersuchungen zweckmäßig. Zum Studium des Adsorptionsverhaltens von Asbestzement wurden nur Lösungen der Isotopen Schwefel S^{35}, Phosphor P^{32} und Jod J^{131} verwendet.

Die Versuche zeigten, daß die Oberflächen-Adsorption sehr schnell erfolgt. Das Maß der Adsorption ist von der Oberflächenrauhigkeit und von dem jeweiligen Radionukleid abhängig. Die adsorbierte Aktivität lag der Größenordnung nach zwischen 0,08 und 3,3 µC auf 1 p Asbestzement.

Zur Untersuchung der Strahlungsabsorption wurden Versuche mit Gamma- und mit Neutronenstrahlen an Asbestzement-Druckrohren unterschiedlicher Wanddicke durchgeführt. Alpha- und Betastrahlung konnte wegen ihrer geringen Reichweite vernachlässigt werden.

Da die abschwächende Wirkung von Stoffen gegenüber Gammastrahlen auf Wechselwirkungen zwischen Gammaquanten und den Atomen des durchstrahlten Materials beruht, sind für die Absorption neben der Energie der Gammaquanten Wanddicke, Dichte, Atomgewicht und Kernladungszahl des Absorbermaterials maßgebend. Für die Versuche wurden Strahlungsquellen unterschiedlicher Strahlungsenergie verwendet und zwar Kobalt-60 als harter Strahler, Ruthenium-106 — Rhodium-106 als Strahler mittlerer Energie und Thulium-170 als weicher Strahler. Die Ergebnisse zeigten, daß der Einfluß der Wanddicke auf die Absorption bei allen Strahlern etwa gleich groß ist. Die Absorption betrug bei 40 mm Wanddicke für Co^{60} etwa 15%, für Tm^{170} etwa 50%.

Bei der Absorption von Neutronenstrahlen sind ebenfalls die bei der Gammastrahlenabsorption genannten Einflußgrößen von Bedeutung. Darüber hinaus spielen sich aber noch kompliziertere Vorgänge ab, deren Art davon abhängt, ob es sich um langsame, sogenannte thermische Neutronen oder um schnelle Neutronen von höherer kinetischer Energie handelt und auf die hier nicht näher eingegangen werden kann. Als

Strahlenquelle wurde ein aus Radium und Beryllium zusammengesetztes Präparat benutzt [*V 4*]. Die Versuche ergaben, daß bei 40 mm Wanddicke 28% der Intensität der langsamen und 17% der schnellen Neutronen absorbiert werden.

Neben den bereits beschriebenen Untersuchungen wurde versucht, die bei der Einwirkung von thermischen Neutronen auf Asbestzement zu erwartende Aktivität aus den zu erwartenden Aktivitäten jedes einzelnen im Material enthaltenen Elements rechnerisch zu ermitteln [*V 5*]. Die Rechnung führte bei einem angenommenen Neutronenfluß des Reaktors von 10^{10} Neutronen/cm²·s und einer Bestrahlungszeit von 40 Jahren zu einer zu erwartenden Gesamtaktivität von rund 24 µC/p Asbestzement. Der aktivierte Asbestzement sendet sowohl Beta- als auch Gammastrahlen aus.

Zur Untersuchung der Frage, inwieweit die Festigkeitseigenschaften von Asbestzement-Druckrohren durch radioaktive Strahlung beeinflußt werden, wurden in Rohrlängsrichtung herausgearbeitete Versuchsstücke mit Gammastrahlen einer Co⁶⁰-Bombe bestrahlt und anschließend ihre Druckfestigkeiten bestimmt [*V 41*]. Die Versuche zeigten, daß infolge der Bestrahlung durch Gammastrahlen die Festigkeit zunahm. Die Festigkeitssteigerung wird größer mit zunehmender Strahlendosis und lag in der Größenordnung von 10% bei einer Dosis von $5 \cdot 10^8$ r.

Zusammenfassend läßt sich sagen, daß Asbestzement-Druckrohre gegenüber Radioaktivität ein dem zementgebundenen Material entsprechendes Verhalten zeigen, das mit dem gewöhnlichen Betons verglichen werden kann, und zwar sowohl hinsichtlich des Adsorptionsvermögens von aktiven Lösungen als auch in der Absorption von Gamma- und Neutronenstrahlen. Die durch Bestrahlung erzeugte Aktivität bewegt sich in relativ niedrigen Grenzen, deren Zulässigkeit jedoch nur unter Berücksichtigung der jeweiligen Verhältnisse beurteilt werden kann.

5 Erfahrungen mit verlegten Asbestzement-Druckrohrleitungen

In diesem Abschnitt soll im Gegensatz zu den Laborversuchen über die Erfahrungen in der Praxis berichtet werden. Hierzu wurden zahlreiche Leitungen ausgegraben und eingehend untersucht, vor allem hinsichtlich des Einflusses des Zeitfaktors auf die Korrosionsvorgänge und bestimmte mechanische Beanspruchungen, wie z. B. Abrieb, dessen Berücksichtigung im Laborversuch nur angenähert möglich ist. Von dem umfangreichen vorliegenden Untersuchungsmaterial wurde nur eine begrenzte Auswahl getroffen im Hinblick auf Betriebsalter und Betriebsverhältnisse, auf Bodenverhältnisse und auf Beschaffenheit des geförderten Wassers.

5.1 Erfahrungen mit Trinkwasserleitungen

Ausbau Frauenzimmern. Die Gemeinde Frauenzimmern/Württ. war die erste deutsche Gemeinde, die Asbestzement-Druckrohre der Marke ETERNIT verlegte, und zwar im Jahre 1930 Rohre NW 125 für eine Leitung mit einem Betriebsdruck von 7 atü. Die vorhandenen Lehm-, Sumpf- und Kiesböden waren zum Teil stark aggressiv gegenüber metallischen Werkstoffen. Im Mai 1961 wurden zwei Rohrstücke und drei SIMPLEX-Kupplungen ausgebaut und von Dr. A. FRISKE, Karlsruhe, eingehend untersucht. Es zeigte sich, daß die innen mit einem Schutzanstrich versehenen Rohre nach 31 Betriebsjahren völlig einwandfrei waren und weder an der inneren noch an der äußeren Oberfläche oder in der Struktur irgendwelche Veränderungen aufwiesen. Die Analysen der Boden- und Grundwasserproben ergaben einen hohen Sulfatgehalt (Tab. 10), so daß der Boden als betonfeindlich bezeichnet werden muß.

Tabelle 10. *Ergebnisse der Grundwasser- und Bodenuntersuchung beim Ausbau Frauenzimmern*

	Grundwasser	Boden
p_H	6,9	7,0
SO_4^{--}-Gehalt	929 mg SO_4^{--}/l	545 mg SO_4^{--}/l
Gesamthärte	80,6 °d	263,2 mg CaO/l
Karbonathärte	26,0 °d	182 mg CaO/l
freie CO_2	80,0 mg CO_2/l	—
aggressive CO_2	—	—

Der Boden wies eine hohe spezifische Leitfähigkeit auf, die die elektrolytische Korrosion begünstigt, was durch die 90%ige Querschnittsverminderung der Stahlbolzen einer GIBAULT-Kupplung bestätigt wurde. Die Festigkeitsversuche an den ausgebauten Rohren ergaben jedoch deren Unversehrtheit und zeigten Werte, die zum Teil beträchtlich über den Mindestwerten der DIN 19800 lagen (Tab. 11).

FRISKE faßt die Untersuchungsergebnisse dahingehend zusammen, „ ...daß die Asbestzement-Druckrohre ohne Rohrschutz der sehr beachtlichen *Aggressivität* der Grundwässer und Böden ohne jegliche Einwirkung standgehalten haben. Die Materialfestigkeiten des Rohrwerkstoffes sind sehr gut und lassen nach 31jähriger Verwendung im Einflußbereich der betrieblichen Belastung und der aggressiven Medien keine

Tabelle 11. *Materialfestigkeiten des in Frauenzimmern ausgebauten Astbestzement-Druckrohres NW 125*

Art	mittlere Bruch-spannung (kp/cm^2)	Mindestwert nach DIN 19800 (kp/cm^2)
Längsbiegezugfestigkeit	347	250
Scheiteldruckfestigkeit	616	450
Innendruckfestigkeit	215	200

Alterung erkennen, vielmehr ist aus der Materialprüfung eine Festigkeits-zunahme abzuleiten." FRISKE stellte weiterhin fest, daß die Verwendung von Asbestzement-Druckrohren in aggressiven Wässern der vorliegenden Art ohne Bedenken möglich ist. Die Lebensdauer des Rohrwerkstoffes erfährt hierdurch keine Einschränkung.

Ausbau Bayreuth. Im Jahre 1938 verlegten die Stadtwerke Bayreuth eine Asbestzement-Druckrohrleitung NW 100, die der heutigen Druck-klasse ND 10 entsprach. Im Dezember 1958 wurde ein Rohrstück aus dieser Leitung ausgebaut und von Dr. FRISKE untersucht. Die mit einem Innenanstrich versehene Rohrleitung liegt in einem zum Teil lehmigen Sandboden und führt ein sehr weiches und stark kohlensäurehaltiges Fichtelgebirgswasser, das stark aggressiv ist (p_H-Wert 5,8, Gesamthärte 0,5 °d, 26,2 mg/l kalkaggressiver Kohlensäure). Trotzdem war der bitu-minöse Innenschutzanstrich sehr gut erhalten und es konnten keinerlei Korrosionserscheinungen an der inneren Rohroberfläche festgestellt werden. Der Boden bzw. das Grundwasser ist neutral bis leicht sauer. An der ungeschützten äußeren Rohroberfläche war an einzelnen Stellen ein geringer Korrosionsangriff festzustellen, was auf örtlich verschieden starke Elektrolytkonzentration schließen läßt. Die Prüfung der Material-festigkeit gab Werte, die über den Norm-Mindestwerten liegen (Tab. 12).

Tabelle 12. *Materialfestigkeiten des in Bayreuth ausgebauten Asbestzement-Druck-rohres NW 100, Druckklasse ND*

Art	mittlere Bruch-spannung (kp/cm^2)	Mindestwerte nach DIN 19800 (kp/cm^2)
Längsbiegezugfestigkeit	255	250
Scheiteldruckfestigkeit	630	450
Innendruckfestigkeit	354	200

Es läßt sich alles in allem feststellen, daß die untersuchte Asbestzement-Druckleitung sich auch im vorliegenden Falle trotz sehr ungünstiger Verhältnisse tadellos bewährt hat. Das Rohrmaterial blieb unbeeinflußt, wie die ermittelten Materialfestigkeiten bewiesen, die alle höher als die in der Norm geforderten Mindestwerte lagen. Auf Grund der Wasserbeschaffenheit kam die Bildung einer Schutzschicht nicht in Frage. Die Rohroberfläche blieb in ihrem ursprünglichen Zustand erhalten, so daß es trotz des rund 20 jährigen Betriebes zu keiner Leistungseinbuße kam.

Ausbau Rehau. Aus einer im Jahre 1933 in Rehau/Bayern verlegten Asbestzement-Druckrohrleitung NW 200, die ein sehr aggressives Quellwasser von 1,2 °dG (0,7 °dK) und mit 22,5 mg/l kalkaggressiver Kohlensäure führte, wurde im Dezember 1959 ein Rohrstück ausgebaut und eingehend untersucht. Sowohl der äußere als auch der innere bituminöse Schutzanstrich waren noch sehr gut erhalten. Auf der äußeren Rohroberfläche zeigte sich lediglich ein geringfügiger Angriff auf das Rohrmaterial an den Stellen, an denen der Schutzanstrich mechanisch beschädigt worden war. Der innere Schutzanstrich wies in der oberen Schicht kleine Bläschen auf, unter denen die Rohroberfläche aber noch nicht freigelegt war. Korrosionsschäden durch das sehr aggressive Wasser wurden nicht festgestellt.

Das ausgebaute Rohrstück hat bewiesen, daß mit einem bituminösen Schutzanstrich versehene Asbestzement-Druckrohre auch bei stark aggressiven Wässern vorteilhaft eingesetzt werden können.

Ausbau Mammelzen. An dem im März 1960 ausgebauten Rohrstück einer 1936 verlegten ungeschützten Druckrohrleitung NW 80 in Mammelzen/Westerwald wurden stärkere Außenkorrosionen beobachtet, die durch einen Schutzanstrich hätten vermieden werden können. Die Leitung war in feuchte Lettenschichten eingelagert. Hierbei betrug der p_H-Wert des Bodens 5,9, die rings um das Rohr entnommenen Bodenproben enthielten im Mittel 42,5 mg SO_4^{--}/kg Boden und 10 mg Cl^-/kg Boden.

Es ist auf Grund des niedrigen p_H-Wertes des Bodens anzunehmen, daß das Grundwasser der hauptsächliche Träger der festgestellten Aggressivität ist. An der Rohrsohle und am Scheitel zeigten sich braun oder rötlich gefärbte Stellen, an denen das Material bis zu 4 mm tief weich und filzig war. An den Kämpferseiten wurde kein Korrosionsangriff festgestellt. Die innere Rohroberfläche war durch einen Bitumenanstrich geschützt. Daher konnte das in der Rohrleitung geförderte, ebenfalls aggressive Wasser ($p_H = 5,4$; Gesamthärte 4,48 °d; Kalkhärte 4,2 °d; $KMnO_4$-Verbrauch 7,9 mg/l; 26,4 mg $_{aggr}CO_2$/l; 11,0 mg Cl^-/l; 1,0 mg NO_3^-/l; 0,002 mg NO_2^-/l; Spuren SO_4^{--}; Fe; Mn und P fehlen) keinen

Angriff auf das Asbestzementmaterial ausüben. Nur wenige Stellen zeigten Angriffsspuren bis maximal 2 mm Tiefe. Der Schutzanstrich war ziemlich spröde und zeigte Bläschen im Bereich der Rohrsohle, die aber nicht die gesamte Schutzschicht erfaßten. Der Vergleich der inneren und der äußeren Rohroberfläche zeigt, daß ein Außenanstrich der heute üblichen Art völlig ausgereicht hätte, die Korrosionsschäden an der Außenfläche weitgehend zu vermeiden.

Unter Berücksichtigung der Tatsache, daß nach Aussage des 1. Vorsitzenden der Wasserinteressengemeinschaft metallische Rohre infolge der erheblichen Bodenaggressivität nach einer Liegezeit von 18 bis 20 Jahren zerstört werden, muß die Beschaffenheit des nach 24 Betriebsjahren untersuchten Asbestzement-Druckrohres als äußerst zufriedenstellend angesehen werden, dies um so mehr, als die Außenfläche des Rohres völlig ungeschützt den Agenzien des Bodens ausgesetzt war.

Ausbau Scheessel. Im November 1958 wurde ein Rohrstück aus einer 1953 verlegten Druckrohrleitung NW 150 der Gemeinde Scheessel bei Rotenburg ausgebaut. Das in nicht aggressivem Boden verlegte Rohr zeigte eine völlig intakte Außenfläche. Im Innern hatte sich auf der bituminösen Schutzschicht ein bräunlicher, abwaschbarer, dünner Niederschlag gebildet, der hauptsächlich Eisen enthielt und aus den benachbarten metallenen Rohrstrecken stammen dürfte. Das Wasser hatte einen p_H-Wert von 6,9 bei 8,4 °d Gesamthärte (2,2 °dK) und 11,0 mg/l aggressive Kohlensäure sowie 0,1 mg Fe/l. Das aggressive Wasser hatte keine Korrosionsschäden hervorgerufen. Der Schutzanstrich zeigte teilweise Bläschenbildung, war ansonsten aber unversehrt. Auch an den Stellen, an denen infolge Abriebs das Rohrmaterial bloßlag, war keine Korrosion eingetreten.

Die Festigkeitsprüfungen ergaben Werte fabrikneuer Rohre und lagen mit $\sigma_z = 256$ kp/cm² für die Ringzugfestigkeit und $\sigma_d = 592$ kp/cm² für die Scheiteldruckfestigkeit weit über den Mindestwerten der Norm. Selbstverständlich ist die Liegezeit dieser Rohrleitung noch zu gering, um eine endgültige Beurteilung abgeben zu können. Der Zustand des Innenanstriches deutet darauf hin, daß die Bläschenbildung bereits frühzeitig einsetzen kann, im Hinblick auf den Korrosionsschutz jedoch keine wesentliche Beeinträchtigung darstellt. Bemerkenswert ist auch die Tatsache, daß die ungeschützten Stellen des Rohrinneren, an denen das Asbestzementmaterial dem aggressiven Wasser ausgesetzt war, bisher keine Korrosionsschäden aufwiesen.

Ausbau Hohenwestedt. Ein ähnliches Trinkwasser ($p_H = 7,06$; Gesamthärte 10,6 °d Karbonathärte 6,1 °d; 34,0 mg Cl⁻/l; 28,0 mg

SO_4^{--}/l; 19,6 mg $_{freie}$ CO_2/l; 47,9 mg $_{gebund.}$ CO_2/l; 18 mg $_{aggr.}$ CO_2/l) wird in einer Asbestzement-Druckleitung NW 100 der Gemeindewerke von Hohenwestedt/Holst. gefördert.

Die Leitung wurde 1934 ohne Schutzanstrich verlegt und hat bei einem Probeausbau 1957 zu keinerlei Beanstandungen geführt. Bis auf eine Karbonatisierung in Oberflächennähe zeigte die innere Rohrwand keine Veränderung. Der nur schwach aggressive lehmige Boden hatte keine Korrosion an der Rohraußenfläche verursacht.

Ausbau Bad Lauterberg. Von den Stadtwerken Bad Lauterberg im Harz wurde 1938 eine Leitung NW 80 einer ND 10 entsprechenden Druckstufe eingebaut. Das in dieser Leitung geförderte Wasser zeichnet sich durch geringe Härte und Aggressivität infolge überschüssiger Kohlensäure aus. Bei einer Karbonathärte von 2,5 °d enthält es 20 mg/l freie CO_2, der p_H-Wert beträgt 6,9. Ein 1961 ausgebautes Rohr zeigte an der ungeschützten Innenseite keinerlei Korrosionsschäden oder Ablagerungen. Eine Festigkeitsuntersuchung ergab für die Innendruckfestigkeit den Wert von 301 kp/cm², für die Scheiteldruckfestigkeit 936 kp/cm². Diese Werte liegen um 50% bzw. 108% über den Mindestwerten der Norm und bestätigen die Unversehrtheit des Asbestzementmaterials, das sich auch in diesem Falle gut bewährt hat und bisher, ohne Störungen zu verursachen, in Betrieb war.

Ausbau Westerland. Von den Stadtwerken Westerland auf der Insel Sylt wird ein sehr aggressives weiches Wasser ohne Aufbereitung direkt in das Versorgungsnetz gedrückt. Seit 1949 ist für den Korrosionsschutz des Rohrnetzes eine Dosieranlage zur Impfung des Wassers mit Orthophosphat in Betrieb. Außerdem wurde bis 1956 der Sauerstoffgehalt des Wassers künstlich erhöht. 1954 wurden innen und außen ungeschützte Asbestzement-Druckrohre verlegt, von denen man 1960 ein Rohrstück NW 100 ausbaute. Die Analyse des in der Rohrleitung geförderten Wassers zeigte einen Gehalt von 12 mg/l kalkaggressiver Kohlensäure und wies eine Karbonathärte von 1,7 °d bei der Gesamthärte von 5,0°d nach. Der p_H-Wert des Wassers betrug dementsprechend im Mittel 6,43. Da üblicherweise bei derartiger Wasserbeschaffenheit ein einfacher oder mehrfacher innerer Bitumenschutzanstrich aufgebracht wird, ist es um so interessanter, in diesem Falle das Verhalten des ungeschützten Rohres gegenüber dem aggressiven Wasser und dem Einfluß einer Phosphatimpfung von 3 g/m³ Wasser untersuchen zu können. Das Probestück wies innen einen dünnen bräunlichen Niederschlag auf. Das Rohrmaterial war innen kernig und zeigte keinerlei Veränderungen infolge Korrosion. Durch die Phosphatbehandlung hatte sich bei der vorliegenden Wasserbeschaffenheit eine Schutzschicht gebildet. Die gelbbraune Schicht mit der Dicke von etwa 10 μ enthielt rund 1,8% PO_4^{3-}. Dagegen wies eine andere Probe des Materials bis zur Tiefe von 35 μ nur 0,4% PO_4^{3-} auf. Das PO_4^{3-} wurde also eindeutig in der Oberfläche angereichert. Der freie Kalk $Ca(OH)_2$ war von der Rohroberfläche ausgehend karbonatisiert, was ebenfalls in Verbindung mit der Phosphatschutzschicht die Kalkauslösung weitgehend verhinderte. Nach EICK wird bei einem in der obersten Schicht angenommenen Gehalt von 2% PO_4^{3-} von „Hydroxylapatit" 2,6% $Ca(OH)_2$ gebunden, was etwa $1/_3$ des gesamten freien Kalks in der Rohroberfläche ausmacht.

Es läßt sich hier somit eine schützende Wirkung durch die Phosphatimpfung nachweisen, wie sie auch von HÖFER beim Laborversuch festgestellt wurde. Asbestzement-Druckrohre können daher unbedenklich auch dort verwendet werden, wo eine Phosphat- oder auch Silikatdosierung vorgesehen ist, die Schutzwirkung erstreckt sich auch auf diese Rohre.

Ausbau Birkheim. Durch eine Asbestzement-Druckrohrleitung NW 100 des Rohrnetzes von Birkheim, Kreis St. Goar, fließt ein aggressives Trinkwasser mit 0,28 °d Gesamthärte, 0,56 °d Bikarbonathärte, 4,4 mg/l gebundene CO_2 und 15,4 mg/l aggressive CO_2. Die 1932 verlegte Leitung war innen und außen mit einem Schutzanstrich versehen. 1959 wurde gelegentlich eines Umbaues ein Rohrstück ausgebaut. Die Schutzanstriche waren noch gut erhalten, zahlreiche Schadstellen des Außenschutzes dürften von mechanischen Beschädigungen stammen. Im inneren Schutzanstrich hatten sich stellenweise Bläschen mit einer hauchdünnen, stark versprödeten Bitumenhaut gebildet. Die darunter befindliche Bitumenschicht war auch hier zusammenhängend und deckte das Rohrmaterial voll ab. Die häufig zu beobachtende Bläschenbildung beim Innenanstrich muß also nicht zu einer Aufhebung der Schutzwirkung führen, sondern beschränkt sich auf die obere Lage der Bitumenschicht. Das Asbestzementmaterial wies keine Korrosionsschäden auf. Die Karbonatisierung der inneren Materialschichten fand hier nicht statt.

Ausbau Langenfeld. In einer vom Verbandswasserwerk Langenfeld-Rheingemeinden 1934 verlegten Druckrohrleitung NW 80 floß über 10 Jahre lang, von September 1939 bis April 1950, ein sehr stark angreifendes Wasser, dessen p_H-Wert 6,0 betrug, wobei die freie Kohlensäure zwischen 24 und 70 mg/l schwankte. Ein 1954 ausgebautes Rohrstück zeigte, daß der Innenanstrich das Rohr vor größeren Zerstörungen bewahrt hatte. An einzelnen Stellen, an denen der Schutzanstrich beschädigt war, hatte Korrosion stattgefunden. In Anbetracht der vorhandenen Aggressivität des Wassers und der Länge der Betriebszeit muß der Zustand des ausgebauten Asbestzement-Rohrstückes als vortrefflich angesehen werden. Es läßt sich leicht abschätzen, daß die Lebensdauer dieses Rohres noch erheblich größer sein wird, als die bisher vergangene Betriebsperiode von rund 20 Jahren.

Ausbau Tschirn. Für die Wasserversorgung der Gemeinde Tschirn, Landkreis Kronach, wurde 1938 eine 4700 m lange Asbestzement-Druckrohrleitung NW 100, ND 10 in aggressivem Lehmboden ($p_H = 4,0$, $< 1\%$ $CaCO_3$) verlegt. Die Leitung, die ein sehr weiches, kalkaggressives Wasser führt (1,1 °d Karbonathärte, 1,8 °d Gesamthärte, 9 mg/l kalkaggressive CO_2), erhielt einen inneren und äußeren Schutzanstrich. Ein nach 29 Betriebsjahren ausgebautes Rohr zeigte nicht die geringsten Angriffsspuren. Auch der Anstrich war noch vollkommen erhalten.

Ausbau Kempten. Ebenfalls zu den ältesten Asbestzement-Druckrohrleitungen Deutschlands zählt die 1931 in Kempten/Allgäu verlegte Leitung NW 300, aus der 1955 nach 24 Jahren ununterbrochenen Betriebs ein Rohrstück ausgebaut wurde. Das ohne Schutzanstrich verlegte Rohr machte einen fabrikneuen Eindruck und zeigte keinerlei Inkrustationen oder Ablagerungen. Korrosionen waren hier auf Grund der Boden- und Wasserverhältnisse nicht zu erwarten.

Ausbau Hinterlangenbach. Eine 1938 in Hinterlangenbach, Kreis Freudenstadt verlegte Leitung NW 175 führte das Wasser eines Baches als Triebwasser einer kleinen Turbine zu. Nach der Analyse ist das Bach- und Grundwasser außerordentlich weich mit einer Gesamthärte von nur 0,5 °dG (0,45 °d Karbonathärte, 6,5 mg/l freie CO_2, 6,5 mg/l kalkaggressive CO_2, 3,3 mg SiO_2/l, 0,08 mval/l Huminsäure, $p_H = 6,55$). Eine 1955 ausgebaute, innen und außen bituminierte Rohrprobe der unter einem Betriebsdruck von 8 atü stehenden Leitung zeigte innen einen völlig einwandfreien Zustand des Schutzanstriches. Für die äußere Rohroberfläche lagen besonders ungünstige Bedingungen vor, da das aus einer fehlerhaft montierten, undichten Muffe austretende Wasser zusammen mit dem Sickerwasser und dem Bodenmaterial zu einem mechanischen Abrieb des Bitumenanstriches geführt hatte und damit das Material ungeschützt dem Angriff des aggressiven Wassers ausgesetzt war. Die bloßgelegte Stelle war in einer Schicht von etwa 0,25 mm Dicke korrodiert, darunter war das Material einwandfrei und unverändert. Auch unter diesen Umständen hat sich also das Asbestzement-Druckrohr durchaus bewährt.

Ausbau Adelmannsfelden. Beim Bau der Wasserversorgungsanlage von Adelmannsfelden, Kreis Aalen, wurden 1954 ca. 8 km Asbestzement-

Druckrohre NW 80 bis NW 150 verwendet. 1967 wurden zwei Rohrproben NW 125 ausgebaut, die in einem sauren, schwach gepufferten Ton-Lehm-Boden lagen (p_H = 4,9, Acidität 3,60 ml 0,1 n NaOH/100 g, Karbonatgehalt 1 bis 2% $CaCO_3$). Die ausgebauten Proben waren in einwandfreiem Zustand. Die Materialfestigkeiten lagen um 40 bis 75% höher als die geforderten Normwerte. Das Rohrmaterial hat sich auch hier sehr gut bewährt.

Die vorstehend aufgeführten Beispiele sollten nur das Grundsätzliche an einem Querschnitt durch das in Fülle vorhandene Erfahrungs- und Untersuchungsmaterial aufzeigen. Als Ergänzung seien im folgenden einige der außerhalb Deutschlands gesammelten Erfahrungen angeführt.

Ausbau von Asbestzement-Druckrohren in niederländischen Wasserwerken. In den Niederlanden liegen zum großen Teil Bodenverhältnisse vor, die eine Sulfatreduktion begünstigen. Sofern darüber hinaus eine anschließende Belüftung des Bodens ermöglicht wird, entstehen hochaggressive, schwefelsaure Böden, die den bestehenden Rohrnetzen schwerste Schäden zufügen. Nicht zuletzt dieser Tatsache ist es zuzuschreiben, daß auf der Suche nach einem Rohrmaterial, das der Bodenkorrosion besser als die metallischen Leitungen widersteht, gerade Asbestzement eine verhältnismäßig weitverbreitete Anwendung erfahren hat, so daß 1956 etwa ein Drittel aller in den Niederlanden verlegten Hauptleitungen in Asbestzement ausgeführt waren.

Im KIWA-Bericht von 1948 [48] und im Ergänzungsbericht von 1958 [49] wird auch über Aufgrabungen von Asbestzement-Druckrohrleitungen berichtet. Die Untersuchungen beziehen sich hauptsächlich auf Außenkorrosion, da in den Klei-, Schlick- und Moorböden der Niederlande die p_H-Werte nicht selten unter 4,0 absinken und damit stark aggressive Verhältnisse vorliegen. Aus dem Ergänzungsbericht [49] seien einige Beispiele angeführt.

Die älteste in den Niederlanden verlegte Asbestzement-Druckrohrleitung wurde 1931 in 's-Hertogenbosch eingebaut, eine innen nicht geschützte Leitung NW 200 der Klasse 20. Nach 18 Betriebsjahren wurde sie 1949 ausgebaut. Äußerlich waren keine Veränderungen feststellbar. Bei der Festigkeitsprüfung stellte man fest, daß sich verschiedentlich an der Innenwand eine 1 mm dicke Schicht gelöst hatte, unter der ebenfalls ein Angriff stattgefunden hatte. Es kann m. E. vermutet werden, daß bereits bei Herstellung der Rohre in den Anfängen der Asbestzement-Druckrohr-Produktion eine Schichtentrennung erfolgte, so daß das anfangs noch nicht entsäuerte und dadurch sehr aggressive Wasser von der Stirnseite der Rohre her in den Spalt eindringen und Korrosionen hervorrufen konnte. Später ging man zur Entsäuerung über, so daß die lose Schicht Kalk aufnehmen und wieder etwas verhärten konnte. Bei der Lagerung nach dem Ausbau trockneten die Rohre aus, so daß der Ring durch Schrumpfung frei wurde.

1956 wurden Proberohre aus einer 1933 in Assendelft verlegten Leitung NW 100 ausgebaut. Der Boden war mit einem p_H-Wert von 5,5 erheblich aggressiv. Die Rohre zeigten über die ganze Oberfläche verbreitete, unterschiedlich starke Korrosionsschäden. Die Festigkeitsuntersuchungen ergaben Werte, die über den Mindestforderungen lagen.

In Osterzee wurde 1956 eine 1933 verlegte Leitung NW 175 ohne Schutzanstrich ausgebaut. Bodenuntersuchungen hatten p_H-Werte von 6,0 und weniger ergeben. Die Rohre waren stärker korrodiert, meistens an der Sohle und am Scheitel. Die Materialfestigkeit lag jedoch über der verlangten Mindestfestigkeit und war demnach durch die Korrosion nicht beeinflußt worden.

Ausbau von Asbestzement-Druckrohren in englischen Versorgungsbetrieben. Der Special-Report Nr. 15 [*41*], der 1952 im Rahmen der National Building Studies vom Stationary Office of Her Majesty veröffentlicht wurde, berichtet über Untersuchungen an ausgebauten Probestücken von Asbestzement-Rohrleitungen. In Großbritannien seit 1928 hergestellte Asbestzement-Druckrohre erhalten grundsätzlich eine innere und äußere Bitumenschutzschicht. Zur Überarbeitung der bereits 1933 entstandenen Britischen Norm Nr. 486 für „Asbestzement-Druckrohre" sollten auch die praktischen Erfahrungen mit verlegten Leitungen ausgewertet werden. Die Untersuchungen zeigten, daß an keiner der seit 12 bis 17 Jahren in Betrieb gewesenen Rohrproben, die in nicht aggressiven Böden verlegt waren und nicht bzw. leicht aggressives Trinkwasser förderten, größere Korrosionserscheinungen festzustellen waren, obwohl die Schutzschichten z. T. nicht mehr vorhanden waren. Dagegen waren die Schraubenbolzen und Muttern von GIBAULT- oder Flansch-Kupplungen stärker korrodiert. Eine 12 Jahre in saurem Moorboden gelegene Probe zeigte eine im großen und ganzen einwandfreie äußere Oberfläche. An zahlreichen Stellen, an denen der Schutzanstrich entfernt war, zeigten sich oberflächliche Erweichungen bis maximal 1 mm Tiefe. Eine 11 Jahre in sulfathaltigem Tonboden gelegene Leitung machte ebenfalls einen sehr guten Eindruck und zeigte äußerlich keine Korrosionsschäden. Der Schutzanstrich war sehr gut und zusammenhängend erhalten. Eine gußeiserne Flanschkupplung war dagegen in diesem sehr stark korrosiven Boden bereits nach 8 Betriebsjahren stark angegriffen. Eine Probe, die 10 Jahre ein aggressives Rohwasser mit einem p_H-Wert von 6,0 und darunter förderte, wies bei vollkommen einwandfreiem Innenanstrich ebenfalls keinerlei Korrosionsschäden auf.

Ausbau von Asbestzement-Druckrohren in italienischen Versorgungsbetrieben. In Italien wurden die ersten Leitungen aus Asbestzement-Druckrohren verlegt. SCIMEMI berichtete 1951 über Erfahrungen mit einigen älteren Leitungen.

Die 1925 verlegte Wasserleitung NW 200 von Sestri Levante mit 15 mm Wanddicke und 15 km Länge führte ein Gleichgewichtswasser mittlerer Härte (10,5 °dK). Ein 1948 ausgebautes Probestück hatte sich praktisch nicht verändert und zeigte eine einwandfreie Außenfläche sowie eine völlig glatte Innenwand mit einem dünnen, gelbgefärbten Niederschlag, der hauptsächlich Eisen enthielt. Hier zeigte sich besonders deutlich das Fehlen jeglicher Ablagerungen und Inkrustierungen im Vergleich zu eisernen Hausanschluß- und Endleitungen NW 50, die wegen der Inkrustierungen gegen Asbestzement ausgewechselt werden mußten.

An der Wasserleitung NW 800 von Turin nach Monferrato, die Quellwasser führte, zeigte sich beim Ausbau nach zwanzigjährigem Betrieb, daß die innere Rohroberfläche in einer Dicke von Millimeterbruchteilen schartig war, obwohl sie sich glatt anfühlte. Eine nähere Begründung für diese Erscheinung wurde nicht gegeben, jedoch dürften örtliche Einflüsse der Wasserbeschaffenheit und der Strömungsverhältnisse eine Rolle spielen.

Eine Abzweigleitung NW 275 der 300 km langen Asbestzement-Rohrstrecke der Apulischen Wasserleitung zeigte ebenfalls nach dem Ausbau eine einwandfreie Rohrinnenwand ohne Angriffserscheinungen, die mit einer leichten, tonhaltigen Schicht überzogen war.

Bemerkenswert ist noch die von SCIMEMI den veröffentlichten Berichten der Apulischen Wasserleitung entnommene Feststellung, daß nämlich die Leitungsschäden pro Kilometer Leitung in der Asbestzementstrecke von allen bei dieser Wasserleitung verwendeten Rohrmaterialien am niedrigsten liegen.

Ähnliches Verhalten zeigte die Wasserleitung von Vigevano, die 1932 verlegt wurde. Das 38 km lange Rohrnetz mit Nennweiten NW 60 bis NW 250 förderte eisen- und manganhaltiges Wasser von 3 °d Karbonathärte. Einige 1948 ausgebaute Rohre zeigten, daß durch porenfüllende Eisen- und Manganausscheidungen die innere Rohroberfläche noch glatter war als bei fabrikneuen Rohren.

5.2 Erfahrungen mit Meerwasser- und Soleleitungen

Die korrosive Wirkung von Meerwasser ist allgemein bekannt. Mit um so größerem Interesse wurde daher das Verhalten von Asbestzement-Druckrohrleitungen verfolgt, in denen Meerwasser zum Teil auch mit höheren Temperaturen, weitergeleitet wird.

Ausbau Genua. Zu den ältesten Asbestzement-Druckrohrleitungen größerer Länge gehört die 1923 in Genua verlegte Brauchwasserleitung NW 250, mit deren Hilfe Meerwasser für die Straßenreinigung gefördert wird. Die Verbindung der einzelnen Rohre erfolgt durch eiserne GIBAULT-Kupplungen. Infolge ungünstiger dynamischer Verhältnisse können beim Pumpbetrieb Druckschwankungen von 3 bis 13 atü auftreten. In dem von dieser Leitung abgehenden Verästelungsnetz mit einer Länge von 15 km reduzieren sich die Nennweiten bis herunter auf 50 mm. Innerhalb dieses Netzes wurde nach etwa 25 Betriebsjahren ein Rohrstück NW 100 ausgebaut. Hierbei erwies sich das Rohrinnere völlig unberührt und intakt. Dagegen war die Hülse der GIBAULT-Kupplung, deren innere Wandung teilweise mit dem Meerwasser in der Leitung in Berührung kommt, bis zu 2 mm tief korrodiert.

Ausbau Wittdün auf Amrum. Hier wurde 1955 eine außen und innen mit einem Schutzanstrich versehene Asbestzement-Saugleitung NW 100, ND 10 zur Gewinnung von Nordseewasser in Seesand verlegt, der einen sehr hohen Kalkgehalt von 22,8 g CaO/kg Boden neben 232 mg SO_4^{--}/kg und 610 mg Cl^-/kg aufwies. Das Nordseewasser hat einen hohen Chloridgehalt (Tab. 13).

Tabelle 13. *Zusammensetzung des durch Asbestzement-Druckrohre NW 100 geförderten Nordseewassers von Wittdün auf Amrum*

Na^+	: 10,56 g/l	Cl^-	: 18,98 g/l
Mg^{++}	: 1,27 g/l	SO_4^{--}	: 2,65 g/l
Ca^{++}	: 0,40 g/l	HCO_3^-	: 0,14 g/l
K^+	: 0,38 g/l	Br^-	: 0,065 g/l

Ein nach rund 5 Betriebsjahren ausgebautes Rohrstück zeigte an der Außenfläche trotz des teilweise abgescheuerten Schutzanstrichs keine Korrosion, was bei der Bodenbeschaffenheit auch nicht zu erwarten war. Der Innenanstrich war noch voll erhalten und war mit einem Niederschlag aus den im Nordseewasser gelösten Stoffen bedeckt. Das Material entsprach nach Aussehen und Festigkeit dem fabrikneuer Rohre.

Ausbau Westerland auf Sylt. Innerhalb des Kurbadehauses in Westerland auf der Insel Sylt wird in einer 1956 eingebauten Asbestzement-

Druckrohrleitung NW 100, ND 10, Nordseewasser gefördert, das auf 60 °C erhitzt ist. Aus dieser Leitung wurde ein Rohrstück im Jahre 1960 ausgebaut. Der innere Schutzanstrich war nach $4^1/_2$ Betriebsjahren voll erhalten und zeigte keinerlei Ablösungen oder Bläschenbildung. Es hatten sich keine Inkrustierungen oder Ablagerungen gebildet, sondern lediglich ein dünner, rötlichbrauner Niederschlag, der in der Hauptsache Eisen enthielt, das vermutlich aus den benachbarten eisernen Leitungsteilen stammte. Daneben fanden sich Spuren von Kalzium, Magnesium sowie von Chloriden an. Unter dem Schutzanstrich war das Material hart und von ursprünglicher Beschaffenheit. Die mit der ausgebauten Rohrprobe durchgeführten Festigkeitsprüfungen ergaben Innendruck- und Scheiteldruckfestigkeiten, die weit über den Mindestwerten der Norm lagen.

Ausbau Bad Nenndorf. In Bad Nenndorf wurde seit 1939 schwefelhaltige Sole mit der Zusammensetzung nach Tab. 14 durch ein Asbestzement-Druckrohr NW 125 mit innerem und äußerem Schutzanstrich gefördert.

Tabelle 14. *Zusammensetzung der schwefelhaltigen Sole von Bad Nenndorf*

Fe^{++}	2,3	mg/l	Gesamthärte	472 °d
NH_4^+	15,5	mg/l	Kalkhärte	165 °d
NO_2^-	0,1	mg/l	Magnesiumhärte	307 °d
NO_3^-	1,0	mg/l	Karbonathärte	15,1 °d
Cl^-	56 500	mg/l	Kohlensäure	0
SO_4^{--}	8 900	mg/l	p_H-Wert	6,6
H_2S	70	mg/l		
K^+	267	mg/l		
N^+	32 460	mg/l		

1959 wurde ein Stück der Rohrleitung ausgebaut und begutachtet. Der innere Schutzanstrich war vollständig erhalten und zeigte lediglich in der obersten Lage teilweise die wiederholt beobachtete Bläschenbildung. Das Rohrmaterial selbst war an keiner Stelle angegriffen und hatte seine ursprüngliche Härte behalten. Die Innendruckfestigkeit ergab sich zu 363 kp/cm², die Scheiteldruckfestigkeit zu 912 kp/cm², also Werte, die erheblich über den Normmindestwerten liegen. Das Asbestzementrohr hat demnach die zwanzigjährige Soleförderung sehr gut überstanden und sich als voll geeignet erwiesen.

Der äußere Schutzanstrich zeigte einige Schadstellen durch mechanische Zerstörung beim Ausbau. Das Rohrmaterial zeigte jedoch keine Korrosionsschäden, da der Boden trotz hohen Sulfatgehalts (740 mg/kg

TS) durch gleichzeitigen Gehalt von 220 mg Kalk/kg TS und 91 mg Magnesium/kg TS hinreichend gepuffert und damit nicht korrosiv war.

5.3 Erfahrungen mit Abwasserleitungen

Die Verwendung von Asbestzement-Druckrohren für den Transport von Abwässern in Deutschland reicht schon in die Zeit vor dem zweiten Weltkrieg zurück. Speziell für Abwasser-Verregnungsanlagen in Mitteldeutschland haben sich diese Rohre ausgezeichnet bewährt. Auch bei fehlender Vorklärung, angefaultem Abwasser und langen Standzeiten zeigten sich nach Betriebszeiten von 18 bis 23 Jahren keine Korrosionsangriffe oder Abschliff durch mitgeführten Sand [*29, 78*]. Asbestzement-Druckrohre werden sowohl für Abwasser-Druckrohrleitungen als auch für Freispiegelleitungen mit gutem Erfolg verwendet. Auch im Ausland liegen gute Erfahrungen mit dem Rohrmaterial für die genannten Verwendungszwecke vor, vor allem in Frankreich.

Im Folgenden wird über die praktischen Erfahrungen an in Betrieb befindlichen Abwasserleitungen berichtet. Für die Beurteilung des Verhaltens von Asbestzementrohren gegenüber Abwässern sind aber auch die an Vesuchsleitungen für Färberei-, Schlachthof-, Wäscherei- und Molkereiabwässer gewonnenen Erfahrungen von großer Bedeutung, s. Abschn. 4.5.2.

Ausbau Stuttgart. Die für Abwasser- und besonders für Klärschlammleitungen günstige Eigenschaft des Asbestzement-Druckrohres, keine Inkrustationen zuzulassen, kommt u. a. in einer Stellungnahme des Tiefbauamtes der Stadt Stuttgart zum Ausdruck. Im Hauptklärwerk Stuttgart-Mühlhausen wurde eine 1938 verlegte Klärschlammleitung nach 18 Betriebsjahren ausgebaut. Es zeigte sich, daß das ausgebaute Rohrstück weder Korrosionsschäden noch irgendwelche Inkrustierungen aufwies.

Ausbau Starnberg. Von 1934 bis 1954 war in Starnberg/Bayern eine Asbestzement-Druckrohrleitung NW 200 als Abflußleitung für das in Klärteichen geklärte städtische Abwasser in Betrieb. Der Boden bestand aus Moorboden, durchsetzt mit stinkigen fäkalen Sickerwässern. Trotz des Gehaltes an Sulfiden bzw. Sulfaten liegt der p_H-Wert nur bei etwa 6,45, da der Boden auf Grund seines Kalkgehalts eine gewisse Pufferungsfähigkeit besitzt. Der innere und äußere Schutzanstrich waren sehr gut erhalten, das Rohrmaterial war unversehrt und kernig.

Kläranlage Bottrop-Bernemündung. In einer 1958 in Betrieb genommenen Klärschlammleitung NW 200 aus Asbestzement-Druckrohren für das Klärwerk Bottrop-Bernemündung der Emscher-Genossenschaft wird ausgefaulter Klärschlamm (Feststoffgehalt 15%) mittels Pumpen rund 3000 m gefördert ($v = 1,2$ m/s, $p_i = 2,5$ atü). Die Leitung, die keinen inneren bzw. äußeren Schutzanstrich hat, ist noch in vollem Umfang in Betrieb und hat sich ausgezeichnet bewährt. Ein Verstopfen der Leitung durch Ablagerungen ist selbst nach längerer Standzeit nicht aufgetreten [5]. Die Prüfung eines nach drei Betriebsjahren ausgebauten Rohrstücks zeigte weder Abrieb noch Korrosionserscheinungen.

Ausbau Scharbeutz - Haffkrug - Sierksdorf (Timmendorfer Strand). Zur Untersuchung wurden 1967 nach fünfjähriger Betriebszeit zwei Rohre NW 300 aus der Schmutzwasserkanalisation Scharbeutz-Haffkrug-Sierksdorf ausgebaut, die in Moorboden verlegt waren. Der Außenanstrich war noch durchweg vorhanden und es konnten keine besonderen Abnutzungserscheinungen an irgendeiner Stelle der Rohre festgestellt werden. Die Scheiteldruckfestigkeit wurde zu 784 kp/cm² ermittelt und lag damit weit über der geforderten Mindestfestigkeit. Durch das häusliche Abwasser waren keinerlei Korrosionserscheinungen aufgetreten und es konnte auch keine mechanische Abnutzung im Sohlenbereich festgestellt werden.

Abwasser-Beregnungsanlage des Abwasserverbandes Braunschweig. Auf Grund der guten Erfahrungen, die man mit Asbestzement-Druckrohren für Abwasser-Beregnungsanlagen in Mitteldeutschland gewonnen hatte, wurden seit 1956 vom Abwasserverband Braunschweig rund 97,3 km Asbestzement-Druckrohre der Nennweiten NW 100 bis NW 1000 für derartige Anlagen, sowohl als Freispiegelleitungen als auch als Druckleitungen, eingebaut. Bei den Druckleitungen liegt der Druck zwischen 3,5 und 6,5 atü. Seit Inbetriebnahme wurden weder bei den Druckleitungen noch bei den Freispiegelleitungen Störungen durch Rohrbrüche oder durch Aggressivität des städtischen Abwassers festgestellt.

Ausbauten und Erfahrungen in Frankreich. In Frankreich finden Asbestzementrohre für Abwasserleitungen besonders umfangreiche Anwendung.

Im Jahre 1956 wurden nach 23jähriger Betriebsdauer in Dieppe ein Kanalisationsrohr der Nennweite 400 und in Coueron ein solches der Nennweite 250 ausgebaut. Beide Rohre zeigten innen keine Spur von Abrieb und keinerlei Korrosionsangriffe. Die Rohre, die in lehmigem bzw. schieferhaltigem Boden verlegt waren, zeigten auch an der Außenfläche keine Korrosionserscheinungen und wurden in ihrem Aussehen als neuwertig bezeichnet.

In Cannes wird seit 1949 eine Kanalisationsleitung von 1030 m Länge aus Asbestzementrohren NW 600 unter einem Staudruck von 0,8 kp/cm² betrieben. Die Leitung hat zu keinerlei Beanstandungen Anlaß gegeben.

In Nizza wurden von 1933 bis 1939 rund 7200 m Asbestzementrohre der Nennweiten NW 150 bis NW 300 im Kanalisationsnetz eingebaut und haben sich voll bewährt.

Erfahrungen in Italien. In Italien wurden schon sehr frühzeitig Asbestzement-Druckrohre auch für Kanalisationsleitungen verwendet, so daß hier die längsten Erfahrungen in dieser Hinsicht vorliegen. Es kann hier nur eine kurze Auswahl gegeben werden.

In Neapel sind seit langer Zeit ETERNIT-Rohre der Nennweiten NW 200, 400 und 600 im Kanalnetz eingebaut. In Velletri wurden seit 1936 mehrere tausend Meter Asbestzementrohre NW 100, 150 und 200 für Abwässerkanäle verlegt. In Padua wurden bereits 1932, in Sesto San Giovanni 1934 bis 1935, in Verona etwa 1934 und in Mailand 1934 bis 1935 Asbestzementrohre im Kanalisationsnetz verwendet. In keinem der angeführten Fälle haben sich irgendwelche Schäden gezeigt, die Anlaß zur Beanstandung gegeben hätten. Diese Aufzählung ließe sich beliebig fortsetzen.

In Padua wurden 1961 Proben aus einer Kanalisationsleitung aus Asbestzementrohren NW 300 ausgebaut, die 1932 gelegt wurde und häusliches Abwasser führte. Es zeigten sich nur geringfügige Ablagerungen auf der Sohle und keinerlei Veränderungen im Rohrmaterial selbst.

Vom Hygiene-Institut der Universität Padua wurden Versuche mit Asbestzementrohren unter der Einwirkung von Kloakenflüssigkeit, Fäkalien, medizinischen Abwässern, Mineralsäuren, Meerwasser und selenhaltigem Wasser durchgeführt. Auch bei diesen Versuchen ergaben sich keinerlei schädliche Veränderungen der Rohroberfläche oder der Struktur des Rohrmaterials bis auf geringfügige Erweichungen der Rohroberfläche bis etwa 0,5 mm Tiefe unter der Einwirkung medizinischer Abwässer und stark säurehaltiger Wässer. Die Schäden ließen sich nach Angaben des Untersuchungsberichtes auf alle Fälle durch Aufbringen eines bituminösen Schutzanstriches vermeiden. Der Bericht kommt zu dem Schluß, daß sich Asbestzementrohre auch für Schmutzwasserkanäle unter schwierigen Betriebsverhältnissen sehr gut eignen.

Ausbau einer Grubenwasserleitung. Der Special Report Nr. 15 (National Building Studies) [41] berichtet u. a. über eine $9^1/_2$ Jahre in Betrieb gewesene Asbestzement-Druckrohrleitung, die ein sehr saures Grubenwasser transportierte, dessen p_H-Wert infolge des hohen Eisensulfatgehaltes nur 2,0 bis 4,0 betrug.

Die nähere Untersuchung des ausgebauten, beidseitig bituminierten Rohrstückes zeigte, daß sich im Innern des Rohres eine 1 bis 4 mm dicke, harte und teilweise spröde Kruste abgesetzt hatte, die an manchen Stellen sehr fest mit dem darunterliegenden Bitumenanstrich verhaftet war. Die Analyse der abgelagerten Kruste ergab, daß diese Schicht hauptsächlich aus Eisenhydroxyd und Eisensulfat bestand. Unter der Kruste war das Asbestzementmaterial völlig unversehrt. Ein Angriff hatte also nicht stattgefunden. Das in der Rohrleitung geförderte Wasser hatte mithin eine Schutzschicht gebildet, die das Rohr vor einem Angriff bewahrte [41].

Ausbau einer Leitung für Kaliendlauge. Am 29. 10. 1959 wurde im Kalikombinat „Werra" in Merkers/Rhön ein Versuchsrohr NW 500, ND 10 (Fabrikat ETERNIT) eingebaut. Nach erfolgtem Ausbau am 14.2. 1961 waren durch die Leitung in 9422 Betriebsstunden jeweils 585 m³/h Kaliendlauge transportiert worden.

Die mechanische Prüfung des ausgebauten Rohres ergab eine Ringzugfestigkeit von $\sigma_z = 355$ kp/cm² und eine Scheiteldruckfestigkeit von $\sigma_d = 728$ kp/cm². Das Proberohr hatte also offenbar durch die Einwirkung der Kaliendlauge mit der in Tab. 15 angegebenen Zusammensetzung keine Festigkeitseinbuße erlitten.

Tabelle 15. *Zusammensetzung der Kaliendlauge im Kalikombinat „Werra"*

KCl	14,0	g/l
MgSO$_4$	26,0	g/l
MgCl$_2$	52,0	g/l
NaCl	186,0	g/l
H$_2$O	905,0	g/l

An der inneren Rohroberfläche ohne Schutzanstrich waren Anfressungen oder Zerstörungserscheinungen nicht vorhanden. Die Verwendung von Asbestzement für Kaliendlauge der genannten Zusammensetzung scheint also möglich und vorteilhaft zu sein.

5.4 Erfahrungen mit Jaucheleitungen

Über die Verwendung von Asbestzement-Druckrohren für Jaucheleitungen liegen vor allem aus der Schweiz sehr positive Erfahrungen vor. Dies ist insofern besonders bemerkenswert, als Jauche auf Grund ihres Ammoniakgehaltes als kalk- bzw. zementangreifend zu betrachten ist. Durch mikrobiologische Vorgänge wird das Ammoniak in der Jauche zu Salpetersäure aufoxydiert, die ihrerseits durch die Bildung von löslichem Kalknitrat korrodierend wirkt.

In der Schweiz sind bisher insgesamt etwa 250 km Jaucheleitungen vorwiegend NW 100 und NW 125, seltener NW 150, mit Asbestzement-

Druckrohren verlegt worden, ohne daß bisher irgendwelche Betriebsstörungen oder Korrosionsschäden bekannt wurden. Als besonders vorteilhaft ist hierbei auch die Tatsache anzusehen, daß sich in den Jaucheleitungen keinerlei Inkrustierungen bildeten. Es mag noch besonders interessieren, daß allein auf dem Gut der bekannten MAGGIS Nährmittelfabrik in Kempttal seit 1928 über 5400 m derartige Leitungen aus Asbestzement in Betrieb sind und, ohne bisher irgendwelche Reklamationen ergeben zu haben, heute ihren Dienst noch genauso gut versehen wie vor nunmehr 40 Jahren.

In Deutschland wurden ebenfalls Asbestzement-Druckrohre für Jaucheleitungen verwendet, wenn auch in wesentlich geringerem Umfange. Auch hier liegen bisher noch keinerlei Schadensmeldungen vor.

5.5 Zusammenfassung

Im vorstehenden Abschnitt wurden einige Erfahrungen zusammengetragen, die beim Ausbau von Rohrproben aus bestehenden Asbestzementleitungen für die verschiedensten Anwendungsgebiete gemacht wurden. Es konnte hierbei größtenteils nachgewiesen werden, daß Asbestzement-Druckrohre selbst unter Bedingungen, die diesem Material auf Grund seiner Zusammensetzung feindlich gesinnt sind, sich sehr widerstandsfähig gezeigt haben und ihren Verwendungszwecken voll gewachsen waren. Insofern hat die praktische Anwendung die im Laboratorium gewonnenen Erkenntnisse bestätigt, untermauert und verschiedentlich übertroffen. Mit der sich daraus ergebenden Ausweitung der Anwendungsgebiete werden auch die Erfahrungen mit diesem Rohrmaterial immer reichhaltiger und größer werden, so daß noch vorhandene Zweifel in speziellen Fällen eindeutig geklärt werden können.

Die Erfahrungen an langjährig in Betrieb befindlichen Asbestzement-Druckrohrleitungen in Verbindung mit den im Labor gefundenen Versuchswerten zeigen, daß die Rohre einen weiten Anwendungsbereich haben, der für ungeschützte Rohre durch folgende Analysewerte gekennzeichnet ist:

p_H-Wert $> 6,0$;

Karbonathärte > 5 °d;

Kalkaggressive Kohlensäure < 5 mg CO_2/l bei weichen Wässern. Bei harten Wässern läßt sich kein allgemeingültiger Grenzwert angeben. Er liegt jedoch höher.

Sulfatgehalt < 1000 mg SO_4^{--}/l.

Werden diese Grenzwerte über- bzw. unterschritten, so empfehlen sich besondere Schutzmaßnahmen (s. Abschn. 7).

6 Rohrverbindungen und Formstücke

6.1 Rohrverbindungen

Jede Rohrleitung besteht aus einzelnen Rohren, die durch eine Rohrverbindung zusammengehalten und mit der die Stoßstellen gedichtet werden. Die Rohrverbindungen müssen demnach zwei Aufgaben erfüllen: Zusammenhalt der einzelnen Rohre und Dichtung der Stoßstellen. Diese Aufgaben konnten nicht immer zufriedenstellend erfüllt werden. Erst mit der Einführung der Gummidichtung war es möglich, eine allen Anforderungen gerecht werdende Rohrverbindung zu schaffen.

Besonders bei Druckleitungen werden hohe Anforderungen an eine gute Rohrverbindung gestellt. Neben Dichtigkeit weisen Beweglichkeit, Korrosionsbeständigkeit, Unempfindlichkeit auf der Baustelle und nicht zuletzt einfache und schnelle Montage eine gute Verbindung aus.

Asbestzement-Druckrohre werden heute fast ausschließlich mit glatten Rohrenden, mit sogenannten Schaftenden, hergestellt und zu ihrer Verbindung werden besondere Kupplungen in Form von Überschiebkupplungen bzw. Überschiebmuffen verwendet, die gegen die Rohraußenseite abgedichtet werden. Während die Kupplungshülse heute fast ausschließlich ebenfalls aus Asbestzement besteht, kommt für die Dichtungsteile praktisch nur Gummi zur Anwendung.

6.1.1 Simplex-Kupplung

Bereits im Jahre 1916 wurde in Italien von der S. A. ETERNIT eine gummigedichtete Überschiebmuffe entwickelt, die wegen ihrer gegenüber anderen damaligen Rohrverbindungen einfachen Handhabung den Namen SIMPLEX-Kupplung erhielt. Diese Verbindung kann als Stammform mehrerer später entwickelter Kupplungen dieser Art für Asbestzement-Druckrohre angesehen werden.

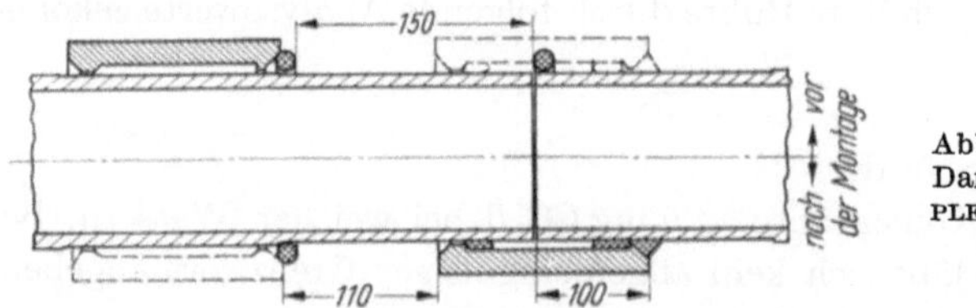

Abb. 23. Schematische Darstellung der SIMPLEX - Kupplung und ihrer Montage.

Die aus einem Asbestzement-Druckrohr mit größerer Wanddicke geschnittene und entsprechend ausgedrehte Kupplungshülse dichtet mit zwei Schnurgummiringen gegen das abgedrehte Rohrende ab (s. Abb. 23).

Damit der Dichtungsring an dem kleineren Ringwulst der Muffe nicht durch den Wasserdruck herausgedrückt wird, muß diese Muffenseite am Schluß der Montage besonders gesichert werden, z. B. mit Zementmörtel (s. Abb. 23, untere Hälfte) oder durch einen Schraubring.

Zwischen den Stirnseiten der Rohrenden muß ein Spalt von mindestens 5 mm verbleiben. Die SIMPLEX-Kupplung zeichnet sich vor allem durch die Beweglichkeit der Verbindung aus, die auch das Verlegen von Bögen mit größeren Radien in Form von Polygonzügen ermöglichte, wobei der Auslenkungswinkel je Rohr in Abhängigkeit von der Nennweite maximal etwa 5° betragen kann.

Bei der praktischen Anwendung haben sich jedoch auch einige Nachteile herausgestellt, so z. B. die Notwendigkeit, die eine Seite der Kupplung nach der Montage verschließen zu müssen. Außerdem können sich bei feuchten oder verschmutzten Rohren, die etwas schlüpfrig geworden sind, Schwierigkeiten bei der Montage ergeben, die zu Schrägstellung der Gummiringe und damit häufig undichter Verbindung führen. Die starke Quetschung der Gummiringe während der ganzen Betriebszeit trägt zu ihrer früheren Ermüdung bei.

Trotz ihrer Mängel bedeutete aber die SIMPLEX-Kupplung einen erheblichen Fortschritt, der zur Verbreitung der Asbestzement-Druckrohre entscheidend beitrug. Heute wird die SIMPLEX-Kupplung in ihrer Urform nur noch vereinzelt angewendet, dagegen sind abgewandelte Ausführungen in verschiedenen Ländern noch in Gebrauch.

6.1.2 Gibault-Kupplung

Die aus Gußeisen bestehende GIBAULT-Kupplung, die ursprünglich zur Verbindung eiserner Rohrleitungen gedacht war, wurde früher auch häufig als Kupplung für Asbestzement-Druckrohrleitungen benutzt. Sie

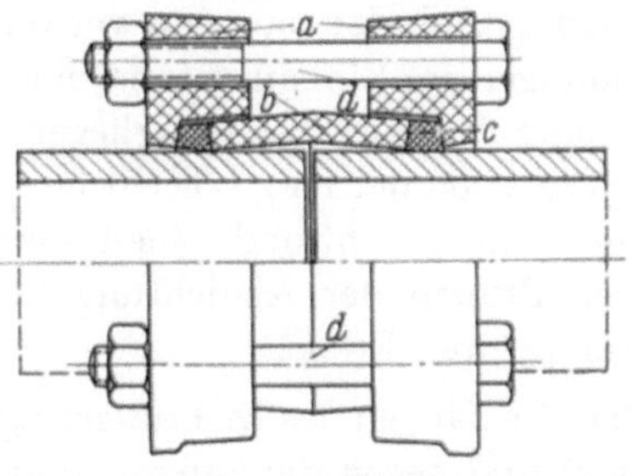

Abb. 24. Schnitt durch eine
GIBAULT-Kupplung.

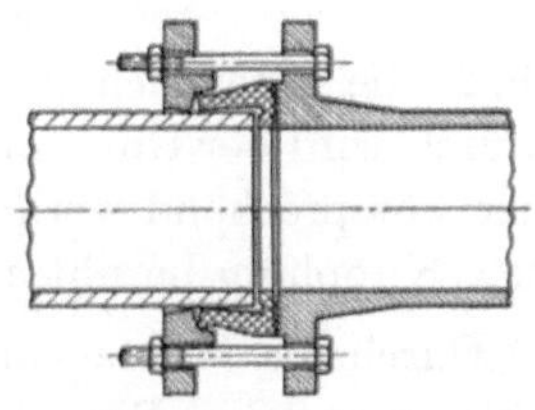

Abb. 25. Schnitt durch eine
Flansch-Kupplung.

besteht nach Abb. 24 aus zwei losen Flanschen *a*, einer Hülse *b*, zwei Schnurgummiringen *c* und den Schraubbolzen *d*.

Da die Gummiringe durch Anziehen der Schraubenbolzen gegen die Rohraußenwand abdichten, können größere Maßtoleranzen der Rohrenden aufgenommen und kann die Verbindung nachgedichtet werden. Die Auslenkbarkeit der Rohre ist etwa die gleiche wie bei den Überschiebkupplungen (maximal 5° in Abhängigkeit von der Nennweite). Ein Nachteil der GIBAULT-Kupplung ist die Gefährdung der stählernen Schraubenbolzen durch Korrosion. Daher werden die Kupplungen jetzt immer seltener verwendet.

6.1.3 Flansch-Kupplung

Die Flanschkupplung ist aus der GIBAULT-Kupplung hervorgegangen. Mit Hilfe einer besonders geformten Mittelhülse stellt sie den Übergang zu genormten Flanschen zum Anschluß von Formstücken und Armaturen her (Abb. 25).

6.1.4 Reka-Kupplung

Die nach ihrem Erfinder KARL RESCHENEDER benannte REKA-Kupplung wurde nach dem zweiten Weltkrieg von dem ETERNIT-Werk „Ludwig Hatschek", Vöcklabruck, Österreich, in die Praxis eingeführt. Sie ist in vielen Ländern patentiert und hat sich hervorragend bewährt. Die Kupplungshülse besteht aus Asbestzement. Der in der Querschnittsform neuartige Dichtungsring bleibt während der Montage in seiner Lage, lediglich seine Dichtungslippen werden umgelegt.

Aus Abb. 26 ist zu ersehen, welcher wesentliche Unterschied sich bereits aus der Querschnittsform gegenüber den Rundgummiringen ergibt. Während die Dichtungsringe der SIMPLEX-Kupplung und der mit ihr verwandten Rohrverbindungen im Einbauzustand einer großen Quetschung (bis zu 50%) unterliegen, zeigt Abb. 26 die wesentlich geringere Deformation der REKA-Dichtungsringe.

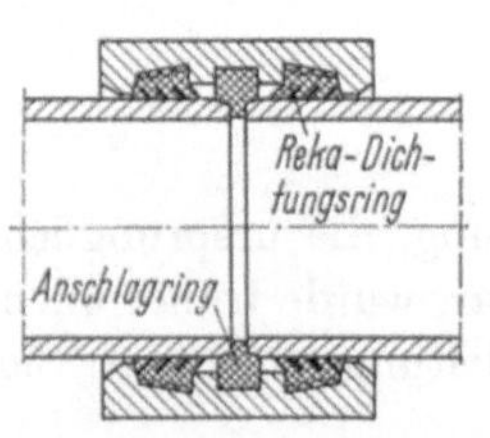

Abb. 26. Schema der REKA-Kupplung mit Anschlagring.

Dadurch wird der Gummiring weniger beansprucht und seine Funktionsdauer entsprechend verlängert. Das Prinzip der Abdichtung bei der REKA-Kupplung beruht auf einem doppelten Effekt:

a) Durch die Montagekraft werden die Lippen des Dichtungsringes in Richtung auf den Rohrstoß umgelegt und gegen die äußere Rohroberfläche gedrückt. Hieraus ergibt sich die Anfangsdichtheit.

b) Ein erhöhter Innendruck preßt den konischen Dichtungsring tiefer in die ebenfalls konische Kammer, so daß daraus eine Keilwirkung resultiert.

Die Eigenart dieses Abdichtungsprinzips hat zur Folge, daß sich mit steigendem Innendruck das Dichtungsvermögen der REKA-Kupplung erhöht, gleichzeitig aber die Gummiringe schont. Daneben wird durch die Anordnung der Lippen die Montage, d. h. das Einschieben des Rohrendes, wesentlich erleichtert. Das dem Gummi eigene Rückstellvermögen sorgt für einen ausreichenden Anpreßdruck der Lippen an die Rohroberfläche, so daß auch bei einem etwa im Rohrinnern herrschenden Unterdruck die Dichtung einwandfrei arbeitet.

Beim Einlegen der Dichtungsringe in die Kupplungshülse werden die Wellen mit den Fingern ausgedrückt, so daß die Ringe fest am Kammergrund anliegen (Abb. 27).

Abb. 27.
Einlegen des Dichtungsringes
in eine REKA-Kupplung
NW 600.

Da hier keine Gummiringe eingerollt werden müssen wie bei der SIMPLEX-Kupplung, kann die REKA-Kupplung auch unter ungünstigsten Witterungs- und Bodenverhältnissen und notfalls auch unter Wasser montiert werden. Zur Einhaltung der zulässigen Maßtoleranzen müssen auch hier die Rohrenden abgedreht werden. Zur Erleichterung der Montage werden das Rohrende und die Dichtungslippen mit einem Gleitmittel aus säurefreier Schmierseife eingerieben. Die hygienisch einwandfreie und bakterizide Wirkung des Gleitmittels wurde durch bakteriologische Untersuchungen an verschiedenen Testkeimen bestätigt [*V 18*]. Notfalls können auch Graphit, Talkum oder Glyzerin als Gleitmittel benutzt werden, keinesfalls aber Öle und Fette.

Die Einhaltung eines Spaltes zwischen der Stirnseite der Rohre, der zur Beweglichkeit der Rohrverbindung erforderlich ist, wird durch einen in die Kupplung eingelegten Distanzring (Anschlagring) erreicht. Die Distanzringe werden bereits werkseitig in die REKA-Kupplungen eingelegt.

Der Distanzring ermöglicht eine kurze Montagezeit und eine einfache Sicherung der Stoßfuge. Durch ihn wird ein Spalt von 5 mm zwischen den Rohrenden gewährleistet und der richtige Sitz der Kupplungsmuffe sichergestellt. Selbstverständlich kann die Kupplung auch ohne Anschlagring eingebaut werden, wenn sie z. B. als Überschieber zum nachträglichen Einbau von Formstücken in eine bestehende Leitung verwendet werden soll.

6.1.4.1 Montage der Reka-Kupplung

Bei großen Nennweiten (> NW 400) wird die REKA-Kupplung mit Hilfsschelle und Montiereisen montiert. Die Hilfsschelle wird auf das Ende des zuletzt verlegten Rohres aufgezogen und festgeschraubt. Danach

Abb. 28. Aufziehen der REKA-Kupplung mit Brechstange und Montiereisen.

wird das Gleitmittel mit Pinsel, Bürste oder einem Lappen aufgetragen und die Kupplungshülse bis zum Anschlag an die Schelle auf das Rohrende aufgeschoben. Hierzu wird im Scheitel das Montiereisen angesetzt, für das die Hilfsschelle das Widerlager bildet, während an der Sohle die Hülse mit Hilfe einer Brechstange und eines Zwischenholzes angedrückt wird (Abb. 28). In die Hülse wird das mit Gleitmittel versehene Ende des nächsten Rohres eingeschoben, am zweckmäßigsten mit in die Graben-

sohle eingestemmten Brechstangen und zwischengelegten Querhölzern.
Rohre größerer Nennweiten läßt man zum Einschieben im Gurt hängen.

Die REKA-Kupplung kann ohne jede Schwierigkeit wieder gelöst
werden; sollten die Dichtungslippen der Gummiringe im Laufe der Zeit
an der Rohraußenseite etwas anhaften, so empfiehlt es sich, mit einem
schmalen Stahlblatt, das mit Gleitmitteln versehen ist, zwischen Rohr

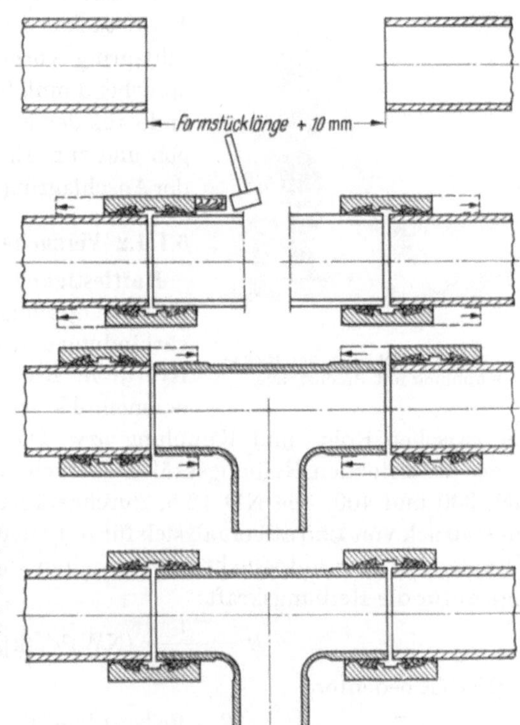

Abb. 29. Schematische Darstellung des nachträglichen Einbaues eines Formstückes in eine bestehende Asbestzement-Druckrohrleitung unter Verwendung von REKA-Kupplungen ohne eingelegten Anschlagring.

und Gummiring einzustechen und den Gummiring zu lösen, wobei dieser
gleichzeitig durch das miteingeführte Gleitmittel wieder gleitfähig gemacht wird. Die Verwendung der Kupplung als Überschiebmuffe zum
nachträglichen Einbau eines Formstücks zeigt Abb. 29.

Es wird ein entsprechendes Rohrstück herausgesägt, die Rohrenden
werden mit dem Abdrehgerät abgedreht und die REKA-Kupplungen
werden unter Benutzung von zwei Hilfsrohrstutzen in ihrer ganzen Länge

auf die Rohrenden aufgeschoben. Nach Einsetzen der Formstücke werden die Hülsen zurückgeschoben.

Bei kleinen Nennweiten (bis NW 400) sind Hilfsschelle und Montiereisen nicht erforderlich. Hier genügt für das Aufschieben der Kupplungshülse die Anwendung einer Brechstange (Abb. 30). Im übrigen erfolgt die Montage ebenso wie bei den Kupplungen für Rohre großer Nennweiten.

Ist mit dem nachträglichen Einbau von Formstücken zu rechnen, so muß der Anschlagring vorher entfernt werden. Entsprechend muß bei Rohrbrüchen das Rohrende aus der Kupplungshülse herausgezogen und zum Einführen des neuen Rohres der Anschlagring herausgenommen werden.

Abb. 30.   Aufschieben der REKA-Kupplung mit Brechstange.

6.1.4.2 Versuche mit der Reka-Kupplung

Haftfestigkeit in Längsrichtung. Die REKA-Kupplung ist keine zugfeste Rohrverbindung und kann daher keine größeren Kräfte in Richtung der Rohrachse aufnehmen. Es wurden jedoch zur Messung der zwischen Rohr- und Kupplung bzw. Dichtungslippen des Gummiringes auftretenden Reibungskräfte Versuche an Rohrstücken NW 100, 200, 300 und 400, alle ND 12,5, durchgeführt [*V 41*]. Bei konstantem Innendruck von 12,5 atü ergab sich für mit Gleitmitteln montierte REKA-Kupplungen aller untersuchten Nennweiten angenähert folgende Abhängigkeit für die Reibungskraft:

$$R = \frac{1}{1375} \cdot (\text{NW})^{2,4} \ (\text{kp}). \tag{6/1}$$

Hierbei bedeuten:

$$R = \text{Reibungskraft (kp)},$$
$$\text{NW} = \text{Nennweite (mm)}.$$

Dichtheit bei innerem Wasserüberdruck. Die REKA-Kupplung wird mit etwas größerer Wanddicke als die zugehörigen Rohre hergestellt. Daher bersten bei Überbeanspruchungen normalerweise zunächst die Rohre, bevor eine Kupplungshülse reißt. Diese Tatsache wird durch praktische Erfahrungen und Laborversuche bestätigt. Bei den Versuchen zur Bestimmung der Ringzugfestigkeit (Abschn. 4.4.1) waren die Rohre zum größten Teil mit REKA-Kupplungen verschlossen, die selbst bei Berstdrücken zwischen 50 und 80 atü keine Undichtigkeiten zeigten.

Dichtheit bei äußerem Wasserüberdruck und bei Vakuum im Innern der Leitung. Die keilförmige Ausbildung des Gummidichtungsringes im Querschnitt, sowie die ebenfalls konische Kammer für den Ring in der Kupplungshülse, könnten vermuten lassen, daß sich diese Dichtung zwar für einen von innen nach außen gerichteten Druck eignet, aber weniger für ein Druckgefälle von außen nach innen. Die Ergebnisse einer ganzen Reihe entsprechender Versuche lassen jedoch erkennen, daß die REKA-Kupplung auch bei einem äußeren Überdruck, z. B. bei Vakuum im Rohrinneren, einwandfrei abdichtet.

Während im Technologischen Gewerbemuseum in Wien eine Versuchskonstruktion, bestehend aus zwei Asbestzement-Druckrohrstücken, die mit REKA-Kupplungen verbunden und an ihren freien Enden verschlossen waren, in ein Wasserbad gelegt und einem äußeren Wasserdruck von 10 atü ausgesetzt wurde [*V 53*], erhöhte PRESS den äußeren Wasserdruck auf 25 atü [*V 45*]. In beiden Fällen waren die REKA-Verbindungen völlig dicht geblieben. Anzeichen einer eingedrungenen Feuchtigkeit konnten nach Ausbau und Zerlegung der Versuchsanordnung nicht festgestellt werden.

Die REKA-Kupplungen müssen auch bei Vakuum in der Rohrleitung dicht sein, wenn sie als Saugleitungen verwendet werden sollen und um ein Einsaugen hygienisch nicht einwandfreien Grundwassers in Trinkwasserleitungen bei auftretendem Unterdruck auszuschließen. Dazu wurden von verschiedenen Instituten entsprechende Versuche durchgeführt. Versuche von PRESS [*V 46*] bei einem absolutenDruck von 0,68 ata sowie Versuche in Wien [*V 53*] bei einem Druck von 0,0263 ata während $^1/_2$ h Dauer ergaben absolute Dichtigkeit der Rohrverbindung. Das gleiche Ergebnis hatten Versuche der Physikalisch-Technischen Bundesanstalt [*V 35*] bei einem Innendruck von 0,1 ata während 48 h Dauer.

Dichtheit gegenüber Luft-Innenüberdruck. Von der Physikalisch-Technischen Bundesanstalt wurden mit einer REKA-Kupplung verbundene Rohrstücke im Wasserbad durch Luft-Innendruck belastet. Eine Versuchskonstruktion NW 300 war auch nach zweistündigem Innendruck von 6 atü noch dicht, während an einer Konstruktion NW 100 bei 5 atü Innendruck Bläschen an der Kupplung aufstiegen. Die REKA-Verbindungen blieben bei den Versuchen bis zu Gasdrücken dicht, die weit über den in Mittel- und Niederdruck-Gasrohrnetzen auftretenden Betriebsdrücken liegen [*V 35*]. Für Gasleitungen aus Asbestzement-Druckrohren wird die REKA-Kupplung mit kleinerem Innendurchmesser geliefert, so daß der Anpreßdruck für die Gummiringe größer wird. Nach Untersuchungen des Instituts für Gastechnik, Feuerungstechnik und Wasserchemie an der TH

Karlsruhe ist die Dichtheit der REKA-Kupplung gegenüber Gas als sehr gut zu bezeichnen.

Dichtheit bei Auslenkung der Rohre in der Kupplungshülse (vgl. auch Abschn. 8.1.3). Durch die besondere Querschnittform der Gummidichtungsringe mit ihrer breiten Anliegefläche ist die REKA-Kupplung auch bei extremster Auslenkung der Rohrenden vollkommen dicht.

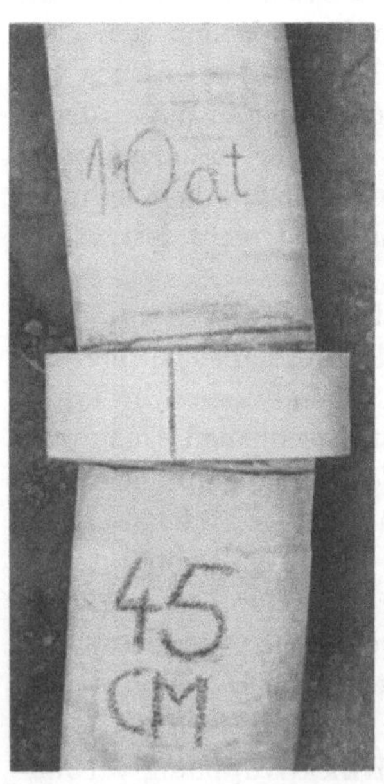

Abb. 31. Blick auf die ausgelenkte REKA-Kupplung. Die Markierungen geben den Rohreinschub in der Geraden an.

Abb. 32. Auswinkelung um 7° mit Abweichung von der Geraden um 610 mm. Man erkennt deutlich den Erdwall, den das Rohr vor sich hergeschoben hat und der an der Grabenwand ein Widerlager findet.

Hierzu wurden 1959 auf Veranlassung der Stadtwerke Trier Abwinkelungsversuche an zwei mit einer REKA-Kupplung verbundenen Rohren NW 300, ND 10, durchgeführt. Alle Versuche mit einem größten Innendruck von 18 atü bei einer Abwinkelung von 4,5° und mit einer größten Abwinkelung von 7,6° bei einem Innendruck von 14 atü ergaben die völlige Dichtheit der Rohrverbindung. Abb. 31 zeigt die um 5° abgewinkelte Verbindung unter 10 atü Innendruck, in Abb. 32 beträgt die Auswinkelung 7° bei 9 atü Innendruck.

Von Press 1956 durchgeführte Versuche an Rohren NW 100, ND 12,5, ergaben bei einer Abwinkelung der Rohrachse von 6° selbst bei einem Innendruck von 75 atü keine Undichtheit, auch nicht bei einer aufgebrachten Rüttelfrequenz von 40 Hz [*V 45*].

Pilny führte Versuche mit durch eine Reka-Kupplung verbundenen Rohrstücken NW 100, 200 und 300, ND 10, durch [*V 41*]. Vor Versuchsbeginn wurde nach Entfernen der Dichtungsringe der größtmögliche Auslenkungswinkel der Rohrenden bestimmt. Er betrug für NW 100 etwa 8° je Kupplungsseite. Im Versuch wurde für stufenweise größer werdende Auslenkungswinkel der Innendruck jeweils bis 20 atü gesteigert. Schließlich trat bei einem maximalen Auslenkungswinkel ein Versagen der Rohrverbindung ein, und zwar in den meisten Fällen, vor allem bei den kleineren Nennweiten, durch Bruch der Kupplung infolge der durch die Auslenkung auftretenden Kräfte. In den meisten Fällen war der erreichte Maximalwinkel größer als der ohne Gummiringe bestimmte Grenzwinkel, was zu Beschädigungen an den Rohrenden führte. Trotz dieser Schäden blieben aber die Verbindungen dicht. Der größte erreichte Auslenkungswinkel betrug 11,2° bei NW 200 bei einer Spaltweite von 25 mm. Die bei diesen Versuchen erreichten großen Auslenkungswinkel waren nur durch die großen Spaltweiten von 25 bzw. 40 mm möglich. In der Praxis sind letztere kleiner und damit auch die Auslenkungswinkel. Es ist aber bemerkenswert, daß die infolge der großen Spaltweite verbliebene kurze Einschublänge der Rohre von 50 bzw. 60 mm ausreichte, um eine selbst bei größerer Auslenkung noch dichtende Verbindung herzustellen.

Daß sogar andauerndes Hin- und Herschwenken des Rohres in der Reka-Kupplung keinen Einfluß auf die Güte und Beschaffenheit der Verbindung nehmen kann, bewiesen sehr interessante Dauerschwenkversuche in der Amtl. Forschungs- und Materialprüfanstalt für das Bauwesen der TH Stuttgart, dem Otto-Graf-Institut. In einer festgehaltenen Reka-Kupplung wurde ein Rohrstück bis zu $2 \cdot 10^6$ Male hin- und hergeschwenkt, ohne daß der konstant gehaltenen Innendruck von 24 atü, mit dem diese Konstruktion belastet wurde, durch auftretende Undichtigkeiten verringert wurde. Der Auslenkwinkel betrug dabei maximal 1°48′ [*V 1*].

Dichtheit gegenüber Luftdruck-Wechselbeanspruchung. 1959 wurden von Press [*V 49*] Versuche an durch Reka-Kupplungen verbundenen Rohrstücken NW 200, ND 10, mit Luftinnendruck-Wechselbeanspruchung durchgeführt. Der Innendruck des im Wasserbad gelagerten Systems wechselte zehnmal zwischen einem Unterdruck von 0,92 atu und einem Überdruck von 3,0 atü. Die Rohrverbindungen zeigten hierbei keinerlei Undichtheiten.

Bakteriologisches Verhalten der Reka-Kupplung. Durch spezielle Versuche mit REKA-Kupplungen sollte die für Trinkwasserleitungen wichtige Frage geklärt werden, ob die Kupplung von Mikroben durchwandert werden kann. Die Versuche wurden vom Bundesgesundheitsamt — Institut für Wasser-, Boden- und Lufthygiene — mit Kupplungen für Rohre NW 50 durchgeführt. Als Testbakterien wurden E-coli verwendet. Nach der vierwöchigen Versuchszeit waren von sechs Proben vier absolut dicht, während bei zwei Proben eine Durchwanderung der Kupplung von innen nach außen festgestellt wurde. Es ist jedoch offen geblieben, ob die Ursache hierfür in einer Undichtigkeit der Kupplung oder in einer Beschädigung der normalen Gummidichtungsringe durch die vorangegangene Sterilisation liegt, da letzteres nach dem Untersuchungsbericht durchaus zu einer Durchwanderung führen könnte. In der Praxis dürften jedoch dort, wo die normale Gummiqualität eingesetzt wird, derartige Beanspruchungen nicht auftreten [*V 17*].

Abschließend kann somit festgestellt werden, daß die REKA-Kupplungen gegen Bakterien dicht sind.

Wurzelfestigkeit der Reka-Kupplung. Vom Landwirtschaftlichen Untersuchungsamt der Land- und Forstwirtschaftskammer Hessen-Nassau wurde die REKA-Kupplung nach den ,,Vorläufigen Bau- und Prüfgrundsätzen für Dichtungen aus Elastomeren für Abwasserleitungen der Grundstücksentwässerung'' des Prüfausschusses für Grundstücksentwässerungsgegenstände auf Wurzelfestigkeit untersucht. Nach dem Gutachten [*V 28*] hat die Prüfung ergeben, daß sich Absterbeerscheinungen an den Wurzeln nicht gezeigt haben und daß die Wurzeln durch den Dichtungsring zurückgehalten wurden und den Distanzring nicht erreicht haben. Die Wurzelfestigkeit ist also voll gewährleistet.

Die Versuchsergebnisse und die praktischen Erfahrungen haben eindeutig gezeigt, daß die REKA-Kupplung in ihrer Dichtungsfunktion allen Anforderungen der Praxis genügt und sowohl für Druckrohrleitungen für Wasser und Gas als auch für Saugleitungen verwendet werden kann. Die Gummiringe weisen wegen ihrer geringen Deformation eine große Lebensdauer auf.

6.1.4.3 Spezialformen der Reka-Kupplung

Um besondere Anforderungen an die Rohrverbindungen erfüllen zu können, wurden einige Spezialformen der REKA-Kupplung entwickelt. Der Aufnahme besonders großer Bewegungen, wie z. B. in Bergsenkungsgebieten, dient die REKA-Langkupplung (Abb. 33), die die An-

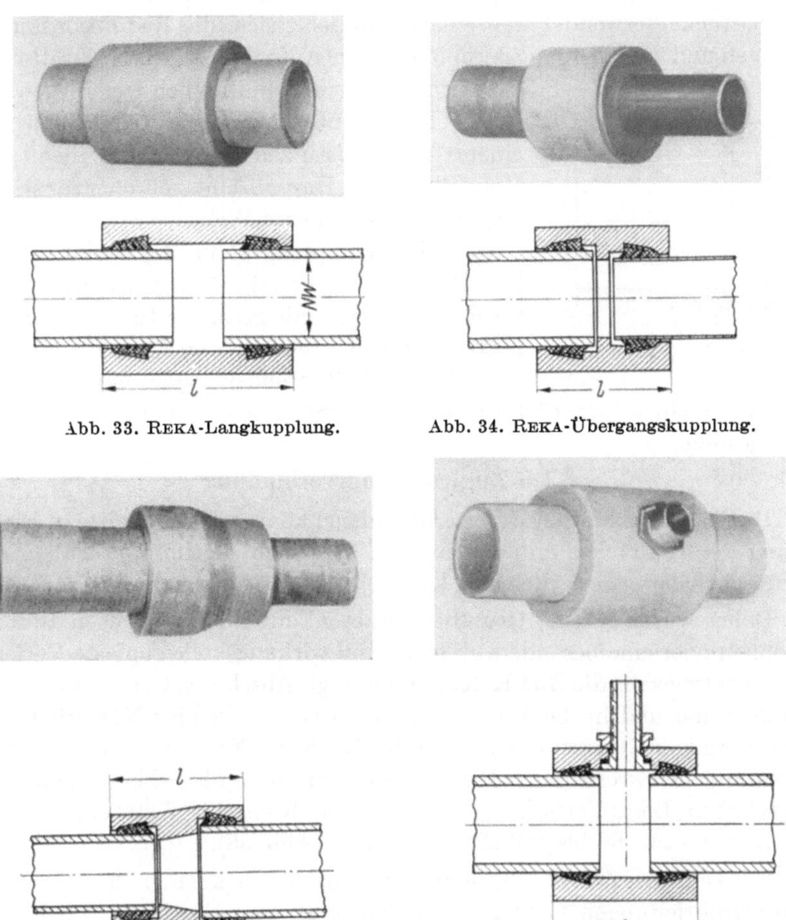

Abb. 33. REKA-Langkupplung.

Abb. 34. REKA-Übergangskupplung.

Abb. 35. REKA-Reduktionskupplung.

Abb. 36. REKA-Anbohrkupplung.

wendung größerer Spaltweiten und damit die Aufnahme von 10 bis 12 cm Längenänderung gestattet. Die durch verschiedenfarbige Ringe gekennzeichneten REKA-Übergangskupplungen (Abb. 34) ermöglichen den

Übergang von Asbestzement-Druckrohren auf Druckrohre anderer Materialien bei gleicher Nennweite.

Die REKA-Reduktionskupplung (Abb. 35) dient der Verbindung von Asbestzement-Druckrohren unterschiedlicher Nennweiten. Sie wird allerdings nur für Nennweiten bis 200 mm und zum Übergang auf die nächstkleinere Nennweite geliefert. Bei größeren Nennweiten müssen Reduktionsstücke verwendet werden. Es empfiehlt sich, die Reduktionskupplungen und die Übergangskupplungen zur Aufnahme der Längskräfte aus Wasserinnendruck grundsätzlich festzulegen.

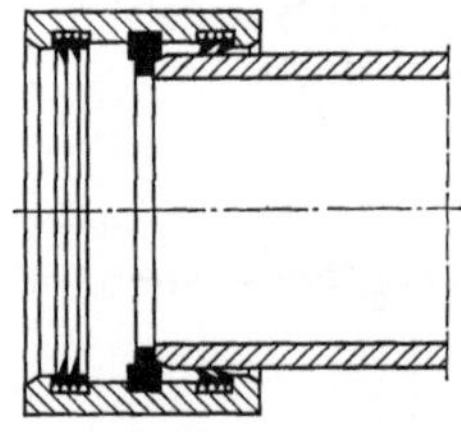

Die REKA-Anbohrkupplung (Abb. 36) mit einem Anschlußstutzen aus Messing dient der Herstellung von Hausanschlüssen oder sonstigen Abgängen bis 2″ lichte Weite.

Die RKG-Kupplung (Abb. 37) ist für drucklose Rohrleitungen (z. B. Abwasserkanäle) und für Rohrleitungen mit geringem Innendruck (bis 2 atü) geeignet. Sie hat den Vorteil, daß ein Abdrehen der Rohrenden nach einem Rohrschnitt nicht erforderlich ist. Zur Zeit wird diese Kupplung bis NW 200 hergestellt.

Abb. 37. RKG-Kupplung.

6.1.5 Zugfeste Rohrverbindung

Die bisher genannten Rohrverbindungen können keine Kräfte in Richtung der Rohrachse aufnehmen, was jedoch in bestimmten Fällen erwünscht oder erforderlich sein kann.

Daher wurde für die Grundwasserabsenkung im Rheinischen Braunkohlenrevier eine besonders einfache und wirkungsvolle zugfeste Verbindung entwickelt, die Z-O-K-Kupplung[1] (vgl. Abschn. 8.3.2). In die Rohraußenwand und in die Muffeninnenwand ist jeweils eine Nut mit halbkreisförmigen Querschnitt eingedreht. Nach der Montage wird in den so entstandenen kreisrunden Hohlraum ein Stahlseil als Scherelement eingeschoben. Diese Verbindung kann z. B. bei Rohren NW 600 eine Längskraft von etwa 80 bis 100 Mp aufnehmen (Abb. 38).

Die zugfeste Z-O-K-Kupplung kann natürlich auch in horizontalen Druckrohrleitungen verwendet werden, z. B. zum Einziehen von Rohrleitungen in Schutzrohre oder anstelle von Widerlagern bei Krümmern und Abzweigen. Versuche der ETERNIT AG mit zugfesten Rohrverbindungen NW 150, NW 300 und NW 350 zeigten, daß für die Sicherheit der Verbindung die Längszugfestigkeit bzw. die Biegefestigkeit maßgebend

---

[1] Erfinder Dr.-Ing. R. OETTEL, Köln-Junkersdorf.

ist, während ein reiner Scherbruch nicht auftrat. Die Zugfestigkeit dieser Verbindung kann sicher mit 100 kp/cm² angenommen werden. Die Auswinkelbarkeit der Z-O-K-Kupplung ist in der praktischen Anwendung ungefähr ebensogroß wie bei der REKA-Kupplung (ca. 3 bis 4° für NW 300 und NW 350).

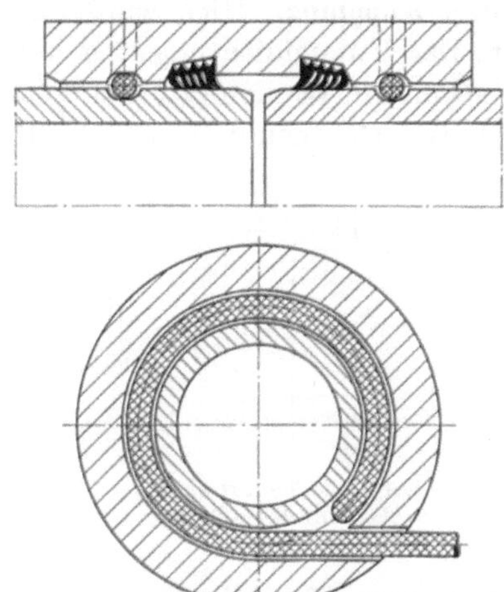

Abb. 38. Z-O-K-Kupplung.

6.1.6 Sonstige Rohrverbindungen für Asbestzement-Druckrohre

Das bewährte Prinzip der Keilringdichtung wurde auch von verschiedenen anderen Herstellern in abgewandelter Form angewendet.

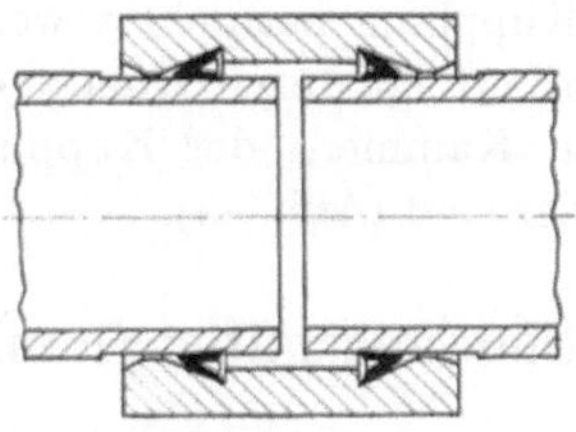

Abb. 39. Schnitt durch eine
SUPER-SIMPLEX-Kupplung.

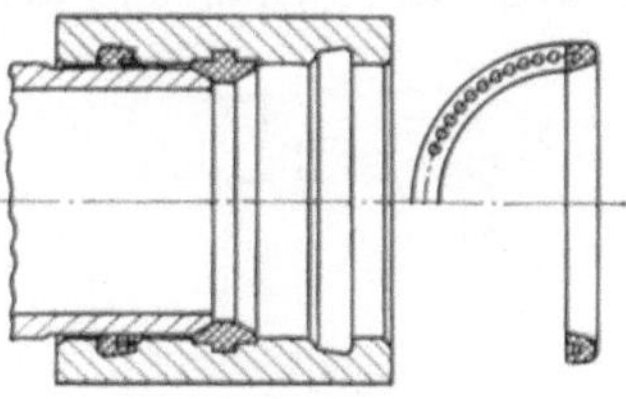

Abb. 40. Schnitt einer
TRIPLEX-Kupplung.

Super-Simplex-Kupplung. Die Abdichtung erfolgt hier durch winkelförmige Dichtungsringe, die vor der Montage in entsprechende Kammern der Muffe eingelegt werden (Abb. 39). Im montierten Zustand sind die Gummiringe etwas zusammengedrückt, so daß sie unter Eigenspannung stehen.

Triplex-Kupplung. Die Gummiringe in abgerundeter Keilform haben dicht nebeneinanderliegende runde Aussparungen, die die Zusammendrückbarkeit der Ringe und die Dichtheit bei Innendruck erhöhen (Abb. 40). Ein trapezförmiger Distanzring dient der Einhaltung des Montagespalts.

Komeet-Kupplung. Hier wurde auf das Keildichtungsprinzip verzichtet. Der Gummidichtungsring hat einen runden Querschnitt, mit einem schmalen, streifenförmigen Fortsatz, der sich beim Einschieben des Rohres nach innen umlegt (Abb. 41).

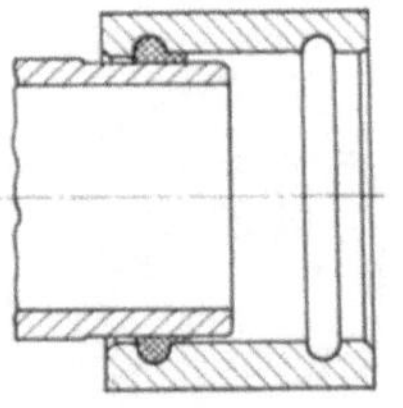  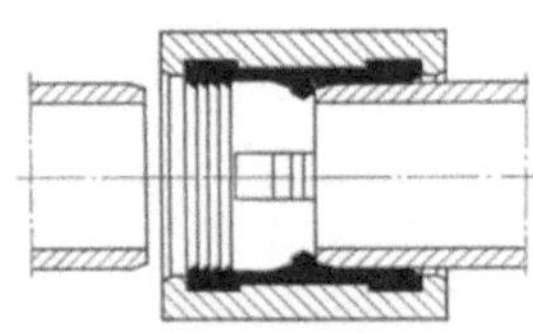

Abb. 41. Schnitt einer
KOMEET-Kupplung.

Abb. 42. TC-Kupplung.

TC-Kupplung (Toschi). Diese Kupplung besitzt über den Innenumfang der Muffe verteilt angeordnete, als Distanzhalter wirkende Distanznocken. Die Abdichtung erfolgt durch eine Gummimanschette mit Lamellendichtungen, so daß das Druckwasser nicht mit der Asbestzementmuffe in Berührung kommt (Abb. 42).

Magnani-Kupplung (Wanit). Die MAGNANI-Kupplung kann als eine abgewandelte Ausführung der SIMPLEX-Kupplung betrachtet werden. Die Dichtung erfolgt durch Rundgummiringe, die in Kammern der Kupplungshülse eingelegt sind (Abb. 43).

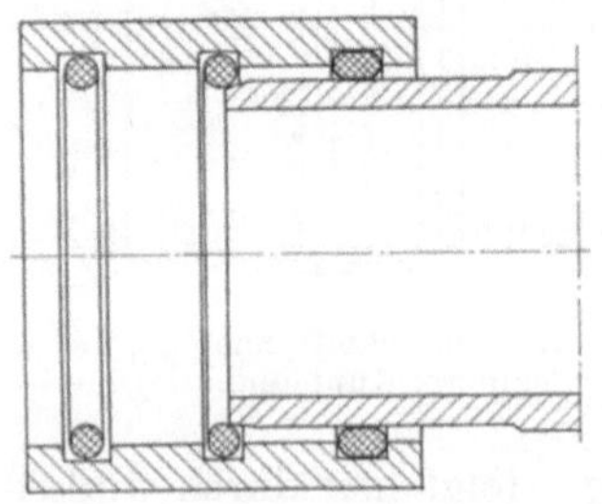

Abb. 43. MAGNANI-Kupplung.

6.2 Das Dichtungsmittel Gummi

Gummidichtungen sind bereits seit der zweiten Hälfte des vorigen Jahrhunderts bekannt und wurden zuerst bei den besonders empfindlichen Rohrverbindungen von Gasleitungen angewandt, wie z. B. 1858 in Lahr (Baden) und 1864 in Hanau [82].

In der Wasserversorgung wurde erstmals 1883 eine Heberleitung in Köln mit Rundgummiringen abgedichtet.

An den Dichtungsgummi der Rohrverbindungen sind folgende Forderungen zu stellen:

1. Das Dichtungsvermögen des Gummis beruht auf seinem inkompressiblen und elastischen Verhalten. Der in den Verbindungsteilen zusammengedrückte Gummi muß auch bei Auslenkung des Rohrendes in der Muffe oder bei ähnlichen Bewegungen einen Rest seiner Eigenspannung und damit seine Dichtwirkung behalten. Es besteht also die Forderung, daß das Gummimaterial in hohem Maße elastisch sein und seine Elastizität auch behalten muß.

2. Gummidichtungen sollen je nach Anwendungsgebiet beständig gegen Wasser, Säure, Lauge, Öle und biologische Einflüsse sein.

3. Das Material muß gegen Hitze und Frost beständig sein (Temperaturbereich $-20\ °C$ bis $+70\ °C$).

4. Der Gummi darf nur geringfügig altern.

Zur Erreichung des geforderten elastischen Verhaltens muß ein Gummi mit geringstem Formänderungsrest und optimalem Vulkanisationsgrad verwendet werden. Die bleibende Verformung im Versuch darf bei Raumtemperatur und bei Zusammenpressung auf ein Drittel der ursprünglichen Dicke höchstens 10%, bei 70 °C höchstens 25% betragen. Die Mindeststreckung beim Zug-Bruch soll 450 bis 500% betragen.

Die Beständigkeit des Gummis gegen Wasser ist praktisch gegeben. Trotzdem findet eine Wasseraufnahme statt, deren maximal zulässiger Wert nach den Vorschriften des holländischen KIWA-Instituts $30\ \text{g/m}^2 \cdot 6\,\text{h}$ in kochendem Wasser beträgt. Die Wasseraufnahme des Gummis ist für die Praxis bedeutungslos.

Zur Erzielung einer ausreichenden Säure- und Laugenfestigkeit müssen entsprechend widerstandsfähige Füll- und Hilfsstoffe gewählt werden. So ist z. B. in den Niederlanden der Gehalt an Zinkoxyd auf höchstens 3 Gew.% begrenzt. Eine einwandfreie Ölbeständigkeit läßt sich bei Verwendung von Naturkautschuk zur Gummiherstellung nicht erreichen, der Gummi quillt auf. Gut ölbeständig dagegen ist z. B. der synthetische Kautschuk Perbunan.

Unter bestimmten Bedingungen können Gummiringe auch einem mikrobiologischem Angriff unterliegen. Ein derartiger Angriff schreitet nur sehr langsam fort und wurde bisher auch nur in bestimmten Gegenden beobachtet. Synthetischer Gummi sowie Naturgummi mit Zusatz von Giftstoffen wurde nur bedingt angegriffen.

Hinsichtlich der Temperaturbeständigkeit ist exakt behandelter Naturgummi bei den in Wasserversorgungsleitungen herrschenden Temperaturen von 6 °C bis 18 °C nicht gefährdet. Im Hinblick auf die Rohrlegung wird im allgemeinen für den Dichtungsgummi Frostbeständigkeit bis — 20 °C verlangt. Für Warm- und Heißwasserleitungen sowie für Dampfleitungen mit Temperaturen über 70 °C kommen nur hitzebeständige Dichtungsringe aus synthetischen Erzeugnissen oder hitzefestem Naturkautschuk zur Anwendung.

Die Alterung des Gummis, die eine Verminderung der Elastizität zur Folge hat, ist auf äußere Einflüsse zurückzuführen, und zwar hauptsächlich auf eine Oxydation. Zur Verminderung bzw. Verzögerung der Alterung werden der Rohgummimischung Antioxydatoren, sogenannte Alterungsschutzmittel, beigegeben. In Wasserleitungen besteht bei einwandfreiem Gummimaterial keine Alterungsgefahr, da hier der Einfluß von Licht, Wärme und Sauerstoff in der Regel weitgehend ausgeschaltet ist.

Zusammenfassend kann festgestellt werden, daß bei Verwendung von einwandfreiem Material Gummi unbedenklich als Dichtungsmaterial sowohl für Wasserversorgungs- als auch für städtische Abwasserleitungen verwendet werden kann. Seine Bewährung auch unter schwierigen Bedingungen haben Ausbauergebnisse erwiesen (vgl. Abschn. 4.5.2, Versuche mit Molkereiabwässern). Für Gasleitungen müssen unter Umständen, z. B. wegen des Benzolgehaltes, besondere Gummiringe verwendet werden, jedoch ist grundsätzlich auch hier die Verwendung von Gummidichtungen möglich. In besonders gelagerten Fällen kann auf Erzeugnisse aus synthetischem Kautschuk oder kautschukähnlichen Kunststoffen ausgewichen werden, z. B. auf Neopren oder auf Perbunan.

Die Größe der bleibenden Formänderung bzw. des Formänderungsrestes hängt von der mechanischen Belastung ab. Es muß daher ein Gummi mit kleinstem Formänderungsrest verwendet und die Beanspruchung des Gummis in der Kupplung in Grenzen gehalten werden. Bei der REKA-Kupplung und bei den nach gleichem Prinzip gestalteten Varianten liegt die geringste Beanspruchung der Dichtungsringe in mechanischer Hinsicht vor. In der SIMPLEX-Kupplung kann der Gummiring gedrückt, verdrillt und außerdem in sich gestaucht bzw. verzerrt sein, so daß hier eine ungünstige Belastung mit der Gefahr geringerer Lebensdauer der Gummiringe besteht. In der GIBAULT-Kupplung wird der Gummiring zwar sehr stark gequetscht, trotzdem ist die Gefahr hier nicht so groß, da die Beanspruchung aus einer allseitigen Zusammendrückung besteht. Die Qualität der REKA-Ringe führt auch bei längerer Beanspruchung nur zu geringfügigen Abnutzungserscheinungen. Im allgemeinen werden Naturkautschukringe mit einer Härte von etwa 52° Shore-A-Einheiten verwendet. Für besondere Zwecke stehen REKA-Ringe aus Neopren bzw. bei hoher Hitzebeanspruchung HFR-Ringe zur Verfügung.

6.3 Formstücke

Zur Verwendung in Asbestzement-Druckrohrleitungen werden überwiegend Formstücke aus Gußeisen (auf Wunsch auch Stahl-Formstücke) geliefert, abgesehen von den ebenfalls aus Asbestzement bestehenden Bögen und Abzweigformstücken. Die Enden der Formstücke sind den Asbestzementkupplungen angepaßt. Der Außendurchmesser des Formstück-Schaftendes ist aus Gründen der einfacheren Lagerhaltung mit dem nach DIN 19800 genormten Rohraußendurchmesser ND 10 identisch, obwohl die Formstücke für Betriebsdrücke bis 16 atü verwendbar sind.

Die Gußformstücke für Asbestzementrohrleitungen haben vor der Kurzbezeichnung des Formstücks die Buchstaben GAZ (Guß-Asbestzement). Die Kurzbezeichnung für ein Einflanschstück heißt also GAZ-F-Stück.

Die gußeisernen Formstücke für Asbestzement-Druckrohrleitungen sind in DIN 19802 bis 19807 genormt. Diese Formstücke tragen in der Zusammenstellung der Formstücke (Abb. 67) die Bezeichnung GAZ. Alle übrigen Formstücke sind in den Gußnormen bzw. in den Asbestzement-Werksnormen erfaßt.

Außer den gußeisernen Formstücken werden auch für Druckrohrleitungen bis ND 12,5 Formstücke aus Asbestzement geliefert. Hierbei handelt es sich um Bögen und Abzweigformstücke, die aus Druckrohrmaterial hergestellt werden.

Die Abbildungen 44 bis 66 zeigen die gebräuchlichen Formstücke.

Der Verwendungszweck der Formstücke ist im allgemeinen aus den Abbildungen ersichtlich. Das GAZ-FL-Stück (Einflanschstück, lang mit Mauerflansch, Abb. 50) dient dem Einbau von Armaturen in Schächten mit Verankerung im Mauerwerk. Bei der Verwendung von Anbohrbrücken (Abb. 58, 59) für Hausanschlüsse und dergleichen kann es unter Umständen ratsam sein, das Rohr auf beiden Seiten der Anbohrbrücke zu trennen und mit REKA-Kupplungen zu versehen, um eventuelle Bewegungen der Anschlußleitung nicht auf die Versorgungsleitung zu übertragen.

Außer den Armaturen mit Flanschen, die mit Flanschkupplungen (Abb. 56) angeschlossen werden, werden auch Armaturen mit Schaftenden geliefert, die mit REKA-Kupplungen angeschlossen werden können (Abb. 63).

Die gußeisernen Formstücke haben den Nachteil des höheren Gewichts, der höheren Kosten und — unter bestimmten Voraussetzungen — der größeren Korrosionsgefährdung als Asbestzement. Man ist daher bemüht, sie durch gleiche Formstücke aus Asbestzement zu ersetzen. Sehr be-

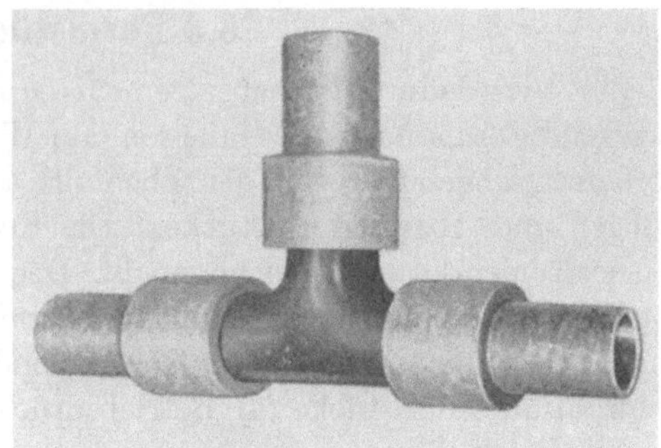

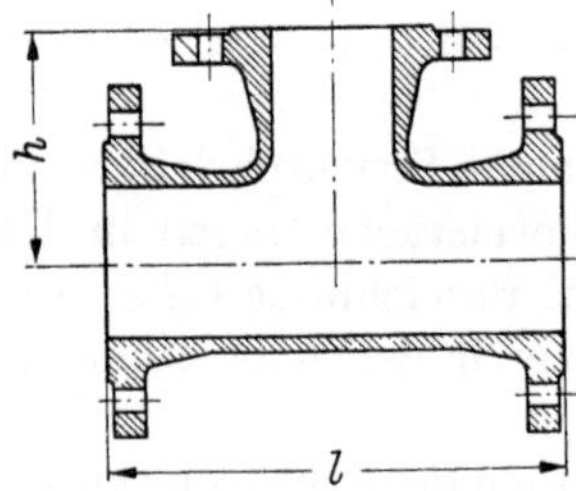

Abb. 44. Abzweig mit 3 Flansch-
stutzen (T).

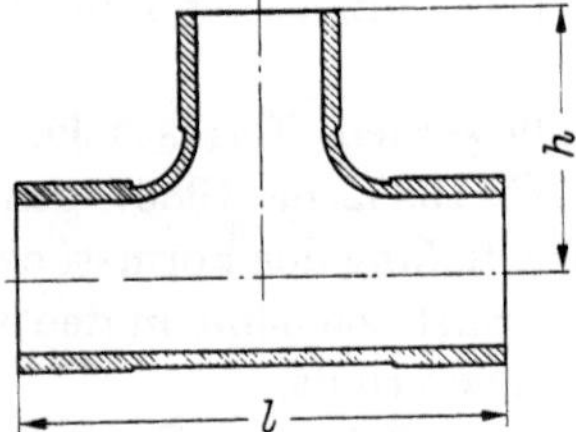

Abb. 45. Abzweig mit Schaft-
stutzen (GAZ-B).

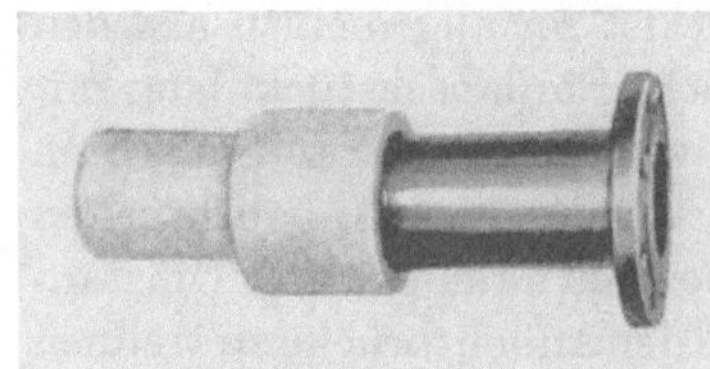

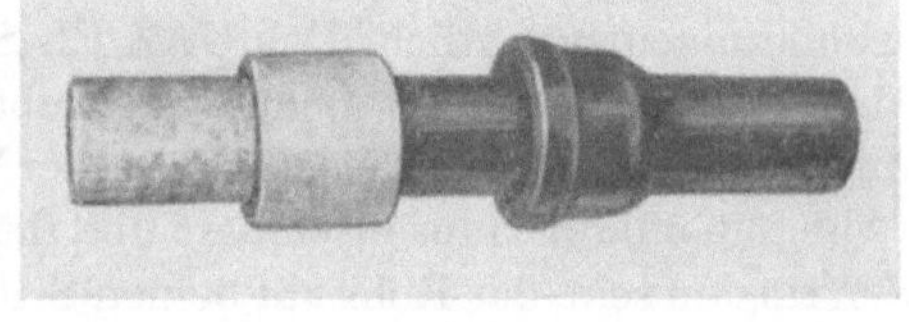

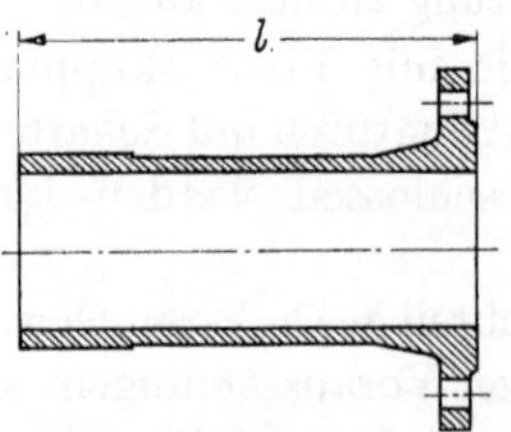

Abb. 46. Einflanschstück
(GAZ-F).

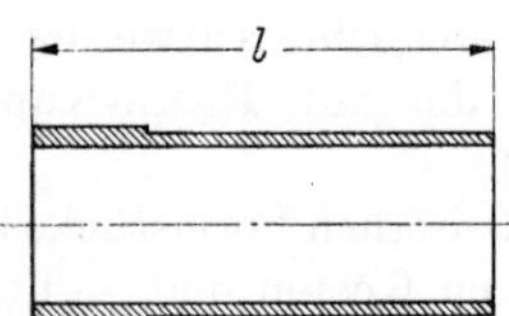

Abb. 47. Anschlußstück an
Gußrohre (GAZ-G).

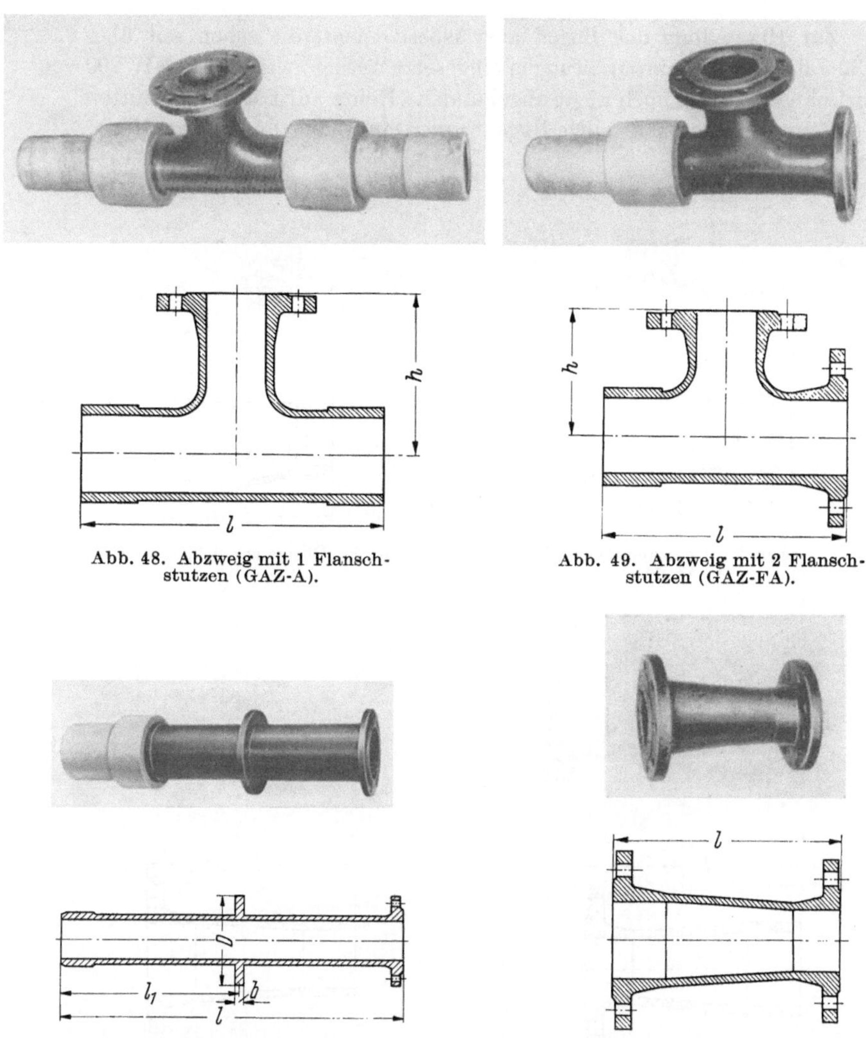

Abb. 48. Abzweig mit 1 Flansch-
stutzen (GAZ-A).

Abb. 49. Abzweig mit 2 Flansch-
stutzen (GAZ-FA).

Abb. 50. Einflanschstück, lang mit
Mauerflansch (GAZ-FL).

Abb. 51. Flanschenübergangs-
stück (FFR).

deutsam für diese Entwicklung war die Schaffung von hochfesten, porenfreien Klebern, die es gestatteten, ohne Festigkeitsverlust die aus normalen Rohren zugeschnittenen Teile des Formstücks einwandfrei zu-
sammenzusetzen. Die Entwicklung derartiger Formstücke erscheint sehr
aussichtsreich. Die bisher versuchsweise eingebauten Formstücke zeigten
gute Ergebnisse.

Zur Herstellung der Bögen aus Asbestzement, die schon seit über 30 Jahren in Druckrohrleitungen eingesetzt werden, werden bis NW 200 frisch gewickelte, noch nicht abgebundene Rohre auf Länge geschnitten und von Hand in mehrteilige Bogenformen eingepaßt. Für größere Nenn-

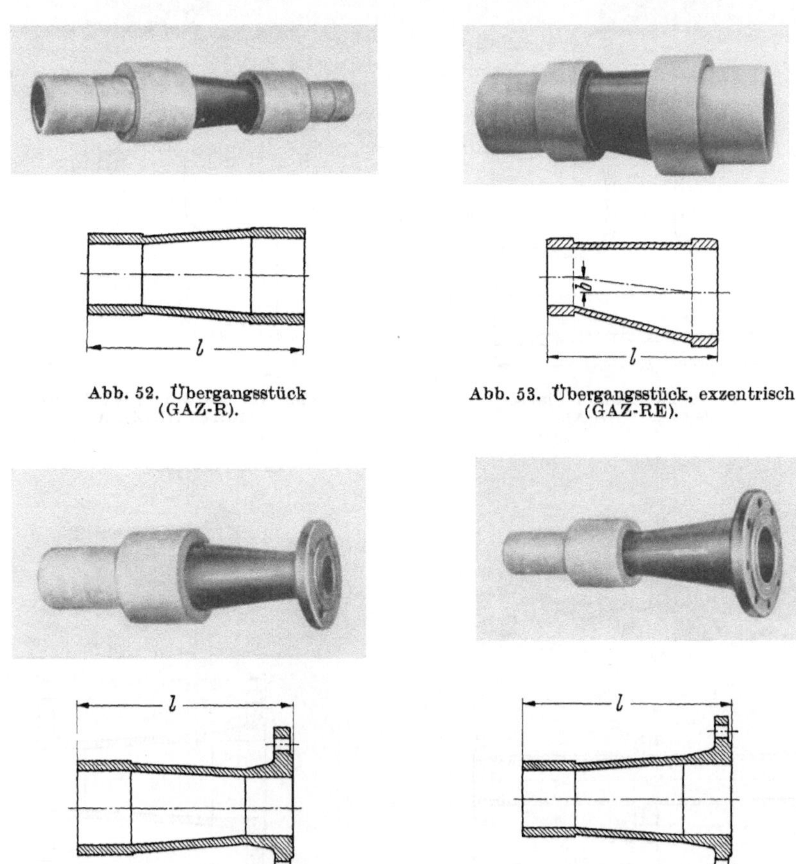

Abb. 52. Übergangsstück
(GAZ-R).

Abb. 53. Übergangsstück, exzentrisch
(GAZ-RE).

Abb. 54. Übergangsstück mit Flansch
am engen Ende (GAZ-FR).

Abb. 55. Übergangsstück mit Flansch
am weiten Ende (GAZ-FRW).

weiten (bis NW 450) und für spezielle Anwendungsgebiete (z. B. Rohrpostleitungen) wurden Sonderverfahren entwickelt. Bei großen Nennweiten bzw. bei Rohren mit sehr dicken Wandungen werden die Gefügeauflockerungen beim Biegen zu groß. Zur Zeit werden L-Stücke mit den

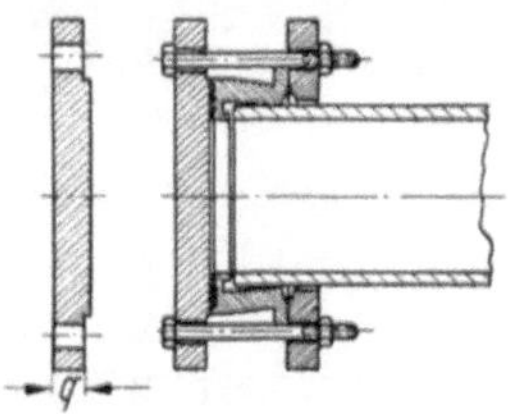

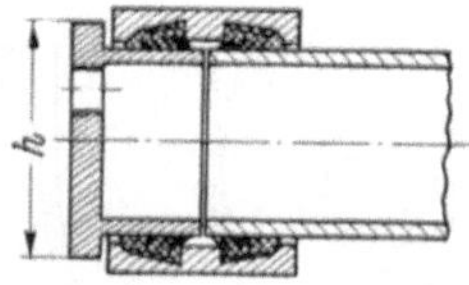

Abb. 56. Blindflansch mit
Flanschkupplung (X).

57. Endstopfen (GAZ-P).

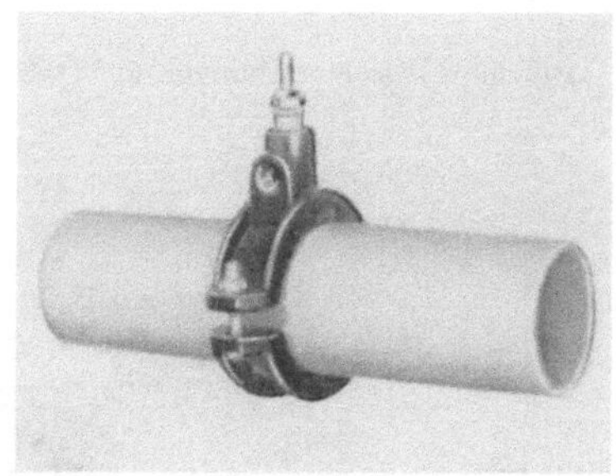

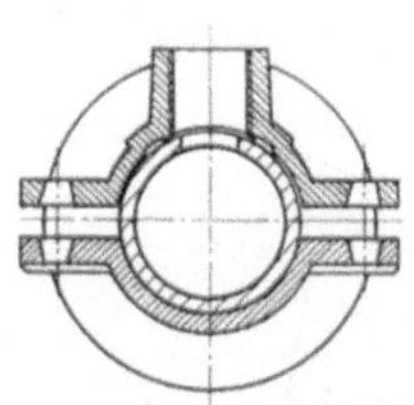

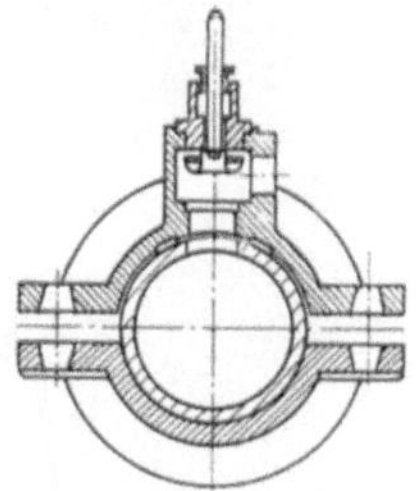

Abb. 58. Anbohrbrücke mit
Gewindeabgang (ABG).

Abb. 59. Ventilanbohrbrücke
(VAB).

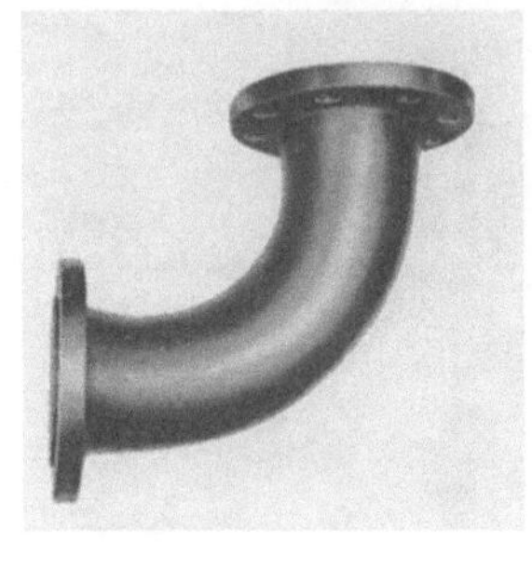

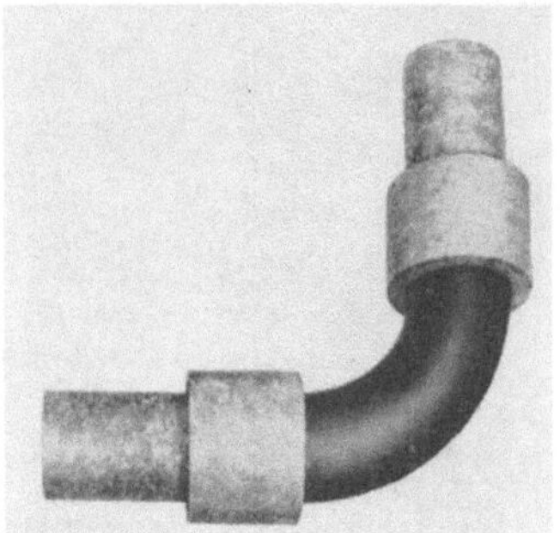

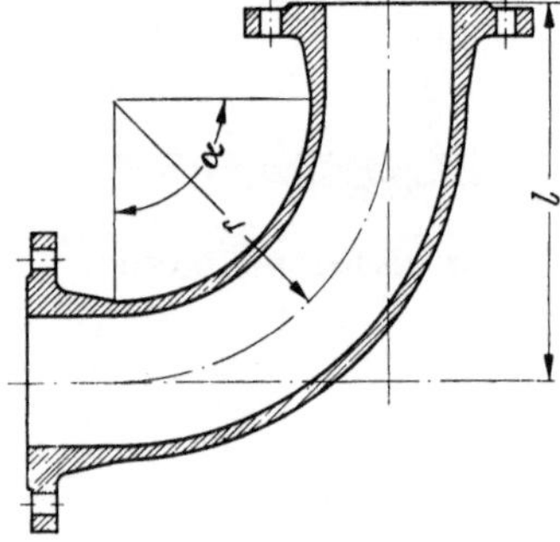

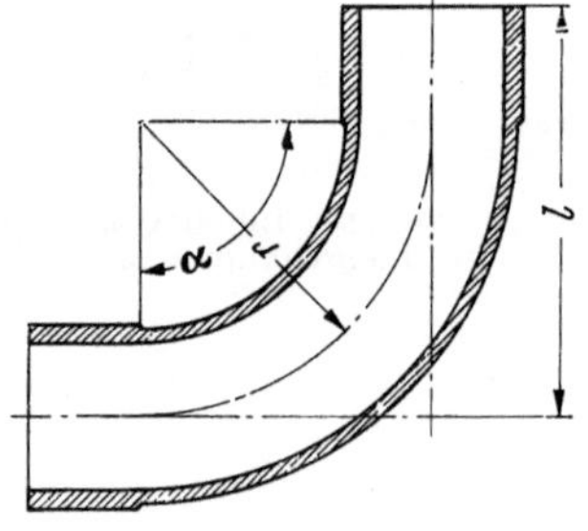

Abb. 60. Flanschenkrümmer, 90° (Q).

Abb. 61. Krümmer aus Gußeisen, 90° (GAZ-K).

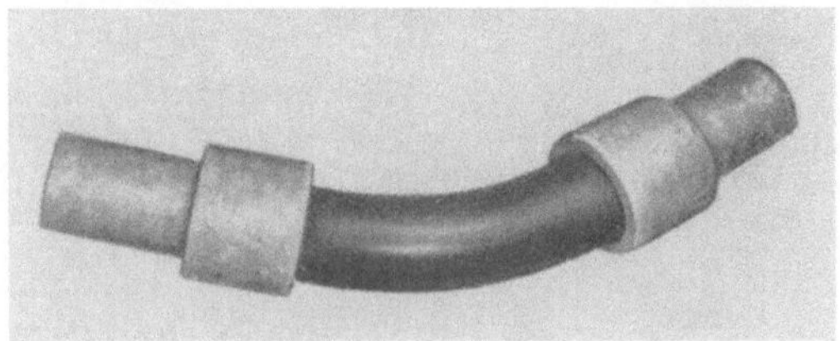

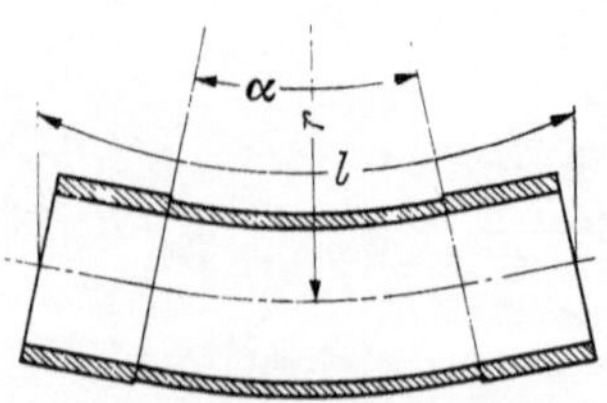

Abb. 62. Krümmer aus Gußeisen, 22 1/2° (GAZ-K).

üblichen Zentriwinkeln $11^1/_4°$ bis $90°$ und dem Radius $r = 7 \times NW$ geliefert, und zwar serienmäßig bis NW 200 (maximaler Zentriwinkel bei NW 200 $45°$) (Abb. 64).

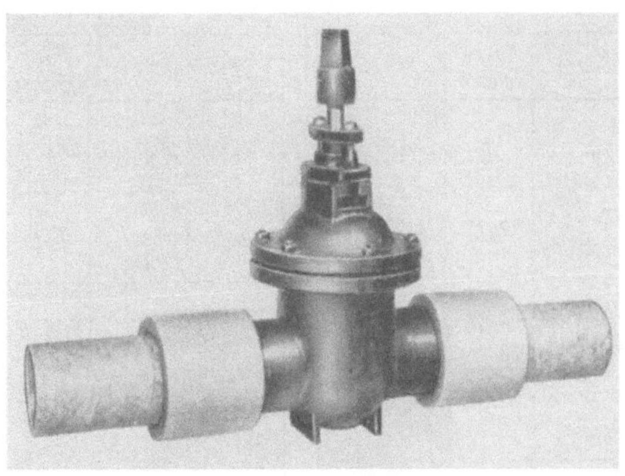

Abb. 63. Schaftendenschieber mit REKA-Kupplung.

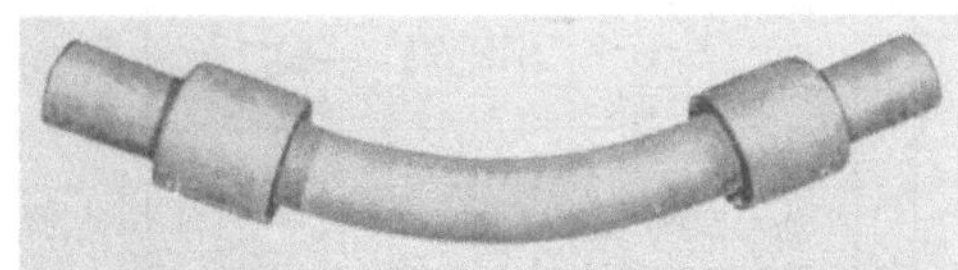

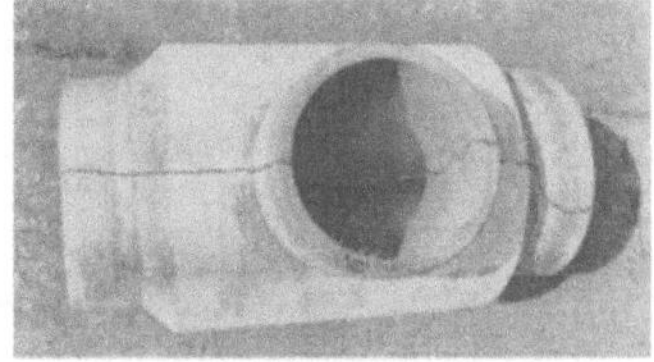

Abb. 65. Im Berstversuch zerstörter
Rohrabzweig (EEB-Stück).

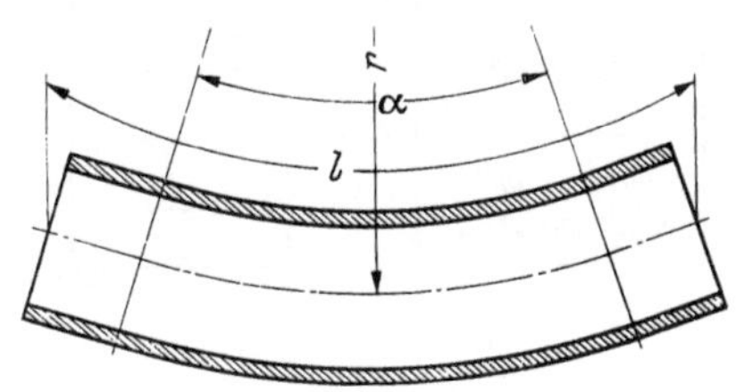

Abb. 64. Krümmer aus Asbestzement (ELE).

Abb. 66. Muffenabzweig NW 150/100
(EMB-Stück) im Versuchseinbau.

Geklebte Abzweigformstücke werden als Rohrabzweige (EEB-Stücke) und als Kupplungsabzweige (EMB-Stücke) mit Abgangsstutzen unter

45° oder 90° hergestellt. Zur Verklebung der Formstücke wird eine Epoxidharzverbundmasse verwendet. Berstversuche an künstlich gealterten Abzweigen zeigten, daß bei einwandfreier Klebung der Bruch

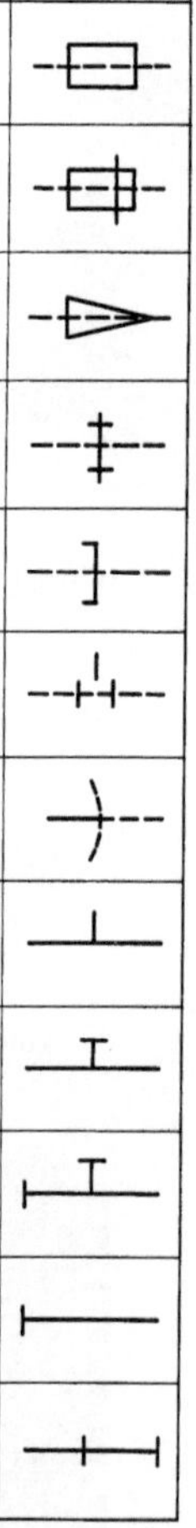

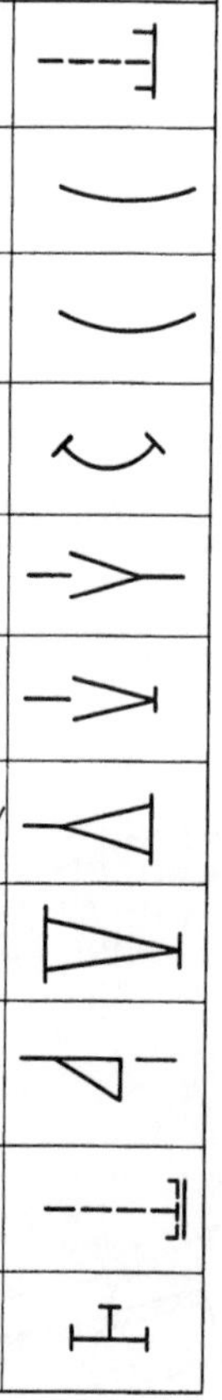

Benennung	Kurz-zeichen	Sinnbild	Benennung	Kurz-zeichen	Sinnbild
REKA-Kupplung	RK		Endstopfen	GAZ-P	
REKA-Übergangskupplung	RKU		Krümmer aus Asbestzement $r = 7 NW$	ELE	
REKA-Reduktionskupplung	RKR		Krümmer aus Gußeisen	GAZ-K	
GIBAULT-Kupplung	GK		Flanschenkrümmer 90°	ℓ	
Flansch-Kupplung	FK		Übergangsstück	GAZ-R	
Anbohrbrücke mit Gewindeabgang	ABG		Übergangsstück mit Flansch am engen Ende	GAZ-FR	
Anschlußstück an GuBrohre	GAZ-G		Übergangsstück mit Flansch am weiten Ende	GAZ-FRW	
Abzweig mit Schaftstutzen	GAZ-B		Flanschen-übergangsstück	FFR	
Abzweig mit Flanschstutzen	GAZ-A		Übergangsstück, exzentrisch	GAZ-RE	
Abzweig mit 2 Flanschstutzen	GAZ-FA		Blindflansch	X	
Einflanschstück	GAZ-F		Abzweig mit 3 Flanschstutzen	T	
Einflanschstück, lang mit Mauerflansch	GAZ-FL				

Abb. 67. Zusammenstellung der wichtigsten Formstücke und ihrer symbolischen Darstellung.

stets im Asbestzement erfolgt, die Klebefuge dagegen unbeschädigt bleibt (vgl. Abb. 65). Abzweigformstücke NW 150/100, die nach $2^1/_2$ jäh-

riger Betriebszeit ausgebaut wurden, ergaben auf dem Prüfstand Berstdrücke von 35 bzw. 40 atü (vgl. Abb. 66). Auf Grund der Versuchs- und
Ausbauergebnisse kann festgestellt werden, daß geklebte Abzweigformstücke in Druckrohrleitungen sicher angewendet werden können.

7 Rohrschutz

Wenn das Wasser oder der umgebende Boden für Asbestzement-
Druckrohre aggressive Bestandteile enthält (vgl. Abschn. 4.5), so sind
besondere Schutzmaßnahmen erforderlich. Derartige Maßnahmen sind
in verschiedener Weise möglich:

Die Aggressivität des angreifenden Mediums zu beseitigen oder stark
zu schwächen, ist im allgemeinen nur für das zu fördernde Wasser möglich.

Durch das Aufbringen einer Schutzschicht auf die Rohroberfläche wird
der direkte Kontakt zwischen angreifendem Medium und reaktionsfähiger Rohrwand verhindert.

Durch geeignete Maßnahmen wird das Rohrmaterial selbst widerstandsfähig gemacht.

Beseitigung der Aggressivität. Diese Maßnahmen haben den Zweck, die
aggressiven Bestandteile des Wassers im Rohr oder im Boden zu neu-
tralisieren und unschädlich zu machen. Bei Trink- und Brauchwässern
wird dies im allgemeinen durch entsprechende Wasserbehandlung erreicht, und zwar kommt bei Asbestzement-Druckrohren nur die Ver-
hinderung der Korrosion in Frage, da Inkrustationen erfahrungsgemäß
in diesen Rohren nicht auftreten und Wassertrübungen infolge Reaktionen mit der Rohrwand unbekannt sind. Da Kohlensäure in allen natürlichen Wässern vorhanden ist, stellt die Entfernung (durch Belüften)
oder Neutralisation (durch Zugabe neutralisierender Stoffe bzw. durch
Filterung über entsprechende Materialien) der aggressiven Kohlensäure
die häufigste und einfachste Art der Wasserbehandlung dar. Bei Verlegung von Asbestzementrohren in sauren Böden kann die Einlagerung
alkalischer Stoffe (z. B. Kalk) zeitweise wirksam sein. Alle derartigen
Maßnahmen für den Außenschutz haben aber nur vorübergehenden
Charakter und dienen dem Anfangsschutz.

Aufbringen von Schutzschichten. Die Schutzschicht hat die Aufgabe,
die aggressiven Bestandteile des Wassers von der Rohrwand fernzuhalten.
Die Schutzschicht kann entweder vor der Rohrlegung auf die Rohroberfläche aufgebracht werden oder sie kann sich durch Zugabe entsprechender Chemikalien (Inhibitoren) zum Wasser als unlösliche Schicht

auf der Rohrwand bilden. Die Zugabe von Inhibitoren kommt nur für den Innenschutz in Betracht und erfordert eine besondere Abstimmung der Dosierung.

Für die werkseitig aufgebrachten Schutzschichten haben sich Steinkohlenteerpechlösungen und Bitumenlösungen bewährt. Außerdem stehen Epoxidharzanstriche zur Verfügung.

Das Rohrschutzmittel muß zahlreiche Forderungen erfüllen: Unlöslichkeit in Wasser, Säuren und Laugen, dichter und nicht klebender Film, gute Haftung auf der Rohroberfläche, Widerstandsfähigkeit gegen mechanische Einwirkungen. Außerdem muß bei Trinkwasserversorgungsleitungen der Innenschutz frei von löslichen, gesundheitsschädlichen Bestandteilen sein und darf keine geruch- oder geschmacksbeeinträchtigenden Stoffe an das Wasser abgeben.

Das Aufbringen der Schutzschichten durch Tauchen ergibt nicht immer ausreichende Haftung auf der Rohroberfläche, da praktisch immer eine Staubschicht auf dem Rohr verbleibt und da die zähflüssige Schutzmasse nicht genügend in die Unebenheiten und Poren der Rohroberfläche eindringt. Eine wesentlich größere Haftfestigkeit erhält man durch Aufstreichen des Schutzmittels, wobei ein sorgfältiges Einarbeiten in die Rohroberfläche wichtig ist. Zur Erhöhung der Streichfähigkeit wird das Schutzmittel mit einem Lösungsmittel versetzt. Qualität und Auftragstechnik sind für den Bestand und die Wirksamkeit des Anstrichs von besonderer Wichtigkeit.

Steinkohlenteerpechanstrich. Durch trockene Destillation der Steinkohle werden Steinkohlenteere gewonnen, aus denen man bei weiterer fraktionierter Destillation Pech als Rückstand erhält. Teer und Pech werden in geeigneter Mischung mit Lösungsmitteln versetzt und zu Anstrichmitteln verarbeitet. Steinkohlenteerpechanstriche haben bessere Haftfestigkeit und höhere Wasser- und Ölbeständigkeit als Bitumenlösungen. Wegen ihrer bakterizid und wachstumsverhindernd wirkenden wasserlöslichen Phenole sind sie jedoch nicht als Innenschutz für Trinkwasserleitungen verwendbar. Für diesen Verwendungszweck kommen nur Bitumenlösungen oder Kunststoffe in Betracht. Als Außenschutz dagegen sowie als Außen- und Innenschutz für Abwasserleitungen haben sich phenolarme Teerpechlösungen bewährt.

Bitumenanstrich. Bitumen erhält man als Rückstand bei der Erdöldestillation, außerdem ist es im Naturasphalt enthalten. Durch Zusatz von Lösungsmitteln wird es zu streichfähigen Schutzanstrichen verarbeitet. Bitumenlösungen sind phenolfrei, zeigen aber eine gewisse Anfälligkeit gegenüber Ölen und Fetten. Die Haftung der Bitumenlösungen ist nicht ganz so gut wie die der Teerpechlösungen. Dies gilt besonders für geblasenes Bitumen, das durch die weitergehende Polymerisation der Kohlenwasserstoffe eine größermolekulare Struktur erhält. Man ist daher zunehmend dazu übergegangen, das mit einem höheren Feststoffgehalt versehene und wasserbeständigere dampfdestillierte Bitumen zu verwenden [62]. Für die Praxis ist die etwas geringere Haftfestigkeit bedeutungslos, da Bitumenlösungen nur für den Innenschutz von Druckrohrleitungen verwendet werden und somit ein Abdrücken von der Rohrwand nicht zu befürchten ist.

Durch Anstriche lassen sich Schutzschichten von einer Dicke zwischen 50 μ und 500 μ erreichen. Im allgemeinen werden höchstens drei Anstriche aufgebracht, die praktisch einen porenfreien Schutzfilm ergeben. Dauerversuche mit 10 atü Innendruck haben gezeigt, daß anfangs bis zum Zuquellen der Materialporen ein einlagiger Außenanstrich durchfeuchtet werden kann, bzw. daß sich unter mehrlagigen Außenanstrichen wassergefüllte Bläschen bilden können. Bei einem zusätzlichen Innenanstrich dagegen drang keinerlei Feuchtigkeit durch die Rohrwand [V 41]. Es ist daher zweckmäßig, bei dünnwandigen Druckrohren mit mehrfachem Außenanstrich auch einen Innenanstrich aufzubringen.

Epoxidharzbeschichtung. Seit mehreren Jahren steht zum Schutz gegen besonders aggressive Flüssigkeiten oder bei außerordentlicher Abriebbeanspruchung Epoxidharz zur Verfügung. Die Aushärtung durch Vernetzung der Moleküle erfolgt bei Raumtemperatur. Die in einem Beschichtungsgang erreichbare Trockenschichtdicke beträgt etwa 200 μ. Zum Erreichen dickerer Schichten können mit Quarzmehl gefüllte, mörtelähnliche Massen verwendet werden. Auch Kombinationen von Epoxidharzen mit Steinkohlenteerpech finden zur Auskleidung von Rohren vielfach Verwendung, jedoch nicht für trinkwasserberührte Flächen.

Prüfungen über ein Jahr der Bundesanstalt für Materialprüfung [V 11] von epoxidharzbeschichteten Asbestzementrohren auf Widerstandsfähigkeiten gegen Korrosion durch verschiedene aggressive Flüssigkeiten bewiesen die weitgehende Beständigkeit derart geschützter Rohre.

Verwendung von Inhibitoren. Durch Zusatz bestimmter Chemikalien, der sogenannten Inhibitoren, zum Wasser wird eine aggressionsbeständige und festhaftende Deckschicht auf der Rohroberfläche gebildet. Ursprünglich wurden Inhibitoren zum Schutz metallischer Werkstoffe eingesetzt [50]. Aber es lassen sich auch bei Asbestzement-Druckrohren unter Mitwirkung der Rohrwand unter gewissen Voraussetzungen Schutzwirkungen erzielen. Wie Durchflußversuche von HÖFER [V 19] zeigten, kann die

Zugabe von Phosphaten beim Vorhandensein von Kalkhärtebildnern zur Bildung von Schutzschichten aus unlöslichem Kalziumphosphat führen. Die Korrosion durch Berliner Leitungswasser, das auf 55 mg/l aggressiver Kohlensäure angereichert war, konnte durch Zugabe von 2,5 mg/l Dinatriumphosphat bei nur 24 Wochen Versuchsdauer auf die Hälfte vermindert werden. Versuche mit reiner Silikatzugabe ergaben nur eine unwesentliche Verringerung der Korrosion. Doch ist eine mögliche Verbesserung des Korrosionsschutzes bei optimaler Dosierung bzw. gleichzeitiger Phosphatzugabe denkbar.

Verwendung von sulfatbeständigem Zement. Die Bildung der Kalziumaluminatsulfathydrate bei einem Sulfatangriff ist auf die Anwesenheit der Zementkomponente Trikalziumaluminat (C_3A) zurückzuführen (vgl. Abschn. 4.5.2). Es hat sich jedoch gezeigt, daß die Tonerde im Portlandzement fast vollständig durch andere Oxyde wie z. B. durch Eisenoxyd oder durch Mangan bzw. Chromoxyd, ersetzbar ist, und daß der so entstehende Zement einer Sulfatlösung unbegrenzt widersteht. Diese Erkenntnis führte zur Herstellung einer Reihe von Erzzementen und von hochsulfatbeständigen Portland- und Hochofenzementen. Erreicht die Sulfatkonzentration des Bodens den Grenzwert von 1000 mg SO_4^{--}/kg, so kann neben einem Schutzanstrich die Verwendung von Asbestzement-Druckrohren aus sulfatbeständigem Zement — z. B. SULFADUR-Zement — empfohlen werden.

8 Legung und Anwendung der Asbestzement-Druckrohre

8.1 Legen von Asbestzement-Druckrohren

Das Legen von Asbestzement-Druckrohren ist sehr einfach und geht verhältnismäßig schnell, so daß sich große Legungsleistungen erzielen lassen. Wenn es auch zweckmäßig ist, nur Fachfirmen mit der Rohrlegung zu beauftragen, so können notfalls selbst ungelernte Kräfte nach kurzer Anleitung die Rohrmontage vornehmen. Maßgebend für die Legung von Gas- und Wasserleitungen sind allgemein die DIN 19630, gegebenenfalls die DIN 1988, für Abwasserleitungen DIN 4033. Für Druckprüfungen gilt DIN 19801.

Im folgenden soll keine allgemeine Beschreibung von Rohrlegungsarbeiten gegeben, sondern im wesentlichen nur auf die Besonderheiten bei der Legung von Asbestzement-Druckrohren hingewiesen werden.

8.1.1 Laden und Transport

Rohre sollten nach Möglichkeit mit Hilfe von Hebeeinrichtungen auf- bzw. abgeladen werden. Das relativ geringe Gewicht der Asbestzement-Rohre erlaubt es, hierfür auch kleinere Greifbagger einzusetzen, die meistens auf den Leitungsbaustellen anzutreffen sind. Das zu hebende Rohr kann hierbei mit zwei Seilschlingen (Hanfseil), mit gummierten Gurten oder mit einer Hakentraverse gefaßt werden. Die Haken sind besonders für das Auf-, Ab- und Umladen zu empfehlen, da sie ein schnelles und äußerst bequemes Greifen ermöglichen. Sie sollen möglichst kantig und rechtwinklig abgebogen sowie mit einer Gummipolsterung versehen sein, die eine Beschädigung der Rohrkanten und des Innenschutzes verhindert. Haben die Rohre einen Außenanstrich, so muß besonders bei der Verwendung von Tragseilen dafür gesorgt werden, daß der Anstrich nicht beschädigt wird oder er muß ausgebessert werden. Die Verwendung von Ketten empfiehlt sich nicht. Bis NW 150 können die Rohre auch von Hand abgeladen werden. Stehen für größere Nennweiten keine Hebegeräte auf der Baustelle zur Verfügung, so müssen die Rohre durch Abrollen über Rampenhölzer abgeladen werden, wobei besondere Sorgfalt erforderlich ist und die Rohre durch Seile gehalten werden müssen.

Die Kupplungshülsen und die Formstücke sind ebenfalls sorgfältig abzuladen und dürfen keinesfalls von der Ladefläche heruntergeworfen werden, da hierbei die Gefahr von Beschädigungen besteht, die sich oft erst bei der Druckprüfung zeigen. Es ist daher besser, vor allem Kupplungshülsen großer Nennweite über eine Balkenschräge abrutschen zu lassen.

Sollten einzelne Rohre Transportschäden aufweisen, so kann das beschädigte Teil abgeschnitten und der Rest verwendet werden, wenn sich die Ausdehnung des Schadens einwandfrei abgrenzen läßt.

Neben dem geringen Eigengewicht vereinfacht auch die handliche Rohrlänge von 4,0 m bis 5,0 m das Auf- und Abladen der Rohre. Der Außenanstrich ist robust und kann erforderlichenfalls schnell und einfach ausgebessert werden. Für das Stapeln der Rohre sind die auch sonst üblichen und bekannten Sicherheitsvorkehrungen zu treffen.

8.1.2 Herstellen des Rohrgrabens

Für das Herstellen des Rohrgrabens gelten DIN 19630 bzw. DIN 4033 sowie die Unfallverhütungsvorschriften. Die Grabensohle ist sorgfältig herzustellen und hinsichtlich ihrer Höhenlage zu überprüfen.

Tiefere Kopflöcher an den Rohrenden können jedoch entfallen. Zur Montage der Kupplung genügt eine flache Vertiefung, die gerade nur so tief sein muß, daß die Rohre nicht auf den Kupplungen aufsitzen.

8.1.3 Leitungslegung

Die Legung von Asbestzement-Druckrohren ist sehr einfach und die gummigedichtete Steckmuffenverbindung erlaubt eine sehr schnelle Rohrmontage. Zum Einbringen der Rohre in den Graben ist für große Nennweiten ein Bagger oder Autokran zweckmäßig, an dem das Rohr während des Einschiebens in die Kupplungshülse des vorher gelegten Rohres frei hängt. Das Einschieben des Rohres muß genau axial erfolgen, ein eventuelles Ausschwenken in der Kupplung darf erst nach Herstellung der Rohrverbindung erfolgen. Die günstige Rohrlänge erleichtert das bei verbauten Rohrgräben zum Einbringen der Rohre erforderliche Umsteifen. In schwierigen Fällen kann die Verwendung von

Abb. 68.   Im Bogen verlegte
Asbestzement-Druckrohrleitung
mit REKA-Kupplungen.

Kurzlängen trotz der höheren Zahl der Rohrverbindungen zweckmäßig sein. Bei Verwendung von Distanzringen aus Gummi, wie z. B. bei der REKA-Kupplung, wird das Rohr bis zum Anschlag eingeschoben. Anderenfalls muß ein Luftspalt von mindestens 5 mm bestehen bleiben, der durch nachträgliches Herausziehen des Rohres, durch Verwendung von Anschlagschellen, Einlegen eines anschließend zu entfernenden Holzkeils oder ähnlichem gewährleistet wird (vgl. auch Abschn. 6.1).

Das montierte Rohr wird in seiner Richtung und Höhenlage überprüft, seitlich festgelegt und erforderlichenfalls gegen Auftrieb gesichert, z. B. durch Überschütten mit Boden, wobei zumindest die Rohrverbindungen frei bleiben. Normalerweise sollte das Verfüllen des Rohrgrabens erst nach der Druckprüfung erfolgen, um eventuell undichte Stellen an der Leitung erkennen zu können. Der zulässige Auslenkwinkel der Rohre in der Muffe zur Legung von Bögen wird mit wachsender Nennweite kleiner. Für die REKA-Kupplung wird bei kleinen Nennweiten ein maximaler Winkel bis zu 6°, bei großen Nennweiten (ab NW 450) ein Winkel von maximal 1° bis 3° empfohlen. Bei Einhaltung dieser Maße besteht keine Gefahr für die Überbeanspruchung der Kupplungen durch Auswinkelungskräfte infolge Innendruck (vgl. auch Abschn. 6.1.4.2). Abb. 68 zeigt eine im Bogen verlegte ETERNIT-Druckrohrleitung großer Nennweite.

8.1.4 Bearbeitung der Rohre auf der Baustelle

Infolge der guten Bearbeitbarkeit von Asbestzement-Druckrohren, die sich sägen, bohren und sogar nageln lassen, ist auch die Herstellung von erforderlichen Paßlängen auf der Baustelle einfach durchzuführen. Die

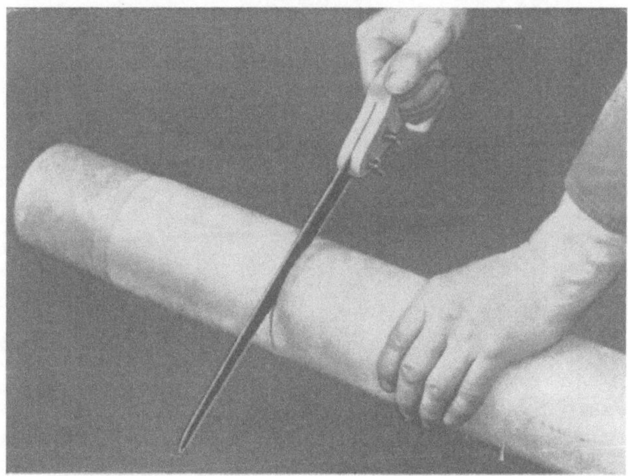

Abb. 69. Ablängen eines Asbestzement-Druckrohres mit einer Handsäge.

Rohre können bereits mit einer einfachen Handsäge zerschnitten werden, besser jedoch unter Verwendung eines Spezialsägeblattes (Abb. 69). Gebräuchlicher ist die Anwendung besonderer Schneidapparate, von

Abb. 70. Ablängen eines Asbestzement-
Druckrohres mit Hilfe des Schneide-
apparates der ETERNIT AG.

Abb. 71. Abdrehen eines Rohrendes
mit dem Abdrehapparat der
ETERNIT AG.

Abb. 72. Herstellen der Fase mit einer
Raspel.

Trennscheiben oder elektrischen Stichsägen. Auch das Herstellen von
Anbohrungen ist möglich. Der in Abb. 70 gezeigte Schneidapparat besteht aus einem Zentrierkranz und einem auf diesem geführten Laufkranz

mit der Messerspindel. Der Rohrschnitt erfolgt durch Drehen des Laufkranzes, wobei der Schneidstahl selbsttätig vorgeschoben wird. Der gezeigte Schneidapparat wird in verschiedenen Größen für die Nennweiten NW 150 bis NW 1000 geliefert. Die Rohrenden müssen auf den nach DIN 19800 festgelegten Außendurchmesser abgedreht werden (außer bei der RKG-Kupplung, s. Abschn. 6.1.4.3). Dazu dient ein Abdrehapparat (Abb. 71), der durch ein mehrteiliges Holzfutter oder eine stählerne Spreizschere gegen die Rohrinnenwand verspannt wird. Nach genauer Einstellung des Drehstahls wird das Rohr vom Ende her durch Drehen der Handkurbel abgedreht, wobei der Vortrieb selbsttätig erfolgt. Die Spanstärke sollte hierbei nicht größer als 2 mm gewählt werden. Der Abdrehapparat wird in verschiedenen Größen für die Nennweiten NW 50 bis NW 1000 geliefert.

Um die Kupplung bequem aufschieben zu können und die Dichtungslippen der Gummiringe nicht zu beschädigen, empfiehlt es sich, die Außenkanten der Rohrenden mit einer Raspel zu brechen (Abb. 72).

8.1.5 Krümmer- und Schieberwiderlager

Die Längsbeweglichkeit der Rohrverbindung bei Asbestzement-Druckrohrleitungen zwingt, wie bei allen Druckrohrleitungen mit längsbeweglichen Verbindungen, zu einem besonders sorgfältigen Verbau der Krümmer und Endverschlüsse bzw. Absperrorgane. Nur die Unverschieblichkeit dieser Leitungsteile garantiert die Dichtheit der unter Innendruck stehenden Leitung. Die einfachste und zweckmäßigste Festlegung von Krümmern stellt das Betonwiderlager dar, das im allgemeinen auch angewendet wird. Hierbei ist darauf zu achten, daß die Druckfläche des Widerlagers gegen den gewachsenen Boden betoniert wird. Nur in diesem Falle darf der Erdwiderstand in Rechnung gestellt werden, was zu einer wesentlichen Verringerung des erforderlichen Betonvolumens führt. Ist in Sonderfällen eine Hinterfüllung des Widerlagers unvermeidlich, so muß sie besonders sorgfältig verdichtet werden. In nicht oder nur teilweise standfestem Boden ist das Krümmerwiderlager als Schwergewichtsfundament auszuführen, wobei der Boden in der Lage sein muß, das Gewicht des Fundamentes aufzunehmen. Derartige Fundamente kommen auch für Leitungen in Dämmen in Frage. Bei sehr schwierigen Bodenverhältnissen oder beengten Platzverhältnissen kann das Rammen von Pfählen oder Spundwandbohlen erforderlich werden. Durch ein eingerütteltes Steinskelett läßt sich die Standfestigkeit des Widerlagers erhöhen.

Die Endverschluß- bzw. Schieberkraft P beträgt

$$P = \frac{\pi \cdot D^2}{4} \cdot p_i \ (\text{kp}) \qquad (8/1)$$

mit

$D =$ Rohraußendurchmesser (cm),
$p_i =$ Innendruck (kp/cm²).

Hier muß für D der Außendurchmesser des Rohrendes eingesetzt werden, da die Überschiebverbindung den Innendruck auch auf die Rohrstirnwand wirken läßt. Ferner ist für den Innendruck der maximal

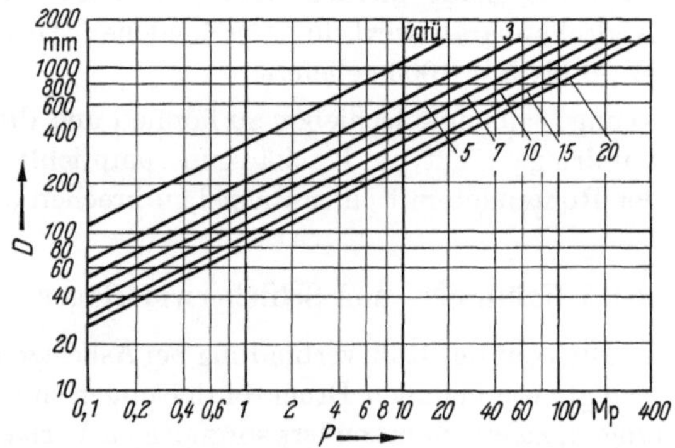

Abb. 73. Endverschlußkräfte P (Mp) in Abhängigkeit vom
Außendurchmesser D (mm).

mögliche Druck einzusetzen, der z. B. auch Druckstöße bzw. den Prüfdruck berücksichtigen muß. Abb. 73 zeigt die Endverschlußkräfte in Abhängigkeit vom Außendurchmesser für verschiedene Innendrücke.

Die Krümmerkraft N beträgt

$$N = 2 \cdot P \cdot \sin \frac{\alpha}{2} = \frac{\pi \cdot D^2}{4} \cdot p_i \cdot 2 \cdot \sin \frac{\alpha}{2} \ (\text{kp}) \qquad (8/2)$$

mit $\alpha =$ Zentriwinkel des Krümmers.

Die Krümmerkraft N läßt sich ebenfalls mit Hilfe von Abb. 73 ermitteln, wenn die Endverschlußkraft P mit dem Beiwert $2 \cdot \sin \frac{\alpha}{2}$ multipliziert wird (Tab. 16, s. S. 135).

Die Aufnahme der Kräfte gemäß Gl. (8/1) und (8/2) kann meist durch den gewachsenen Boden erfolgen, wobei die Kräfte durch das Betonwiderlager verteilt werden. Im ungünstigsten Fall muß die Kraft allein durch die Sohlreibung des Widerlagers aufgenommen werden. Für diesen Fall errechnet sich das erforderliche Betonvolumen V zu

$$V = \frac{(P \text{ bzw. } N)^{\,0,93}}{\gamma_B \cdot \mu} \; (\text{m}^3) \tag{8/3}$$

mit

$\gamma_B = $ Raumgewicht des Betons,

$\quad = 2200 \; (\text{kp/m}^3)$,

$\mu = $ Reibungsbeiwert Beton — Erdboden,

$\quad = 0,65$ bei festem Boden,

$\quad = 0,45$ bei mittlerem Boden (Sand),

$\quad = 0,30$ bis $0,35$ bei fetten und feuchten Böden (Ton, Klei usw.).

Tabelle 16. *Beiwerte zur Bestimmung der Krümmerkraft N aus der Endverschluß-kraft P*

Zentriwinkel	Beiwert $= 2 \cdot \sin \dfrac{\alpha}{2}$
$11^1/_4{}^\circ$	0,20
$22^1/_2{}^\circ$	0,39
30°	0,52
45°	0,77
60°	1,00
90°	1,41

Hierbei berücksichtigt der Exponent 0,93 die Mitwirkung der in das Erdreich eingebundenen Wandflächen des Widerlagers und der Bodenspannungen in größerer Tiefe [54].

Im Grundwasser ist die Verminderung des Raumgewichtes durch den Auftrieb zu beachten. Bei der Bemessung des Fundaments darf die zulässige Bodenpressung σ_{zul} nicht überschritten werden, wofür nach SCHLEICHER, Taschenbuch für Bauingenieure, die Werte der Tab. 17 angenommen werden können, s. Seite 136. In setzungsgefährdeten Böden empfiehlt es sich, den Rohrkrümmer nicht fest mit dem Fundament zu verbinden, damit keine zusätzliche Belastung der Rohrleitung erfolgt.

So ergibt sich z. B. für einen 30°-Krümmer NW 400 mit $D = 48$ cm Außendurchmesser bei $p_i = 12,5$ atü und $\mu = 0,45$ aus Gl. (8/2) eine Krümmerkraft $N = 11,8$ Mp und aus Gl. (8/3) ein erforderliches Betonvolumen von $V = 6,2$ m³. Bei einer zulässigen Bodenpressung von $\sigma_{zul} = 2,0$ kp/cm² wird die Sohlfläche

$$F_{\min} = \frac{6,2 \cdot 2200}{2,0} = 6820 \; \text{cm}^2.$$

Tabelle 17. *Zulässige Bodenpressungen* σ_{zul} *nach* F. SCHLEICHER

Bodenart	zul. Bodenpressung σ_{zul} (kp/cm²)
Schlamm, Torf, Moor	0
Mutterboden, aufgeschütteter Boden	bis 0,5
Sandige Anschüttung	bis 1,5
Plastischer Ton, Lehm, Mergel	0,5 bis 2,0
Toniger Sand	1,5 bis 2,5
Reiner Sand	2,0 bis 3,0[1]
Grobsand bis Kies	2,0 bis 4,5[1]
Fester Ton, Lehm	3,0 bis 5,0[1]
Festgelagerter Mergel	3,0 bis 6,0[1]
Kies, Schotter, besonders fest gelagert	5,0 bis 6,0[1]
Weichere Gesteine (Sandstein)	7,0 bis 15,0
Fels	20,0 bis 30,0

[1] Voraussetzung: Preßbare Schichten in größerer Tiefe nicht vorhanden, Mächtigkeit der angeführten Bodenart mindestens 3 m bis 4 m unter Gründungsohle.

Aus diesem Beispiel geht hervor, daß die Ableitung der Krümmerkraft über die Sohlfuge allein sehr unwirtschaftlich ist und nur im Sonderfall angewendet werden sollte.

In der Regel wird die Krümmerkraft horizontal auf den gewachsenen Boden übertragen werden können, wodurch sich kleinere Widerlager ergeben. Für die Berechnung genügt in der Praxis die klassische Erddrucktheorie nach COULOMB, bei der der Bruchzustand in der Gleitfuge eines Erdkeils als ebenes Problem betrachtet wird. Aus dem Ansatz des Gleichgewichts aller Kräfte in der Gleitfuge folgt für den Erddruck

$$E_a = \frac{\gamma \cdot h^2}{2} \cdot \lambda_a = \frac{\gamma \cdot h^2}{2} \cdot \tan^2 \left(45° - \frac{\varrho}{2}\right) \; (\text{Mp/m}) \qquad (8/4)$$

und für den Erdwiderstand

$$E_p = \frac{\gamma \cdot h^2}{2} \cdot \lambda_p = \frac{\gamma \cdot h^2}{2} \cdot \tan^2 \left(45° + \frac{\varrho}{2}\right) \; (\text{Mp/m}) \qquad (8/5)$$

mit

γ = Raumgewicht des Bodens (Mp/m³),
h = Höhe des Erdkeils (m),
ϱ = Reibungswinkel des Bodens.

Der nach Gl. (8/4) zu errechnende aktive Erddruck ist nicht sehr groß und erfordert immer verhältnismäßig langgezogene Widerlager. Dagegen ergibt die Ausnutzung des Erdwiderstandes E_p nach Gl. (8/5) wesentlich günstigere Werte.

So erhält man z. B. für Sandboden mit $\gamma = 2{,}0\,\text{Mp/m}^3$ und $\varrho = 30°$ bei einer Grabentiefe $h = 1{,}50\,\text{m}$

$$E_a = 0{,}75\,\text{Mp/m}, \qquad E_p = 6{,}75\,\text{Mp/m}.$$

Zur Aufnahme der soeben im Beispiel errechneten Krümmerkraft $N = 11{,}8\,\text{Mp}$ wäre somit bei Ansatz des Erdwiderstandes eine Breite des Widerlagers an der Grabenwand von 1,75 m aus-reichend. Dagegen sollte die Höhe des Widerlagers die Ausbreitung der Krümmerkraft im Winkel von 45° nach oben und nach unten berücksichti-gen (Abb. 74). Die Pressung zwischen Graben-wand und Beton sollte jedoch etwa 1 kp/cm² nicht überschreiten und das Fundament sollte nicht zu nahe an die obere Grabenkante hochgezogen werden.

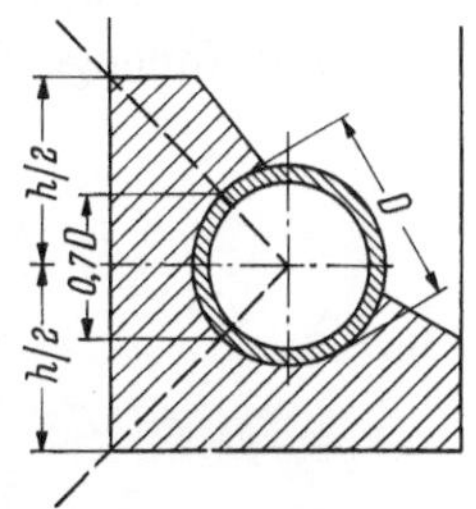

Abb. 74. Ermittlung der Widerlagerhöhe.

Zur vollen Aktivierung des Erdwiderstandes ist eine geringe Verschiebung des Fundaments erforderlich mit einem Verschiebungsweg nach FRANZIUS von ange-nähert

$$s = 3 \cdot h^{1{,}5}\ (\text{cm}),\ h\ \text{in (m) eingesetzt.}$$

Um den erforderlichen Verschiebungsweg kleiner zu halten, empfiehlt es sich daher, das Fundament etwas über die theoretische Breite hinaus zu verlängern. Grundbedingung ist in jedem Fall, daß das Widerlager satt gegen den gewachsenen Boden betoniert wird.

8.1.6 Herstellen von Rohrabgängen und Hausanschlüssen

Die Herstellung von Leitungsabzweigen in einer Asbestzement-Druck-rohrleitung geschieht in ähnlicher Weise wie auch bei anderen Rohr-materialien durch Verwendung entsprechender Formstücke. Alle Form-stücke und Armaturen für Rohrleitungen bis NW 400 werden mit ver-stärkten Schaftenden (ND 10) geliefert und mit Kupplungen ange-schlossen. Wegen des längsbeweglichen Anschlusses muß gegebenenfalls eine Verankerung durch ein Widerlager vorgenommen werden.

Bei Abzweigungen kleinen Durchmessers, wie z. B. bei Hausanschlüs-sen, können REKA-Anbohrkupplungen verwendet werden. Die etwas längere Muffe ist werkseitig mit einem Anschlußstutzen aus Messing in den Abmessungen $^3/_4''$ bis $2''$ versehen (Abb.75).

Im Bedarfsfall können für größere Nennweiten auch Anbohrkupplun-gen mit größeren Abgängen hergestellt werden.

Zur nachträglichen Herstellung von Hausanschlüssen wird die Rohr-
leitung angebohrt. Neben den Anbohrbrücken mit Gewindeabgang
(Abb. 58) oder mit Flanschenabgang für drucklose Anbohrungen gibt es
Ventilanbohrbrücken (Abb. 59) für Anbohrungen unter Betriebsdruck.
Anbohrbrücken werden im allgemeinen bis NW 350 mit Abgängen von
$^3/_4''$ bis $2''$ geliefert.

In den USA wird vielfach zur Herstellung eines Hausanschlusses ein
Loch mit Innengewinde in das Asbestzementrohr geschnitten und ein

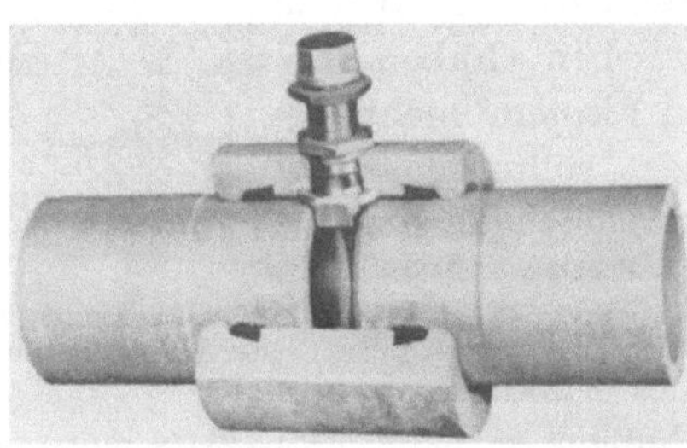

Abb. 75.
REKA-Anbohrkupplung (RKA).

Gewindestutzen bis $1''$ Durchmesser eingeschraubt, an den eine flexible
Leitung angeschlossen wird. Für größere Hausanschlüsse werden mehrere
Anbohrstutzen angebracht und die abgehenden flexiblen Leitungen zu
einer Leitung vereinigt. Das Schneiden der Gewinde muß mit scharfen
Gewindebohrern erfolgen, die die Asbestfasern glatt durchschneiden. Ein
derartiges sauber geschnittenes Gewinde im Asbestzement kann erstaunlich große Zugkräfte aufnehmen [38].

8.1.7 Eisenbahn- und Straßenkreuzungen

Bei der Kreuzung von Rohrleitungen mit Eisenbahngleisen oder stark
belasteten Verkehrsstraßen werden im allgemeinen Schutzrohre vorgeschrieben. Asbestzement-Druckrohre können sowohl für die Schutzrohre als auch für die Transportrohre innerhalb des Schutzrohres verwendet werden. Für den Einbau der Schutzrohre findet meist das
hydraulische Preßverfahren Anwendung, wofür besondere Rohrverbindungen entwickelt wurden (s. Abschn. 8.3.5). Die Transportrohre müssen
im Schutzrohr einwandfrei aufgelagert sein, wobei die Auflagerabstände
so zu wählen sind, daß die zulässigen Biegespannungen nicht überschritten werden. Zum Einziehen des Transportrohres in das Schutzrohr ist die
Verwendung zugfester Rohrverbindungen erforderlich, wofür sich die
Z-O-K-Kupplung (Abb. 38) besonders eignet. Zahlreiche Kreuzungen von

Asbestzement-Druckrohrleitungen auch großer Nennweiten mit Eisenbahn- und Straßenverkehrswegen wurden bereits gebaut und führten zu keinen Störungen.

8.1.8 Erdung bei Asbestzement-Druckrohren

Solange für Wasserrohrleitungen fast ausschließlich metallische Werkstoffe Verwendung fanden, wurden von den Elektrizitätsversorgungsunternehmen für die erforderliche Erdung der elektrischen Anlagen meistens die vorhandenen Wasserversorgungsnetze benutzt. Wegen der damit verbundenen Nachteile und Erschwernisse für die Wasserversorgungsunternehmen waren jedoch seit langem Bestrebungen im Gange, die Verwendung des Wasserrohrnetzes für Erdungszwecke einzuschränken oder zu unterbinden.

Während bereits durch die Einführung gummigedichteter Rohrverbindungen die Eignung des Wasserrohrnetzes für Erdungszwecke herabgesetzt wurde, gilt dies in verstärktem Maße seit der Verwendung von Rohrmaterialien, die keine oder nur geringe elektrische Leitfähigkeit besitzen. Dazu gehören auch Asbestzementrohre (vgl. Abschn. 4.3.7), die in steigendem Maße Anwendung finden. Da den Wasserversorgungsunternehmen nicht zugemutet werden kann, zugunsten der elektrischen Leitfähigkeit des Rohrnetzes auf die technischen und wirtschaftlichen Vorteile der Verwendung nichtleitender Rohrmaterialien zu verzichten, da aber andererseits die Sicherheit der Stromverbraucher gewährleistet sein muß, soll die Mitbenutzung der Wasserrohrnetze als Erder nicht mehr zugelassen werden und es sind andere elektrische Schutzmaßnahmen anzuwenden.

Es muß an dieser Stelle noch einmal eingehend darauf hingewiesen werden, daß infolge der Verwendung gummigedichteter Rohrverbindungen und der erhöhten Anwendung nichtleitender Rohrwerkstoffe die Verwendung des Rohrnetzes als Erdleiter allgemein nicht mehr verantwortet werden kann.

8.1.9 Druckprüfung im Anschluß an die Leitungslegung

Nach Beendigung der Rohrlegung muß die Leitung auf ihre Dichtheit überprüft werden. Dazu wird die Leitung unter Innendruck gesetzt. Beim Vorhandensein von Undichtigkeiten tritt ein Druckabfall auf, wobei der Einfluß von Temperaturunterschieden entsprechend zu berücksichtigen ist. Zur Prüfung von Wasserleitungen wird ausschließlich Wasser verwendet. Nur unter besonderen Umständen erfolgt eine Vorprüfung mit Luft. Hierbei werden die Verbindungsstellen mit Seifenwasser abgepinselt und aus der Bildung von Blasen auf undichte Stellen geschlossen. Für die Druckprüfung von Asbestzement-Druckrohrleitungen gilt DIN 19801 (s. Anhang). Die Unterteilung der Prüfung in Vor- und Hauptprüfung ist notwendig, um der anfänglichen Wasseraufnahme des Rohrmaterials Rechnung tragen zu können.

Bevor eine Druckprüfung angesetzt werden kann, müssen alle Richtungsänderungen der Rohrtrasse entsprechend festgelegt und verbaut sein, d. h. die Krümmerwiderlager müssen stehen. Mit besonderer Sorgfalt sind sodann die Endverschlüsse der zu prüfenden Leitung herzustellen und einzubauen. Am einfachsten läßt sich der Endverbau gegen den gewachsenen Boden herstellen, wobei für ausreichende Verteilung der Druckkraft zu sorgen ist. Alle Rohre müssen so weit mit Boden abgedeckt sein, daß ein Aufbäumen der Leitung verhindert wird. Die Rohrkupplungen sind jedoch nach Möglichkeit freizulassen. Wird die Rohrleitung in einzelnen Teilstrecken geprüft, so ist am Schluß eine Gesamtprüfung zur Überprüfung der Teilstreckenverbindungen erforderlich.

Das Füllen der zu prüfenden Leitung sollte vom tiefsten Punkt der Leitung ausgehen. Damit wird sichergestellt, daß die Luft zum hohen Punkt hin entweichen kann. Sofern innerhalb der Prüfstrecke mehrere Hochpunkte liegen, müssen diese natürlich laufend entlüftet werden. Zurückbleibende Luftpolster können eine Leitung zerstören und verfälschen überdies die Druckanzeige.

Für das Füllen der Rohrleitungen werden die Erfahrungswerte der Tab. 18 empfohlen.

Tabelle 18. *Füllzufluß für Asbestzement-Druckrohrleitungen (Erfahrungswerte nach DIN 19801)*

NW	Zufluß l/s	NW	Zufluß l/s
65	0,1	300	3
80	0,2	400	6
100	0,3	500	9
125	0,5	600	14
150	0,7	700	19
200	1,5	800	25
250	2,0	900	32

Zur Prüfung von Trinkwasserleitungen ist die Verwendung hygienisch einwandfreien Wassers erforderlich, das notfalls an Ort und Stelle als Grundwasser erbohrt werden muß.

Ist die Leitung gefüllt und nochmals entlüftet, wird gemäß DIN 19801 zunächst die Vorprüfung angesetzt. Hierbei ist der Nenndruck für 24 Stunden aufzubringen. In dieser Zeit soll sich die Leitung weitgehend mit Wasser sättigen und etwaige Luftreste in der Leitung absorbiert werden. Außerdem können unter Umständen bereits bei dieser Vorprüfung eventuelle Schäden aufgezeigt werden; ist sie ordnungsgemäß beendet, erfolgt im Anschluß daran die Hauptprüfung. Nach DIN 19801 hat dabei der Prüfdruck zu betragen:

ND 2,5	5 kp/cm²	ND 10	15 kp/cm²
ND 6	10 kp/cm²	ND 12,5	18 kp/cm²

Für Nennweiten größer als 400, die in der Norm nicht erfaßt sind, hat der Prüfdruck das 1,5 fache desjenigen Druckes zu betragen, der für die Bemessung der Leitung zugrunde gelegt wurde. Er soll jedoch 5 kp/cm² nicht unterschreiten. Die zur Druckerzeugung nötigen Wassermengen sind am Behälter der Preßpumpe zu ermitteln.

Als Druckmeßgerät dient ein Manometer mit 0,1 atü Einteilung. Zweckmäßig wird außerdem ein Druckschreiber angeschlossen.

Durch die anfängliche Wasseraufnahme der Asbestzement-Druckrohre ergibt sich in der ersten Zeit der Druckprüfung ein stetiger Druckabfall, der allmählich ausklingt. Für diese Wasseraufnahme durch das Rohrmaterial enthält Tab. 1 bzw. Tab. 2 der DIN 19801 (s. Anhang) die höchstzulässigen Werte. Wird bei der Hauptprüfung zur Herstellung des ursprünglichen Prüfdrucks die zugefüllte Wassermenge größer als in DIN 19801 zugelassen ist, dann kann mit Sicherheit auf eine Undichtigkeit geschlossen werden. In der Praxis liegt jedoch die Wasseraufnahme wesentlich unter den zugelassenen Werten (vgl. Abschn. 4.3.3)[1].

8.1.10 Verfüllen des Rohrgrabens

Das Verfüllen des Rohrgrabens gestaltet sich auch bei Asbestzement-Druckrohren nicht anders als bei der Verwendung anderer Rohrmaterialien. Mit dem seitlichen Anstampfen und Festlegen des eben verlegten Rohres wird das Zufüllen des Grabens eingeleitet. Gerade diese Arbeit trägt sehr viel zu der Standsicherheit der Rohrleitung bei und muß sehr sorgfältig durchgeführt werden. Je besser das Rohr unterstampft wird, um so besser ist seine Auflagerung und damit seine Tragfähigkeit hinsichtlich einer äußeren Beanspruchung. Das „Merkblatt über das Zufüllen von Leitungsgräben", das von der *Forschungsgesellschaft für das*

---

[1] Hinsichtlich der Druckprüfung von Entwässerungskanälen und der dabei zugelassenen Wasseraufnahmewerte s. DIN 4033, Ziffer 7.2.

Straßenwesen, Köln, herausgegeben wird, empfiehlt für das Unterstampfen der Rohre die Verwendung eines hölzernen Flachstampfers, dessen gekrümmter Stiel eine bessere Verdichtung unter den Rohrkämpfern ermöglicht (Abb. 76), allerdings darf beim Stampfen die Isolierung der Rohre nicht beschädigt werden.

Der mit der Rohrleitung in Berührung kommende Boden muß steinfrei sein (Größtkorn 20 mm). Bei Verwendung eines Baggers darf das Füllgut nicht aus großer Höhe auf das Rohr fallen. Oberhalb des Kämpfers können

Abb. 76.
Anstampfen der Rohrkämpfer mit
gekrümmtem Handstampfer.

je nach Nennweite und Wanddicke des Rohres auch maschinelle Verdichtungsgeräte verwendet werden, wenn die Grabenbreite genügend Platz bietet und dafür gesorgt wird, daß das Rohr nicht beschädigt werden kann. Der Stampfvorgang sollte immer von der Grabenwand zur Grabenmitte hin erfolgen.

Rollige Böden können auch durch Rüttelgeräte verdichtet werden. Die Schüttlagen sollten bei bindigem Boden höchstens 15 cm, bei Sanden und Kiesen nicht mehr als 20 bis 50 cm dick sein. Nicht ausreichend verdichtungsfähiger Boden ist gegen anderen Boden auszutauschen oder gegebenenfalls durch Zusatz von körnigem Material zu verbessern. Unter Verkehrswegen muß der Boden besonders sorgfältig verdichtet werden. Die erreichte Lagerungsdichte kann durch geeignete Verfahren überprüft werden. Bei landwirtschaftlich genutzten Flächen bleibt der obere Teil der Grabenverfüllung unverdichtet, insbesondere der Mutterboden. Bei ungenügender Verdichtung kann unter Umständen mit schwerem Gerät nachverdichtet werden, wenn der Rohrgraben genügend breit und die Rohrdeckung ausreichend ist. Beim Einsatz derartiger Geräte ist jedoch allgemein Vorsicht geboten, da insbesondere bei schweren Verdichtungsgeräten die Beanspruchung der Rohrleitung auch bei größeren Überdeckungshöhen noch relativ groß ist (vgl. auch Abschn. 4.4.14).

Auch beim Verfüllen und Verdichten sind die Unfallverhütungsvorschriften zu beachten. Bei verbauten Rohrgräben ist der Verbau mit fortschreitendem Verfüllen sorgfältig von unten her zu entfernen.

8.2 Die allgemeine Anwendung von Asbestzementrohren

8.2.1 Asbestzement-Druckrohre für Trinkwasser-, Brauchwasser- und Abwasserleitungen

Asbestzement-Druckrohre werden hauptsächlich für Wasserleitungen auf dem Trink-, Brauch- und Abwassersektor eingesetzt, wo die Schwerpunkte ihres Anwendungsbereichs liegen.

Aus der Trinkwasserversorgung ist das Asbestzement-Druckrohr heute nicht mehr wegzudenken. Die Wirtschaftlichkeit des Materials sowie die praxisgerechte Lösung der konstruktiven Probleme führen auch in steigendem Maße zur Legung von Großrohrleitungen aus Asbestzement. Auch für Druckrohrleitungen zum Brauchwasser- und Abwassertransport werden Asbestzement-Druckrohre in allen lieferbaren Nennweiten gelegt. Ihre Beständigkeit gegen aggressive Medien und ihre Bewährung in der Praxis wurden in den vorhergehenden Abschnitten dargestellt.

8.2.2 Asbestzement-Kanalisationsrohre

Auch auf dem Gebiet der drucklosen Gefälleleitungen zum Abwassertransport haben Asbestzementrohre durch konstruktive Entwicklungen jüngeren Datums immer mehr Verbreitung gefunden, weshalb hierauf etwas näher eingegangen sei.

Eine Grundforderung, die an Kanalisationsleitungen zu stellen ist, ist die absolute Wasserdichtheit, um einerseits eine Verseuchung von Boden und Grundwasser durch das Abwasser zu vermeiden und um auf der anderen Seite Pumpwerke und Kläranlagen nicht durch in die Leitung eintretendes Fremdwasser zusätzlich zu belasten. Aus diesem Grunde werden seit über 30 Jahren Asbestzementrohre mit ihren bewährten gummigedichteten Verbindungen auch für Abwasser-Freispiegelleitungen eingesetzt. In Frankreich z. B. dienen über 60% der hergestellten Asbestzementrohre diesem Verwendungszweck.

ETERNIT-Kanalisationsrohre werden in den Nennweiten NW 100 bis NW 1600 hergestellt in zwei verschiedenen Tragfähigkeitsklassen. Die Standardklasse kann bei Überdeckungen von 1,5 bis 4 m bei Verkehrsbelastung durch SLW 60 nach DIN 1072 eingesetzt werden. Bei kleineren Verkehrslasten sind entsprechend geringere Überdeckungen zulässig (Mindestüberdeckung 0,8 m für LKW 12).

Die Sonderklasse ist für Überdeckungen von 1 bis 8 m bei Verkehrsbelastung durch SLW 60 anwendbar (Mindestdeckung 0,8 m für SLW 45). Eine Betonummantelung der Rohre ist in keinem Fall erforderlich. Auch die Formstücke, wie Abzweige, Sattelstücke für den nachträglichen Anschluß von Hausentwässerungsleitungen, Endverschlüsse u. a. werden aus Asbestzement hergestellt. Um die Wasserdichtheit der gesamten Leitung zu sichern, wurde auch ein wasserdichter Einsteigeschacht von 1,0 und 1,2 m lichter Weite aus Asbestzementmaterial entwickelt, der aus einem Grundkörper mit Bodenplatte, aus Zwischenringen, einem Paßstück zum Erreichen der gewünschten Schachthöhe, einem Übergangsring und einem genormten Betonschachthals besteht (Abb. 77).

Die Einzelteile werden mit einer Kunstharz-Verbundmasse wasserdicht zusammengeklebt. Der Schacht ist auch in einem Stück bis 5 m Länge lieferbar. Die Rohrleitung wird beidseitig gelenkig angeschlossen. Asbestzement-Kanalisationsleitungen können mit einem Druck bis zu 20 mWS geprüft werden. Im Werk wird jedes Rohr einer Druckprüfung mit 3 bis 5 atü unterzogen.

Die gleichen Vorteile, die dem Asbestzementrohr im Druckrohrleitungsbau einen breiten Anwendungsbereich erschlossen haben, kommen auch für Kanalisationsleitungen zur Geltung. Dazu gehören die einfache und leichte Montage der REKA-Kupplung auch unter schwierigen Arbeitsbedingungen, das geringe Rohrgewicht, die große Rohrlänge und damit die geringe Zahl von Rohrverbindungen, die leichte Bearbeitbarkeit, die guten hydraulischen Eigenschaften und das Fehlen von Inkrustationen. Für Kanalisationsleitungen von besonderer Bedeutung ist die hohe Abriebfestigkeit (vgl. Abschn. 4.4.13), die noch in schwierigen Fällen durch die Kunstharzbeschichtung erhöht werden kann, sowie die Korrosionsbeständigkeit (vgl. Abschn. 4.5), die nur in seltenen Fällen von hochaggressivem Industrieabwasser Sondermaßnahmen erforderlich macht.

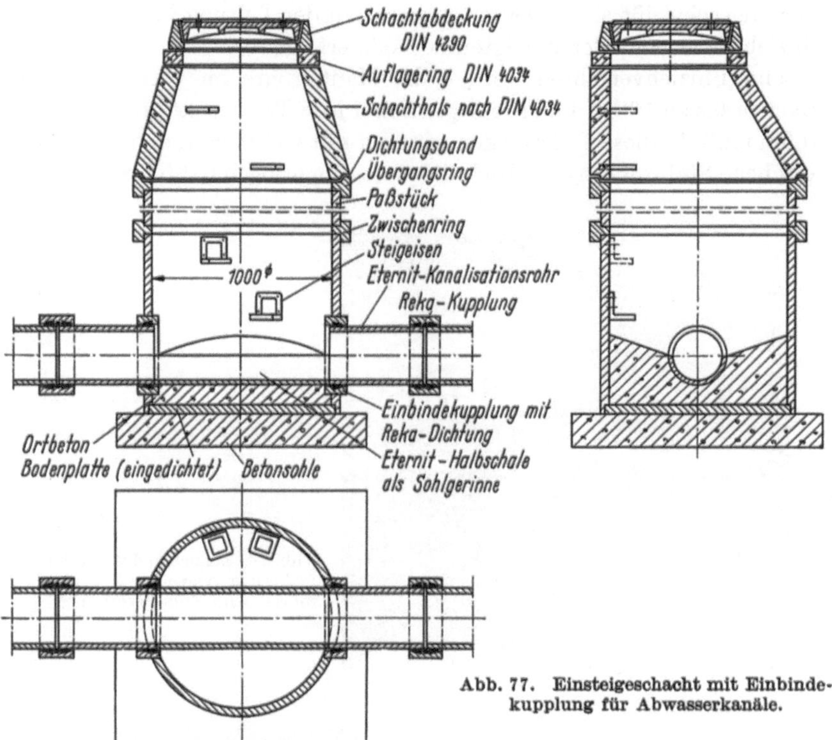

Abb. 77.　Einsteigeschacht mit Einbindekupplung für Abwasserkanäle.

8.2.3 Asbestzement-Druckrohre als Mantelrohre für Fernheizleitungen

Für die Wirtschaftlichkeit einer Fernheizleitung ist ihre Wärmeisolierung sowie deren Schutz vor Feuchtigkeit und mechanischer Beschädigung von besonderer Bedeutung. Das Legen von wärmeisolierten Fernheizleitungen in betonierten oder gemauerten Kanälen erfordert verhältnismäßig hohe Anlagekosten und lange Bauzeit mit entsprechender
Verkehrsbehinderung. Außerdem besitzen derartige Kanäle zahlreiche
Fugen und eine geringe Elastizität. Die Suche nach besseren Lösungen
führte zu dem von der ETERNIT AG entwickelten Rohrkanal aus Asbestzement-Mantelrohren, in dem die isolierten Stahlrohre gleitfähig lagern.
Die Mantelrohre sind durch REKA-Kupplungen absolut wasserdicht und
gelenkig miteinander verbunden. Für den genannten Verwendungszweck
wirkt sich die verhältnismäßig hohe Wärmedämmung der Asbestzement-
Druckrohre günstig aus. Die Gleitlager werden durch Asbestzement-
Hülsen gebildet und durch Zentriernocken gehalten, die auf dem Stahl-

rohr angeschweißt sind. Der Zusammenbau der Leitung kann nach der Einzieh- oder nach der Fertigteilmethode erfolgen.

Beim Einziehverfahren werden die Mantelrohre im voraus in Teilstrecken bis zu 100 m Länge gelegt, wobei jede Teilstrecke gradlinig verlaufen muß. In diese Teilstrecken wird der mit Gleitlagern und Isolierung versehene Stahlrohrstrang abschnittsweise eingezogen (Abb. 78). Die ein-

Abb. 78. Einziehen des mit der Isolierung versehenen Stahlrohres beim Einziehverfahren.

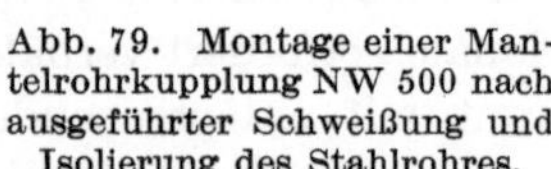

Abb. 79. Montage einer Mantelrohrkupplung NW 500 nach ausgeführter Schweißung und Isolierung des Stahlrohres.

zelnen Teilstrecken der Mantelrohrleitung werden durch Mantelrohrkupplungen (FZK) miteinander verbunden.

Bei der Fertigteilmethode werden komplette Leitungselemente (Stahlrohre, Isolation, Mantelrohre) zusammengebaut und in den Rohrgraben abgelassen. Das Stahlrohr muß an jedem Ende 15 bis 25 cm länger sein als das Mantelrohr. Nach der Verschweißung und Nachisolierung wird die Lücke von 30 bzw. 50 cm durch eine Mantelrohrkupplung (FZK) geschlossen (Abb. 79). In die 50 bzw. 70 cm lange Mantelrohrkupplung, die in ihrem Bau der REKA-Kupplung ähnelt, werden die Gummiringe von außen eingedrückt.

In der Praxis ergänzen sich beide Verfahren je nach Trassenführung und örtlichen Baustellenbedingungen. Die Mantelrohre werden in den Nennweiten NW 100 bis NW 1000 geliefert.

Abb. 80. Verlegen von Fernheizleitungen in Asbestzement-Halbschalen.

Den Erfordernissen von Fernheizleitungen wird durch verschiedene Spezialformstücke Rechnung getragen, wie z. B. Eckformstücke, Schachteinbindestutzen u. a.

Die Verwendung von Asbestzement-Druckrohren als Mantelrohre weist gegenüber der herkömmlichen Kanalbauweise folgende Vorzüge auf:

1. Beständig wasserdichte Rohrkanäle, daher keine Korrosion der Stahlrohre und keine Verminderung der Wärmedämmung infolge Durchnässung. Druckluftprüfung des Rohrkanals nach der Verlegung.

2. Isolierende Lagerung der Stahlrohre bei niedrigem Reibungsbeiwert, daher geringe Wärmeverluste an den Auflagern und geringe Axialkräfte bei Längenänderungen.

3. Einfache und rasche Verlegung mit geringem Erdaushub, kurzzeitiger Verkehrsbehinderung und beachtlicher Zeit- und Kosteneinsparung.

4. Sicherer Schutz der Transportleitungen und Isolierung gegen äußere Lasten.

5. Gute Wartungsmöglichkeit, insbesondere leichte Zugänglichkeit der Stahlrohrschweißnähte an den Mantelrohrkupplungen.

6. Teilweise Verlagerung der Montagearbeiten auf den Lagerplatz, daher geringere Abhängigkeit von Witterungseinflüssen.

7. Gelenkige Verbindung der Mantelrohre und Bauwerke.

8. Verringerung der Zahl der teuren und nicht immer wasserdichten Schächte.

Außer der Bauweise mit Asbestzement-Mantelrohren ist es auch möglich, die herkömmliche Haubenbauweise von Fernheizkanälen mit Asbestzement-Halbschalen auszuführen. Ein besonderer Vorteil dieser Ausführung ist die Verringerung der Zahl der Stoßfugen. Bei der Verlegung der Halbschalen wirkt sich ihr relativ geringes Gewicht vorteilhaft aus. Auch können Ecken in der Trassenführung durch entsprechendes Zuschneiden der Halbschalen leicht ausgebildet werden (Abb. 80).

8.2.4 Asbestzement-Druckrohre als Kabelschutzrohre

Auch die Verwendung als Kabelschutzrohre gehört zum „allgemeinen" Anwendungsbereich der Asbestzement-Druckrohre. Hier sind besonders die geringe elektrische Leitfähigkeit und der hohe Durch-

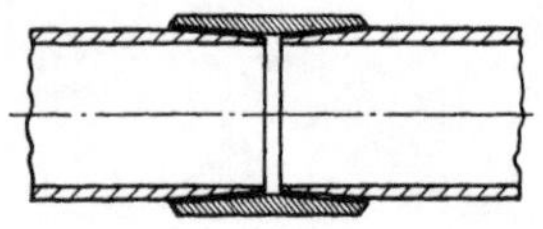

Abb. 81. Konusmuffe für Asbestzement-Kabelschutzrohre.

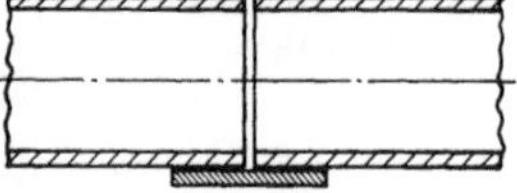

Abb. 82. Hülsmuffe für Asbestzement-Kabelschutzrohre.

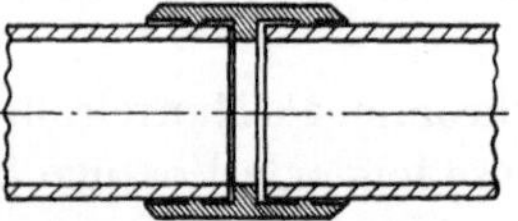

Abb. 83. Aufschiebmuffe „S" für Asbestzement-Kabelschutzrohre mit Gummidichtungsringen.

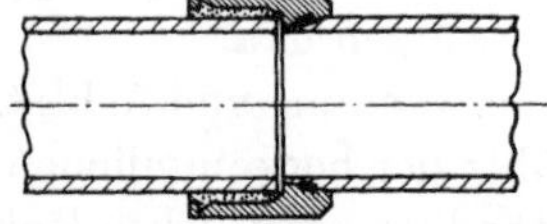

Abb. 84. Aufgesetzte Glockenmuffe für Asbestzement-Kabelschutzrohre.

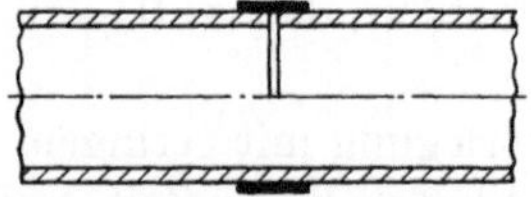

Abb. 85. Verzinkte Eisenschelle zur Verbindung von Asbestzement-Rohrschalen.

schlagwiderstand des Materials von Vorteil (vgl. Abschn. 4.3.7). In der Regel sind Kabelschutzrohre bis NW 200 in Baulängen zwischen 1,0 und 5,0 m erhältlich. Auch Rohrhalbschalen sind lieferbar. Als Verbindungselement stehen fünf Kupplungstypen zur Verfügung. Die Konusmuffe

(Abb. 81) ist unverschiebbar und zentriert die Rohre besonders genau. Sie ist aber ebenso wie die überschiebbare Hülsmuffe (Abb. 82) nicht wasserdicht.

Die Aufschiebmuffe „S" (Abb. 83) dagegen wird mit Gummiringen gedichtet und bildet eine elastische Verbindung. Bei der Glockenmuffen-verbindung (Abb. 84) wird das eingeschobene Spitzende verstrickt und verstrichen. Bei der Verwendung von Rohrhalbschalen schließlich werden die versetzt anzuordnenden Stöße mit verzinkten Eisenschellen verbunden (Abb. 85).

Für die Legung von Kabelschutzrohren gelten die gleichen Grundsätze wie für normale Druckrohrleitungen. Vielfach wird zur Kreuzung von Straßen, Flußläufen und dergleichen das Horizontalpreßbohrverfahren angewendet, wofür sich als Verbindung besonders die Aufschiebmuffe „S" eignet.

8.3 Beispiele besonderer Anwendung

Außer in den allgemeinen Anwendungsbereichen werden Asbestzement-Druckrohre auch für die verschiedenartigsten Spezialzwecke verwendet. Aus der Fülle der Anwendungsmöglichkeiten seien im folgenden ohne Anspruch auf Vollständigkeit einige Beispiele aufgeführt.

8.3.1 Großrohrpostanlagen

Bei einer in Hamburg erstellten Großrohrpostanlage mit rd. 2000 m Leitungslänge wurden Asbestzement-Druckrohre NW 450 als Fahrrohre verwendet. Bisher kamen für diese Zwecke ausschließlich Präzisions-stahlrohre in Betracht. Neben der Wirtschaftlichkeit des neuen Materials liegen die technischen Vorteile vor allem in der Maßhaltigkeit, der Korrosionsfestigkeit, der Isolierwirkung und der Glätte der Innenfläche. Die Fahrrohre wurden mit normalen REKA-Kupplungen verbunden, in die Zentrier- und Distanzhalteringe eingebaut sind. Zur Klärung der Frage, wie sich die innere Rohroberfläche und die Stoßkanten gegenüber der Rollbewegung des Postbehälters von 45 kp Gewicht verhalten, wurden Versuche mit einem Kippgerät durchgeführt. Nach einem Jahr Versuchs-dauer zeigte sich die innere Rollfläche ideal geglättet. Inzwischen werden schwerere Postbehälter mit einem Eigengewicht von rd. 120 kp einge-setzt. Trotz der damit verbundenen erhöhten Beanspruchungen sind die in sechsjährigem Betrieb gesammelten Erfahrungen in jeder Hinsicht ausgezeichnet[1].

---

[1] Siehe J. FRERICHS: Sechsjährige Erfahrungen mit Eternitrohren in Groß-rohrpostleitungen. Neue DELIWA-Zeitschrift, Januar 1968.

Die Fahrrohre mußten eine Maßtoleranz von $\pm$ 2 mm einhalten, was vor allem bei der Herstellung der Bögen mit Radien von 20 $\times$ NW und 10 $\times$ NW erhebliche Schwierigkeiten bereitete, die aber von der ETERNIT AG überwunden werden konnten. Für den ruhigen Lauf der Postbehälter waren die Kupplungsfugen genauestens zu zentrieren. Die Großrohrpost-büchsen laufen auf gummibereiften, sternförmig angeordneten Rollen mit

Abb. 86. Asbestzement-Bögen der Großrohrpost-Anlage in Hamburg.

einer Geschwindigkeit von 36 km/h, die später auf 50 km/h gesteigert werden soll. Dem Abbremsen der Fahrgeschwindigkeit dient ein automatisch arbeitendes Bremsluftsystem.

Die Entwicklung von Fahrrohren für Großrohrpostanlagen in den Nennweiten NW 500 und NW 700 wurde bereits in Angriff genommen.

8.3.2 Brunnenfilter- und Brunnenaufsatzrohre

Der Abbau der Braunkohlenvorkommen des rheinischen Braun-kohlereviers im Tagebau erforderte wegen der Tiefenlage eine sehr umfangreiche Grundwasserhaltung, mit der der Grundwasserspiegel bis auf etwa 300 m unter Geländeoberkante abgesenkt werden mußte. Für die erforderlichen Tiefbrunnen wurden Asbestzement-Druckrohre eingesetzt, da sich diese im Gegensatz zu den bisher üblichen Brunnenbaumaterialien mit zunehmendem Abraum von den Eimerketten- und Schaufelradbaggern einfach abschneiden ließen, so daß die Brunnen nicht laufend abgebaut werden mußten (Abb. 87).

Die Brunnen wurden mit Teufen über 400 m aus Asbestzement-Druckrohren NW 600 und NW 800 hergestellt. Die Verbindung der

Rohre erfolgt durch die zugfeste Z-O-K-Kupplung (Abb. 88), bei der die Längskraft durch Drahtseile als Scherelement übertragen wird (vgl. Abschn. 6.1.5). Die Zugbruchlast der Verbindung NW 600 lag bei rund 100 Mp.

Abb. 87. Mit dem Eimerkettenbagger sauber abgeschnittenes Brunnenaufsatzrohr NW 600 aus Asbestzement-Druckrohren [67].

Auch für die Filterrohre wurden die gleichen Asbestzementdruckrohre benutzt. Sie erhielten Bohrungen, deren Zahl und Querschnitt auf die Festigkeit der Z-O-K-Kupplung abgestimmt wurde und wurden mit einem kunststoffgebundenen Quarzfilterbelag versehen. Bei Teufen über 400 m können die Vollwandrohre zur Gewichtsverminderung mit einer Schaumstoffumhüllung versehen werden, um kleinere Wanddicken zu erhalten.

Diese Brunnenbauart hat sich wegen der Materialeigenschaften der Rohre, der schnellen Montage, der Abräumbarkeit und nicht zuletzt wegen der Wirtschaftlichkeit sehr bewährt und wird in großem Umfang angewendet. Heute stehen Brunnenvollwandrohre und Filterrohre unter der Bezeichnung ETHA-Filterrohre in den Nennweiten NW 150 bis NW 800 in verschiedenen Baulängen zur Verfügung.

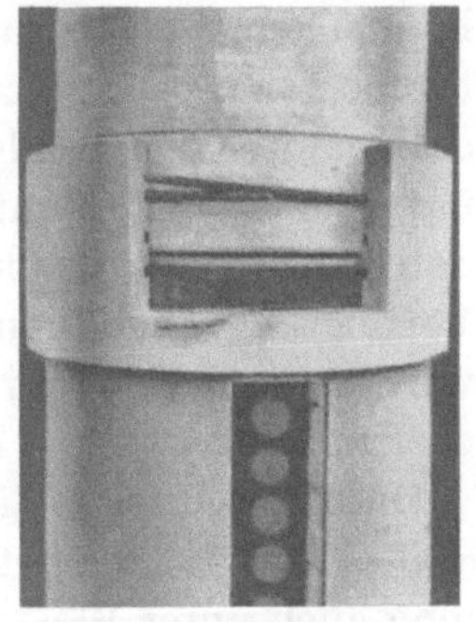

Abb. 88. Schnittmodell der Z-O-K-Kupplung.

8.3.3 Dükerleitungen

In Lübeck mußte der Elbe-Lübeck-Kanal mit einer Abwasserkanalleitung unterfahren werden. Hierfür wurden drei Asbestzement-Druckrohrleitungen NW 600 vorgesehen. Der Düker mußte in einer Tiefe von 5,95 m unter Mittelwasser unter die Kaimauer gelegt werden (Abb. 89)

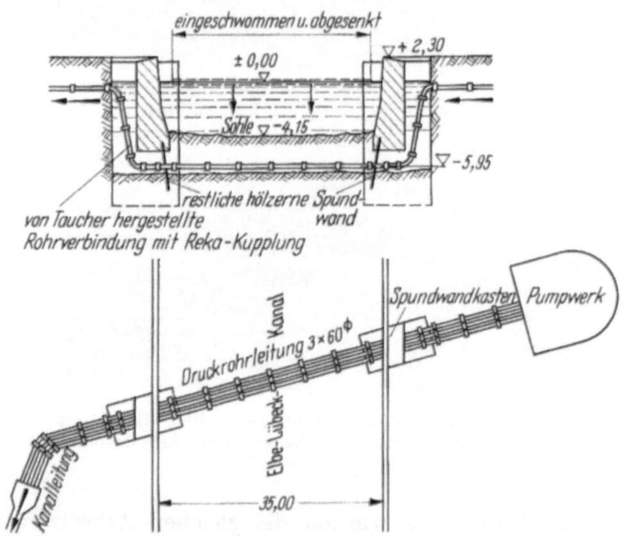

Abb. 89. Schnitt- und Lageplan des Elbe-Lübeck-Kanaldükers
aus Asbestzement-Druckrohren NW 600 [*17*].

und die aufsteigenden Dükeräste sollten in Spundwandkästen trocken montiert werden. Das Düker-Mittelteil wurde als fertig montiertes Rohrbündel eingeschwommen und abgesenkt. Beim Ausbaggern des einen Spundwandkastens traten so starke Boden- und Wassereinbrüche auf, daß man sich entschloß, die aufsteigenden Dükeräste auf dieser Seite unter Wasser zu montieren. Hierfür war die Tatsache von Bedeutung, daß sich REKA-Kupplungen leicht und einfach montieren lassen und die Verbindung auch von einem ungeübten Mann fachgemäß hergestellt werden kann. Die drei aufsteigenden Dükeräste wurden von einem Taucher in relativ kurzer Zeit montiert [*17*].

Die durch die Umstände bedingte Montage der Dükeräste hat gezeigt, daß sich Asbestzement-Druckrohre unter Verwendung der REKA-Kupplung auch unter Wasser leicht montieren lassen. Die Zuverlässigkeit der Rohrverbindung wird davon nicht berührt.

Während in Lübeck das Düker-Mittelteil eingeschwommen wurde, kam für einen 205 m langen Düker NW 500 aus Asbestzement-Druckrohren ND 10, der für die Trinkwasserversorgung Aschaffenburg durch den Main gelegt wurde, das Einziehverfahren zur Anwendung. Die Rohrleitung wurde zusammen mit einer Stahlrohrleitung NW 200 als Gasleitung und drei Kabelschutzrohren aus Kunststoff NW 90 am Ufer auf einer Gleitbahn aus 3 mm dickem Stahlblech in Richtung der Dükerachse montiert. Als Rohrverbindung diente die zugfeste Z-O-K-Kupplung. Durch die langlochförmige Ausbildung des Nutquerschnitts ist bei einem Rohrendenabstand von ca. 20 mm eine Auswinklung in der Kupplungsmuffe bis zu 3° möglich. Beim Dükereinbau wurde jedoch die Auswinklung auf 1,2° bei einer axialen Verschiebung in der Muffe von 14 mm begrenzt, was einem Krümmungsradius von 250 m entspricht. Die Rohre wurden auf Holzsätteln gelagert und mit 4 mm dicken Gleitblechen verspannt, die zu einem durchlaufenden Blechband verschweißt wurden. Zwischen beiden Blechbahnen diente eine Fettschicht der Reibungsverminderung.

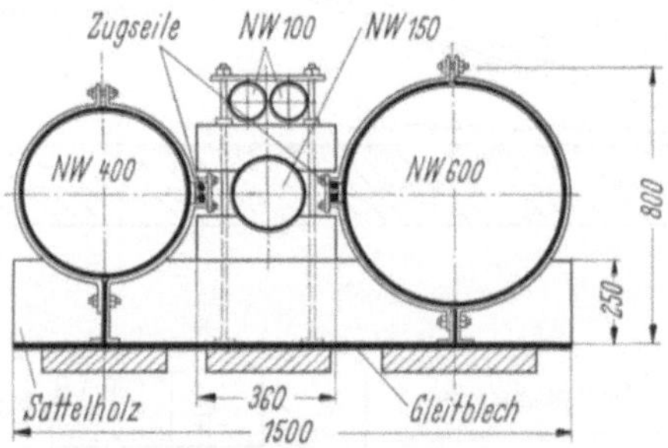

Abb. 90.   Querschnitt des Maindükers bei Lohr.

Von dem Zugschlitten am Dükerkopf wurde die Zugkraft auf die Gleitbleche übertragen. Das geschlossene und mit Sandsäcken beschwerte Dükerbündel wurde mit einer Geschwindigkeit von 3 bis 4 m/min eingezogen.

Nach dem gleichen Prinzip, jedoch in abgewandelter Ausführung, wurde bei Lohr ein Dükerbündel durch den ca. 130 m breiten Main gelegt. Das Bündel bestand aus drei Asbestzement-Druckrohrleitungen NW 600 und NW 400 zum Abwassertransport und NW 150 zum Trinkwassertransport sowie aus zwei Kabelschutzrohren NW 100 aus Kunststoff (Abb. 90).

Auch hier wurden die Rohre durch die zugfesten Z-O-K-Kupplungen verbunden, wobei eine Auswinklung von 2° je Kupplung zugrunde gelegt wurde. Zum Unterschied gegenüber dem Düker Aschaffenburg bestand hier die Gleitbahn aus Querhölzern und Längsbohlen und die Gleitbleche wurden durch Schrauben über Langlöcher verbunden, so daß sie sich spannungslos verformen konnten. Die Zugkraft wurde vom Zugschlitten am Dükerkopf auf zwei parallel laufende Seilstränge übertragen, die mit Schellen und Klemmen an jedem Rohr befestigt wurden, so daß die Zugkraft sich möglichst auf die ganze Dükerlänge verteilte. Die Abwasserstränge wurden unverschlossen eingezogen und besondere Schwimmkörper verringerten das Dükergewicht. Auch dieser Düker konnte in 70 Minuten einwandfrei und glatt eingezogen werden.

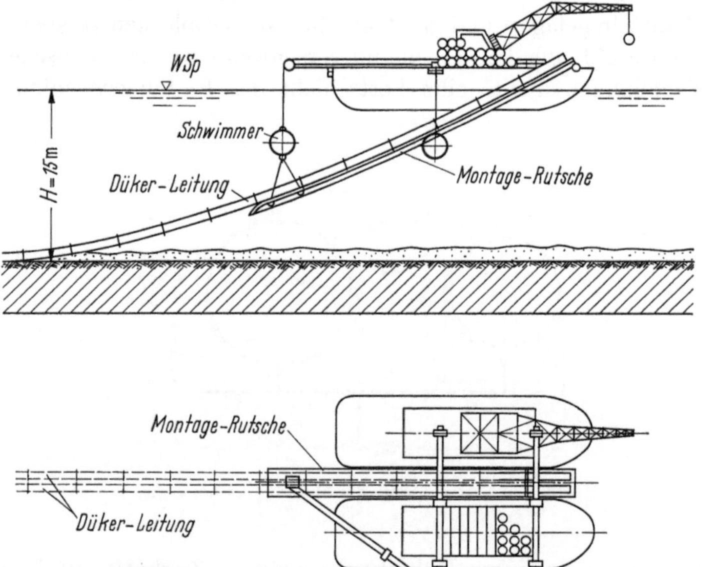

Abb. 91. Doppeldüker NW 600 am Oslo-Fjord. Schematische Darstellung des Einbauverfahrens [63].

Für den Einbau eines Doppeldükers am Oslo-Fjord wurde ein neues Verfahren für die Unterwasserverlegung von starren Rohren angewendet [63]. Ein mit dem Fjord in Verbindung stehender küstennaher See, der Visterflo, war in einer Breite von rund 800 m und einer maximalen Tiefe von rund 15 m mit zwei Asbestzement-Druckrohren NW 600 für die Trinkwasserversorgung zu durchqueren. Die Rohre wurden mit Hilfe

einer zwischen zwei Schiffen befindlichen Montagerutsche eingebaut, auf
der sie oberhalb des Wasserspiegels mit der Z-O-K-Kupplung zugfest
verbunden werden und auf Sattelhölzern abschnittsweise entsprechend
der Vorwärtsbewegung der Verlegeflotte in die Tiefe rutschen (Abb. 91).

Form und Länge der Rutsche wurden derart gewählt, daß in dem frei-
hängenden Leitungsteil zwischen Seegrund und Rutsche die zulässige
Biegezugspannung nicht überschritten wird, die hier für den Montage-
zustand mit 125 kp/cm² festgelegt wurde. Bei dieser Dükerlegung konnte
von der aus 6 Mann bestehenden Mannschaft eine Tagesleistung von
34 Rohren = 170 m Gesamtlänge erbracht werden. Als besonderer Vor-

Abb. 92. Montage der Seeleitung
NW 600 am Bodensee.

teil erwies sich die leichte Montage und Demontage der Z-O-K-Kupplung,
da durch das Versagen einer Winde eine ruckartige Beanspruchung zum
Bruch zweier Rohre führte. Diese gebrochenen Rohre konnten durch
einen Froschmann unter Wasser verhältnismäßig leicht aus der Verbindung gelöst und ausgewechselt werden. Durch diese Dükerlegung
wurde bewiesen, daß Asbestzement-Druckrohre mit zugfester Kupplung
auch für Düker sehr großer Längen und in großer Wassertiefe vorteilhaft
verwendet werden können.

Schließlich sei noch die Legung von zwei Leitungssträngen aus Asbestzement-Druckrohren NW 600 mit Längen von 600 und 465 m im Boden-

see bei Radolfzell erwähnt [*30*]. Die Rohrleitungen dienen der Einleitung gereinigten Abwassers in den See. Auch hier wurde die Z-O-K-Kupplung verwendet, deren Zugbruchlast werkseitig zu rund 80 Mp ermittelt wurde, während die zulässige Zugkraft auf 50 Mp festgesetzt wurde. Die Rohrleitungen wurden luftgefüllt in den See eingeschwommen (Abb. 92) und durch Fluten von der Landseite her mittels Pumpendruck kontinuierlich abgesenkt. Nach Entlüftung und Vollfüllung wurde das seeseitige Ende mittels Seilwinde abgelassen. Die Montageleistung von zwei Montagetrupps betrug 50 bis 60 m/h.

8.3.4 Brückenrohrleitungen

Selbstverständlich können Asbestzement-Druckrohre auch über Brükken verlegt werden, wobei die Rohrleitung aufgelagert oder aufgehängt sein kann. Bei modernen Brückenkonstruktionen werden die Rohrleitungen meist so eingebaut, daß sie das architektonische Bild nicht stören. Abb. 93 zeigt ein Beispiel hierfür.

Abb. 93. Asbestzement-Druckrohrleitung zwischen den Hauptträgern einer Stahlbetonbrücke.

Als Beispiel für die Verlegung von Asbestzement-Druckrohren über besondere Rohrbrücken sei eine Trinkwasserleitung NW 300 in Bayreuth erwähnt, die in Stahlschutzrohren NW 500 einen Eisenbahneinschnitt überquert. Die Schutzrohrleitung wurde als freitragender Dreifeldträger ausgeführt. Um eine zugfeste Rohrverbindung zu erhalten, wurden hier beidseitig der REKA-Kupplung Schellen mit Laufrollen befestigt und mit Rundeisen miteinander verbunden [*53*].

8.3.5 Schutzrohre für Bahn- und Straßenkreuzungen
(Vorpreßrohre)

Als Schutzrohre für Bahn- und Straßenkreuzungen können ebenfalls Asbestzement-Druckrohre auf Grund ihrer besonderen Materialeigenschaften vorteilhaft verwendet werden. So wurden z. B. von der niederländischen Eisenbahn für Durchpressungen von Schutzrohren für Gasleitungen Asbestzementrohre wegen ihrer Metallfreiheit bevorzugt und bisher bei Bahnkreuzungen bis NW 1200 eingesetzt. Die maßgebenden Gesichtspunkte für diese Materialwahl lagen vor allem in der Korrosionssicherheit, in der einfachen und sicheren Anwendungsmöglichkeit des kathodischen Schutzes für das Transportrohr, in der zunehmenden Sicherheit infolge der Nachhärtung des Materials sowie in der großen Scheiteltragfähigkeit, die leicht den örtlichen Gegebenheiten angepaßt werden kann.

Aus der Technik der Rohrpressung ergibt sich, daß hier nicht die normale REKA-Kupplung verwendet werden kann. Es wurden daher neue Rohrverbindungen entwickelt, die sich in der Praxis sehr gut bewährt haben.

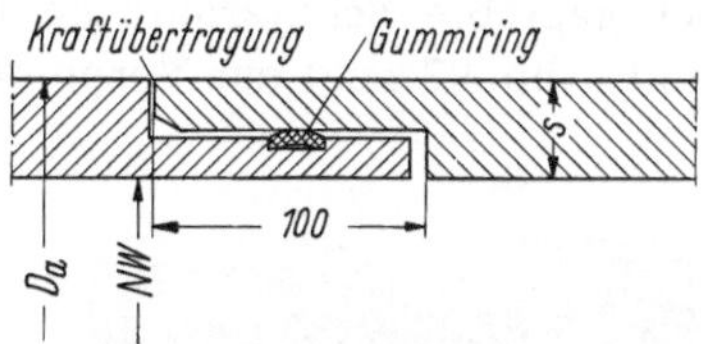

Abb. 94. In den Niederlanden gebräuchliche Rohrverbindung für hydraulisch gepreßte Asbestzementrohre.

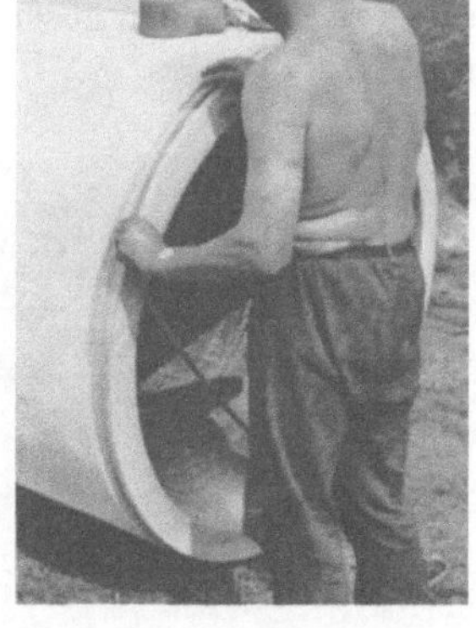

Abb. 95. Einlegen des Gummiringes.

Bei der hauptsächlich in den Niederlanden verwendeten Rohrverbindung übernimmt ein halbkreisförmiger Gummiring die Dichtung zwischen Schaftende und Muffe (Abb. 94 u. 95). Das Schaftende mit nur geringer Wanddicke ist so kurz ausgebildet, daß der Preßdruck allein über den Muffenteil übertragen wird.

Eine bessere Ausnutzung der Längsdruckfestigkeit über den gesamten Rohrquerschnitt ist bei der in Belgien verwendeten Rohrverbindung möglich. Hier erfolgt die Dichtung gegen einen Stahlring, während der Drucküberwältigung an den Rohrenden ein Hartgummiring dient (Abb. 96).

Die beim Pressen zu überwindenden Reibungskräfte liegen etwa zwischen 0,5 bis 1 Mp/m² (Sand) und 3 Mp/m² (feuchter Lehm). Gegebe-

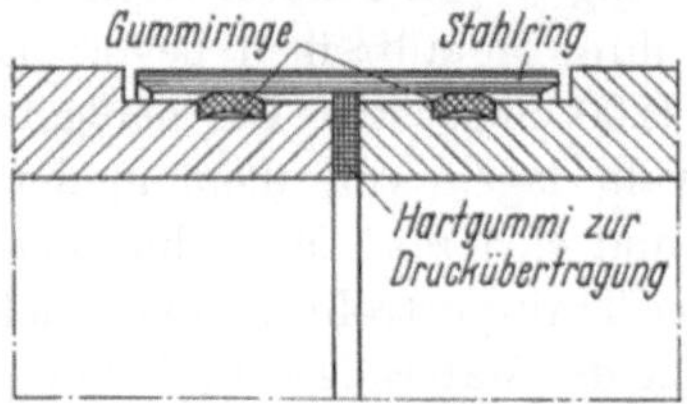

Abb. 96. In Belgien gebräuchliche Rohrverbindung für hydraulisch gepreßte Asbestzementrohre.

nenfalls kann die Reibung durch Einpressen von Gleitmitteln herabgesetzt werden. Zur Ermittlung der erforderlichen Wanddicken kann mit einer Längsdruckfestigkeit von 500 kp/cm² und mit zweifacher Sicherheit gerechnet werden. Die sich aus diesen Werten ergebenden maximalen Preßlängen sind so groß, daß der Anwendungsmöglichkeit von Asbestzement-Druckrohren als hydraulisch gepreßte Schutzrohre im Bereich der Praxis kaum Grenzen gesetzt sind. Abb. 97 zeigt das Vorpressen von Rohren NW 1200.

Abb. 97.   Vorpressen von Asbestzement-Druckrohren NW 1200.

8.3.6 Asbestzement-Druckrohre zum Transport von Gasen, Feststoffen und speziellen Flüssigkeiten

Schon verhältnismäßig frühzeitig wurden Asbestzement-Druckrohre für Gasleitungen verwendet und haben sich für diesen Zweck in aller Welt bewährt (vgl. Abschn. 4.3.4).

Auch zum Transport von Feststoffen wurden Asbestzement-Druckrohre mit Erfolg eingesetzt, so z. B. für Gemüse, Zuckerrübenschnitzel, Zement, Kalkmehl u. a.

Sehr positive Erfahrungen wurden beim Einsatz von Asbestzement-Druckrohren für das Kühlsystem von Brauereien gesammelt, speziell zum Transport der Kühlsole. So hat z. B. eine Brauerei in Barcelona ihr gesamtes Kühlsystem von etwa 40 bis 50 km Länge durch Asbestzement-Druckrohre ersetzt. Die Vorteile des Materials liegen in den wärmetechnischen Eigenschaften, z. B. verringerte Kondenswasserbildung, und vor allem im korrosionstechnischen Verhalten.

8.3.7 Gewächshaus-Heizungsleitungen

Asbestzement-Druckrohre können vorteilhaft auch für Warm- und Heißwässer verwendet werden. Selbst bei kalkharten Warmwässern traten praktisch keine Inkrustationen der Rohre auf. Daher wurden sie insbesondere in Holland vielfach für Heizungsleitungen verwendet.

Besonders bewährt haben sich Asbestzement-Druckrohre zur direkten Beheizung von Gewächshäusern bei Wassertemperaturen zwischen 70 und 90 °C. Durch die hohe Wärmedämmung des Materials und das große Wärmespeichervermögen infolge der verhältnismäßig dicken Rohrwand erfolgt die Wärmeabgabe beim Aufheizen langsam und für die Pflanzen schonend, während beim Abkühlen die Wärmeabgabe nur allmählich abnimmt, so daß schroffe Temperaturwechsel vermieden werden.

8.3.8 Säulenverkleidungen

Asbestzement-Druckrohre lassen sich auch im modernen Hochbau als Konstruktions- und Stilelemente einsetzen, so z. B. als Säulenverkleidung. Hier werden die Rohre mit geringer Wanddicke, die sich leicht aufstellen und verankern lassen, als verlorene Säulenschalung für Stahlbetonsäulen verwendet. Man erhält mit diesem wirtschaftlichen Verfahren vollkommen glatte Säulenoberflächen ohne Nester und mit überall ausreichender Überdeckung der Bewehrung. Je nach den Erfordernissen der architektonischen Gestaltung können die Rohre roh eingesetzt werden oder abgedreht und mit geschmirgelter und polierter Oberfläche, so daß ein dem Marmor ähnliches Aussehen entsteht. Schonende Behandlung auf der Baustelle ist selbstverständlich erforderlich. Hinsichtlich des Brandverhaltens vgl. Abschn. 4.3.5.

9 Berechnung von Asbestzement-Rohrleitungen

Beim Transport von Flüssigkeiten oder Gasen in Rohrleitungen treten stets Reibungsverluste auf, die unter anderem von der Fließgeschwindigkeit abhängen und zu einer Druckabnahme längs des Fließweges führen. Zum Erreichen einer gewünschten Enddruckhöhe sind somit vom Durchfluß und vom Druckverlust abhängige Pumpkosten aufzuwenden, die zusammen mit den Baukosten die Wirtschaftlichkeit der Rohrleitung bestimmen.

In den folgenden Abschnitten soll die Bestimmung der Reibungsverluste strömender Flüssigkeiten und Gase behandelt werden, wobei auch das Problem der hydraulischen Druckstöße angeschnitten wird.

In einem weiteren Abschnitt wird auf die Statik erdverlegter Asbestzement-Druckrohre eingegangen. Während die Abmessungen der in DIN 19800 genormten Rohre bis NW 400 festliegen, werden Rohre über NW 400 nach den Angaben des Bestellers bemessen.

9.1 Reibungsverluste in einer Druckrohrleitung für Flüssigkeiten

Der Druckverlust in einer Rohrleitung berechnet sich ganz allgemein aus

$$\frac{\Delta p}{\gamma_{Fl}} = h_v = \lambda \cdot \frac{L}{d} \cdot \frac{v^2}{2g} \; . \qquad (9/1)$$

Hierin bedeuten:

Δp = Druckverlust (Mp/m²),

γ_{Fl} = Spezifisches Gewicht der Flüssigkeit (Mp/m³),

h_v = Verlusthöhe (m),

λ = Widerstandszahl, Reibungsziffer,

L = Länge der Rohrleitung (m),

d = Rohrdurchmesser (m),

v = Strömungsgeschwindigkeit (m/s),

g = Erdbeschleunigung (m/s²).

In dieser Form hat Darcy 1858 als erster die Rohrreibung angegeben.

Die Schwierigkeit bestand jedoch in der richtigen Bestimmung der Widerstandszahl λ. Da die theoretischen Grundlagen noch fehlten, mußte man sich auf die verschiedensten empirisch gefundenen Beziehungen zur Bestimmung der Reibungsverluste beschränken. Zunächst sei daher auf die wichtigsten der älteren Berechnungsverfahren eingegangen.

9.1.1 Formeln zur Berechnung von Druckverlusten in Rohrleitungen

Ausgangspunkt aller Berechnungen war ursprünglich die Gleichung von DE CHEZY:

$$v = C \cdot \sqrt{R \cdot J} \;\; \text{(m/s)} \qquad (9/2)$$

mit

$v = $ Fließgeschwindigkeit (m/s),

$R = $ Hydraulischer Radius (m) $= \dfrac{D}{4}$ ($\sqrt{R \cdot J}$) für vollgefüllte Rohre,

$J = $ Reibungs- bzw. Druckgefälle,

$C = $ Geschwindigkeitsbeiwert $\dfrac{\sqrt{m} \cdot}{s}$

Der dimensionsbehaftete und von zahlreichen Umständen abhängige Geschwindigkeitsbeiwert C mußte experimentell bestimmt werden.

Früher wurde vielfach, insbesondere für Abwasserkanäle, C nach der sogenannten kleinen KUTTER-Formel berechnet:

$$C = \frac{100 \cdot \sqrt{R}}{m + \sqrt{R}} \left(\frac{\sqrt{m}}{s} \right). \qquad (9/3)$$

Die Berechnung des dimensionsunreinen C-Wertes war jedoch umständlich und ihre Verläßlichkeit meist zweifelhaft. Neben der KUTTER-Formel wurden noch zahlreiche andere Fließformeln verwendet, auf die hier nicht näher eingegangen werden kann, s. [37].

Im Gegensatz zu den früher verwendeten Fließformeln stellt die PRANDTL-COLEBROOKsche Gleichung eine theoretisch begründete und experimentell überprüfte allgemeingültige Beziehung für die turbulente Rohrströmung dar. Sie wird den tatsächlichen Strömungsverhältnissen am ehesten gerecht. Auf dem 2. Internationalen Wasserversorgungskongreß in Paris im Jahre 1952 wurde daher beschlossen, anstelle der älteren empirischen Beziehung zukünftig nur noch die PRANDTL-COLEBROOKsche Gleichung zu verwenden. Zum Verständnis dieser Gleichung sind Kenntnisse über die turbulenten Fließvorgänge erforderlich, die jedoch im Rahmen dieses Handbuches nicht vermittelt werden können. Dazu sei auf die einschlägige Literatur verwiesen, z. B. [15, 43, 68, 69], während hier nur einige Grundzüge angedeutet seien.

9.1.2 Grundlagen der Prandtl-Colebrookschen Gleichung (vgl. [37])

Bei der Rohrströmung ist zu unterscheiden zwischen der laminaren Strömung im wandnahen Bereich und der vollturbulenten Kernströmung. In der Kernströmung findet zwischen den axialsymmetrischen Flüssigkeitsschichten ein Impulsaustausch durch Querbewegung von Wirbelballen statt, der zu den „scheinbaren" Schubspannungen der Turbulenz führt. Diese Schubspannung ist dem Quadrat der Geschwindigkeitsänderung proportional. Ihr gegenüber wird die echte, zähigkeitsabhängige Schubspannung vernachlässigt. Die unmittelbar an der Rohrwand vorhandene Schubspannung ist die Wandreibung, die zum Druckverlust längs des Fließweges führt. Der Einfluß der Rohrwandbeschaffenheit äußert sich in unterschiedlichen Gleichungen für die Widerstandszahl λ.

Für rauhe Rohre:

$$\frac{1}{\sqrt{\lambda}} = 2 \lg \left(\frac{d}{k}\right) + 1{,}14 \text{ oder } \frac{1}{\sqrt{\lambda}} = 2 \lg \left(\frac{3{,}71}{k/d}\right). \qquad (9/4)$$

Hier ist

$$k = \text{absolute Wandrauhigkeit,}$$
$$d = \text{Rohrinnendurchmesser,}$$
$$k/d = \text{relative Wandrauhigkeit.}$$

Im hydraulisch rauhen Bereich werden die Wandunebenheiten nicht von der laminaren Grenzschicht verdeckt, so daß die Widerstandszahl nur von der relativen Wandrauhigkeit abhängt. Der Reibungsverlust wird damit gemäß Gl. (9/1) proportional dem Quadrat der Fließgeschwindigkeit.

Für glatte Rohre:

$$\frac{1}{\sqrt{\lambda_0}} = 2 \cdot \lg (Re \cdot \sqrt{\lambda_0}) - 0{,}8, \quad \frac{1}{\sqrt{\lambda_0}} = 2 \cdot \lg \frac{Re \cdot \sqrt{\lambda_0}}{2{,}51}. \qquad (9/5)$$

Hier sind die Rauhigkeitserhebungen kleiner als die Dicke der laminaren Grenzschicht. Die Widerstandszahl ist nur von der REYNOLDSschen Zahl Re abhängig,

mit

$$Re = \frac{v \cdot d}{\nu}, \qquad (9/6)$$

$$\nu = \text{kinematische Zähigkeit (m}^2/\text{s) (s. Abb. 99).}$$

Die Werte von λ sind dem von MOODY aufgestellten Diagramm $\lambda = f(Re, k/d)$ (Abb. 98) zu entnehmen. Im hydraulisch rauhen Bereich verlaufen die Kurven waagerecht, d. h. λ ist unabhängig von Re. Die Begrenzungslinie für den rauhen Bereich ist gegeben durch

$$Re \cdot \sqrt{\lambda} \cdot \frac{k}{d} = 200. \qquad (9/7)$$

Zwischen der Kurve für den hydraulisch glatten Bereich und den Geraden für den hydraulisch rauhen Bereich befindet sich jedoch noch ein Übergangsbereich, in dem λ von Re und von k/d abhängt. In der

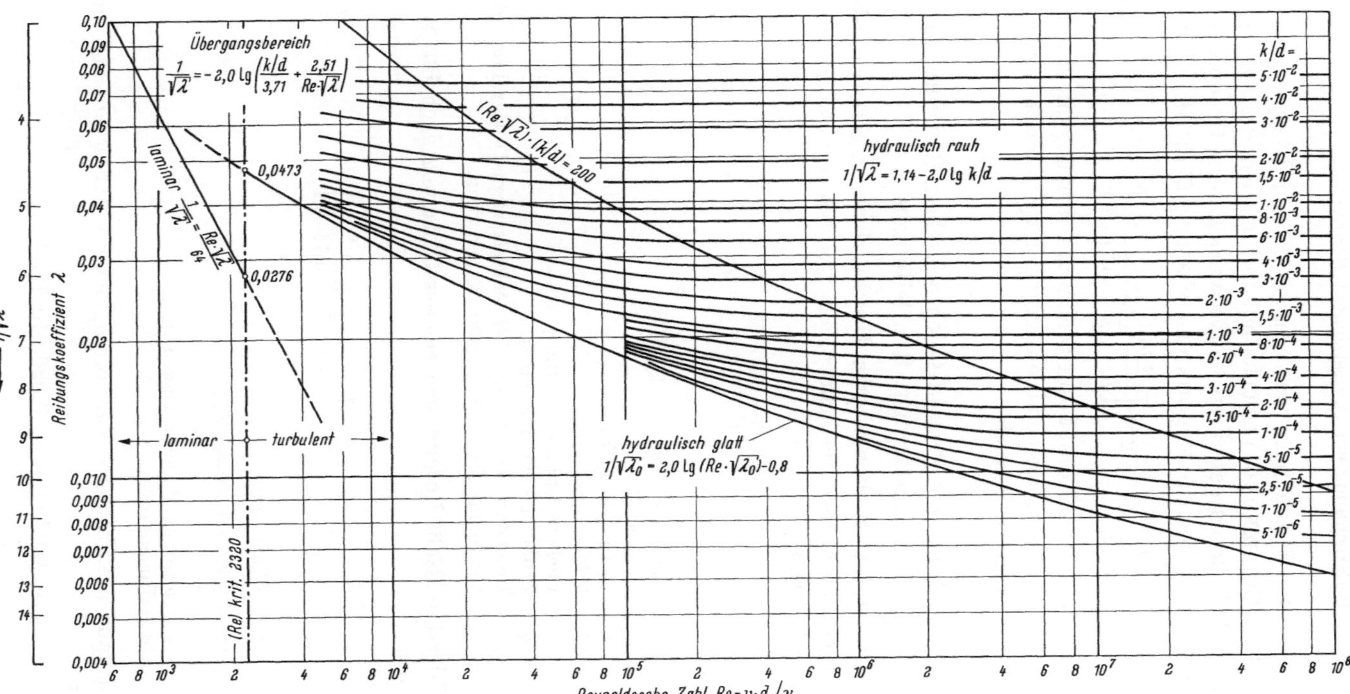

$$\text{hydraulisch rauh}\qquad 1/\sqrt{\lambda} = 1{,}14 - 2{,}0\lg k/d$$

$$\text{hydraulisch glatt}\qquad 1/\sqrt{\lambda_0} = 2{,}0\lg(Re\cdot\sqrt{\lambda_0}) - 0{,}8$$

$$\text{Übergangsbereich}\qquad \frac{1}{\sqrt{\lambda}} = -2{,}0\lg\left(\frac{k/d}{3{,}71} + \frac{2{,}51}{Re\cdot\sqrt{\lambda}}\right)$$

$$\text{laminar}\qquad \frac{1}{\sqrt{\lambda}} = \frac{Re\cdot\sqrt{\lambda}}{64}$$

$$(Re\cdot\sqrt{\lambda})\cdot(k/d) = 200$$

Abb. 98. Diagramm von MOODY.

Praxis liegen die Strömungen meistens in diesem Übergangsbereich. Hierfür führte COLEBROOK Versuche mit technischen Rohren aus und fand den in Abb. 98 dargestellten Kurvenverlauf. Auf Grund der Versuchsergebnisse stellten COLEBROOK und WHITE [16] die Beziehung auf

$$\frac{1}{\sqrt{\lambda}} = -2 \lg \left[\frac{2,51}{Re \cdot \sqrt{\lambda}} + \frac{k}{3,71 \cdot d}\right]. \tag{9/8}$$

Diese nach PRANDTL-COLEBROOK benannte Gleichung gilt sowohl für den gesamten Übergangsbereich als auch für den hydraulisch rauhen und den hydraulisch glatten Bereich.

9.1.3 Anwendung der Prandtl-Colebrookschen Gleichung auf Asbestzement-Rohrleitungen

a) Reinwasser. Die Reibungs- oder Druckverluste in geraden Asbestzement-Druckrohrleitungen errechnen sich, wie schon erwähnt, aus der allgemeinen Beziehung

$$J = \frac{h_v}{L} = \lambda \cdot \frac{v^2}{2g} \cdot \frac{1}{d}. \tag{9/1}$$

Hierin bedeuten:

$J =$ Reibungs- oder Druckgefälle,
$h_v =$ Verlusthöhe (m),
$L =$ Leitungslänge (m),
$\lambda =$ Widerstandszahl,
$v =$ Fließgeschwindigkeit (m/s),
$g =$ Erdbeschleunigung (m/s²),
$d =$ Innendurchmesser, der bei Asbestzement-Druckrohren gleich der Nennweite (NW) gesetzt werden kann.

Die Widerstandszahl λ ergibt sich aus der Gleichung nach PRANDTL-COLEBROOK:

$$\frac{1}{\sqrt{\lambda}} = -2 \lg \left[\frac{2,51}{Re \cdot \sqrt{\lambda}} + \frac{k}{3,71 \cdot d}\right] \tag{9/8}$$

mit

$\lambda =$ Widerstandszahl,
$Re =$ REYNOLDSsche Zahl $= \dfrac{v \cdot d}{v}$,

$k =$ absolute Wandrauhigkeit (m),
$d =$ Innendurchmesser (m).

Hierbei kann die absolute Wandrauhigkeit für Asbestzement-Druckrohre mit

$$k = 0,025 \text{ mm} = 0,025 \cdot 10^{-3} \text{ (m)}$$

angesetzt werden. Mit diesem Wert, der zum Teil ungünstiger liegt als der in den Fließuntersuchungen gefundene, folgen wir den Empfehlungen des 2. Internationalen Wasserkongresses in London, 1955, der für unisolierte Asbestzementrohre den Wert $k = 0,025$ mm vorschlägt, während isolierte Asbestzementrohre als hydraulisch glatt anzusehen sind.

Da der Widerstandsbeiwert λ in Gl. (9/8) in impliziter Form vorliegt, ergeben sich Schwierigkeiten für die praktische Berechnung. Zur Vereinfachung wurden daher Nomogramme für die λ-Werte sowie Zahlentafeln und Netzlinientafeln[1] zur Ermittlung der zusammengehörigen Werte J, Q und v in Abhängigkeit von der Nennweite entwickelt. Diese Tafeln beziehen sich im allgemeinen auf Reinwasser von 12 °C Temperatur, sind jedoch auch für Temperaturen zwischen 10 und 15 °C anwendbar. Bei stärker abweichender Temperatur ist die Änderung der kinematischen Zähigkeit gemäß Abb. 99 zu berücksichtigen.

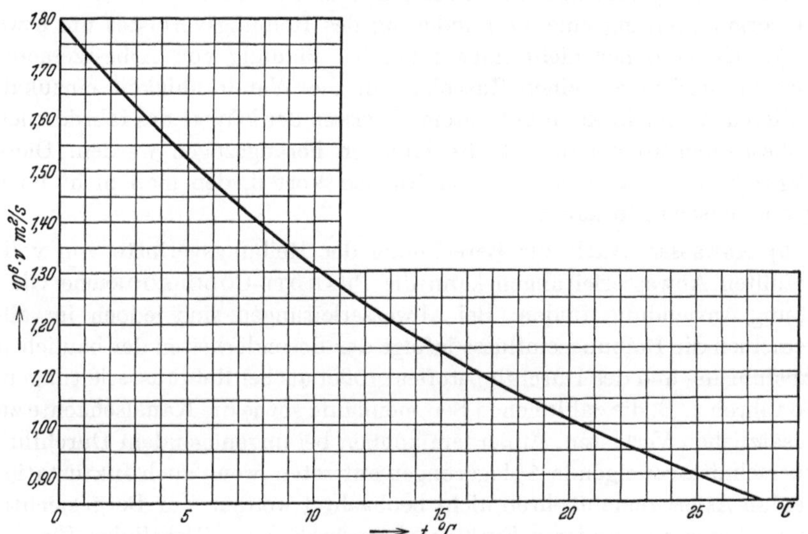

Abb. 99. Abhängigkeit der kinematischen Zähigkeit v für Reinwasser von der Temperatur (nach RICHTER [71]).

Für den planenden Ingenieur ist die Beantwortung der Frage wichtig, wie verhält sich die Wandrauhigkeit mit wachsender Betriebszeit? Lassen sich die Annahmen für k bei der Planung der Rohrleitung auch nach längerer Betriebszeit aufrechterhalten oder müssen von vornherein Zu-

---

[1] In Tasche am Schluß des Handbuches.

schläge für die Erhöhung der Wandrauhigkeit infolge Inkrustationen und Ablagerungen berücksichtigt werden ? Diese Fragen sind bedeutungsvoll und haben zu einer ganzen Reihe von Ansätzen geführt, ohne daß bisher ein zufriedenstellendes Ergebnis in dieser Hinsicht erzielt wurde. Es wird dies auch kaum in allgemein gültiger Form möglich sein, weil zu viele Faktoren eine Rolle dabei spielen, die ganz von Art und Umständen des jeweiligen Falls abhängen.

Bezüglich des Verhaltens der Wandrauhigkeit bei Asbestzement-Druckrohren gehen die bisherigen Erfahrungen dahin, daß, von wenigen Ausnahmen abgesehen, die Wand sich eher glättet, als daß sie im Laufe des Betriebs rauher wird. Große Ablagerungen oder gar Inkrustationen sind beim Asbestzementrohr nicht zu erwarten, während ein oft zu beobachtender feiner Niederschlag durch Ausfüllen der feinen und feinsten Unebenheiten und Poren der Wand glättend wirkt.

LUDIN [56] fand bei einer fünf Jahre in Betrieb stehenden Wasserversorgungsleitung eine Verminderung des Reibungsverlustes um etwa 15%. Es ist daher nicht notwendig, bei Planung von Asbestzement-Druckrohrleitungen einen Zuschlag auf die Wandrauhigkeit einzukalkulieren. Vielmehr kann mit gutem Gewissen der k-Wert des fabrikneuen Asbestzementrohres für alle Rechnungen herangezogen werden. Diese Tatsache bedeutet einen wirtschaftlichen Vorteil, den man nicht hoch genug einschätzen kann.

b) Abwasser. Auch zur Berechnung der Reibungsverluste von vollgefüllten Abwasserleitungen kann die PRANDTL-COLEBROOKsche Gleichung Anwendung finden. Bei Abwasserleitungen sind jedoch im allgemeinen die Reibungseinflüsse infolge der Besonderheiten der baulichen Ausführung und des Durchflußstoffes größer als bei Reinwasserleitungen. So führen z. B. die zahlreichen Seiteneinläufe sowie die Kanalschächte zu zusätzlichen Verlusten. Außerdem können bei ungenügendem Durchfluß querschnittsverengende Ablagerungen auftreten, wenn auch Inkrustationen an Asbestzementrohren nicht beobachtet werden. Zur Berücksichtigung dieser und anderer Einflüsse ist gemäß den ,,Richtlinien für die hydraulische Berechnung von Abwasserkanälen" der Abwassertechnischen Vereinigung e.V. (ATV) und des Kuratoriums für Kulturbauwesen (KfK) statt der im Labor ermittelten Rauhigkeit k mit einer Betriebsrauhigkeit k_b zu rechnen. Danach kann für Asbestzement-Druckrohre die betriebliche Rauhigkeit mit $k_b = 0{,}40$ mm für normale Abwasserkanäle und mit $k_b = 0{,}25$ mm für gerade Abwasserkanäle ohne Einsteigschächte, seitliche Zuflüsse und Hausanschlüsse angesetzt werden, vgl. auch [46].

Die für Abwasserleitungen anzuwendenden Netzlinientafeln für die betriebliche Rauhigkeit $k_b = 0{,}25$ mm bzw. $k_b = 0{,}40$ mm enthält die Tasche am Schluß des Handbuches. Hierin ist die kinematische Zähigkeit von $1{,}31 \cdot 10^{-6}$ m²/s für gewöhnliches Abwasser von 12 °C berücksichtigt.

Aus den Netzlinientafeln erhält man den Durchfluß und das Reibungsgefälle für vollgefüllte Abwasserleitungen. Bei den Abwasserkanälen

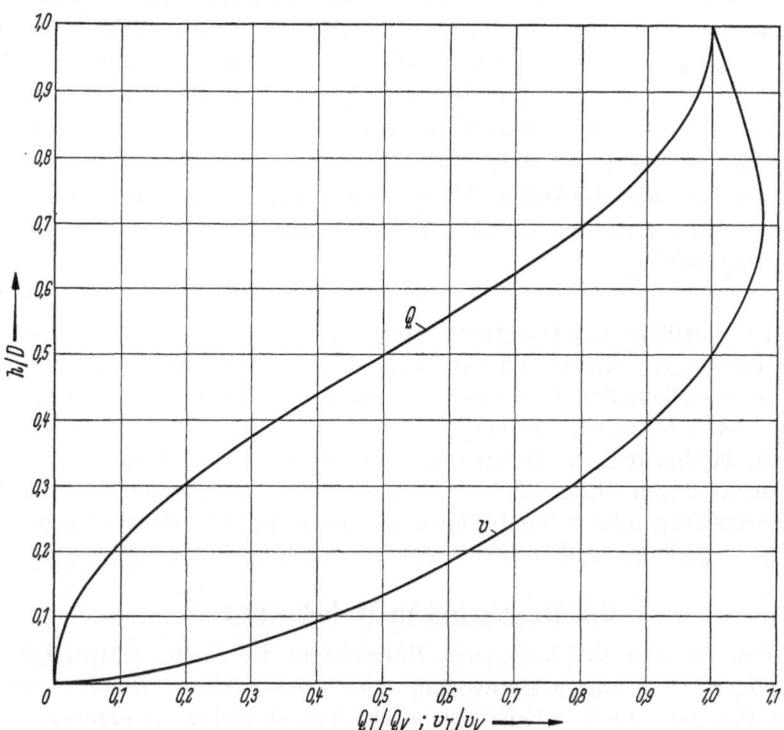

Abb. 100. Füllungskurve für Kreisquerschnitte.

handelt es sich überwiegend um teilgefüllte Rohrleitungen. Das Abflußvermögen bei Teilfüllung kann jedoch unter Verwendung einer Füllungskurve auf das Abflußvermögen bei Vollfüllung bezogen werden. Abb. 100 zeigt die Füllungskurve für kreisförmige Rohre entsprechend den ATV-Richtlinien für die hydraulische Bemessung von Abwasserkanälen.

Hat eine Rohrleitung mit dem Reibungsgefälle J gemäß den Netzlinientafeln II bzw. III bei Vollfüllung ein Abflußvermögen

Q_V (Geschwindigkeit v_V), so erhält man bei Teilfüllung mit der Füllhöhe h aus Abb. 100 das Abflußvermögen Q_T (Geschwindigkeit v_T) bei gleichbleibendem Gefälle. Umgekehrt läßt sich bei gewünschtem Füllungsgrad h/D und gefordertem Abflußvermögen Q_T der zugehörige Wert Q_V für Vollfüllung aus Abb. 100 entnehmen, so daß aus den Netzlinientafeln das für Q_V erforderliche Gefälle J ermittelt werden kann.

c) Sonstige Flüssigkeiten. Beim Transport anderer tropfbarer Flüssigkeiten als Wasser ändert sich an der Rechnung grundsätzlich nichts, es ist nur die veränderte kinematische Zähigkeit zu berücksichtigen. Durch eine einfache Umrechnung lassen sich aber auch hier die für Reinwasser bzw. Abwasser aufgestellten Zahlentafeln oder Netzlinientafeln verwenden, wenn anstelle des tatsächlichen Durchflusses Q der gedachte Durchfluß $Q_0 = Q \cdot (v_0/v)$ verwendet wird.

Dabei bedeutet der Index „0" die Zugehörigkeit zum Reinwasser. Aus dem damit ermittelten Reibungsgefälle J_0 erhält man das tatsächliche Reibungsgefälle

$$J = J_0 \cdot (v/v_0)^2. \tag{9/9}$$

d) Formstücke und Armaturen. Durch Bögen, Abzweige, Querschnittsveränderungen, Armaturen usw. ergeben sich gegenüber dem geraden Rohr zusätzliche Druckverluste, die je nach den örtlichen Gegebenheiten gesondert oder durch Zuschlag auf die Verluste der geraden Rohrleitung erfaßt werden können. In der Regel wird man die zusätzlichen Verluste pauschal durch entsprechende Vergrößerung der geraden Rohrlänge berücksichtigen. Ist in Sonderfällen der Ansatz von Einzelverlusten erforderlich, so können Anhaltswerte aus [37] entnommen werden.

9.2 Druckstoß in Rohrleitungen

Wird in einer durchflossenen Rohrleitung die Fließgeschwindigkeit verändert, z. B. durch Betätigung eines Absperrorgans, durch Ausfall von Pumpen, durch einen Rohrbruch oder ähnliches, so ergeben sich hierdurch Druckänderungen.

Die Gleichungen zur Berechnung des Druckstoßes leiten sich aus der Betrachtung des Kräftegleichgewichtes sowie aus der Kontinuitätsbedingung für ein aus der Rohrleitung herausgeschnittenes Teilstück der Länge Δx ab.

Aus dem Kräftegleichgewicht ergibt sich die partielle Differentialgleichung

$$\frac{\partial H}{\partial x} + \frac{1}{g} \cdot \frac{\partial v}{\partial t} = 0. \tag{9/10}$$

Bei der Betrachtung der Volumenkontinuität ist sowohl die Volumenverminderung der eingeschlossenen Wassersäule als auch die Aufweitung des Rohres unter dem Innendruck zu berücksichtigen. Der erstgenannte Anteil beträgt

$$\Delta V_1 = \frac{1}{E_{Fl}} \cdot \left(\frac{\partial p}{\partial t} \cdot \Delta t \cdot F \cdot \Delta x \right) . \tag{9/11}$$

Hierin ist

$$E_{Fl} = E\text{-Modul der Flüssigkeit,}$$
$$F \cdot \Delta x = \text{Betrachtetes Volumenelement,}$$
$$\frac{\partial p}{\partial t} \cdot \Delta t = \text{Druckänderung in der betrachteten Zeiteinheit } \Delta t.$$

Die elastische Dehnung des Rohrhalbmessers r beträgt für dünnwandige Rohre:

$$\varepsilon_r = \frac{\Delta r}{r} = \frac{\Delta \left(\dfrac{d}{2} \right)}{\dfrac{d}{2}} = \frac{p \cdot d}{2 \cdot s} \cdot \frac{1}{E_r} \tag{9/12}$$

$(E_r = E\text{-Modul des Rohres}),$

für dickwandige Rohre:

$$\varepsilon_r = \frac{\Delta r}{r} = \frac{\Delta \left(\dfrac{d}{2} \right)}{\dfrac{d}{2}} = \frac{1}{E_r} \cdot \frac{p}{2} \left(\frac{(d + s)^2 + s^2}{(d + s) \cdot s} \right) . \tag{9/13}$$

Aus dieser Gleichung erhält man für die Volumenvergrößerung unter Berücksichtigung der Zeitabhängigkeit

$$\Delta V_2 = \frac{d}{E_r \cdot s} \cdot \frac{\partial p}{\partial t} \cdot \Delta t \cdot F \cdot \Delta x. \tag{9/14}$$

Die Kontinuitätsbedingung führt dann zu der partiellen Differentialgleichung

$$\frac{\partial v}{\partial x} + \frac{g}{a^2} \cdot \frac{\partial H}{\partial t} = 0. \tag{9/15}$$

Damit ergeben sich zwei Beziehungen für den Druckstoß

$$\frac{\partial v}{\partial x} + \frac{g}{a^2} \frac{\partial H}{\partial t} = 0, \tag{9/15}$$

$$\frac{\partial v}{\partial t} + g \cdot \frac{\partial H}{\partial x} = 0, \tag{9/16}$$

wobei der Ausdruck

$$a = \sqrt{\frac{\dfrac{g}{\gamma}}{\left(\dfrac{1}{E_{Fl}} + \dfrac{d}{s \cdot E_r} \right)}} \ (\text{m/s}) \tag{9/17}$$

die Fortpflanzungsgeschwindigkeit der Druckwelle beschreibt. Gl. (9/17) wurde von ALLIEVI aufgestellt.

Für die Praxis kann in beiden Druckstoßgleichungen für H die Energiehöhe eingesetzt werden.

Die allgemeinen Lösungen der beiden simultanen Differentialgleichungen für den Druckstoß lauten:

$$H - H_0 = \Phi\left(t - \frac{x}{a}\right) + \varphi\left(t + \frac{x}{a}\right), \qquad (9/18)$$

$$v - v_0 = -\frac{g}{a}\left[\Phi\left(t - \frac{x}{a}\right) - \varphi\left(t + \frac{x}{a}\right)\right]. \qquad (9/19)$$

Hierin sind H_0 bzw. v_0 die Ausgangswerte der Energiehöhe bzw. Fließgeschwindigkeit, Φ stellt eine beliebige, mit der Geschwindigkeit a fortlaufende Druckwelle dar, φ ist die reflektierte Druckwelle. Φ kann z. B. durch Betätigung eines Schiebers erzeugt werden, ihre Form ist dann abhängig von dessen Schließkennlinie. φ kann z. B. durch Reflexion an einem Behälter entstehen, ihre Form ist sowohl von Φ als auch von den Reflexionsbedingungen, den Dämpfungen des Systems usw. abhängig.

Als Beispiel diene das einfache System nach Abb. 101.

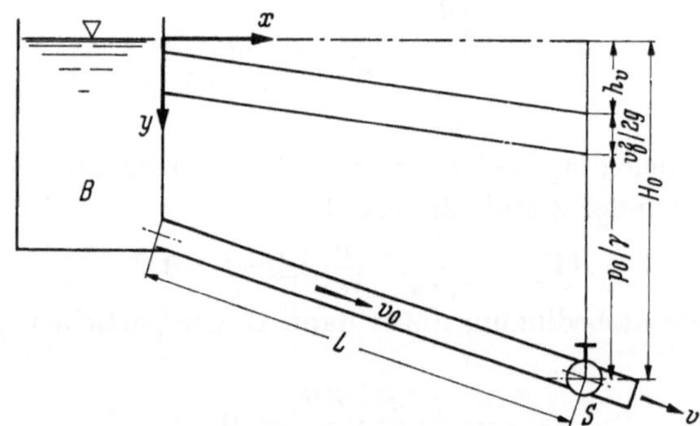

Abb. 101. Schematische Darstellung eines einfachen Leitungssystems.

Die Höhe des Behälterspiegels bleibe unverändert. Durch Schließen des Schiebers S entsteht durch die auflaufende Wassersäule eine Druckwelle, die hin und her läuft und jeweils am Behälter bzw. am Schieber reflektiert wird. Die Schwingungsamplitude wird infolge Dämpfung kleiner. Der Druckstoß wird am größten, wenn die Laufzeit der von S ausgehenden Druckwelle bis zur Rückkehr größer ist als die Schließzeit T des Schiebers, also

$$T < \frac{2L}{a}. \qquad (9/20)$$

Bis zur Rückkehr der Reflexionswelle am geschlossenen Schieber ist dann der zweite Anteil der Gl. (9/18) bzw. (9/19)

$$\varphi\left(t + \frac{x}{a}\right) = 0$$

und man erhält mit

$$H - H_0 = \frac{\Delta p}{\gamma}$$

für den maximalen Druckstoß

$$\frac{\Delta p}{\gamma} = \frac{a}{g} \cdot v_0. \tag{9/21}$$

Die Höhe der Druckänderung Δp, die auch negative Werte annehmen kann (Unterdruck bei ablaufender Wassersäule), hängt also nur von der Ausgangsgeschwindigkeit v_0 ab und kann bei hohen Fließgeschwindigkeiten zu beträchtlichen Zusatzbelastungen für die Rohrleitung führen, wenn nicht besondere Abhilfemaßnahmen ergriffen werden.

Ist dagegen bei Rückkehr der Druckwelle der Schieber noch teilweise geöffnet, also

$$T > \frac{2L}{a}, \tag{9/22}$$

so wird der Druckstoß durch die abfließende Wassermenge vermindert und die Druckwellenamplitude wird weitgehend von dem Schließgesetz des Schiebers beeinflußt.

Für diesen Fall kann man den maximalen Druckstoß näherungsweise mit der folgenden Gleichung nach ALLIEVI berechnen:

$$\frac{\Delta p}{\gamma} = m - H_0 - \sqrt{m^2 - m'^2}. \tag{9/23}$$

Hierin ist

$$m = m' + m'', \tag{9/24}$$

$$m' = H_0 + \frac{a}{g} \cdot v_0, \tag{9/25}$$

$$m'' = \frac{v_0^2}{2H_0 \cdot g^2} \cdot \left(a - \frac{2L}{T}\right)^2. \tag{9/26}$$

Gl. (9/23) gibt etwas zu kleine Werte, wenn $a \cdot v_0 > 3g \cdot H_0$ ist. Gemäß Abschn. 4.2.2.1 kann man für praktische Berechnungen mit genügender Genauigkeit für die Druckwellenfortpflanzungsgeschwindigkeit $a = 1000$ m/s einsetzen.

In der Praxis sind die Druckstoßverhältnisse durch Leitungsverzweigungen, Querschnittsveränderungen und dergleichen mit daraus resultierenden Sekundärwellen, die sich den Primärwellen verstärkend oder vermindernd überlagern, sowie durch den Einfluß der Regelorgan-Kennlinien meist wesentlich komplizierter als in dem angeführten Beispiel. Zum weiteren Studium sei auf die einschlägige Fachliteratur verwiesen, z. B. [*28, 75, 80, 39*].

9.3 Druckabfall in einer Druckrohrleitung für Gase

9.3.1 Allgemeines

Für den Druckabfall in Gasleitungen gelten grundsätzlich die allgemein gültigen Gleichungen für die Verluste in durchströmten Rohrleitungen. Den Besonderheiten der Gase gegenüber Flüssigkeiten muß jedoch Rechnung getragen werden.

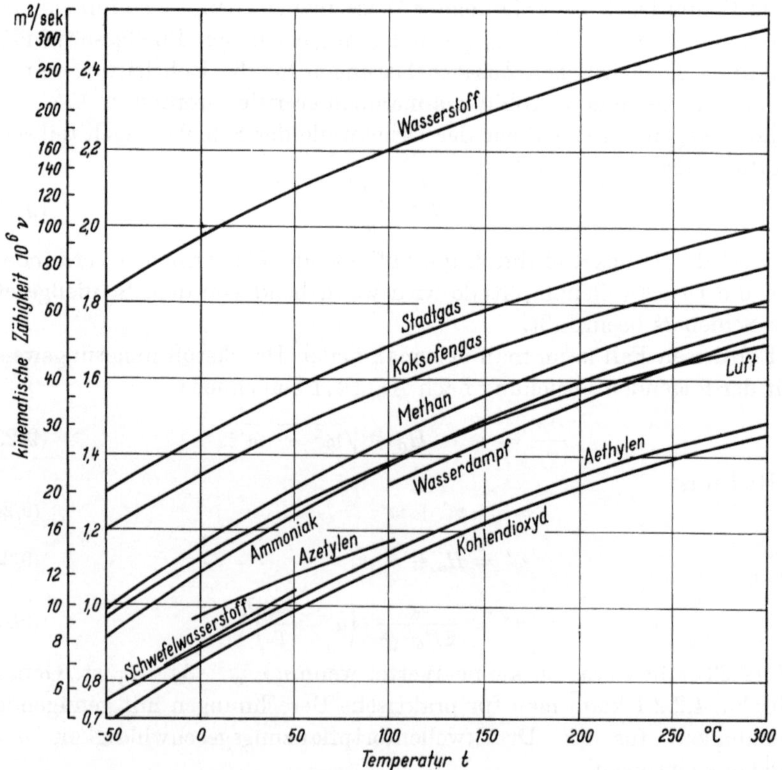

Abb. 102. Kinematische Zähigkeiten einiger Gase bei 760 Torr (nach RICHTER [*71*]).

Die kinematische Zähigkeit der Gase nimmt mit steigender Temperatur zu (Abb. 102). Bei Gasgemischen ist die Bestimmung von ν schwierig, für

technische Gasgemische können jedoch nach RICHTER [*71*] die Werte
nach Tab. 19 verwendet werden.

Die Änderung des statischen Drucks bei verschiedenen geodätischen
Höhen braucht wegen des geringen spezifischen Gewichts der Gase erst
bei sehr großen Höhenunterschieden berücksichtigt zu werden.

Tabelle 19. *Kinematische Zähigkeiten v in m²/s bei 20 °C
und 760 Torr* [*71*]

Gasart	$v \cdot 10^6$
Steinkohlengas, trockner Betrieb	28,0
Steinkohlengas, nasser Betrieb	27,5
Steinkohlengas mit 40% Wassergas	26,3
Wassergas (blau)	24,1
Wassergas (karburiert)	19,0
Generatorgas aus Kohle	14,4
Generatorgas aus Koks	13,8
Generatorgas, nasser Betrieb	15,4
Braunkohlengas (bei 500 °C entgast)	22,0
Ölgas	15,6
Schwelgas aus Steinkohlen	23,8
Koksofengas	29,5
Mondgas	16,4
Gichtgas	13,9
Blaugas	14,0
Naturgas	23,0
Luftgas	14,5 bis 12,2
Rauchgas	15,5

Der Zusammenhang zwischen Volumen, Druck und Temperatur ergibt
sich aus der allgemeinen Gasgleichung

$$P \cdot V = G \cdot R \cdot T \text{ (für } G \text{ kp Gas).} \qquad (9/27)$$

P ist der absolute Druck (kp/m²),
V das Volumen (m³),
T die absolute Temperatur (°K),
R die Gaskonstante (m/Grad).

Für eine Zustandsänderung unter gleichbleibender Temperatur gilt
nach BOYLE und MARIOTTE (1. Gasgesetz)

$$P \cdot V = \text{const}; \quad \frac{P}{\gamma} = \text{const.} \qquad (9/28)$$

für eine Zustandsänderung unter gleichbleibendem Druck nach GAY-
LUSSAC (2. Gasgesetz)

$$\frac{T}{V} = \text{const}; \quad T \cdot \gamma = \text{const.} \qquad (9/29)$$

Tabelle 20. *Kennwerte für verschiedene Gase nach* RICHTER [*71*]

Gas	Zei-chen	Molekular-gewicht M	Norm-kubikm.-gewicht γ_N kp/Nm³	Bezogene Dichte δ (Luft = 1)	Gas-konstante R $\dfrac{\text{m} \cdot \text{kp}}{\text{kp} \cdot \text{Grad}}$	Wahre spez. Wärme bei 0 °C, 0 at abs ≈ 760 Torr c_p kcal/kp · Grad	c_v kcal/kp · Grad	Verhältnis der spez. Wärmen $\dfrac{c_p}{c_v} = \varkappa$
Luft	—	29	1,293	1,0000	29,27	0,240	0,171	1,40
Helium	He	4	0,1785	0,1381	211,9	1,250	0,755	1,66
Wasserstoff	H_2	2	0,0899	0,0695	420,8	3,400	2,415	1,41
Stickstoff	N_2	28	1,251	0,967	30,26	0,248	0,177	1,40
Sauerstoff	O_2	32	1,429	1,105	26,49	0,219	0,157	1,40
Kohlenoxyd	CO	28	1,250	0,967	30,28	0,249	0,178	1,40
Stickoxyd	NO	30	1,340	1,037	28,25	0,238	0,172	1,39
Kohlendioxyd	CO_2	44	1,977	1,529	19,25	0,196	0,151	1,30
Schwefeldioxyd	SO_2	64	2,929	2,264	13,24	0,145	0,114	1,27
Schwefelwasserstoff	H_2S	34	1,539	1,191	24,88	0,238	0,179	1,33
Wasserdampf	H_2O	18	0,804	0,622	47,1	0,443	0,333	1,33
Ammoniak	NH_3	17	0,771	0,597	49,76	0,491	0,374	1,31
Methan	CH_4	16	0,717	0,555	52,89	0,516	0,391	1,32
Azetylen	C_2H_2	26	1,171	0,906	32,59	0,361	0,290	1,26
Äthylen	C_2H_4	28	1,261	0,975	30,25	0,385	0,308	1,25
Äthan	C_2H_6	30	1,356	1,049	28,22	0,413	0,345	1,20
Benzoldampf	C_6H_6	78	3,48	2,69	10,86	0,266	0,241	1,10
Schwelgas von Steinkohlen		(15,75)	0,705	0,545	53,8			
Leuchtgas I[1] von Steinkohlen		(11,26)	0,503	0,389	75,3			
Leuchtgas II[1] von Steinkohlen		(11,04)	0,493	0,381	76,8			
Koksofengas von Steinkohlen		(11,88)	0,530	0,410	71,4			
Wassergas von Steinkohlen		(15,97)	0,712	0,551	53,1			
Mischgas von Steinkohlen		(25,03)	1,117	0,864	33,9			
Luftgas von Steinkohlen		(26,89)	1,201	0,929	31,5			
Gichtgas		(28,26)	1,262	0,976	30,0			
Mondgas		(23,64)	1,056	0,817	35,9			
Generatorgas aus Braunkohlen		(15,26)	1,127	0,872	33,6			
Starkgas aus Braunkohlen		(13,09)	0,584	0,452	64,8			
Reichgas aus Braunkohlen		(18,19)	0,813	0,629	46,6			

[1] Nach Hütte, des Ingenieurs Taschenbuch, Bd. 1, 28. Aufl. (1955), S. 443 und 528/9. ( ) = scheinbares Molekulargewicht.

Die streng nur für ideale Gase geltenden Gasgleichungen können mit genügender Genauigkeit auch für die in der Praxis vorkommenden technischen Gase angewendet werden. Aus Gl. (9/27) erhält man

$$\gamma = 10\,000\,\frac{p}{R\,(273 + t)}\ \left(\frac{\text{kp}}{\text{m}^3}\right) \qquad (9/30)$$

p ist der Druck in ata (kp/cm²).

Mit den Normwerten für den Druck $P_N = 10\,332$ kp/m² und der Temperatur $T_N = 273$ °K findet man die Normwichte

$$\gamma_N = \frac{P_N}{R \cdot T_N} = \frac{37,85}{R}\ \left(\frac{\text{kp}}{\text{Nm}^3}\right). \qquad (9/31)$$

Daraus ergibt sich das spezifische Gewicht

$$\gamma = \gamma_N \cdot 0,0264\,\frac{P}{T}\ \left(\frac{\text{kp}}{\text{m}^3}\right). \qquad (9/32)$$

Der für das dynamische Verhalten der Gase maßgebende Adiabatenexponent $\varkappa$ ist das Verhältnis der spezifischen Wärme bei konstantem Druck c_p und bei konstantem Volumen c_v (beides in kcal/kp · Grad)

$$\frac{c_p}{c_v} = \varkappa. \qquad (9/33)$$

9.3.2 Gasrohrleitung mit großem Druckabfall

Da ein Gas unter ständiger Wärmezufuhr sein Volumen vergrößert, wächst bei konstantem Rohrquerschnitt die Strömungsgeschwindigkeit, so daß sich der Reibungsverlust längs der Rohrleitung verändert. Außerdem ergibt sich ein weiterer Druckabfall aus der Beschleunigung der Gasmasse.

Die Berechnung wird vereinfacht bei Annahme gleichbleibender Gastemperatur, wie sie z. B. für erdverlegte Ferngasleitungen bei angenähert konstanter Bodentemperatur berechtigt ist. Man spricht hier von isothermischer Strömung. Bei Ansatz der allgemeinen Druckverlustgleichung für ein Längenelement ist das BOYLE-MARIOTTEsche Gesetz [Gl. (9/28)] zu berücksichtigen und neben der Widerstandszahl λ_R für die Rohrreibung, die z. B. dem Diagramm von MOODY (Abb. 98) entnommen werden kann, ist bei höheren Strömungsgeschwindigkeiten ein zusätzlicher Widerstandsbeiwert λ_B einzusetzen ($\lambda = \lambda_R + \lambda_B$), der sich aus dem Druckverlust infolge der zusätzlichen Beschleunigung ergibt. Zum Beispiel ist für Stadtgas von $t = 20$ °C bei einer Geschwindigkeit $w = 200$ m/s das Verhältnis $\lambda_B/\lambda_R = 0,244$ [71].

Aus Gl. (9/28) für die isothermische Zustandsänderung erhält man

$$P \cdot w^2 \cdot \gamma = \text{const.} \qquad (9/34)$$

Aus der Integration der Druckverlustgleichung über die Rohrlänge L zwischen den Querschnitten 1 und 2 ergibt sich für den Druckabfall

$$P_1 - P_2 = P_1 \cdot \left[1 - \sqrt{1 - 2\,\lambda_R \cdot \frac{\gamma_1}{P_1} \cdot \frac{L}{d} \cdot \frac{w_1^2}{2\,g}}\,\right] \left(\frac{\text{kp}}{\text{m}^2}\right). \quad (9/35)$$

Der als bekannt vorauszusetzende Zustand mit dem Index „1" kann z. B. der Anfangszustand oder der Normzustand (760 Torr, 0 °C) sein. Das Durchflußvolumen V_N ermittelt man aus

$$V_N = \frac{\pi}{4} \sqrt{\frac{2\,g}{2 \cdot \lambda_R} \cdot \frac{R_L}{T_N} \cdot \frac{T_N}{p_N}} \cdot \sqrt{\frac{d^5 \cdot (p_1^2 - p_2^2)}{\delta \cdot L}} \left(\frac{\text{Nm}^3}{s}\right) \cdot \quad (9/36)$$

Hier ist $R_L = 29{,}27$ m $\cdot$ Grad (Gaskonstante für Luft), $T_N = 273°$, $p_N = 1{,}0332$ ata, δ = bezogene Gasdichte (Luft = 1).
Den Rohrinnendurchmesser findet man aus

$$d = 1362 \cdot {}_R\lambda \cdot \frac{w_N^2 \cdot \delta \cdot L}{P_1^2 - P_2^2} = 1{,}362 \cdot 10^{-5} \cdot \lambda_R \cdot \frac{w_N^2 \cdot \delta \cdot L}{p_1^2 - p_2^2} \ (\text{m}) \,. \, (9/37)$$

Findet dagegen kein Wärmeaustausch mit dem Boden statt (wärmeisolierte Leitung), so erfolgt die Gasströmung adiabatisch.
Für die adiabatische Zustandsänderung gilt

$$\frac{P}{\gamma} \left(1 + \frac{\varkappa - 1}{2} \cdot \frac{w^2}{a^2} \right) = \text{const.} \quad (9/38)$$

mit $\varkappa$ = Adiabatenexponent (Tab. 20) und a = Schallgeschwindigkeit.

Im Bereich der technischen Geschwindigkeiten bis etwa $w = 50$ m/s ändert sich die Temperatur nicht wesentlich und es kann hier ohne großen Fehler mit isothermischer Strömung gerechnet werden, insbesondere bei kurzen Rohrleitungen.

Bei großer Strömungsgeschwindigkeit und bei langen Rohrleitungen kann dagegen der Temperaturabfall nicht mehr vernachlässigt werden. Längs der Leitung ist

$$T_1 + \frac{A}{c_p} \cdot \xi \cdot \frac{w_1^2}{2\,g} = T_2 + \frac{A}{c_p} \cdot \xi \cdot \frac{w_2}{2g}$$
$$= T_n + \ldots = T_0 = \text{const.} \quad (9/39)$$

Hierin ist $A = {}^1/_{427}$ (kcal/kp $\cdot$ m) das mechanische Wärmeäquivalent, c_p die spez. Wärme bei konstantem Druck (kcal/kp $\cdot$ Grad) und ξ der Energiebeiwert ($\xi \approx 1{,}0$). T_0 ist die Ruhetemperatur für $w = 0$. Ferner ergibt sich

$$L = \frac{\varkappa - 1}{\varkappa} \cdot \frac{d}{\lambda} \left[\xi \cdot \ln \frac{w_2}{w_1} - \frac{c_p}{A} \cdot g\,T_0 \left(\frac{1}{w_2^2} - \frac{1}{w_1^2} \right) \right]. \quad (9/40)$$

Für den Druckabfall erhält man

$$P_1 - P_2 = P_1 \left(1 - \frac{w_1}{w_2} \cdot \frac{T_2}{T_1} \right). \quad (9/41)$$

Mit den drei Gln. (9/40), (9/39) und (9/41) lassen sich die Rohrlänge L, die Strömungsgeschwindigkeit w_2, der Druckabfall $P_1 - P_2$ und der Temperaturabfall $T_1 - T_2$ berechnen, sofern eine dieser Größen bekannt ist. Infolge der Reibung fällt der Druck und das sich vergrößernde Volumen führt zu Geschwindigkeitserhöhung. Die Strömungsgeschwindigkeit nimmt jedoch am Ende der Rohrleitung einen Höchstwert an, der der Schallgeschwindigkeit des Gases im betreffenden Zustand entspricht und sich nicht überschreiten läßt. Die Förderleistung einer adiabatischen Strömung läßt sich daher nicht beliebig erhöhen.

Für die meisten technischen Gasleitungen genügt die einfache Berechnung unter der Annahme isothermischer Strömung.

9.3.3 Gasrohrleitung mit kleinem Druckabfall

Bei geringem Druckabfall, wie z. B. in Stadtgasnetzen, kann die Geschwindigkeit w und das spezifische Gewicht γ als unveränderlich entlang der Rohrleitung betrachtet werden. Mit dem mittleren Leitungsdruck

$$P_m = \frac{P_1 + P_2}{2}$$

findet man für den Druckabfall

$$P_1 - P_2 = \frac{P_N}{P_m} \cdot \lambda_R \cdot \gamma_N \cdot \frac{L}{d} \cdot \frac{w_N^2}{2g} \quad \text{(kp/m}^2\text{)}. \tag{9/42}$$

Meistens kann $P_m \approx P_N$ gesetzt werden. Der hierbei auftretende Fehler berechnet sich nach RICHTER [71] zu

$$100 \cdot \frac{P_m - P_N}{P_N} \ (\%).$$

9.4 Statische Berechnung erdverlegter Asbestzement-Druckrohre

Die Beanspruchung einer im Boden liegenden Rohrleitung durch Erd- und Verkehrslasten hängt von zahlreichen Faktoren ab, wie Breite und Tiefe des Rohrgrabens, Rohrabmessungen, Lagerungsbedingungen, Boden- und Grundwasserverhältnisse sowie ggf. Art der Straßendecke und des Straßenverkehrs. Aus der Kenntnis der Rohrbelastung ergibt sich die Dimensionierung der Rohre bzw. der zulässige Einsatzbereich bei gegebenen Rohrabmessungen. Die in DIN 19800 genormten Rohre mit festgelegter Wanddicke genügen allgemein den in der Praxis auftretenden Belastungen. Bei Rohren mit größerer Nennweite als NW 400, deren Anforderungen in der internationalen Norm für Asbestzementrohre ISO R 160 festgelegt sind, erfolgt die Dimensionierung durch den Rohrhersteller auf Grund der Belastungsangaben. Ergeben sich demgegenüber Änderungen bei der Bauausführung, so kann ein neuer statischer Nachweis erforderlich werden. Im folgenden soll der Weg zur Berechnung kurz aufgezeigt werden.

Die statische Berechnung erfolgt im allgemeinen unterschiedlich, je nachdem ob es sich um drucklose Rohrleitungen oder um Druckrohrleitungen handelt. Erstere werden nach dem einfacheren Auflastverfahren bemessen. Hierbei wird die garantierte Mindestscheitelbruchlast (ermittelt durch den Scheiteldruckversuch nach DIN 4032 mit Dreilinienlagerung) zu der äußeren Belastung ins Verhältnis gesetzt, die sich aus den Auflasten und den Einbaubedingungen ergibt. Der Quotient aus der Scheitellasttragfähigkeit des Rohres und der vorhandenen Scheitellast ergibt den Sicherheitsfaktor, der einen bestimmten Wert nicht unterschreiten darf. Ist dagegen Innendruck vorhanden, so werden die Rohre über den Spannungsnachweis bemessen, wobei der Sicherheitsfaktor in der zulässigen Spannung berücksichtigt ist bzw. sich aus dem Verhältnis von Bruchspannung und maximal auftretender Spannung ergibt. Die Ermittlung der Auflasten erfolgt in analoger Weise für beide Berechnungsverfahren.

9.4.1 Erdlasten

9.4.1.1 Grabenbedingung

Auf eine in einem Rohrgraben verlegte Rohrleitung ist in statischer Hinsicht die Grabenbedingung anzuwenden, wenn durch die beim Setzen der Verfüllung an den Grabenwänden oberhalb des Rohrscheitels auftretenden Reibungskräfte die Erdauflast vermindert wird. Die Grundlage zur Berechnung der verminderten Erdlast bildet die „Silotheorie" [40]. Die Breite für den parallelwandigen Graben ergibt sich aus DIN 18300. Bei schrägen Wänden ist als Grabenbreite die Breite in Höhe des Rohrscheitels anzusetzen, vgl. [83].

Mit den Bezeichnungen nach Abb. 103 ergibt sich für einen Erdstreifen der Länge $l = 1$ m das Kräftegleichgewicht in vertikaler Richtung

$$p_{E,V} \cdot B \cdot l - \left(p_{E,V} + \frac{\partial p_{E,V}}{\partial z} \cdot dz \right) \cdot B \cdot l + dG_E - 2 \cdot dR = 0. \quad (9/43)$$

Das Eigengewicht des Erdstreifens ist

$$dG_E = B \cdot dz \cdot l \cdot \gamma_E. \quad (9/44)$$

γ_E ist das Raumgewicht des Füllbodens. Der Index E steht für „Erdlast", die zweiten Indices V bzw. H bezeichnen die Kraftrichtung. Bei ausreichender Verdichtung des Füllbodens kann für γ_E das Raumgewicht des ungestörten Bodens eingesetzt werden. Liegt die Rohrleitung im Grundwasser, so wird die Verminderung des Raumgewichts durch den Auftrieb in der Regel vernachlässigt.

Die durch das Setzen der Verfüllung an den Grabenwänden auftretenden Reibungskräfte ergeben sich zu

$$dR = p_{E,H} \cdot dz \cdot \mu \cdot l \qquad (9/45)$$

mit

$p_{E,H}$ = horizontaler Erddruck,
μ = Reibungsbeiwert = $\tan \varrho'$, wobei der Wandreibungswinkel ϱ' angenähert dem Winkel ϱ der inneren Reibung gleichgesetzt werden kann.

Nach WETZORKE [83] kann zur Ermittlung des Horizontaldrucks $p_{E,H}$ der Ruhedruck in Rechnung gestellt werden. Das Verhältnis des horizontalen Erddrucks zum vertikalen Erddruck ist die Erddruckziffer λ:

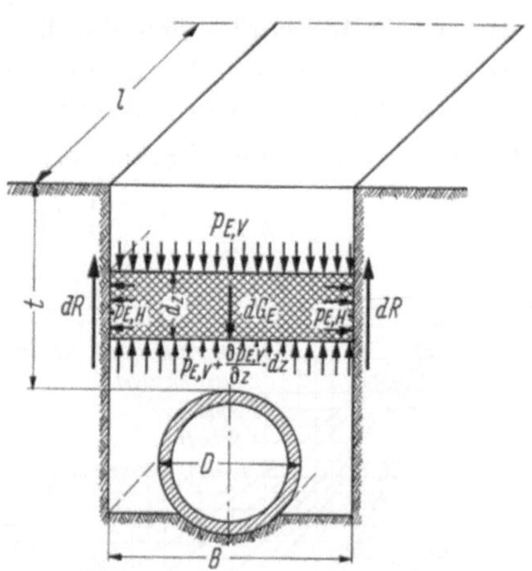

Abb. 103. Erdbelastung im Rohrgraben.

$$\frac{p_{E,H}}{p_{E,V}} = \lambda. \qquad (9/46)$$

Die Ruhedruckziffer λ_0 liegt allgemein zwischen den Erddruckziffern für den aktiven und für den passiven Erddruck:

$$\lambda_a < \lambda_0 < \lambda_p.$$

WETZORKE schlägt vor, zur Vereinfachung für alle Bodenarten das gleiche Verhältnis λ_0 einzuführen. Dagegen unterscheidet er zwischen stark verdichteter und unverdichteter Verfüllung, empfiehlt allerdings einschränkend, auf die Berücksichtigung der Verdichtung bei der Berechnung der entlastenden Reibungskräfte zu verzichten, da dies zu einer höheren Sicherheit in den rechnerischen Annahmen führt.
Es wird daher angesetzt:

$\lambda_0 = 0,5$ für die unverdichtete Verfüllung oberhalb des Rohrscheitels,
$\lambda_0 = 1,0$ für die stark verdichtete Verfüllung,

wobei in der Regel mit dem ersteren Wert gerechnet wird, vgl. [1]. Wenn eine besonders sorgfältige Verdichtung durch die Bauausführung gewährleistet ist, so kann auch $\lambda_0 = 1,0$ angesetzt werden.

12*

Aus Gl. (9/46) erhält man damit für den Horizontaldruck

$$p_{E,H} = p_{E,V} \cdot \lambda_0 = 0{,}5 \cdot p_{E,V}, \qquad (9/47\,\text{a})$$

bzw.
$$p_{E,H} = p_{E,V} \cdot \lambda_0 = p_{E,V}. \qquad (9/47\,\text{b})$$

Aus Gl. (9/43) ergibt sich durch Integration mit der Randbedingung $p_{E,V} = 0$ für $t = 0$ die „Siloformel" für den gleichmäßig verteilten vertikalen Erddruck in Rohrscheitelebene

für die unverdichtete Grabenverfüllung:

$$p_{E,V} = \frac{\gamma_E \cdot B}{\tan \varrho'} \left(1 - e^{-\tan \varrho' \cdot \frac{t}{B}} \right) \ (\text{Mp/m}^2), \qquad (9/48\text{a})$$

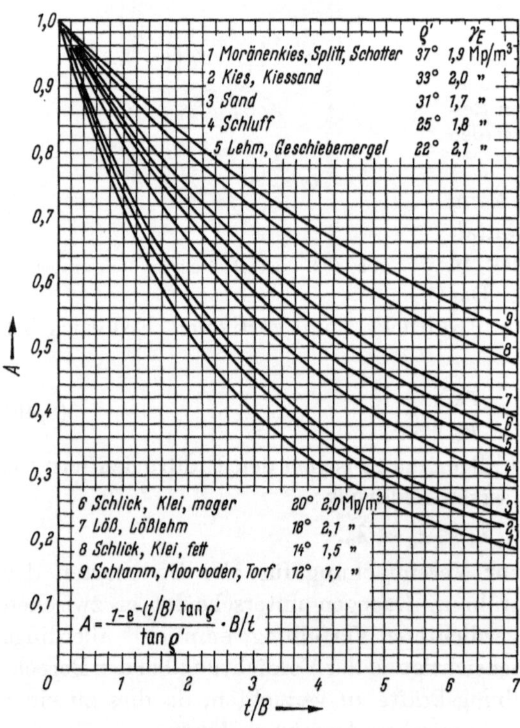

$$A = \frac{1 - e^{-(t/B)\tan \varrho'}}{\tan \varrho'} \cdot B/t$$

Abb. 104. Anteil der Reibung an den Grabenwänden für unverdichtete Verfüllung nach WETZORKE [83].

für die stark verdichtete Grabenverfüllung:

$$p_{E,V} = \frac{\gamma_E \cdot B}{2 \cdot \tan \varrho'} \left(1 - e^{-2 \cdot \tan \varrho' \cdot \frac{t}{B}} \right) \ (\text{Mp/m}^2) \qquad (9/48\text{b})$$

(γ_E in Mp/m³, B und t in m eingesetzt).

Für die Erdauflast über die gesamte Grabenbreite erhält man

$$P_{E,V} = p_{E,V} \cdot B,$$

bzw. nach Einführung des Abminderungsfaktors A zur Berücksichtigung der entlastenden Reibungskräfte

$$P_{E,V} = \gamma_E \cdot t \cdot B \cdot A \ (\text{Mp/m}), \qquad (9/49)$$

mit

$$A = \frac{1 - e^{-\tan \varrho' \cdot \frac{t}{B}}}{\tan \varrho'} \cdot \frac{B}{t} \qquad (9/50\,\text{a})$$

für die unverdichtete Verfüllung, bzw.

$$A = \frac{1 - e^{-2 \cdot \tan \varrho' \cdot \frac{t}{B}}}{2 \cdot \tan \varrho'} \cdot \frac{B}{t} \qquad (9/50\text{b})$$

für die verdichtete Verfüllung. Die Werte A können Abb. 104 bzw. 105 entnommen werden.

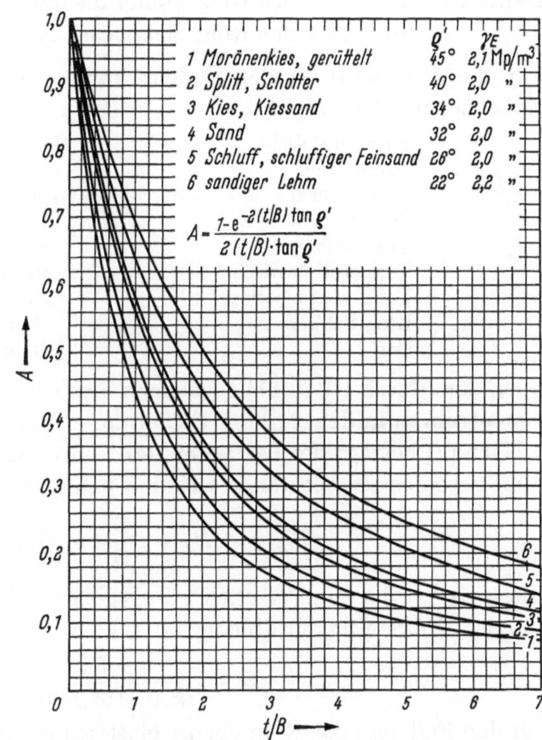

Abb. 105. Anteil der Reibung an den Grabenwänden für verdichtete Verfüllung nach WETZORKE [83].

Von der nach Gl. (9/49) berechneten gesamten Vertikallast in Höhe des Rohrscheitels wird in der Regel nur ein Bruchteil auf das Rohr entfallen, dessen Größe von der Steifigkeit des Rohres im Verhältnis zu der des Bodens abhängt. Bei elastischen Rohren, deren vertikale Verformung gleich oder größer ist als die Verformung des umgebenden Bodens bei gleicher Belastung, findet durch Druckumlagerung eine Entlastung statt. Als Steifigkeitskriterium kann nach VOELLMY

$$n = \frac{E_S}{E_R} \cdot \left(\frac{r}{s}\right)^3 \gtreqqless 1 \tag{9/51}$$

bestimmt werden.

Hierin bedeutet

E_R = Elastizitätsmodul des Rohres (rund 250 000 kp/cm²),
E_S = Steifezahl des Bodens (kp/cm²),
s = Rohrwanddicke,
r = mittlerer Rohrradius.

Danach ist für $n < 1$ das Rohr steifer als der umgebende Boden,
für $n > 1$ das Rohr elastischer als der umgebende Boden.

Für die Steifezahl E_s des Bodens kann etwa mit folgenden Werten gerechnet werden [1]:

Kiessand, dicht	1000 bis 2000 kp/cm²
Sand, dicht	500 bis 800 kp/cm²
Sand, locker	100 bis 200 kp/cm²
Schluff	30 bis 100 kp/cm²
Ton, halbfest	80 bis 150 kp/cm²
Ton, steifplastisch	40 bis 80 kp/cm²
Ton, weichplastisch	15 bis 40 kp/cm²
Klei, Schlick	5 bis 30 kp/cm²
Torf	1 bis 5 kp/cm²

Nach dem durch Gl. (9/51) gegebenen Kriterium wird es sich bei Asbestzementrohren in den meisten Fällen um elastische Rohre handeln.

Nach [1] beträgt der Lastanteil des Rohres ohne Berücksichtigung des Einflusses der Grabenwände auf die Spannungsverteilung

$$P'_{E,V} = P_{E,V} \cdot \frac{D}{B} \cdot m \quad \text{(Mp/m)}. \tag{9/52}$$

Hierin ist m der von VOELLMY angegebene Konzentrationsfaktor, der von der Rohrsteifigkeit abhängt

$$m = \frac{5 + 3n}{(1 + n)(3 + n)}. \tag{9/53}$$

Für den Fall, daß das Rohr ebenso elastisch ist wie der umgebende Boden in der Leitungszone ($n = 1$), wird insbesondere

$$P'_{E,V} = P_{E,V} \cdot \frac{D}{B} = A \cdot \gamma_E \cdot t \cdot D. \tag{9/54}$$

Die praktischen Grenzwerte des Konzentrationsfaktors liegen etwa bei $m = 1{,}5$ bei steifen Rohren und $m = 0{,}5$ bei stark verformbaren Rohren [1]. Aus Sicherheitsgründen wird empfohlen, Werte $m < 1$ nicht zu berücksichtigen, sondern als unteren Grenzwert für die Erdauflast den Wert nach Gl. (9/54) zu verwenden. Für $m > 1$ (steife Rohre) ist zu beachten, daß $P'_{E,V}$ gemäß Gl. (9/52) nicht größer werden darf als $P_{E,V}$ gemäß Gl. (9/49).

Bei der Berechnung des Lastanteils der Rohre nach Gl. (9/52) mit dem Größtwert $P_{E,V}$ für steife Rohre wurde der Einfluß der Grabenwände nicht berücksichtigt. Diese Annahme ist nach den Untersuchungen von WETZORKE [83] zu ungünstig. Danach kann für steife Rohre bei verdichteter Leitungszone der Lastanteil des Rohres auf

$$P'_{E,V} = P_{E,V} \cdot \frac{B+D}{2B} = A \cdot \gamma_E \cdot t \cdot \frac{B+D}{2} \; (\text{Mp/m}) \qquad (9/55)$$

reduziert werden. Darüber hinaus findet eine weitere Entlastung in Vertikalrichtung durch die horizontale Belastung des Rohres statt, die aber im allgemeinen vernachlässigt wird und somit eine zusätzliche Sicherheit darstellt. Nur bei unverdichteter Leitungszone wird maximal die gesamte Erdlast $P_{E,V}$ gemäß Gl. (9/49) auf das steife Rohr abgetragen.

9.4.1.2 Dammbedingung

Wird die Rohrleitung mit einem Damm überschüttet oder liegt sie in einem im Verhältnis zur Überdeckungshöhe breiten Graben, so können die Setzungen des Bodens beiderseits der Rohrleitung größer sein als die Formänderung der Rohre und das Setzen des Bodenprismas über dem Rohr. In diesem Fall wird die Rohrleitung zusätzlich belastet und man spricht von Dammbedingung.

Die auf das Rohr wirkende Erdlast $P_{E,V}$ wird hierfür nach MARSTON berechnet zu

$$P_{E,V} = \lambda_d \cdot \gamma_E \cdot t \cdot D \qquad (9/56)$$

mit den Bezeichnungen nach Abb. 103. λ_d ist der sogenannte Erdlastbeiwert für die Dammbedingung. Dieser Beiwert ist sowohl von der Art des Bodenmaterials als auch vor allem vom Ausladungswert a und der Setzungs-Durchbiegungszahl r_{sd} abhängig und ändert sich mit dem Verhältnis t/D [73]. Der Ausladungswert a kennzeichnet den Grad der Einbettung des Rohres in den gewachsenen Boden (s. Abb. 106). Bei einem Auflagerwinkel α (vgl. Abschn. 9.4.5.2) kann der Ausladungswert a errechnet werden zu

$$a = 1 - 0{,}5 \cdot \left(1 - \cos\frac{\alpha}{2}\right). \qquad (9/57)$$

Der Wert λ_d und damit die Größe der vertikalen Erdauflast wird kleiner
mit abnehmendem Ausladungswert, je weiter also die Rohrleitung in den
gewachsenen Boden eingebettet wird. Der Ausladungswert a kann negative Werte annehmen, wenn die Rohre in einem Graben in der Dammunterlage verlegt sind und der Rohrscheitel sich unterhalb der gewachsenen Geländeoberfläche befindet.

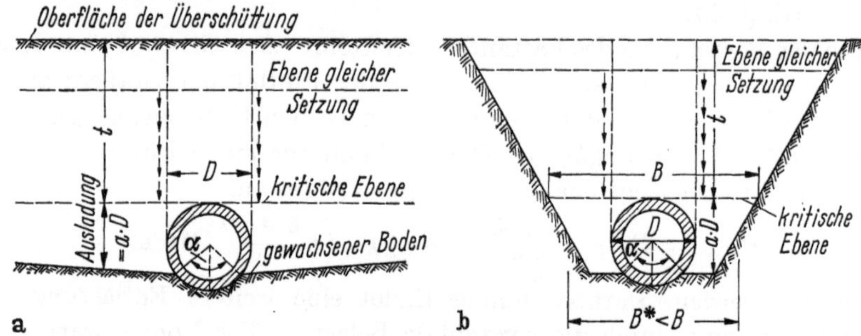

Abb. 106a u. b. Rohrleitungen unter Dammbedingungen, entsprechend DIN 4033.

Die Setzungs-Durchbiegungszahl r_{sd} ist ein Maßstab für das Verhältnis
der Setzungen der Bodenkörper seitlich der Rohrleitung und des Rohrscheitels. Setzt sich der Boden seitlich der Rohrleitung in Höhe des
Rohrscheitels stärker als der Rohrscheitel selbst, so wirken auf das
Bodenprisma oberhalb der Rohrleitung in vertikalen Gleitflächen zusätzliche, abwärts gerichtete Reibungskräfte und die Setzungs-Durchbiegungszahl ist positiv. Sie ist um so größer, je weniger sich der Rohrscheitel setzt, bzw. je steifer das Rohr ist. Sie wird kleiner, wenn die
Rohrleitung durch Einsinken in die Bettung oder durch Verformung der
Belastung auszuweichen sucht.

Aus der Definition der Setzungs-Durchbiegungszahl r_{sd} ergibt sich somit, daß sie mit dem bei der Grabenbedingung (Abschn. 9.4.1.1) verwendeten Steifigkeitskriterium n verglichen werden kann. Dem Wert
$n = 1$, bei dem die Vertikalbewegungen des Rohrscheitels und der in
gleicher Höhe befindlichen Bodenschicht neben dem Rohr gleich groß
sind, entspricht der Wert $r_{sd} = 0$. Setzt sich der Rohrscheitel weniger
stark als der umgebende Boden (steifes Rohr), so wird $r_{sd} > 0$.

Für steife Betonrohre werden in [73] folgende Zahlenwerte für r_{sd}
angegeben:

Bettung auf Fels oder unnachgiebigem Boden $r_{sd} = 1{,}0$
Bettung auf gewöhnlichem Boden $r_{sd} = 0{,}5 \ldots 0{,}8$
Bettung auf nachgiebigerer Unterlage als der
anstehende natürliche Boden $r_{sd} = 0{,}0 \ldots 0{,}5$

Im Unterschied zu Betonrohren zählen jedoch Asbestzementrohre vielfach zu den elastischen Rohren und suchen damit der vertikalen Zusatzbelastung durch die abwärts gerichteten Reibungskräfte auszuweichen. Es sind daher bei einwandfreier Verdichtung der Leitungszone die unteren Grenzwerte der angegebenen Bereiche für r_{sd} auf jeden Fall ausreichend.

Setzt sich der Rohrscheitel stärker als der umgebende Boden, d. h. wird n nach Gl. (9/51) größer als 1, so entspricht dies einem Wert $r_{sd} < 0$. Das Rohr wird somit auch bei Dammleitungen durch die Reibungskräfte entlastet, es wird $\lambda_d < 1{,}0$. Aus Sicherheitsgründen sollte man jedoch

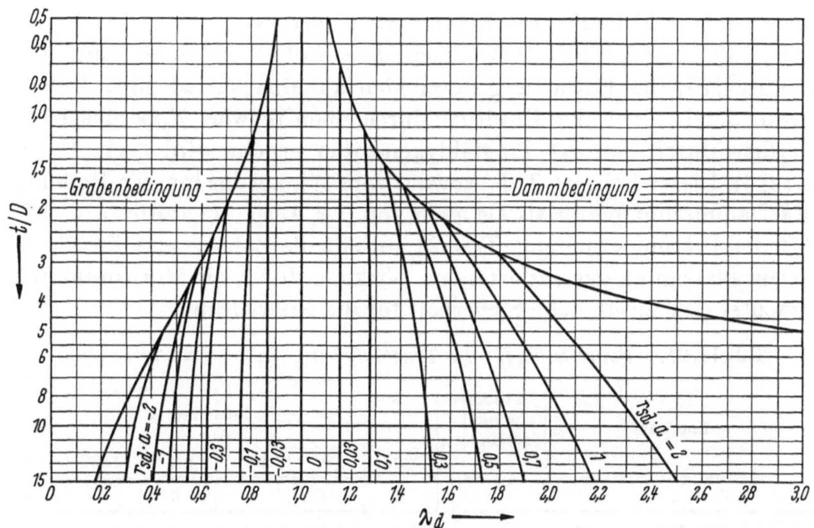

Abb. 107. Netzlinientafel für die Erdlastbeiwerte λ_d für Rohrleitungen unter Dammbedingung, nach ROSKE [73].

hier die entlastende Wirkung nicht in Rechnung stellen, sondern als Kleinstwert $\lambda_d = 1{,}0$ ansetzen. Zur Ermittlung der Grenzgrabenbreite kann in diesem Fall $r_{sd} = 0$ gewählt werden.

Mit den bekannten Werten für die Bettungs- und Setzungsverhältnisse und die Überschüttungshöhe kann der Erdlastbeiwert λ_d für $\gamma_E \cdot \tan \varrho = 0{,}192$ (körniges, kohäsionsloses Material) aus Abb. 107 entnommen werden. Näherungsweise gelten diese Werte auch für andere Bodenarten.

Neben den Vertikalbelastungen können bei Rohren unter Dammbedingung auch die horizontalen Erdlasten in Rechnung gestellt werden. Die Belastung der seitlichen Verfüllung neben dem Rohr durch die darüberliegenden Erdprismen führt zu einem horizontal wirkenden Erddruck, der das Rohr entlastet. Seine Größe beträgt nach der Erddrucktheorie von RANKINE

$$p_{E,H} = \lambda_a \cdot \gamma_E \cdot t \qquad (9/58)$$

Die Erddruckziffer λ_a für den aktiven Erddruck ergibt sich nach KREY zu

$$\left(\lambda_a = \tan^2 45° - \frac{\varrho}{2} \right) \qquad (9/59)$$

mit ϱ = Winkel der inneren Reibung. Auch bei intensiver Verdichtung der Verfüllung sollte hier aus Sicherheitsgründen kein größerer Wert als der aktive Erddruck in Rechnung gestellt werden.

Bei Bemessung der Rohre nach dem Auflastverfahren kann nach ROSKE [73] die Entlastung durch den auf den ausladenden Rohrteil wirkenden horizontalen Erddruck durch einen Beiwert T_d berücksichtigt werden, durch den die Tragfähigkeitsziffer erhöht wird (vgl. Abschn. 9.4.5.3). Dieser Beiwert T_d ist sowohl vom Winkel der inneren Reibung ϱ des Dammschüttmaterials als auch von der Ausladungsziffer a und der Art der Bettung abhängig. Tab. 21 enthält die Zahlenwerte für T_d. Die Vernachlässigung der entlastenden Wirkung durch die Horizontalkräfte bedeutet eine zusätzliche Sicherheit für die Rohrleitung.

Tabelle 21. *Beiwerte T_d für die Tragfähigkeitsziffer bei Dammleitungen*

Lagerart	Reibungs-winkel des Bodens ϱ	Auflagerwinkel α =					
		30°	60°	90°	120°	150°	180°
1	2	3	4	5	6	7	8
Ausladungsziffer a		0,98	0,93	0,85	0,75	0,63	0,50
Lagerung auf losem Material	20°	1,36	1,45	1,51			
	30°	1,27	1,27	1,30			
	40°	1,13	1,16	1,18			
Lagerung auf festem Material	20°	1,43	1,58	1,35	1,37	1,37	1,27
	30°	1,25	1,37	1,21	1,23	1,22	1,17
	40°	1,15	1,21	1,13	1,14	1,14	1,10

Eingangs wurde erwähnt, daß in erdstatischer Hinsicht die Dammbedingung auch für Rohre gelten kann, die in einem im Verhältnis zur Überdeckungshöhe breiten Rohrgraben gelegt sind. Das Kriterium hierfür ist die sogenannte Grenzgrabenbreite B^*. Sie ergibt sich nach der Theorie von MARSTON aus der Bedingung, daß die Belastungen nach dem Graben- und dem Dammleitungszustand gleich sind. Ist die vorhandene

Grabenbreite größer als die Grenzgrabenbreite, so ist mit Dammbedingung zu rechnen, anderenfalls mit Grabenbedingung. Nach WETZORKE soll allerdings auch noch bei Gräben, die breiter sind als die Grenzgrabenbreite, die Grabenbedingung zutreffen [1]. Aus Abb. 108 sind die Grenz-

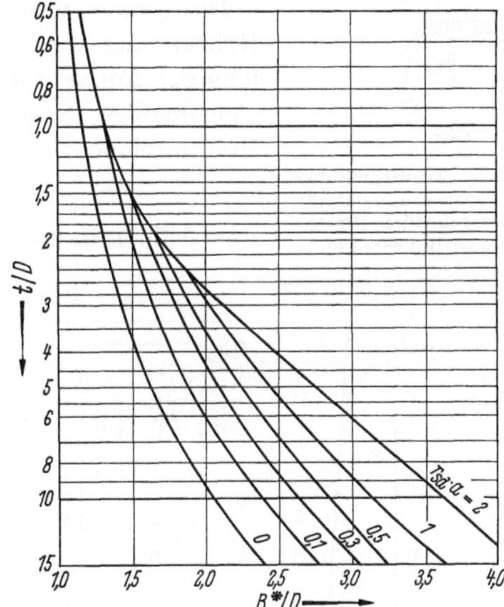

Abb. 108. Netzlinientafel für die Grenzgrabenbreite B^*, nach ROSKE [73].

grabenbreiten in Abhängigkeit von der Überdeckung, Setzungs-Durchbiegungszahl und Ausladungsziffer für einen Boden mit den Kenngrößen $\lambda_a \cdot \tan \varrho = 0{,}165$ zu entnehmen.

9.4.2 Verkehrslasten

Die Verkehrslast setzt sich aus einem statischen und einem dynamischen Anteil zusammen. Die Belastung des Rohres durch die statische Verkehrslast wird nach der Theorie von BOUSSINESQ für den elastisch isotropen Halbraum ermittelt. Der dynamische Lastanteil, dessen Größe von der Erregerfrequenz sowie von der lastverteilenden Wirkung der Straßendecke abhängt, wird durch die Stoßziffer φ berücksichtigt.

Aus der statischen Einzelverkehrslast $P_{V,i}$ gemäß Abb. 109 ergibt sich die vertikale Belastungskomponente im Rohrscheitel zu

$$p_{V,v,i} = \frac{3 \cdot P_{V,i}}{2\,\pi \cdot R_i^2} \cdot \cos^3 \beta_i \quad (\text{Mp/m}^2). \tag{9/60}$$

Hier steht der erste Index V für „Verkehrslast".

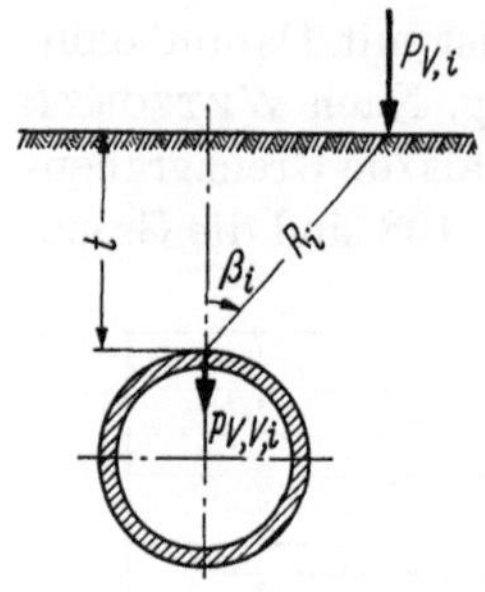

Abb. 109. Ermittlung der Rohrbeanspruchung infolge einer ruhenden Einzellast nach BOUSSINESQ.

Die statische Belastung infolge mehrerer Einzellasten (z. B. Radlasten) ergibt sich durch entsprechende Superposition

$$p_{V,v} = {}_i\Sigma p_{V,V,i} \ (\mathrm{Mp/m^2}). \tag{9/61}$$

Die genaue Verteilung des Druckes auf den Rohrumfang wird vernachlässigt. Zur Ermittlung der Auflast für das Auflastverfahren kann gleichmäßige Spannungsverteilung über den Rohrdurchmesser angenommen werden:

$$P_{V,v} = p_{V,v} \cdot D \tag{9/62}$$

Aus Abb. 110 kann die statische Verkehrsbe-

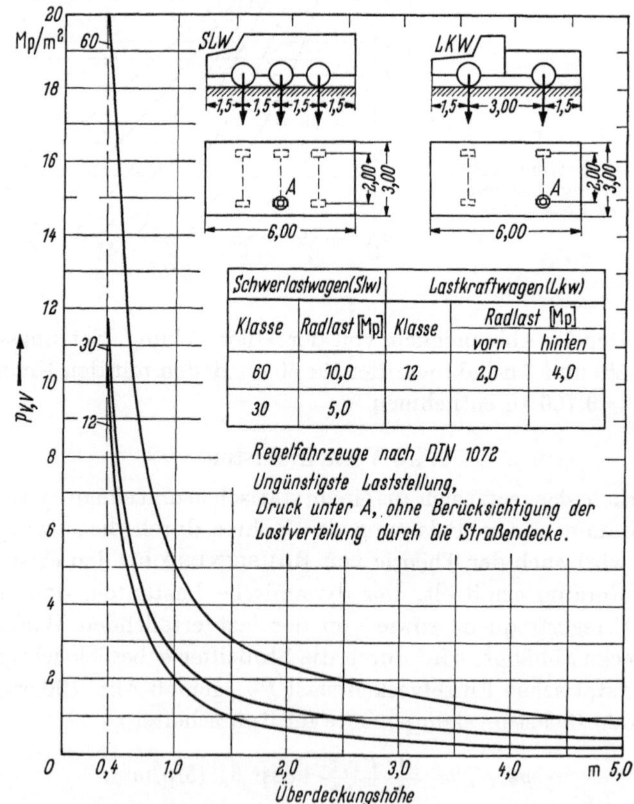

Schwerlastwagen(Slw)		Lastkraftwagen (Lkw)		
Klasse	Radlast [Mp]	Klasse	Radlast [Mp]	
			vorn	hinten
60	10,0	12	2,0	4,0
30	5,0			

Abb. 110. Rohrbelastung unter Verkehrslasten nach WETZORKE [83].

lastung für die Straßenregelfahrzeuge nach DIN 1072 in Abhängigkeit von der Überdeckungshöhe entnommen werden.

Wird anstelle der Radlasten des Regelfahrzeugs eine Ersatzflächenlast angesetzt (s. DIN 1072), so ist besonders darauf zu achten, daß diese nicht in die Erdauflast einbezogen und nicht mit dem Abminderungsfaktor A multipliziert wird. Für die Berechnung von Dammleitungen sollten nur die Einzellasten angesetzt werden.

Durch den Einfluß der dynamischen Erschütterungen beim Überfahren der Rohrleitung wird die Verkehrsbelastung größer als sich aus der rein statischen Last ergibt. Diese Vergrößerung wird durch die Stoßziffer φ berücksichtigt. Die Gesamtverkehrslast ist

$$p_{V,V,\,\text{ges}} = p_{V,V} \cdot \varphi, \tag{9/63}$$

$$\text{bzw.} \quad P_{V,V,\,\text{ges}} = P_{V,V} \cdot \varphi = p_{V,V} \cdot D \cdot \varphi. \tag{9/64}$$

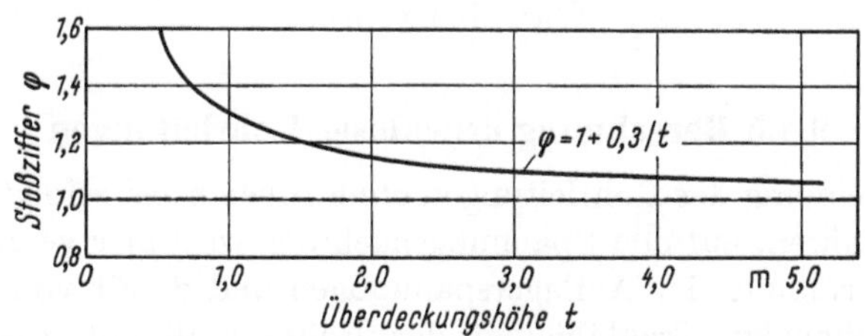

Abb. 111. Stoßziffer φ nach DIN 4033 in Abhängigkeit von der Überdeckungshöhe t.

Die Größe von φ ist von der Art der Straßenbefestigung und von der Überdeckungshöhe abhängig. Es genügt jedoch, für die Stoßziffer den Wert nach DIN 4033 anzusetzen:

$$\varphi = 1 + \frac{0,3}{t} \tag{9/65}$$

für Straßen-Verkehrslasten und

$$\varphi = 1 + \frac{0,6}{t} \tag{9/66}$$

für Eisenbahn- und Flugzeug-Verkehrslasten mit $t = $ Überdeckungshöhe in m.

9.4.3 Wasserfüllung

Bei Vollfüllung des Rohres beträgt das Gewicht je Einheitslänge

$$G_W = F \cdot \gamma_W = r^2 \cdot \pi \cdot \gamma_W \ (\text{Mp/m}). \tag{9/67}$$

Bei Ansatz der Flächenbelastung zur Ermittlung der Schnittlasten wird die maßgebende Belastungsordinate

$$g_W = r \cdot \gamma_W \ (\text{Mp/m}^2). \tag{9/68}$$

9.4.4 Eigengewicht des Rohres

Die Einbeziehung des Eigengewichts in die Rechnung kann ähnlich wie bei Berücksichtigung der Wasserfüllung in bestimmten Fällen sinnvoll sein. Im allgemeinen können beide Einflüsse jedoch vernachlässigt werden. Der Belastungsanteil des Eigengewichtes berechnet sich aus dem Gesamtgewicht. Es ist das Metergewicht eines Rohres

$$G_R = F_{\text{Rohr}} \cdot \gamma_{AZ} \ (\text{Mp/m}).$$

Mit $F_R = \pi \cdot (r^2_a - r^2_i) = 2 \cdot r \cdot \pi \cdot s$ und $\gamma_{AZ} = $ Raumgewicht des Asbestzementrohres $\approx 2{,}0$ Mp/m³ ergibt sich

$$G_R = 2 \cdot r \cdot \pi \cdot s \cdot 2{,}0 = 2\,r \cdot \pi \cdot g_R, \tag{9/69}$$
$$g_R = 2{,}0 \cdot s \ (\text{Mp/m}^2), \tag{9/70}$$
$$g_R = \text{Umfangsgewicht } (\text{Mp/m}^2),$$
$$s = \text{Wanddicke } (\text{m}).$$

9.4.5 Berechnung druckloser Rohrleitungen

Die Berechnung der Rohrleitungen ohne Innendruck erfolgt nach dem Auflastverfahren, auf den Spannungsnachweis wird hier verzichtet. Die von der Verteilung der Auflagerspannungen und damit von der Rohrbettung abhängige Tragfähigkeit der Rohre muß mit ausreichender Sicherheit über der Summe aller Auflasten liegen. Für Rohre, die unter Grabenbedingung verlegt sind, hat sich im allgemeinen das Berechnungsverfahren nach WETZORKE [83] durchgesetzt. Für Rohre unter Dammbedingung wird meist das von ROSKE [73] dargestellte Berechnungsverfahren angewendet.

9.4.5.1 Vertikale Belastung

Die vertikale Belastung in Mp/m setzt sich aus folgenden Anteilen zusammen:

Erdlast für Rohre unter Grabenbedingung $P'_{E,V}$ nach Gl. (9/52) bzw. Gl. (9/55), ($P_{E,V}$ nach Gl. (9/49) bei unverdichteter Leitungszone), mit A nach Abb. 104 u. 105, für Rohre unter Dammbedingung $P_{E,V}$ nach Gl. (9/56), mit λ_d nach Abb. 107;

Verkehrslast $P_{V,V,\text{ges}}$ nach Gl. (9/64), mit $p_{V,V}$ nach Abb. 110;

Gewicht der Wasserfüllung G_W nach Gl. (9/67);

Eigengewicht des Rohres G_R nach Gl. (9/69).

Die letzteren beiden Anteile brauchen nur bei Rohrleitungen großer Nennweite berücksichtigt zu werden.

9.4.5.2 Einfluß der Rohrlagerung

Es wird vorausgesetzt, daß die an der Rohrsohle angreifenden Auflagerkräfte in vertikaler Richtung wirken. Die Beanspruchung der Rohrsohle wird um so geringer, je größer der Rohrumfang ist, auf den sich die Auflagerkraft verteilen kann. Am größten ist die Beanspruchung bei Linienlagerung. Die Länge des für die Auflagerung wirksamen Rohrumfangs wird durch den Zentriwinkel α (Auflagerwinkel) gekennzeichnet (Abb. 112).

In der Praxis kann für Asbestzementrohre, die auf die eben abgeglichene Grabensohle gelegt und seitlich gut unterstopft werden, in der Regel ein Auflagerwinkel von 90° angesetzt werden, vgl. DIN 4033.

Bei besonders sorgfältiger Bettung, unter Umständen auch bei hydraulisch durch den Boden gepreßten Rohren, können auch Auflagerwinkel bis 180° angenommen werden.

Durch Verteilung der Auflagerkraft auf die dem Auflagerwinkel entsprechende Sohlfläche wird die Tragfähigkeit des Rohres größer als die beim Scheiteldruckversuch sich ergebende Scheitelbruchlast. Die Erhöhung der Tragfähigkeit wird für Grabenleitungen nach WETZORKE [*83*] durch die sogenannten Einbauziffern berücksichtigt, die im wesentlichen auch mit den von MARQUARDT angegebenen Einbauziffern übereinstimmen. Je nach Größe des Auflagerwinkels

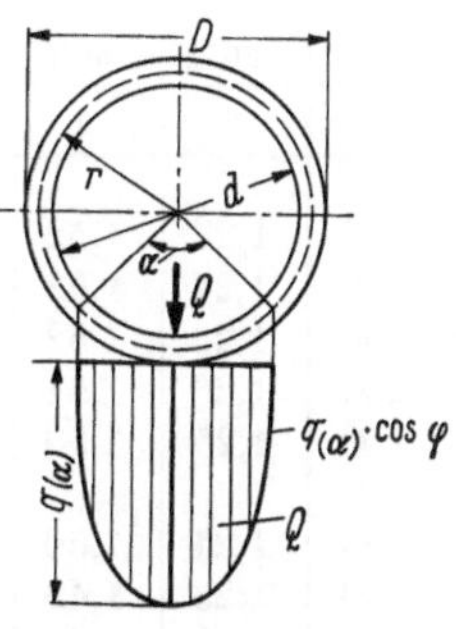

Abb. 112. Belastungsfläche der Auflagerkräfte.

und Qualität der Bettung kann der Einfluß der Rohrbettung auf die Tragfähigkeit durch Einbauziffern E_z zwischen 1,5 und 2,0 berücksichtigt werden.

Bei Kanalisationsleitungen, die nach DIN 4033 ausgeführt werden, kann mit $E_z = 1,7$ gerechnet werden, wenn eine einwandfreie Verdichtung der Leitungszone gewährleistet ist. Die Einbauziffer $E_z = 1,0$ entspricht nach WETZORKE dem Scheiteldruckversuch mit Zweilinienlagerung. Beim Scheiteldruckversuch mit Dreilinienlagerung ist wegen der günstigeren Beanspruchung die Bruchlast nach Versuchen etwa 6 bis 8% größer als bei Zweilinienlagerung.

Für Rohrleitungen unter Dammbedingung, die nach dem von ROSKE dargestellten Verfahren berechnet werden, wird der Einfluß des Auflagerwinkels über die sogenannte Tragfähigkeitsziffer T_r berücksichtigt (s. Tab. 22). Die Tragfähigkeitsziffer ist außer vom Auflagerwinkel auch von der Art des Bettungsmaterials (loses oder festes Material) sowie vom

Rohrdurchmesser abhängig. Für die Auflagerung auf Sand oder Kies kommen die Werte für loses Material der Tab. 22 in Betracht. Durch die Abhängigkeit vom Rohrdurchmesser hat ROSKE auch den Einfluß vom Rohreigengewicht und Gewicht der Wasserfüllung überschläglich berücksichtigt, so daß diese Anteile bei den Auflasten nicht in Ansatz gebracht zu werden brauchen. Die Tragfähigkeitsziffern T_r berücksichtigen den Spannungsvergleich mit einer Beanspruchung durch den Scheiteldruckversuch bei Dreilinienlagerung.

Tabelle 22. *Tragfähigkeitsziffern T_r für kreisförmige Rohre, nach* ROSKE [73]

NW mm	Loses Material Auflagerwinkel α			Festes Material Auflagerwinkel α						NW mm
	30°	60°	90°	30°	60°	90°	120°	150°	180°	
1	2	3	4	5	6	7	8	9	10	11
100	1,27	1,52	1,82	1,35	1,75	2,27	2,51	2,81	2,91	100
125	1,27	1,52	1,82	1,35	1,75	2,27	2,51	2,81	2,91	125
150	1,26	1,52	1,82	1,35	1,74	2,26	2,51	2,81	2,91	150
200	1,26	1,51	1,81	1,34	1,74	2,26	2,50	2,81	2,91	200
250	1,25	1,50	1,80	1,33	1,73	2,26	2,50	2,81	2,91	250
300	1,24	1,50	1,80	1,32	1,72	2,25	2,50	2,80	2,91	300
(350)	1,23	1,49	1,79	1,31	1,71	2,25	2,50	2,80	2,90	(350)
400	1,22	1,48	1,78	1,30	1,71	2,24	2,49	2,80	2,90	400
(450)	1,21	1,47	1,77	1,29	1,70	2,24	2,49	2,80	2,90	(450)
500	1,19	1,46	1,76	1,28	1,69	2,23	2,49	2,80	2,90	500
600	1,17	1,44	1,74	1,26	1,67	2,22	2,48	2,79	2,90	600
700	1,15	1,42	1,72	1,24	1,65	2,21	2,47	2,79	2,89	700
800	1,11	1,39	1,70	1,20	1,63	2,19	2,47	2,79	2,89	800
900	1,08	1,36	1,68	1,17	1,60	2,18	2,46	2,78	2,89	900
1000	1,06	1,34	1,66	1,15	1,58	2,16	2,45	2,77	2,88	1000
(1100)	1,03	1,31	1,64	1,13	1,56	2,14	2,44	2,76	2,87	(1100)
1200	1,00	1,29	1,62	1,10	1,54	2,13	2,43	2,75	2,87	1200
(1300)	0,97	1,26	1,59	1,07	1,51	2,11	2,42	2,74	2,86	(1300)
1400	0,94	1,23	1,57	1,04	1,49	2,10	2,41	2,73	2,86	1400
(1500)	0,91	1,21	1,54	1,02	1,46	2,08	2,40	2,73	2,85	(1500)

9.4.5.3 Tragfähigkeit des Rohres

Unter der Tragfähigkeit des Rohres versteht man die vertikale Auflast, die es unter den gegebenen Einbaubedingungen gerade noch tragen kann, ohne daß ein Bruch eintritt. Man geht dazu von der garantierten

Mindest-Scheiteldrucklast aus, die durch den Scheiteldruckversuch nach DIN 4032 ermittelt wird.

Für Rohrleitungen unter Grabenbedingung ist dann die Tragfähigkeit

$$P_{Tr} = E_z \cdot P_D, \tag{9/71}$$

worin P_D die Mindest-Scheiteldrucklast und E_z die Einbauziffer ist.

Für Rohrleitungen unter Dammbedingung wird die Erhöhung der Tragfähigkeit durch die Rohrauflagerung mit der Tragfähigkeitsziffer T_r und durch den entlastend wirkenden horizontalen Erddruck mit dem Faktor T_d nach ROSKE [73] berücksichtigt.

Damit wird die Tragfähigkeit

$$P_{Tr} = P_D \cdot T_r \cdot T_d. \tag{9/72}$$

Hierin ist wieder P_D die Scheiteldrucklast.

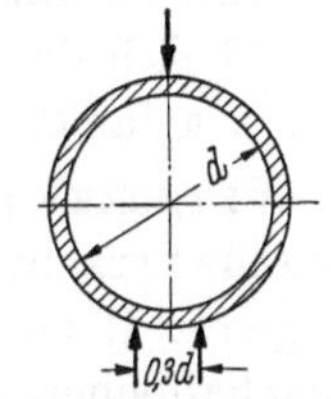

Tab. 23 enthält für Kanalisationsrohre NW 100 bis NW 1000 der ETERNIT AG die garantierten Scheiteldrucklasten für zwei verschiedene Tragfähigkeitsklassen mit unterschiedlichen Wanddicken. Diese Werte wurden im Scheiteldruckversuch mit Dreilinienlagerung ermittelt.

Abb. 113. Scheiteldruckversuch mit Dreilinienlagerung.

Tabelle 23.   *Mindest-Scheiteldrucklasten P_D im Scheiteldruckversuch nach DIN 1230 bzw. DIN 4032 (Dreilinienlagerung)*

NW	Standardklasse		Sonderklasse	
	s	P_D	s	P_D
mm	mm	kp/m	mm	kp/m
100			8	4000
125			8	4000
150			9	4200
200	9	3200	11	4200
250	10	3200	12	4200
300	12	3500	14	4500
350	13	3500	15	4500
400	16	4400	18	5300
450	18	5000	20	6000
500	20	5400	22	6400
600	22	5400	25	6800
700	25	5900	29	7600
800	28	6300	33	8500
900	31	6800	37	9300
1000	34	7200	41	10200

9.4.5.4 Sicherheiten

Die Summe aller vertikalen Auflasten muß mit genügender Sicherheit unter der Tragfähigkeit des Rohres bleiben, um die Vereinfachungen bei der Berechnung und die Unsicherheiten in den Belastungsannahmen zu berücksichtigen. Bei der Bemessung über den Spannungsnachweis kann der Sicherheitsfaktor im Ansatz der zulässigen Spannungen gegenüber der Bruchspannung erfaßt werden. Bei Anwendung des Auflastverfahrens ergibt sich der Sicherheitsfaktor aus dem Vergleich der Auflasten mit der Tragfähigkeit des Rohres.

WETZORKE [83] empfiehlt für die statische Erdlast und für die dynamische Verkehrslast unterschiedliche Sicherheitsfaktoren, die relativ hoch liegen (z. B. zwischen 1,5 und 1,8 für die statische Last je nach Baugrundbeschaffenheit).

ROSKE [73] dagegen hält Sicherheitszahlen v zwischen 1,2 und 1,5 je nach Sorgfalt der Bauausführung für ausreichend. Für Asbestzementrohre kann auf Grund der in den Berechnungsansätzen für die Auflasten im Sinne der Sicherheit getroffenen Vereinfachungen sowie wegen der mit zunehmendem Rohralter wachsenden Festigkeit und wegen des günstigen elastischen Verhaltens dem Vorschlag von ROSKE gefolgt werden, wobei der Sicherheitsfaktor $v = 1,5$ als oberer Grenzwert zu betrachten ist. Für die statischen und die dynamischen Lasten kann derselbe Sicherheitsfaktor verwendet werden.

9.4.6 Berechnung von Druckrohrleitungen

Während bei drucklosen Rohrleitungen nur vertikal gerichtete Belastungen auftreten (der entlastende horizontale Erddruck wird vernachlässigt bzw. empirisch berücksichtigt), die Ringbiegespannungen im Rohrquerschnitt hervorrufen, und damit aus der Scheiteldruckbelastung auf die Tragfähigkeit geschlossen werden kann, ohne daß man auf den Spannungsnachweis zurückgreifen muß, kommt bei Druckrohrleitungen als zusätzlicher Lastfall der Innendruck hinzu. Dieser erzeugt über dem Rohrumfang konstante Ringzugspannungen, die sich den Ringbiegespannungen überlagern. Diese Überlagerung der Spannungen aus den unterschiedlichen Belastungsfällen bereitet gewisse Schwierigkeiten, weil das HOOKEsche Gesetz nur bedingt gültig ist. Hinsichtlich der Reihenfolge der Verformung dürfte für die Praxis meist der Fall zutreffen, daß die Scheitelbelastung aus Erd- und Verkehrslasten zuerst auftritt und anschließend das bereits ovalisierte Rohr durch Innendruck wieder gerundet wird.

Versuche mit Asbestzement-Druckrohren unter gleichzeitiger Einwirkung von Scheitellast und Innendruck haben gezeigt, daß für den Zusammenhang zwischen Scheiteldruckfestigkeit und Ringzugfestigkeit bei kombinierter Belastung ein parabelförmiger Verlauf angenommen werden kann (s. Abschn. 4.4.3). Auf diesen Zusammenhang kann beim Spannungsnachweis zurückgegriffen werden (s. Abschn. 9.4.6.4).

9.4.6.1 Schnittlasten und Belastungswerte

In statischer Hinsicht handelt es sich bei Rohren um ein Schalenproblem. Da die Berechnung nach der Schalentheorie sehr aufwendig und unwirtschaftlich ist, berechnet man das Rohr vereinfacht als Ringträger. Dieser Träger ist dreifach statisch unbestimmt und auch seine Berechnung ist noch sehr umfangreich. Im folgenden werden nur die Einflußzahlen für die Schnittlasten im Rohrscheitel, am Rohrkämpfer und an der Rohrsohle angegeben, da die für die Bemessung eines erdverlegten Rohres maßgebenden Zonen maximaler Beanspruchung in der Regel an der Rohrsohle und am Rohrscheitel liegen. Für die genaue Verteilung der Schnittlasten muß auf die einschlägige Literatur verwiesen werden.

In Tab. 24 sind die Biegemomente und Normalkräfte für die verschiedenen Lastfälle angegeben. Alle Werte sind auf den mittleren Rohrradius r bezogen und unter der Voraussetzung einer zum Vertikaldurchmesser symmetrischen Belastung berechnet worden. Es ist folgendes zu beachten:

1. Positive Biegemomente erzeugen eine Spannungsverteilung mit der Zugfaser an der Rohrinnenwand.

Positive Normalkräfte erzeugen Zugspannungen im Wandquerschnitt.

2. Es werden acht Lastfälle unterschieden, deren getrennt zu berechnende Einflüsse auf das Rohr sinngemäß überlagert werden:

Lastfall I: Belastung durch eine Linienlast in der Symmetrieebene; Linienlagerung (Auflagerwinkel $\alpha = 0$).

Lastfall II: Vertikale Flächenbelastung durch Auflast (Erd- und Verkehrslast); Linienlagerung (Auflagerwinkel $\alpha = 0$).

Lastfall III: Horizontale beidseitige Flächenbelastung durch Erddruck; Linienlagerung (Auflagerwinkel $\alpha = 0$).

Lastfall IV: Belastung durch die drucklose Wasserfüllung; Linienlagerung (Auflagerwinkel $\alpha = 0$).

Lastfall V: Belastung durch das Rohreigengewicht; Linienlagerung (Auflagerwinkel $\alpha = 0$).

Lastfall VI: Einfluß der Flächenlagerung (Auflagerwinkel $\alpha = 60°$).

Lastfall VII: Einfluß der Flächenlagerung (Auflagerwinkel $\alpha = 90°$).

Lastfall VIII: Einfluß der Flächenlagerung (Auflagerwinkel $\alpha = 180°$).

3. Alle Schnittkräfte der Lastfälle I bis V beziehen sich auf Linienlagerung. Der entlastend wirkende Einfluß der Flächenlagerung wird
getrennt erfaßt und den übrigen Lastfällen überlagert.

Zur Berechnung der Schnittlasten M und N mit den Werten der
Tab. 24 ist die Kenntnis der zugehörigen Belastungswerte erforderlich.

Vertikale Erdlast: Bei der Berechnung der vertikalen Erdlast anhand
der Silotheorie wurde eine über die gesamte Grabenbreite konstant bleibende Belastungsordinate angenommen (s. Abschn. 9.4.1.1). Diese verti-

Tabelle 24. *Biegemomente M und Normalkräfte N für*

Biegemomente,

Punkt	Symm. Einzellast.	Erd- u. Verkehrslasten	Horizontale L.	Wasserfüllung
	$M^{I} = 0,\ldots P \cdot r$	$M^{II} = 0,\ldots p_V \cdot r^2$	$M^{III} = 0,\ldots p_H \cdot r^2$	$M^{IV} = 0,\ldots g_W \cdot r^2$
Rohr-scheitel	+ 0,319	+ 0,260	− 0,215	+ 0,059
Rohr-kämpfer	− 0,181	− 0,257	+ 0,233	− 0,066
Rohr-sohle	+ 0,319	+ 0,463	− 0,215	+ 0,476

Normalkräfte,

Punkt	Symm. Einzellast.	Erd- u. Verkehrslasten	Horizontale L.	Wasserfüllung
	$N^{I} = 0,\ldots P$	$N^{II} = 0,\ldots p_V \cdot r$	$N^{III} = 0,\ldots p_H \cdot r$	$N^{IV} = 0,\ldots g_W \cdot r$
Rohr-scheitel	0	+ 0,065	− 0,785	+ 0,124
Rohr-kämpfer	− 0,500	− 0,785	0	0
Rohr-sohle	0	− 0,065	− 0,785	− 0,124

kale Flächenpressung wirkt jedoch bei kreisförmigen Rohren in voller
Höhe nur am Rohrscheitel, sie wird dagegen zum Rohrkämpfer hin kleiner
wegen der zunehmenden Neigung der Rohroberfläche. Von MARQUARDT
[58] durchgeführte Druckbandmessungen an verschiedenen Rohren zur
Ermittlung der Normalkraftverteilung haben zum Ansatz einer Cosinusfunktion als angenäherte Form der Belastungsfläche für die Vertikalbelastung geführt:

$$p_{E,V} = p_{E,V,0} \cdot \cos \varphi. \tag{9/73}$$

Setzt man den Inhalt der aus dieser Verteilung sich ergebenden Belastungsfläche gleich dem Inhalt der rechteckigen Belastungsfläche aus der Bedingung, daß die Größe der gesamten vertikalen Erdauflast erhalten bleiben muß, so erhält man in Verbindung mit den entsprechenden Gleichungen der Abschn. 9.4.1.1 und 9.4.1.2 für die Scheitelordinate der Belastungsfläche (s. Abb. 114)

$$p'_{E,V,0} = P'_{E,V} \cdot \frac{1}{D} \cdot \frac{4}{\pi} \, , \qquad (9/74a)$$

bzw.
$$p_{E,V,0} = P_{E,V} \cdot \frac{1}{D} \cdot \frac{4}{\pi} \, . \qquad (9/74b)$$

verschiedene Lastfälle, bezogen auf den mittleren Rohrradius r

bezogen auf r

Eigengewicht	Flächenlager 60°	Flächenlager 90°	Flächenlager 180°
$M^V = 0,\ldots g_R \cdot r^2$	$M^{VI} = 0,\ldots q_{60°} \cdot r^2$	$M^{VII} = 0,\ldots q_{90°} \cdot r^2$	$M^{VIII} = 0,\ldots q_{180°} \cdot r^2$
$+\,0,489$	$-\,0,004$	$-\,0,011$	$-\,0,028$
$-\,0,572$	$+\,0,004$	$+\,0,011$	$+\,0,033$
$+\,1,509$	$-\,0,071$	$-\,0,130$	$-\,0,238$

bezogen auf r

Eigengewicht	Flächenlager 60°	Flächenlager 90°	Flächenlager 180°
$N^V = 0,\ldots g_R \cdot r$	$N^{VI} = 0,\ldots q_{60°} \cdot r$	$N^{VII} = 0,\ldots q_{90°} \cdot r$	$N^{VIII} = 0,\ldots q_{180°} \cdot r$
$+\,0,481$	$-\,0,008$	$-\,0,022$	$-\,0,061$
$-\,1,796$	0	0	0
$-\,0,481$	$+\,0,008$	$+\,0,022$	$+\,0,061$

Diese Ordinaten können zur Berechnung der Schnittlasten nach Lastfall II angewendet werden (Belastungswert p_V in Tab. 24).

Horizontale Erdlasten: Bei Rohrleitungen unter Dammbedingung kann entsprechend dem Auflastverfahren die entlastende Wirkung des horizontalen Erddrucks berücksichtigt werden. Auch hier kann angenähert eine Cosinusfunktion angesetzt werden. Analog zu Gl. (9/73) und Abb. 114 erhält man

$$p_{E,H} = p_{E,H,0} \cdot \cos \varphi. \qquad (9/75)$$

Zur Sicherheit wird für den Maximalwert in Kämpferhöhe nur der aktive Erddruck in dieser Höhe angesetzt, also

13 A*

$$p_{E,H,0} = \gamma_E \left(t + \frac{D}{2} \right) \cdot \lambda_a, \tag{9/76}$$

mit λ_a nach Gl. (9/59).

Die Ordinaten $p_{E,H,0}$ können zur Berechnung der Schnittlasten nach Lastfall III angewendet werden (Belastungswert p_H in Tab. 24).

Verkehrslast: Die maßgebende Scheitelordinate der Verkehrslast unter Einbeziehung der Stoßziffer φ ist durch die Gl. (9/63) gegeben. Der Wert $p_{V,V}$ kann Abb. 110 entnommen werden. Die Ordinate $p_{V,V,\,\mathrm{ges}}$ kann zusammen mit $p_{E,V,0}$ zur Berechnung der Schnittlasten nach Lastfall II angewendet werden (Belastungswert p_V in Tab. 24).

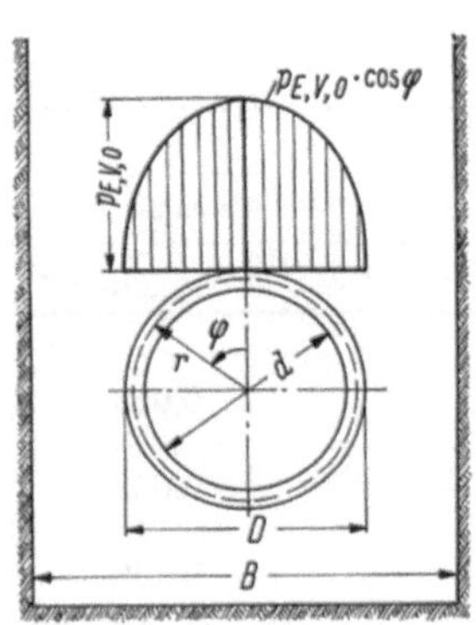

Abb. 114. Belastungsfläche der an einer Grabenleitung angreifenden vertikalen Kräfte.

Wasserfüllung: Die Schnittlasten ergeben sich nach Lastfall IV mit dem Belastungswert g_W nach Gl. (9/68).

Rohreigengewicht: Die Schnittlasten ergeben sich nach Lastfall V mit dem Belastungswert g_R nach Gl. (9/70).

Innendruck: Der Lastfall Innendruck kann nicht mit den Belastungen aus vertikaler und horizontaler Auflast zusammengefaßt werden. Da der Innendruck in radialer Richtung auf die Rohroberfläche wirkt und der Kreis die Stützlinie für Radiallasten darstellt, können nur Normalkräfte, aber keine Biegemomente in der Rohrwand auftreten. Die über dem Rohrumfang konstante Normalkraft infolge Innendruck p_i (kp/cm²) ist

$$N = \frac{p_i \cdot d}{2} \; (\text{kp/cm}). \tag{9/77}$$

Hierin ist d (cm) der Rohrinnendurchmesser.

Für äußeren Überdruck gilt dieselbe Gleichung mit umgekehrtem Vorzeichen.

9.4.6.2 Einfluß der Rohrlagerung

Ebenso wie beim Auflastverfahren durch die Flächenlagerung des Rohres die Tragfähigkeit gegenüber der Linienlagerung erhöht wird, wird beim Schnittlastenverfahren die Rohrbeanspruchung kleiner mit zunehmendem Auflagerwinkel.

Nach dem von MARQUARDT [58] festgestellten Verlauf der Auflagerkräfte kann auch hier angenähert eine Cosinusfunktion angesetzt werden (s. Abb. 112).

Der Inhalt der Belastungsfläche Q muß gleich der Summe aller vertikalen Lasten sein:

$$Q = P_{E,V} + P_{V,V,\,ges} + G_W + G_R \quad (\text{Mp/m}). \tag{9/78}$$

Hier ist

$P_{E,V}$ (bzw. $P'_{E,V}$) die vertikale Erdlast nach den entsprechenden Gleichungen der Abschn. 9.4.1.1 und 9.4.1.2,

$P_{V,V,\,ges}$ die Verkehrslast nach Gl. (9/64),

G_W das Gewicht der Wasserfüllung nach Gl. (9/67),

G_R das Rohreigengewicht nach Gl. (9/69).

Ist q die Scheitelordinate der Belastungsfläche und r' ihre Randabszisse, so wird

$$Q = \frac{\pi}{2} \cdot q \cdot r'. \tag{9/79}$$

In Tab. 25 sind für verschiedene Auflagerwinkel α die Werte q und r' angegeben.

Tabelle 25. *Belastungsfläche der Auflagerkräfte*

Auflagerwinkel α	$r' = \ldots \cdot r$	$q_\alpha = \ldots \cdot Q/r$
60°	0,5	1,27
90°	0,7	0,91
120°	0,86	0,74
180°	1,00	0,64

Mit den Belastungswerten q_α können die entlastend wirkenden Schnittlasten nach den Lastfällen VI bis VIII der Tab. 24 berechnet werden.

9.4.6.3 Spannungsermittlung

Die aus den vertikalen und horizontalen Auflasten ermittelten Schnittlasten rufen im Rohrquerschnitt Ringbiegespannungen hervor.

Die maximale Randzugspannung beträgt

$$\sigma_d = \frac{N}{F} + \frac{M}{W} \quad (\text{Mp/m}^2). \tag{9/80}$$

Die Normalkräfte N und Biegemomente M sind nach Abschn. 9.4.6.1 und 9.4.6.2 zu berechnen.

Das Widerstandsmoment für den Rohrabschnitt der Länge $l = 1$ (cm) beträgt

$$W = \frac{s^2}{6} \quad (\text{cm}^3) \tag{9/81}$$

mit

$$s = \text{Wanddicke (cm)},$$
$$\text{der Querschnitt ist } F = s \quad (\text{cm}^2). \tag{9/82}$$

Für die Spannungsberechnung aus den Auflasten kann die tatsächlich vorhandene Rohrwanddicke zugrunde gelegt werden, die durch die produktionsbedingte Überwicklung (s. Abschn. 3.4) um mindestens 1 bis 2,5 mm (abhängig von der Nennweite) größer ist als die Nennwanddicke.

Bei dickwandigen Rohren, deren Wanddicke im Verhältnis zum Rohrradius nicht mehr klein ist, gilt Gl. (9/80) nicht mehr mit genügender Genauigkeit, da hier das NAVIERsche Geradliniengesetz der Spannungs-

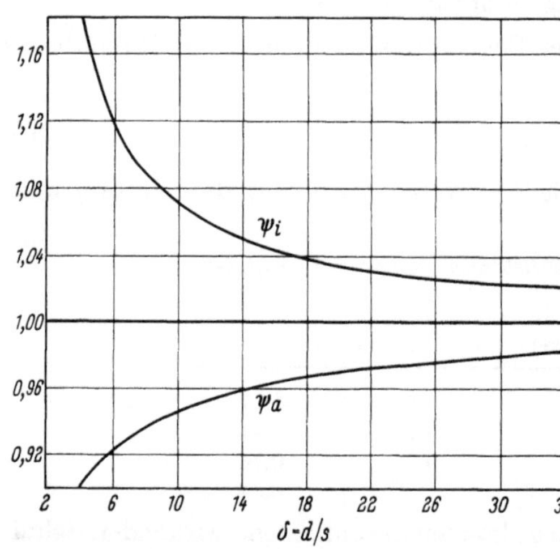

Abb. 115. Korrekturfaktoren $\psi_{i,a}$ für die Ringbiegespannung σ_d am gekrümmten Stab in Abhängigkeit von δ.

verteilung nicht mehr gültig ist. Beim dickwandigen Rohr mit kleinerem Wanddickenverhältnis $\delta = d/s$ ist die Spannungsverteilung hyperbolisch. Die Maximalspannung tritt an der Rohrinnenwand auf. Der Biegespannungsanteil M/W der Gl. (9/80) ist daher mit einem Korrekturfaktor ψ zu multiplizieren. Abb. 115 enthält die Faktoren ψ_i für die innere und ψ_a für die äußere Rohrwand. Es wird damit

$$\sigma_d = \frac{N}{F} \pm \frac{6 \cdot M}{s^2} \cdot \psi_{i,a} \quad (\text{Mp/m}^2). \qquad (9/83)$$

Wie Abb. 115 zeigt, kann bei Rohren mit normaler Wanddicke in der Regel die Gl. (9/80) mit ausreichender Genauigkeit angewendet werden.

Die von der Normalkraft infolge Innendruck gemäß Gl. (9/77) erzeugte Spannung ist eine reine Ringzugspannung und beträgt

$$\sigma_z = \frac{N}{F} = \frac{p_i \cdot d}{2\,s} \quad (\text{kp/cm}^2) \qquad (9/84)$$

mit p_i in kp/cm², d und s in cm.

Diese Spannung stellt einen Mittelwert über den Rohrquerschnitt dar. Auch hier zeigt die Spannungsverteilung bei dickwandigen Rohren einen hyperbolischen Verlauf mit dem Größtwert an der Rohrinnenwand. Der genaue Spannungswert beträgt an der Innenwand

$$\sigma_{z,i} = \sigma_{z,\mathrm{max}} = p_i \cdot \frac{r_a^2 + r_i^2}{r_a^2 - r_i^2} \ (\mathrm{kp/cm^2}), \qquad (9/85\,\mathrm{a})$$

an der Außenwand

$$\sigma_{z,a} = \sigma_{z,\mathrm{min}} = p_i \cdot \frac{2\,r_i^2}{r_a^2 - r_i^2} \ (\mathrm{kp/cm^2}), \qquad (9/85\,\mathrm{b})$$

r_i ist der innere, r_a der äußere Rohrradius in cm.

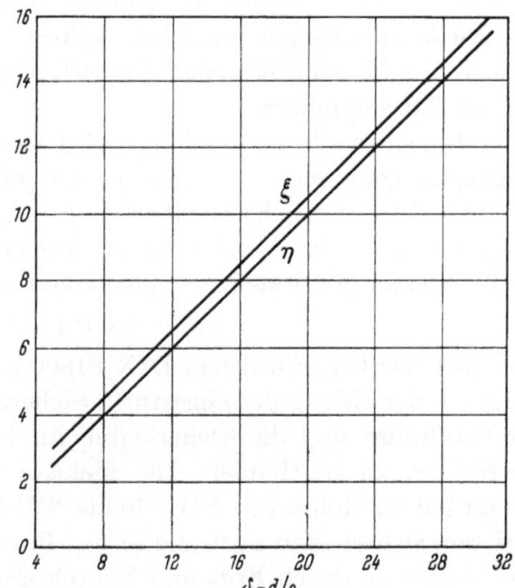

Abb. 116. Beiwerte ξ und η in Abhängigkeit von δ.

Zur Vereinfachung der Berechnung sind für die Spannung $\sigma_{z,\mathrm{max}}$ nach Gl. (9/85a) und für die mittlere Spannung σ_z nach Gl. (9/84) in Abb. 116 die Beiwerte ξ und η in Abhängigkeit von $\delta = d/s$ aufgetragen. Damit wird

$$\sigma_{z,\mathrm{max}} = \xi \cdot p_i \ (\mathrm{kp/cm^2}) \ \text{und} \ \sigma_z = \eta \cdot p_i \ (\mathrm{kp/cm^2}).$$

Aus dem Vergleich von ξ und η läßt sich der bei Anwendung der Gl. (9/84) gemachte Fehler abschätzen. Ähnlich wie bei der Ringbiegespannung genügt für die Praxis und bei normalen Verhältnissen in der Regel die Berechnung nach Gl. (9/84), da der hierbei gemachte Fehler im Rahmen der natürlichen Streuung der Festigkeitswerte liegt.

9.4.6.4 Sicherheiten

Bei Belastung des Rohres durch Scheitellasten wird nach DIN 19800 eine Mindest-Scheiteldruckfestigkeit von $\sigma_d = 450$ kp/cm² gefordert. Die aus Scheiteldruckversuchen an ETERNIT-Rohren ermittelten Festigkeitswerte lagen jedoch wesentlich höher, insbesondere bei Rohren großer Nennweite, für die die statische Berechnung durchgeführt wird (s. Abschn. 4.4.2). Auf Grund der Versuchsergebnisse kann für Großrohre unter Berücksichtigung der Standardabweichung mit einer Mindest-Scheiteldruckfestigkeit von

$$\sigma_d = 530 \ (\text{kp/cm}^2)$$

gerechnet werden. Wegen der gleichzeitigen Wirkung des Innendrucks bei Druckrohrleitungen wird hier jedoch ein höherer Sicherheitsfaktor als bei drucklosen Leitungen für erforderlich gehalten, und es wird $\nu_d = $ rd. 2,0 empfohlen.

Bei Innendruckbeanspruchung wird nach DIN 19800 eine Mindest-Ringzugfestigkeit von $\sigma_z = 200$ kp/cm² gefordert, während die anhand der Innendruckversuche ermittelten Festigkeitswerte ebenfalls wesentlich höher liegen (s. Abschn. 4.4.1). Auf Grund der Versuchsergebnisse kann mit einer Mindest-Ringzugfestigkeit von

$$\sigma_z = 250 \ (\text{kp/cm}^2)$$

gerechnet werden. Für die in DIN 19800 genormten Rohre bis NW 400 sind nach der Nennweite abgestufte Sicherheitsfaktoren vorgeschrieben. Für Großrohre sind die Sicherheiten im Einzelfall auf Grund der Gegebenheiten zu bestimmen. Die kleinste Sicherheit nach DIN 19800 beträgt 3,0 für Rohre von NW 250 bis NW 400. Berücksichtigt man, daß in diesen Sicherheiten auch die in der Praxis meist vorhandene zusätzliche Belastung durch Erd- und Verkehrslasten erfaßt ist, so entspricht dem für Großrohre bei gesonderter Berücksichtigung der Auflasten ein Sicherheitsfaktor von $\nu = 2,5$. Diesen Sicherheitsfaktor sieht auch die in Überarbeitung befindliche ISO R 160 vor, wenn die Auflast gesondert berücksichtigt wird.

Bei gleichzeitiger Belastung durch Auflasten und Innendruck ergibt sich ein praktisches Berechnungsverfahren, wenn die Mindestfestigkeiten in den gleichen Zusammenhang gebracht werden, der durch Versuche für die Bruchspannungen bei kombinierter Belastung ermittelt wurde (s. Abschn. 4.4.3).

Die Kontrolle der Bemessung erfolgt über den Sicherheitsnachweis. Hierbei wird berücksichtigt, daß die ertragbare Grenzspannung des einen Lastfalls die vorerwähnte Absicherung besitzt, wenn gleichzeitig die bei der Bemessung zugrundegelegte Betriebsspannung infolge des anderen Lastfalles mitwirkt.

Die Scheiteldruckfestigkeit bei gleichzeitig vorhandener Ringzugspannung $\bar{\sigma}_{z,\text{vorh.}}$ des Betriebszustandes wird errechnet aus

$$\bar{\sigma}_d = 530 \cdot \sqrt{\frac{250 - \bar{\sigma}_{z,\text{vorh.}}}{250}} \ (\text{kp/cm}^2). \tag{9/86}$$

Der Querstrich kennzeichnet die kombinierte Belastung. Die Werte mit dem Index „vorh." sind die auf Grund der Belastung berechneten Spannungen.

Die Ringzugfestigkeit bei gleichzeitig vorhandener Scheiteldruckspannung $\bar{\sigma}_{d,\text{vorh.}}$ erhält man aus

$$\bar{\sigma}_z = 250 \cdot \left[1 - \left(\frac{\bar{\sigma}_{d,\text{vorh.}}}{530}\right)^2\right] \ (\text{kp/cm}^2). \tag{9/87}$$

Damit beträgt die Sicherheit gegenüber der Scheiteldruckfestigkeit

$$\bar{v}_d = \bar{\sigma}_d / \bar{\sigma}_{d,\text{vorh.}}$$

und gegenüber der Ringzugfestigkeit

$$\bar{v}_z = \bar{\sigma}_z / \bar{\sigma}_{z,\text{vorh.}}.$$

Werden andere Einzelfestigkeiten als die Mindestwerte in Gl. (9/86) und (9/87) nachgewiesen, dann sind diese in die beiden Gleichungen einzusetzen. So ist es auf einfache Weise möglich, dieses Bemessungsverfahren auch für andere Materialqualitäten anzuwenden.

9.5 Anwendungsbeispiele

9.5.1 Hydraulische Berechnung

9.5.1.1 Berechnung einer Reinwasserleitung

Der Durchfluß für eine 3 km lange Asbestzement-Druckrohrleitung soll 30 l/s betragen. Gesucht ist der Druckhöhenverlust bei einer Wassertemperatur von 12 °C bzw. 8 °C.

Bei einer angenommenen Geschwindigkeit $v = 1{,}0$ m/s ergibt sich aus

$$F = \frac{\pi}{4} \cdot d^2 = \frac{Q}{v} = \frac{0{,}030}{1{,}0} = 0{,}030 \ \text{m}^2$$

und $\qquad d = 200$ mm.

Die kinematische Zähigkeit des Reinwassers von 12 °C beträgt nach Abb. 99

$$v = 1{,}24 \cdot 10^{-6} \ \text{m}^2/\text{s}.$$

Damit wird

$$Re = \frac{v \cdot d}{\nu} = \frac{1,0 \cdot 0,2}{1,24} \cdot 10^6 = 161\,000 > 2300.$$

Die Strömung ist turbulent.

Aus der Netzlinientafel für $k = 0,025$ mm (Tafel I) erhält man für das Reibungsgefälle $J = 4,0\ ^0/_{00}$. Damit wird der Reibungsverlust

$$h_v = 4,0 \cdot 3000 \cdot 10^{-3} = 12\ \text{mWS}.$$

Für $t = 8\ °\text{C}$ findet man aus Abb. 99

$$\nu = 1,39 \cdot 10^{-6}\ \text{m}^2/\text{s}.$$

Reduzierter Durchfluß

$$Q_0 = Q \cdot \left(\frac{\nu_0}{\nu}\right) = 30 \left(\frac{1,24}{1,39}\right) = 26,8\ \text{l/s}.$$

Das Reibungsgefälle wird dann nach der Netzlinientafel $J_0 = 3,6\ ^0/_{00}$ und somit das Reibungsgefälle für $t = 8\ °\text{C}$

$$J = J_0 \left(\frac{\nu}{\nu_0}\right)^2 = 3,6 \left(\frac{1,39}{1,24}\right)^2 = 4,52\ ^0/_{00}.$$

Der Druckverlust liegt somit rund 13% höher als beim wärmeren Wasser von $t = 12\ °\text{C}$.

Der maximal zu erwartende Druckstoß beim Abschluß eines Schiebers am Ende der Rohrleitung beträgt nach Gl. (9/21) mit $a \approx 1000$ m/s

$$\frac{\Delta p}{\gamma} = \frac{a}{g} \cdot v_0 = \frac{1000}{9,81} \cdot 1,0 = 102\ \text{mWS}.$$

Diese Druckstoßhöhe tritt nur dann auf, wenn die Schieberschließzeit nach Gl. (9/20) kürzer wird als

$$\frac{2\,L}{a} = \frac{2 \cdot 3000}{1000} = 6\ \text{s}.$$

In der Praxis treten so kurze Schließzeiten jedoch in der Regel nicht auf.

9.5.1.2 Berechnung einer teilgefüllten Abwasserleitung

Ein Hauptsammler NW 1200 für normales häusliches Abwasser liegt in einem Gefälle von 1 : 1400. Gesucht ist die Füllhöhe für einen gleichförmigen Abfluß von 800 l/s.

Da es sich um einen mit besonderer Sorgfalt verlegten geraden Hauptsammler ohne seitliche Zuflüsse und mit nur wenigen Einsteigschächten handelt, kann die betriebliche Rauhigkeit $k_b = 0,25$ mm angewendet werden. Für ein Gefälle $J = 0,71\ ^0/_{00}$ ergibt sich für Vollfüllung aus der entsprechenden Netzlinientafel II das Abflußvermögen $Q_V = 1206$ l/s bei einer Geschwindigkeit von $v_V = 1,07$ m/s.

Mit $Q_T = 800$ l/s wird $Q_T/Q_V = 800/1206 = 0,664.$

Aus der Füllungskurve Abb. 100 erhält man $h/D = 0,605$ und damit wird die Füllhöhe $h = 0,605 \cdot 1,20 = 0,73$ m.

Die Fließgeschwindigkeit beträgt $v_T = v_V \cdot 1,055 = 1,07 \cdot 1,055 = 1,13$ m/s.

9.5.2 Berechnung einer Ferngasleitung

Eine Asbestzement-Druckrohrleitung NW 500 von 5 km Länge soll bei einer Gastemperatur von $T = 293\ °\mathrm{K}$ (20 °C) und einem Anfangsdruck von 5 ata (4 atü) Stadtgas fördern. Die Anfangsgeschwindigkeit sei $w_1 = 30$ m/s. Der Adiabatenexponent betrage $\varkappa = 1,36$ mit $c_p = 0,29$ kcal/kp Grad und die Gaskonstante $R = 76$ m/Grad. Wie groß ist der Druckabfall bei einem Durchsatzvolumen von $V_N = 130\,000$ Nm³/h und welche Geschwindigkeit herrscht am Ende der Leitung?

Der Rohrquerschnitt beträgt

$$F = \frac{\pi \cdot d^2}{4} = \frac{3,14 \cdot 0,5^2}{4} = 0,196 \text{ m}^2,$$

die Re-Zahl errechnet sich mit $\nu = 31 \cdot 10^{-6}$ m²/s (aus Abb. 102)

$$Re = \frac{30 \cdot 0,5}{31} \cdot 10^6 = 485\,000 > 2300.$$

Die Strömung ist also turbulent.

Das spez. Gewicht des Gases beim Eintritt in die Leitung wird nach Gl. (9/30)

$$\gamma_1 = \frac{10\,000 \cdot p_1}{R \cdot T} = \frac{10\,000 \cdot 5}{76 \cdot 293} = 2,24 \left(\frac{\text{kp}}{\text{m}^3}\right).$$

Der Druckverlust $P_1 - P_2 = 1000\,(p_1 - p_2)$ ergibt sich aus Gl. (9/35). Sofern die Beaufschlagung der Rohrleitung nicht zu groß ist, kann zur Bestimmung des Reibungsgefälles J die Netztafel herangezogen werden, wobei allerdings zu beachten ist, daß die gegenüber $t = 12\ °$C der Tafel veränderte Temperatur eine Umrechnung des abgelesenen J-Wertes erforderlich macht. Das Durchsatzvolumen ist außerdem auf Nm³/s zu beziehen.

$$V_{N(s)} = \frac{V_{N(h)}}{3600} \left(\frac{\text{Nm}^3}{\text{s}}\right).$$

Im anderen Falle kann λ_R entweder mit der Näherungsgleichung (9/36) berechnet oder aus dem MOODYschen Diagramm (Abb. 98) abgelesen werden. Letzteres wird empfohlen.

Es ist für Asbestzement-Druckrohre NW 500 ($k = 0,025$ mm)

$$\frac{k}{d} = \frac{0,025}{500} = 0,00005 = 5 \cdot 10^{-5},$$

ferner war $Re = 4,85 \cdot 10^5$. Aus Abb. 98 findet man hiermit

$$\lambda_R = 0,014.$$

Die Gleichung für den Druckabfall (9/35) lautet nunmehr

$$\varDelta P = P_1 - P_2 = P_1 \left[1 - \sqrt{1 - 2 \cdot \lambda_R \cdot \frac{\gamma_1}{P_1} \cdot \frac{L}{d} \cdot \frac{w_1^2}{2g}} \right] \; (\text{kp/m}^2),$$

$$\varDelta P = P_1 \left[1 - \sqrt{1 - 2 \cdot 0{,}014 \cdot \frac{2{,}24}{10\,000 \cdot 5} \cdot \frac{5000}{0{,}5} \cdot \frac{30^2}{2 \cdot 9{,}81}} \right] \; (\text{kp/m}^2)$$

$$\varDelta P = 10\,000 \cdot p_1 \cdot 0{,}348 = 17\,410 \left(\frac{\text{kp}}{\text{m}^2} \right) \; \text{oder}$$

$$\varDelta p = 1{,}74 \; \text{ata},$$

somit herrscht am Leitungsende der Druck

$$p_2 = 3{,}26 \; \text{ata}.$$

Für die isothermische Zustandsänderung gilt

$$w_2 = \frac{w_1 \cdot p_1}{p_2} = \frac{30 \cdot 5}{3{,}26} = 46{,}0 \left(\frac{\text{m}}{\text{s}} \right).$$

Die Austrittsgeschwindigkeit des Gases am Leitungsende beträgt demnach $w_2 = 46{,}0 \; \text{m/s}$.

9.5.3 Statische Berechnung von erdverlegten Asbestzement-Druckrohrleitungen

9.5.3.1 Drucklose Rohrleitung unter Grabenbedingung

Ein Hauptsammler NW 1000 soll unter eine Hauptverkehrsstraße mit 6,0 m Überdeckung gelegt werden. Die Grabenbreite soll 1,70 m betragen, für die Verkehrslast ist das Regelfahrzeug SLW 60 anzusetzen. Der Kiessandboden hat ein Raumgewicht $\gamma_E = 2{,}0 \; \text{Mp/m}^3$ und einen Reibungswinkel $\varrho = 33°$.

Die Wanddicke des Rohres NW 1000 der Standardklasse beträgt $s = 34 \; \text{mm}$ (Tab. 23). Damit wird $D = 1{,}07 \; \text{m}$, $r = 0{,}517 \; \text{m}$.

Zunächst wird geprüft, ob sich das Rohr im Vergleich zum umgebenden Boden elastisch verhält. Mit $E_R = 250000 \; \text{kp/cm}^2$ und der Steifezahl des Bodens $E_S = 500 \; \text{kp/cm}^2$ wird nach Gl. (9/51)

$$n = \frac{500}{250000} \cdot \left(\frac{51{,}7}{3{,}4} \right)^3 \approx 7{,}0.$$

Das Rohr verhält sich somit elastisch.

Weiterhin ist zu prüfen, ob die Rohrleitung unter Grabenbedingung oder unter Dammbedingung liegt. Zur Ermittlung der Grenzgrabenbreite wird für das elastische Rohr $r_{sd} = 0$ gesetzt.

Mit
$$\frac{t}{D^2} = \frac{6{,}0}{1{,}07} = 5{,}6$$

erhält man aus Abb. 108

$$\frac{B^*}{D} = 1,7 \text{ und } B^* = 1,7 \cdot 1,07 = 1,82 \text{ m} > 1,70 \text{ m}.$$

Es liegt also Grabenbedingung vor.

Zur Sicherheit wird für den Reibungseinfluß an den Grabenwänden mit unverdichteter Verfüllung gerechnet.

Mit $t/B = 6,0/1,70 = 3,53$ erhält man nach Abb. 104 mit Kurve *2* $A = 0,39$.

Die vertikale Erdlast für die gesamte Grabenbreite ergibt sich nach Gl. (9/49) zu

$$P_{E,V} = 2,0 \cdot 6,0 \cdot 1,70 \cdot 0,39 = 7,95 \text{ Mp/m}.$$

Die Entlastung durch den horizontalen Erddruck wird unberücksichtigt gelassen.

Der Konzentrationsfaktor nach Gl. (9/53) wird $m < 1$. Aus Sicherheitsgründen wird der Belastungsanteil des Rohres mit $m = 1$ nur auf

$$P'_{E,V} = 7,95 \cdot \frac{1,07}{1,70} = 5,0 \text{ Mp/m}$$

gemäß Gl. (9/54) reduziert.

Die Ordinate der statischen Verkehrslast wird für $t = 6,0$ m nach Abb. 110

$$p_{V,V} = 0,9 \text{ Mp/m}^2.$$

Mit

$$\varphi = 1 + \frac{0,3}{6,0} = 1,05$$

wird die Gesamtverkehrslast nach Gl. (9/64)

$$P_{V,V,\text{ges}} = 0,9 \cdot 1,07 \cdot 1,05 = 1,01 \text{ Mp/m}.$$

Das Gewicht der Wasserfüllung beträgt nach Gl. (9/67)

$$G_W = 0,79 \text{ Mp/m}.$$

Das Rohreigengewicht ist nach Gl. (9/69)

$$G_R = 2 \cdot 0,534 \cdot \pi \cdot 2,0 \cdot 0,034 = 0,23 \text{ Mp/m}.$$

Somit beträgt die Summe aller vertikalen Auflasten

$$P_V = 5,0 + 1,01 + 0,79 + 0,23 = 7,03 \text{ Mp/m}.$$

Für den Auflagerwinkel von 90° kann die Einbauziffer $E_Z = 1,7$ angesetzt werden.

Nach Tab. 23 beträgt die garantierte Scheiteldrucklast für ein Rohr NW 1000 mit 34 mm Wanddicke $P_D = 7200$ kp/m.

Damit wird die Tragfähigkeit nach Gl. (9/71)

$$P_{Tr} = 1,7 \cdot 7,2 = 12,2 \text{ Mp/m.}$$

Die Sicherheit beträgt

$$v = \frac{P_{Tr}}{P_V} = \frac{12,2}{7,03} = 1,73 > 1,5.$$

Es ist somit noch eine bedeutende Sicherheitsreserve vorhanden, obwohl bereits zugunsten der Sicherheit großzügige Belastungsannahmen gemacht wurden.

9.5.3.2 Drucklose Rohrleitung unter Dammbedingung

Eine Rohrleitung NW 1000 soll unter den gleichen Bedingungen wie im Beispiel des Abschn. 9.5.3.1 gelegt werden, nur mit einer geringeren Überdeckung von 1,20 m.

Die Wanddicke des Rohres beträgt ebenfalls $s = 34$ mm, damit wird $D = 1,07$ m, $r = 0,516$ m.

Das Rohr verhält sich gegenüber dem umgebenden Boden elastisch (s. Abschn. 9.5.3.1).

Es ist zu prüfen, ob Grabenbedingung oder Dammbedingung vorliegt. Zur Bestimmung der Grenzgrabenbreite wird $r_{sd} = 0$ gesetzt.

Mit $t/D = 1,20/1,07 = 1,12$ erhält man aus Abb. 108 $B^*/D = 1,15$ und

$$B^* = 1,15 \cdot 1,07 = 1,23 \text{ m} < 1,70 \text{ m.}$$

Die Grenzgrabenbreite ist kleiner als die vorhandene Grabenbreite, somit liegt Dammbedingung vor.

Für λ_d wird der Mindestwert 1,0 eingesetzt. Damit ergibt sich die vertikale Erdlast nach Gl. (9/56) zu

$$P_{E,V} = 1,0 \cdot 2,0 \cdot 1,20 \cdot 1,07 = 2,57 \text{ Mp/m.}$$

Die Ordinate der statischen Verkehrslast wird für $t = 1,20$ m nach Abb. 110

$$p_{V,V} = 4,0 \text{ Mp/m}^2.$$

Mit $\varphi = 1 + 0,3/1,20 = 1,25$ wird die Gesamtverkehrslast nach Gl. (9/64)

$$P_{V,V,\text{ges}} = 4,0 \cdot 1,07 \cdot 1,25 = 5,35 \text{ Mp/m.}$$

Der Einfluß von Rohreigengewicht und Wasserfüllung ist durch die Tragfähigkeitsziffer bereits überschläglich berücksichtigt. Damit wird die Summe aller vertikalen Auflasten

$$P_V = 2,57 + 5,35 = 7,92 \text{ Mp/m.}$$

Für den Auflagerwinkel von 90° wird die Tragfähigkeitsziffer nach Tab. 22 $T_r = 1{,}66$.

Zur zusätzlichen Sicherheit wird hier der entlastende Einfluß des horizontalen Erddrucks vernachlässigt ($T_d = 1{,}0$).

Nach Tab. 23 ist die garantierte Scheiteldrucklast für ein Rohr NW 1000 mit 34 mm Wanddicke $P_D = 7200$ kp/m. Somit wird die Tragfähigkeit nach Gl. (9/71)

$$P_{Tr} = 1{,}66 \cdot 7{,}2 = 11{,}93 \text{ Mp/m}.$$

Die Sicherheit beträgt

$$\nu = \frac{P_{Tr}}{P_V} = \frac{11{,}93}{7{,}92} = 1{,}51.$$

9.5.3.3 Druckrohrleitung unter Dammbedingung

Eine Druckrohrleitung NW 800 soll in einem Graben unter eine Hauptverkehrsstraße mit 2,50 m Überdeckung gelegt werden. Der maximale Betriebsdruck für die Leitung ist mit $p_i = 8{,}0$ kp/cm² angegeben. Die Grabenbreite beträgt 1,50 m. Als Verkehrslast ist das Regelfahrzeug SLW 60 nach DIN 1072 einzusetzen.

Der anstehende Boden hat ein Raumgewicht von $\gamma_E = 1{,}7$ Mp/m³ und einen Reibungswinkel $\varrho = 31°$.

Die Wanddicke des Rohres wird geschätzt zu $s = 40$ mm. Damit wird $D = 0{,}88$ m, $r = 0{,}42$ m.

Zunächst ist zu prüfen, ob sich das Rohr im Vergleich zum umgebenden Boden elastisch verhält. Mit $E_R = 250000$ kp/cm² und der Steifezahl des Bodens $E_S = 500$ kp/cm² wird nach Gl. (9/51)

$$n = \frac{500}{250000} \left(\frac{42{,}0}{4{,}0}\right)^3 = 2{,}31 > 1.$$

Das Rohr ist somit als elastisch zu betrachten.

Anschließend wird geprüft, ob Grabenbedingung oder Dammbedingung vorliegt. Zur Bestimmung der Grenzgrabenbreite wird $r_{sd} = 0$ gesetzt.

Mit $t/D = 2{,}50/0{,}88 = 2{,}84$ erhält man aus Abb. 108 $B^*/D = 1{,}4$ und
$$B^* = 1{,}4 \cdot 0{,}88 = 1{,}23 \text{ m} < 1{,}50 \text{ m}.$$

Es liegt somit Dammbedingung vor.

Für λ_d wird der Mindestwert 1,0 gewählt, damit wird die vertikale Erdlast nach Gl. (9/56)

$$P_{E,V} = 1{,}0 \cdot 1{,}7 \cdot 2{,}50 \cdot 0{,}88 = 3{,}74 \text{ Mp/m}$$

und die Belastungsordinate im Rohrscheitel nach Gl. (9/74b)

$$p_{E,V,0} = 3{,}74 \, \frac{1}{0{,}88} \cdot \frac{4}{\pi} = 5{,}41 \text{ Mp/m}^2 \text{ (Lastfall II)}.$$

Die Erddruckziffer für den aktiven Erddruck wird nach Gl. (9/59)

$$\lambda_a = \tan^2\left(45° - \frac{31°}{2}\right) = 0{,}32$$

und damit die Belastungsordinate des horizontalen Erddrucks nach Gl. (9/76)

$$p_{E,H,0} = 1{,}7 \cdot \left(2{,}50 + \frac{0{,}88}{2}\right) \cdot 0{,}32 = 1{,}6 \text{ Mp/m}^2 \text{ (Lastfall III)}.$$

Die Ordinate für die statische Verkehrslast wird für $t = 2{,}50$ m nach Abb. 110 $p_{V,V} = 2{,}0$ Mp/m².

Mit $\varphi = 1 + 0{,}3/2{,}50 = 1{,}12$ wird die Gesamtverkehrslast nach Gl. (9/64)

$$P_{V,V,\text{ges}} = 2{,}0 \cdot 0{,}88 \cdot 1{,}12 = 1{,}97 \text{ Mp/m}$$

und die Belastungsordinate im Rohrscheitel nach Gl. (9/63)

$$p_{V,V,\text{ges}} = 2{,}0 \cdot 1{,}12 = 2{,}24 \text{ Mp/m}^2 \text{ (Lastfall II)}.$$

Damit erhält man für die Scheitelordinate der Vertikalbelastung (Lastfall II)

$$p_V = 5{,}41 + 2{,}24 = 7{,}65 \text{ Mp/m}^2.$$

Für die Wasserfüllung erhält man nach Gl. (9/68)

$$g_W = 0{,}42 \cdot 1{,}0 = 0{,}42 \text{ Mp/m}^2 \text{ (Lastfall IV)}$$

und nach Gl. (9/67)

$$G_W = 0{,}42^2 \cdot \pi \cdot 1{,}0 = 0{,}55 \text{ Mp/m}.$$

Das Eigengewicht des Rohres berechnet sich nach Gl. (9/70) zu

$$g_R = 2{,}0 \cdot 0{,}04 = 0{,}08 \text{ Mp/m}^2 \text{ (Lastfall V)}$$

bzw. nach Gl. (9/69) zu

$$G_R = 2 \cdot 0{,}42 \cdot \pi \cdot 0{,}08 = 0{,}21 \text{ Mp/m}.$$

Nach Gl. (9/78) wird damit die gesamte Auflagerkraft

$$Q = 3{,}74 + 1{,}97 + 0{,}55 + 0{,}21 = 6{,}47 \text{ Mp/m}.$$

Für die normale Auflagerung wird der Auflagerwinkel $\alpha = 90°$ angenommen. Damit wird die Maximalordinate der Auflagerreaktion nach Tab. 25

$$q_{90°} = 0{,}91 \frac{6{,}47}{0{,}42} = 14{,}0 \text{ Mp/m}^2 \text{ (Lastfall VII)}.$$

Nun lassen sich die Schnittlasten M und N für die am stärksten beanspruchte Rohrsohle aus Tab. 24 ermitteln.

$$M = r^2 \cdot (0{,}463 \cdot p_V - 0{,}215 \cdot p_H + 0{,}476 \cdot g_W + 1{,}509 \cdot g_R - 0{,}130 \cdot q_{90°}),$$

$$= 0,42^2 \cdot (0,463 \cdot 7,65 - 0,215 \cdot 1,60 + 0,476 \cdot 0,42 + 1,509 \cdot 0,08$$
$$- 0,130 \cdot 14,0),$$
$$= 0,42^2 \cdot (3,54 - 0,34 + 0,20 + 0,12 - 1,82) = 0,30 \text{ Mpm/m}$$
$$\text{bzw. } 300 \text{ kpcm/cm,}$$

$$N = r \cdot (- 0,065 \cdot p_V - 0,785 \cdot p_H - 0,124 \cdot g_W - 0,481 \cdot g_R + 0,022 \cdot q_{90°}),$$
$$= 0,42 \cdot (- 0,50 - 1,25 - 0,05 - 0,04 + 0,31),$$
$$= - 0,643 \text{ Mp/m bzw. } - 6,43 \text{ kp/cm.}$$

Das negative Vorzeichen zeigt, daß die Normalkraft eine Druckkraft ist.

Für einen Rohrabschnitt von 1 cm Länge wird das Widerstandsmoment nach Gl. (9/81)

$$W = \frac{4,0^2}{6} = 2,67 \text{ cm}^3$$

und die Längsschnittfläche nach Gl. (9/82)

$$F = 4,0 \text{ cm}^2.$$

Damit beträgt die maximale Ringbiegezugspannung aus den Auflasten nach Gl. (9/80)

$$\sigma_d = - \frac{6,43}{4,0} + \frac{300}{2,67} = - 1,6 + 112,3 = 110,7 \text{ kp/cm}^2.$$

Die Ringzugspannung aus dem Innendruck beträgt nach Gl. (9/84)

$$\sigma_z = \frac{8,0 \cdot 80}{2 \cdot 4,0} = 80 \text{ kp/cm}^2.$$

Die ertragbaren Grenzspannungen bei kombinierter Belastung werden nach Gl. (9/86)

$$\bar{\sigma}_d = 530 \cdot \sqrt{\frac{250-80}{250}} = 437 \text{ kp/cm}^2$$

bzw. nach Gl. (9/87)

$$\bar{\sigma}_z = 250 \cdot \left[1 - \left(\frac{110,7}{530}\right)^2\right] = 239 \text{ kp/cm}^2.$$

Die Sicherheit beträgt somit gegen die Scheiteldruckfestigkeit

$$\bar{v}_d = 437/110,7 = 3,94 > 2,0,$$

gegen die Ringzugfestigkeit

$$\bar{v}_z = 239/80 = 2,89 > 2,5.$$

Literaturverzeichnis

[1] Abwassertechnische Vereinigung e.V.: Lehr- und Handbuch der Abwasser-technik, Bd. I, Berlin 1967.

[2] *American Society for Testing Materials, Philadelphia:* Tentative Specifications for Asbestos-Cement Pressure Pipe, Nr. C 296 — 52 T, June 1952.

[3] *American Society for Testing Materials, Philadelphia:* Standard Specifications and Methods of Tests for Asbestos-Cement Pressure Pipe, ASTM Designation C 296 — 55, 1955.

[4] *American Water Works Association:* Tentative Standard Specification for Asbestos-Cement Water Pipe. Approved as "Tentative", AWWA C 400 — 53 T, 1953.

[5] ANNEN, G.: Bau einer 3200 m langen Klärschlammleitung. Das Gas- und Wasserfach 1959, H. 40.

[6] BAARS, J. K.: Over Sufaatreductie door Bacterien, Diss. TH Delft, 16. 9. 1927.

[7] BAUCH, H.: Kritische Betrachtung und neuere Versuche über den Abrieb in Abwasserleitungen. Das Gas- und Wasserfach 1968, H. 16.

[8] BENEDICKT, W.: Rohre aus Beton und Asbestzement in der Siedlungswasser-wirtschaft. Das Gas- und Wasserfach 1962, H. 8.

[9] BERGER, H.: Asbest-Fibel, Stuttgart 1961.

[10] BLANKS, F., u. H. L. KENNEDY: The Technology of Cement and Concrete, Vol. I, New York 1955.

[11] *British Standards Institution:* British Standard 486, 1956: Asbestos-Cement Pressure Pipe.

[12] BÜRKNER, G.: Der pH-Wert — seine Bedeutung und sein Einfluß auf die Beständigkeit von Abwasser, Kanalisation und Kläranlagen. Das Baugewerbe 1960, H. 14.

[13] CARRIERE, J. E.: Asbestzementrohre. Das Gas- und Wasserfach 1956, H. 4.

[14] CARRIERE, J. E.: Schutz der Rohrnetze gegen Korrosion. Das Gas- und Wasser-fach 1956, H. 4.

[15] COLEBROOK, F.: Turbulent Flow in Pipes with Reference to the Transition Region between the Smooth and Rough Pipe Laws. Journ. Inst. Civ. Engrs., London 11 (1939).

[16] COLEBROOK, F., u. C. M. WHITE: The Reduction of Carrying Capacity of Pipes with Age. Journ. Inst. Civ. Engrs., London (1937/38) H. 1.

[17] DALSTEIN, W.: Erfahrungen beim Bau eines Abwasserdükers aus Asbest-zement unter dem Elbe-Lübeck-Kanal. Das Gas- und Wasserfach 1960, H. 26.

[18] DEHLER, G., u. W. DANNIEN: Aus der Arbeit des Ausschusses „Asbestzement-Druckrohre" im DNA. DIN-Mitteilungen 36 (1957) H. 8/9.

[19] DENISON, J. A., u. M. ROMANOFF: Effect of Exposure to Soils on the Prop-erties of Asbestos Cement Pipe. Corrosion, May 1954.

[20] DVGW — Arbeitsblatt W 302: Druckabfalltafeln für Rohrdurchmesser von 40 bis 2000 mm. Nov. 1957.

[21] DVGW und VDEW: Neue Richtlinien für die Erdung an Wasserleitungen. Das Gas- und Wasserfach 1955, H. 10.

[22] DVGW: Erdung am Wasserrohrnetz. Das Gas- und Wasserfach 1961, H. 52.

[23] EICK, H.: Korrosionsfragen aus dem Transportwasser bei Asbestzement-Druckrohren. Vom Wasser XXVII (1960).

[24] EMPERGER, F.: Buisleidingen van Asbestbeton. Bouw- en Waterbouwkunde 3 (1932) Nr. 13.

[25] *Federal Supply Service, General Service Administration (USA):* Federal Specification: Pipe, Asbestos-Cement, Sewer, Non-pressure, SS-P-331a vom 14. 9. 1953.

[26] *Federal Supply Service, General Services Administration (USA):* Federal Specification: Pipe, Asbestos-Cement, SS-P-351a vom 7. 10. 1953.

[27] FRANK, K.: Asbest, 2. Aufl., Hamburg 1952.

[28] GANDENBERGER, W.: Druckschwankungen in Wasserversorgungsleitungen. Graphische Methode, München 1950.

[29] GELHAUSEN, W.: Asbestzementrohre für Abwasserleitungen. Abwasser-Technik 1959, H. 2.

[30] GRÜNER, H.: Bau von Abwasser-Seeleitungen in Radolfzell am Bodensee. Neue DELIWA-Zeitschrift 1964, H. 9.

[31] HAASE, L. W.: Werkstoffzerstörung und Schutzschichtbildung im Wasserfach, Weinheim/Bergstr. 1951.

[32] HEUFERS, H.: Brandversuche an schlanken, stark bewehrten Stahlbeton-säulen hoher Betongüte. Beton 13 (1965) H. 5.

[33] HOKE, G.: Das Asbestzement-Druckrohr. Kommunalwirtschaft 1955, H. 8.

[34] HUGELMANN, H.: Asbestzementrohre in der Wasserversorgung. Das Gas- und Wasserfach 1953, H. 22.

[35] HUMMEL, A.: Zementmörtel und Beton. Zementkalender 1951.

[36] HÜNERBERG, K.: Gedanken über großstädtische Wasserrohrnetze unter besonderer Berücksichtigung von Asbestzementrohren. Gas/Wasser/Wärme 13 (1959) H. 3.

[37] HÜNERBERG, K.: Das Asbestzement-Druckrohr, Berlin 1963.

[38] HURST, W. D.: Performance Record of 14 Year Old TRANSITE Water Main at Winnipeg. Water and Sewage Works, November 1947.

[39] JAEGER, CH.: Technische Hydraulik, Basel 1949.

[40] JANSSEN, H. A.: Versuche über Getreidedruck in Silozellen. Z. VDI. 39 (1895).

[41] JONES, F. E., u. J. P. LATHAM: A Survey of the Behavior in Use of Asbestos-Cement Pressure Pipe. National Buildings Studies, Nr. 15, Her Majesty's Stationary Office London, 1952.

[42] KAATZ, L., u. H. E. RICHTER: Chemisches Verhalten von ETERNIT-Rohren. Gas und Wasser 1934, H. 8.

[43] KÁRMÁN, TH. V.: Mechanische Ähnlichkeit und Turbulenz. Nachr. der Gesellsch. d. Wissensch.; Fachgruppe 1, Math.-phys. Klasse 58, Nr. 5, Göttingen 1930.

[44] KESSLER, L. H.: Speed of Water-Hammer Pressure Wave in TRANSITE Pipe. Transactions of the A.S.M.E., January 1939.

[45] KIRSCHMER, O.: Der gegenwärtige Stand unserer Erkenntnisse über die Rohr-reibung. Das Gas- und Wasserfach 1953, H. 16.

[46] KIRSCHMER, O.: Tabellen für die Bemessung von ETERNIT-Leitungen nach PRANDTL-COLEBROOK, Heidelberg 1966.

[48] KIWA: Rapport van de studiecommissie „asbest-cementbuizen", Amsterdam 1948.

[49] KIWA: Toepassing van asbestcementbuizen voor waterleidingen (aanvullend rapport). Commissie nietmetalen leidingen, Mitteilung Nr. 5, 1958.

[50] KLAS, H., u. H. STEINRATH: Die Korrosion des Eisens und ihre Verhütung, Düsseldorf 1956.

[51] KÖNIG, A.: Die Verwendung des Asbestzementrohres für Abwasserleitungen. Kommunalwirtschaft 1961, H. 9.

[52] KÜHL, H.: Zement-Chemie, Bd. I bis III, Berlin 1952.

[53] LANG, R.: Bau einer Rohrbrücke über einen Bahneinschnitt. Bohrtechnik, Brunnenbau, Rohrleitungsbau 1959, H. 7.

[54] LANDEL, E.: Betonverspannungen für Wasserleitungen und Gashochdruckleitungen. Das Gas- und Wasserfach 1950, H. 8 u. 12.

[55] LUDIN, A.: Ermittlung der Fließwiderstände in Asbestzementrohren. 13. Mitt. des Institutes für Wasserbau an der TH Berlin, 1932.

[56] LUDIN, A.: Ermittlung der Fließwiderstände in einer gebrauchten Asbestzementrohrleitung. 23. Mitt. des Institutes für Wasserbau an der TH Berlin, 1937.

[57] LWOW, W.: Asbestzementrohre für Gasleitungen. Erste nichtmetallische Überlandgasleitung in der UdSSR. Sanitär- und Röhrenmarkt 1960, H. 6.

[58] MARQUARDT, E.: Erdbedeckte Rohrleitungen und ihr Baugrund. Der Deutsche Baumeister 1953, H. 14; 1954, H. 10, 11, 12, 15.

[59] MARQUARDT, E.: Fortschritte bei der Bemessung und Bauausführung von Beton- und Stahlbetonleitungen. Die Bauwirtschaft 1952, H. 44 bis 46.

[60] McGINNIS, C. A.: Asbestos Cement Water Pressure Mains. Journ. Amer. Water Works Ass., May 1934.

[61] MEYFROOT, A.: Asbestzementrohre in der Gasversorgung. Het Gas 1961, H. 10.

[62] MOSLER, J.: Korrosion und Rohrschutz bei Asbestzementrohren. Kommunalwirtschaft 1957, H. 6.

[63] MOSLER, J.: Doppeldüker NW 600 am Oslo-Fjord. Bohrtechnik, Brunnenbau, Rohrleitungsbau 1966, H. 3.

[64] MOSLER, J., u. P. OECHSNER: Asbestzement-Druckrohre. Ihr Verhalten bei gleichzeitiger Wirkung von inneren und äußeren Belastungen. Rohre, Rohrleitungsbau, Rohrleitungstransport 1967, H. 5.

[65] NIKURADSE, J.: Gesetzmäßigkeiten der turbulenten Strömung in glatten Rohren. VDI-Forschungsheft 356, Berlin 1932.

[66] NIKURADSE, J.: Strömungsgesetze in rauhen Rohren. VDI-Forschungsheft 361, Berlin 1933.

[67] OETTEL, R., u. D. LAUTE: Der erste Tiefbrunnen mit Ausbau aus Asbestzementrohren. Braunkohle, Wärme und Energie 1960, H. 10.

[68] PRANDTL, L.: Führer durch die Strömungslehre, 3. Aufl., Braunschweig 1949.

[69] PRANDTL, L.: Neue Ergebnisse der Turbulenzforschung. Z. VDI 77 (1933).

[70] QUIRING, H.: Kurzeinführung in die Gesteinskunde, Berlin 1949.

[71] RICHTER, H.: Rohrhydraulik, 3. Aufl. 1958; 4. Aufl. 1962, Berlin/Göttingen/Heidelberg: Springer.

[72] ROS, M.: ETERNIT-Rohre der ETERNIT AG Niederurnen. Bericht Nr. 148 der EMPA, Zürich 1944.

[73] ROSKE, K.: Betonrohre nach DIN 4032, Belastung und Tragfähigkeit, 2. Aufl., Wiesbaden 1962.

[74] SCHLÄPFER, O.: I. Bericht über das Verhalten von ETERNIT-Rohren gegenüber verschiedenen chemischen Angriffen und die Eignung von ETERNIT als Material für Abzugsrohre von Gasverbrauchsapparaten. Bericht Nr. 94 der EMPA, Zürich 1935.

[75] SCHNYDER, O.: Über Druckstöße in Rohrleitungen. Wasserkraft und Wasserwirtschaft 1932, H. 5.

[76] SCHOTTAK, A.: Asbestzementrohre, ihre Erzeugung, Eigenschaften und Verwendungsmöglichkeiten. Das Gas- und Wasserfach 1931, H. 13.

[77] *South African Bureau of Standards:* Standard Specification for Asbestos Cement Pressure Pipes, 18th June 1951.

[78] STEINBACHER, K.: Die Verwendung von Asbestzementrohren zum Transport von Industrieabwässern. Kommunalwirtschaft 1958, H. 9.

[79] TILLMANS, J.: Über die kohlensauren Kalk angreifende Kohlensäure der natürlichen Wässer. Gesundheits-Ingenieur 35 (1912).

[80] TÖLKE, F.: Über den Druckstoß in einsträngigen Rohrleitungen. Veröffentlichungen zur Erforschung der Druckstoßprobleme in Wasserkraftanlagen und Rohrleitungen, Berlin 1949.

[81] VOELLMY, A.: Eingebettete Rohre. Diss. ETH Zürich 1937.

[82] WAGENFÜHR: Kautschuk als Werkstoff für die Dichtung von gußeisernen Muffendruckrohren für Gas- und Wasserleitungen. Das Gas- und Wasserfach 1936, H. 16.

[83] WETZORKE, M.: Über die Bruchsicherheit von Rohrleitungen in parallelwandigen Gräben. Veröffentlichung des Institutes für Siedlungswasserwirtschaft der TH Hannover, H. 5, Hannover 1960.

[84] WIEDERHOLD, W.: Die Berechnung der Rohrleitungen. Das Gas- und Wasserfach 1952, H. 24.

Verzeichnis der ausgewerteten Versuchsberichte

[*V 1*] Amtliche Forschungs- und Materialprüfungsanstalt für das Bauwesen, OTTO-GRAF-Institut an der TH Stuttgart: Prüfungsbericht über Versuche mit REKA-Kupplungen NW 100, vom 10. 10. 1957.

[*V 2*] Amtliche Forschungs- und Materialprüfungsanstalt für das Bauwesen, OTTO-GRAF-Institut an der TH Stuttgart: Prüfungsbericht über Prüfung von Asbestzementrohren auf Scheiteldruck- und Ringzugfestigkeit, vom 26. 4. 1963.

[*V 3*] BATTELLE-Institut e.V., Frankfurt/M.: Untersuchungen an Asbestzement-Druckrohren, Teil I: Untersuchung über die Adsorption von radioaktiven Substanzen an Asbestzement, vom 30. 6. 1960.

[*V 4*] BATTELLE-Institut e.V., Frankfurt/M.: Untersuchungen an Asbestzement-Druckrohren, Teil II: Messung der Absorption von Gamma- und Neutronenstrahlen an Asbestzement, vom 22. 2. 1960.

[*V 5*] BATTELLE-Institut e.V., Frankfurt/M.: Untersuchungen an Asbestzement-Druckrohren, Teil III: Rechnerische Ermittlung der bei der Einwirkung von thermischen Neutronen auf Asbestzement zu erwartenden Aktivität, vom 22. 2. 1960.

[*V 6*] Bundesanstalt für Materialprüfung (BAM): Vergleich der Korrosionsbeständigkeit von ETERNIT- und LNA-Abflußrohren durch eine Wechseltauchprüfung. Aktz. Z. 1. 4./1010, vom 2. 9. 1957.

[*V 7*] Bundesanstalt für Materialprüfung (BAM): Prüfung der Wärmeleitfähigkeit. Aktz. 2/6438^1, vom 24. 1. 1958.

[*V 8*] Bundesanstalt für Materialprüfung (BAM): Prüfung von ETERNIT-Druckrohren auf Ringzug- und Scheiteldruckfestigkeit in Anlehnung an DIN 19800, Blatt 2. Aktz. 2/6438^5, vom 15. 12. 1962.

[*V 9*] Bundesanstalt für Materialprüfung (BAM): Vergleichsprüfungen an ETERNIT-Druckrohren NW 200 aus Normal-Portlandzement und sulfatbeständigem Zement auf Ringzugfestigkeit, Scheiteldruckfestigkeit, Biegezugfestigkeit und Rohdichte. Aktz. 2/10840^1, vom 13. 11. 1964.

[*V 10*] Bundesanstalt für Materialprüfung (BAM): Prüfung eines ETERNIT-Druckrohrs NW 1000 auf Ringzugfestigkeit. Aktz. 2/6438^7, vom 19. 11. 1964.

[*V 11*] Bundesanstalt für Materialprüfung (BAM): Prüfung von beschichteten Asbestzementrohren auf Widerstandsfähigkeit gegen Korrosion. Aktz. 2/10958, vom 1. 4. 1965, und Aktz. 2/10958^1, vom 20. 5. 1966.

[*V 12*] Bundesanstalt für Materialprüfung (BAM): Prüfung von Druckrohren aus Asbestzement auf Druckfestigkeit. Aktz. 2/6438^{12}, vom 23. 8. 1967.

[*V 13*] Bundesgesundheitsamt — Institut für Wasser-, Boden- und Lufthygiene: 1. Bericht über die bakteriologischen Untersuchungen an ETERNIT-Rohren (Versuchsgruppe I: Durchflußversuche). Aktz.: B-A 1129/57, vom 16. 1. 1960.

[*V 14*] Bundesgesundheitsamt — Institut für Wasser-, Boden- und Lufthygiene: 2. Bericht über die bakteriologischen Untersuchungen an ETERNIT-Rohren (Versuchsgruppe II: Stehendes Wasser ohne Belüftung). Aktz.: B-A-579, vom 17. 5. 1960.

[*V 15*] Bundesgesundheitsamt — Institut für Wasser-, Boden- und Lufthygiene: 3. Bericht über die bakteriologischen Untersuchungen an ETERNIT-Rohren (Versuchsgruppe III: Stehendes Wasser mit Belüftung). Aktz.: B-A-583, vom 19. 5. 1960.

[*V 16*] Bundesgesundheitsamt — Institut für Wasser-, Boden- und Lufthygiene: 4. Bericht über die bakteriologischen Untersuchungen an ETERNIT-Rohren (Versuchsgruppe IV: Durchwachsversuche an ETERNIT-Rohren NW 25). Aktz.: B-A-739, vom 30. 6. 1960.

[*V 17*] Bundesgesundheitsamt — Institut für Wasser-, Boden- und Lufthygiene: 5. Bericht über die bakteriologischen Untersuchungen an ETERNIT-Rohren (Versuchsgruppe V: Durchwachsversuche an REKA-Kupplungen NW 25). Aktz.: B-A-739, vom 30. 6. 1960.

[*V 18*] Bundesgesundheitsamt — Institut für Wasser-, Boden- und Lufthygiene: 6. Bericht über die bakteriologischen Untersuchungen an ETERNIT-Rohren (Versuchsgruppe VI: Untersuchungen des Gleitmittels). Aktz.: B-A-739, vom 7. 9. 1960.

[*V 19*] Bundesgesundheitsamt — Institut für Wasser-, Boden- und Lufthygiene: Untersuchungsbericht über das chemisch-physikalische Verhalten von Asbestzement-Druckrohren. Aktz.: B-A-1060, vom 7. 9. 1960.

[*V 20*] Bundesgesundheitsamt — Institut für Wasser-, Boden- und Lufthygiene: Nachtrag zum Untersuchungsbericht vom 7. 9. 1960: Schlachthof- und Wäschereiabwässer. Aktz.: B-A-1488, vom 14. 11. 1961.

[*V 21*] CURT-RISCH-Institut an der TH Hannover: Bericht über dynamische Untersuchungen an Rohrleitungen in Hamburg-Eidelstedt (Sandboden), vom 24. 5. 1957.

[*V 22*] CURT-RISCH-Institut an der TH Hannover: Bericht über dynamische Untersuchungen an Rohrleitungen in bindigem Boden in Hamburg-Altona, vom 22. 3. 1958.

[*V 23*] Druckstoßkommission der S.I.A.: Druckstoßmessungen an einer ETERNIT-Rohrleitung im „Hägsten" bei Glattfelden vom 20. bis 22. Februar 1939.

[*V 24*] Forschungsinstitut der Zementindustrie, Düsseldorf: Untersuchungen an Asbestzementrohren, vom 23. 7. 1962 und vom 26. 10. 1967.

[*V 25*] Forschungs- und Entwicklungsinstitut für Industrie- und Siedlungswasserwirtschaft sowie Abfallwirtschaft e.V. in Stuttgart: Bericht über Abriebversuche an ETERNIT-Rohren, März 1961.

[*V 26*] GANDENBERGER, W.: Versuche zur Ermittlung der Druckwellenfortpflanzungsgeschwindigkeit in Asbestzementrohren, vom 5. 7. 1961.

[*V 27*] Institut für Gastechnik, Feuerungstechnik und Wasserchemie der TH Karlsruhe, vormals Gasinstitut: Bericht über Untersuchungen zur Frage der Eignung von Asbestzementrohren als Gasleitungsrohr, vom 14. 7. 1961.

[*V 28*] Land- und Forstwirtschaftskammer Hessen-Nassau, Landw. Untersuchungsamt und Versuchsanstalt Darmstadt: Gutachten über die Prüfung von REKA-Kupplungen auf Wurzelfestigkeit, vom 30. 6. 1967.

[*V 29*] LEHMANN, H.: Die Bestimmung der Porengrößenverteilung im Feinporenbereich an drei ETERNIT-Proben. Gutachten Nr. T 226/66, vom 13. 6. 1966.

[*V 30*] Niedersächsisches Materialprüfungsamt in Verbindung mit dem Institut für Materialprüfung und Forschung des Bauwesens der TH Hannover: Prüfungszeugnis Nr. 1014/60/A — 1/15/59a vom 15. 2. 1960 über statische Scheiteldruckversuche an Asbestzement-Druckrohren NW 400 und NW 600.

[*V 31*] Niedersächsisches Materialprüfungsamt in Verbindung mit dem Institut für Materialprüfung und Forschung des Bauwesens der TH Hannover: Prüfungszeugnis Nr. 1014/60/A — 1/15/59b vom 25. 3. 1960 über statische Scheiteldruckversuche an Asbestzement-Druckrohren NW 250 und NW 1000.

[*V 32*] Niedersächsisches Materialprüfungsamt in Verbindung mit dem Institut für Materialprüfung und Forschung des Bauwesens der TH Hannover: Prüfungszeugnis Nr. 1014/60/A — 1/15/59c vom 4. 4. 1960 als Nachtrag zu den Prüfungsberichten Nr. 1014/60/A — 1/15/59a, b über Druckschwellversuche mit Scheitellast an Asbestzement-Druckrohren NW 400 und NW 600.

[*V 33*] Niedersächsisches Materialprüfungsamt in Verbindung mit dem Institut für Materialprüfung und Forschung des Bauwesens der TH Hannover: Prüfungszeugnis Nr. 1014/60/A — 1/15/59d vom 8. 8. 1960 über Druckschwellversuche mit Scheitellast an Asbestzement-Druckrohren NW 400 und NW 600.

[*V 34*] Niedersächsisches Materialprüfungsamt in Verbindung mit dem Institut für Materialprüfung und Forschung des Bauwesens der TH Hannover: Prüfungszeugnis Nr. 1014/60/A — 1/15/59e vom 9. 11. 1960 über Druckschwellversuche mit Scheitellast an Asbestzement-Druckrohren NW 400 und NW 600.

[*V 35*] Physikalisch-Technische Bundesanstalt — Institut Berlin: Versuchsbericht Nr. 925.58 JB B/W 1. Ang. vom 9. 1. 1959; 6. Ang. vom 26. 5. 1959.

[*V 36*] Physikalisch-Technische Bundesanstalt — Institut Berlin: Versuchsbericht Nr. 925.58 JB B/W 2. Ang. vom 9. 1. 1959.

[*V 37*] Physikalisch-Technische Bundesanstalt — Institut Berlin: Versuchsbericht Nr. 925.58 JB B/W 3. Ang. vom 9. 1. 1959.

[*V 38*] Physikalisch-Technische Bundesanstalt — Institut Berlin: Versuchsbericht Nr. 925.58 JB B/W 4. Ang. vom 6. 3. 1959.

[*V 39*] Physikalisch-Technische Bundesanstalt — Institut Berlin: Versuchsbericht Nr. 925.58 JB B/W 5. Ang. vom 2. 4. 1959.

[*V 40*] Physikalisch-Technische Bundesanstalt — Institut Berlin: Versuchsbericht Nr. 925.58 JB B/W 7. Ang. vom 24. 7. 1959 und 3. 11. 1959.

[*V 41*] PILNY, F.: Versuchsberichte 22/1 bis 22/3 über Untersuchungen an Asbestzement-Druckrohren, vom 6. 4. 1960.

[*V 42*] PILNY, F.: Versuchsbericht 254 (1. Teil) über die Bestimmung der Biegeschwellfestigkeit, vom 31. 10. 1966.

[*V 43*] PILNY, F.: Versuchsbericht 254 (2. Teil) über die Bestimmung der Innendruckdauerfestigkeit im Schwellbereich, vom 19. 1. 1967.

[*V 44*] PILNY, F.: Versuchsbericht 303 über den Verschleiß von Asbestzementrohren bei sehr großer Reinwasser-Durchflußgeschwindigkeit, vom 16. 2. 1967.

[*V 45*] PRESS, H.: Gutachten über die Dichtheit von REKA-Kupplungen NW 100, ND 12,5 vom 18. 7. 1956.

[*V 46*] PRESS, H.: Gutachten über die Luftdurchlässigkeit einer Vacuum-Leitung, vom 4. 4. 1957.

[*V 47*] PRESS, H.: Bericht über Druckverlustmessungen an Druckrohren aus Asbestzement NW 200, Aktz.: 111-57-9/1 — Mo/N, vom 27. 10. 1958.

[*V 48*] PRESS, H.: Bericht über Druckstoß-Messungen an einer Rohrleitung aus Asbestzement NW 200, ND 12,5, Aktz.: 111-57-9/2 — Mo/Fr, vom 14. 8. 1959.

[*V 49*] PRESS, H.: Gutachten über die Dichtheit von REKA-Kupplungen bei Unterdruck- und Überdruck-Wechselbeanspruchungen, vom 10. 9. 1959.

[*V 50*] PRESS, H.: Bericht über die Durchführung von Verschleißversuchen an Asbestzement-Druckrohren NW 100, ND 10, Aktz.: 111-57-9/3 — Ht/Fr, vom 28. 7. 1960.

[*V 51*] R. Scuola di Ingegneria di Milano: Abriebversuche mit ETERNIT- und Betonrohr.

[*V 52*] Technologisches Gewerbemuseum, Wien: Gutachten der staatlichen Versuchsanstalt für Baustoffe über ETERNIT-Rohre. Aktz.: 1538/34, vom 19. 3. 1935.

[*V 53*] Technologisches Gewerbemuseum, Wien: Gutachten der staatlichen Versuchsanstalt über ETERNIT-REKA-Kupplungen. Aktz.: 776/53, vom 12. 5. 1953.

Namenverzeichnis

Anhang: Normen[1]

DIN-Normen

ISO-Recommendation

---

[1] Wiedergegeben mit Genehmigung des Deutschen Normenausschusses. Maßgebend ist die jeweils neueste Ausgabe des Normblattes im Normformat A 4, das bei der Beuth-Vertrieb GmbH, 1 Berlin 30, Burggrafenstr. 4-7, und 5 Köln 1, Friesenplatz 16, erhältlich ist.

a Hünerberg, AZ

DIN 4033 (Mai 1963)
Entwässerungskanäle und -leitungen aus vorgefertigten Rohren
Richtlinien für die Ausführung

Inhalt

Fortsetzung Seite 3 bis 14

Fachnormenausschuß Wasserwesen im Deutschen Normenausschuß (DNA)

1. Geltungsbereich

Diese Richtlinien gelten für die Ausführung von Entwässerungskanälen und -leitungen als Freispiegel- und Druckleitungen aus vorgefertigten Rohren, im folgenden nur Rohrleitungen genannt.

2. Allgemeines

2.1. Begriffe

Rohrleitungen im Sinne dieser Norm sind Ingenieurbauten, bei denen das Zusammenwirken von Rohr, Rohrverbindung, Rohrauflagerung, Hinterfüllung und Überschüttung die Grundlage für Stand- und Betriebssicherheit ist.

Man unterscheidet nach der Bauausführung Graben- oder Dammleitungen, je nachdem die Rohrleitungen in einem Graben oder unter frisch anzuschüttenden Bodenmassen (Dämme, Halden usw.) liegen.

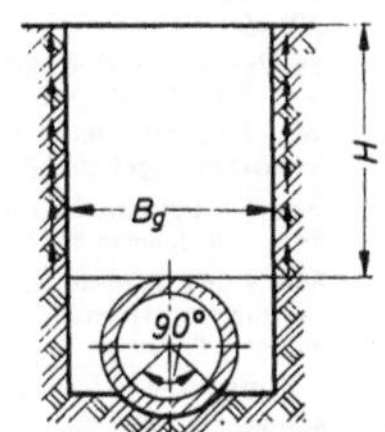

Bild 1 a

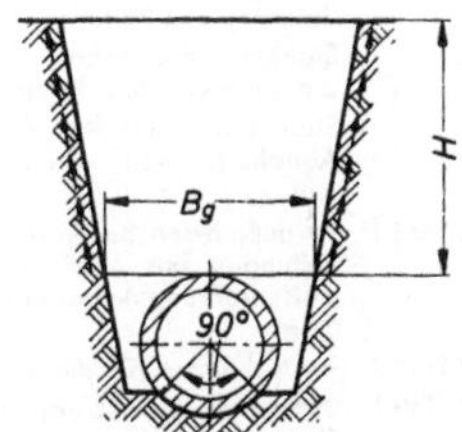

Bild 1 b

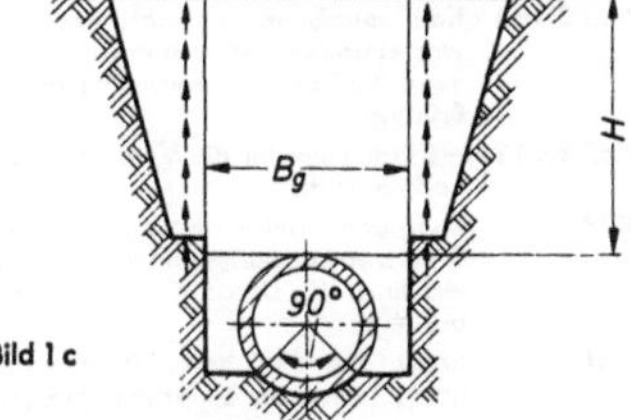

Bild 1 c

B_g = Grabenbreite

H = Überdeckungshöhe

↑ = entlastende Reibungskräfte

Bild 1. Grabenbedingung

2.2. Belastungen

Bei erdbedeckten Rohrleitungen wird Auflagerung, Hinterfüllung und Überschüttung der Rohre durch den Einbauvorgang wesentlich beeinflußt.

Für die statische Berechnung wird unabhängig von der Bauausführung nach Graben- oder Dammbedingung unterschieden.

2.2.1. Grabenbedingung

Wird die Erdauflast und deren Verteilung durch Grabenwände beeinflußt, so findet eine Entlastung der Rohrleitungen durch Lastübertragung auf den gewachsenen Boden beiderseits des Rohrgrabens statt, und die Rohrleitung ist unter Grabenbedingung verlegt (Bilder 1a, 1b und 1c).

2.2.2. Dammbedingung

Wird die Rohrleitung mit einem Damm überschüttet oder liegt sie in einem verhältnismäßig breiten Graben, so können die Setzungen des Schütt- oder Zufüllmaterials beiderseits der Rohrleitung größer sein als die Formänderung der Rohre und das Setzen der Auflagerung. Es tritt dann eine zusätzliche Belastung der Rohrleitung auf.

Die Rohrleitung ist dann unter Dammbedingung verlegt (Bilder 2a und 2b).

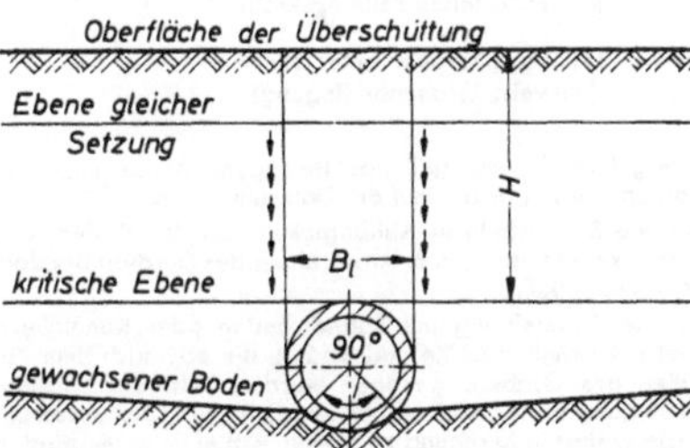

Bild 2 a

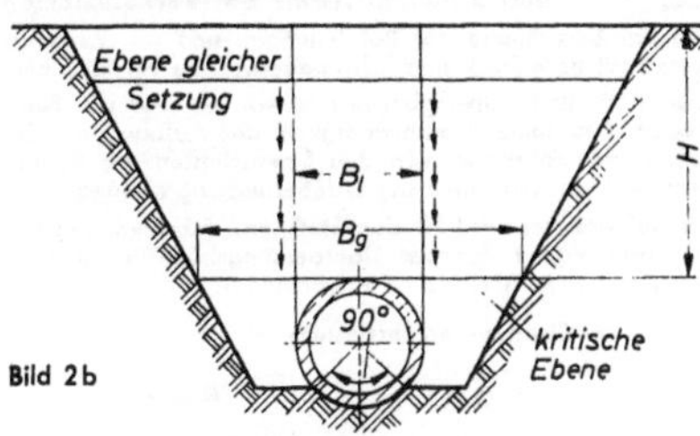

Bild 2 b

B_g = Grabenbreite

B_l = waagerechter Außendurchmesser des Rohres

H = Überdeckungshöhe

↓ = belastende Reibungskräfte

Bild 2. Dammbedingung

a*

2.2.3. Sonderbedingungen

Wird die Rohrleitung in einem Graben verlegt, der aus der Dammunterlage ausgehoben ist, so daß der Rohrscheitel unter dem gewachsenen Boden liegt, kann die Leitung eine Entlastung durch die Setzungsverhältnisse im Damm erfahren. Dieser Belastungszustand entspricht einer teilweisen Grabenbedingung (Bild 3).

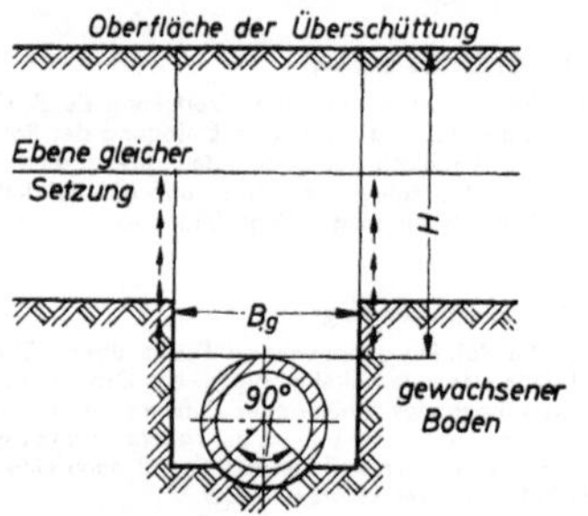

B_g = Grabenbreite

H = Überdeckungshöhe

↑ = entlastende Reibungskräfte

Bild 3.   Leitung im Graben unter Damm
(teilweise Grabenbedingung)

Maßgeblich für die geltende Bedingung ist die Lage des Rohrscheitels in bezug auf die Dammunterlage.

Andere Sonderfälle in Abhängigkeit von den Boden- und Einbauverhältnissen, z. B. Anwendung des Durchpreßverfahrens, sind möglich.

Bei der Verkleidung mit Spundwänden oder Kanaldielen (siehe Abschnitte 3.4.2.4 und 3.4.2.5), die erst nach dem Zufüllen des Grabens gezogen werden, trifft die Grabenbedingung nicht immer zu. Es empfiehlt sich, die unverminderte Erdlast in Rechnung zu stellen, wobei im ungünstigsten Fall die Dammbedingung maßgeblich werden kann.

2.3. Stoß- und Schwingbeiwert bei Verkehrslasten

Bei der Berechnung der Rohrleitungen sind die Verkehrslasten mit dem Stoß- und Schwingbeiwert zu vervielfachen.

Der Stoß- und Schwingbeiwert ist von der Art des Fahrzeuges und seiner Geschwindigkeit, des Aufbaus und Zustands der Fahrbahn, von den Eigenschaften des Bodenmaterials und der Höhe der Erdüberdeckung abhängig.

Bis auf weiteres wird für den Stoß- und Schwingbeiwert φ in Abhängigkeit von der Überdeckungshöhe H folgende vereinfachende Berechnung empfohlen[1]:

2.3.1. Für Straßen-Verkehrslasten:

$$\varphi = 1 + \frac{0,3}{H} \qquad H \text{ in m}$$

Die Überdeckungshöhe H soll nicht kleiner als 0,50 m sein.

2.3.2. Für Eisenbahn- und Flugzeug-Verkehrslasten:

$$\varphi = 1 + \frac{0,6}{H} \qquad H \text{ in m}$$

Die Überdeckungshöhe H soll nicht kleiner als 1,00 m sein.

---

[1] Die empfohlenen Formeln sollen durch weitere Forschung überprüft werden.

2.4. Mitzubeachtende Normen

DIN	1230 Blatt 1	Rohre, Formstücke, Sohlschalen und Platten aus Steinzeug; Abmessungen und Gütebestimmungen
DIN	1230 Blatt 2	—; Prüfbestimmungen und Prüfverfahren
DIN	1626	Stahlrohre, schmelzgeschweißt; Technische Lieferbedingungen
DIN	1629	Nahtlose Rohre aus unlegierten Stählen für Leitungen, Apparate und Behälter
DIN	1986 Blatt 1	Grundstücksentwässerungsanlagen, Technische Bestimmungen für den Bau
DIN	2448	Nahtlose Stahlrohre, Maße und Gewichte
DIN	2458	Geschweißte Stahlrohre, Maße und Gewichte
DIN	2460	Nahtlose Stahlmuffenrohre für Gasleitungen bis NW 600 und bis 1 kg/cm² Betriebsdruck, für Wasserleitungen bis NW 300 und ND 20, über NW 300 bis ND 16
DIN	2461	Sondergeschweißte Stahlmuffenrohre von NW 300 bis 800, für Gasleitungen bis 1 kg/cm² Betriebsdruck und für Wasserleitungen bis ND 16
DIN	4030	Beton in betonschädlichen Wässern und Böden, Richtlinien für die Ausführung
DIN	4032 Blatt 1	Rohre und Formstücke aus Beton, Abmessungen, Herstell- und Gütebestimmungen, Prüfung
DIN	4032 Blatt 2	—; Technische Lieferbedingungen
DIN	4032 Beiblatt	Betonrohre; Richtlinien für die Beförderung
DIN	4035	Stahlbetonrohre; Bedingungen für die Lieferung und Prüfung
DIN	4036	Stahlbetondruckrohre; Bedingungen für die Lieferung und Prüfung
DIN	4037	Stahlbetondruckrohre; Richtlinien für die Abnahme von Stahlbetondruckrohrleitungen
DIN	4038 Blatt 1	Vergußmassen für Abwasserkanäle und -leitungen aus Steinzeug- und Betonmuffenrohren; Anforderungen und Prüfung
DIN	4038 Blatt 2	—; Richtlinien für die Verarbeitung
DIN	4039 Blatt 1	Dichtmittel für Abwasserleitungen aus Grauguß; Anforderungen und Kennzeichnung
DIN	4039 Blatt 2	—; Richtlinien für die Verarbeitung
DIN	4062 Blatt 1	Kalt verarbeitbare Dichtstoffe für Abwasserkanäle und -leitungen aus Steinzeug- und Betonrohren; Anforderungen, Prüfung
DIN	4062 Blatt 2	—; Richtlinien für die Verarbeitung (z. Z. noch Entwurf)
DIN	4279	Guß- und Stahlrohrleitung für Trink- und Brauchwasser außerhalb von Gebäuden, Richtlinien für Druckprüfung (Innendruckprüfung)
DIN	8061	Rohre aus PVC-hart (Polyvinylchloridhart); Technische Lieferbedingungen
DIN	8062	—; Maße
DIN	8072	Rohre aus PE-weich (Polyäthylen-weich); Maße
DIN	8073	—; Technische Lieferbedingungen
DIN	8074	Rohre aus PE-hart (Polyäthylen-hart); Maße
DIN	8075	—; Technische Lieferbedingungen

DIN 18 300	VOB Teil C: Erdarbeiten
DIN 18 301	VOB Teil C: Bohrarbeiten
DIN 18 302	VOB Teil C: Brunnenbauarbeiten
DIN 18 303	VOB Teil C: Baugrubenverkleidungs-arbeiten
DIN 18 304	VOB Teil C: Rammarbeiten
DIN 18 305	VOB Teil C: Wasserhaltungsarbeiten
DIN 18 306	VOB Teil C: Abwasserkanalarbeiten
DIN 18 308	VOB Teil C: Dränarbeiten
DIN 18 330	VOB Teil C: Mauerarbeiten
DIN 18 331	VOB Teil C: Beton- und Stahlbeton-arbeiten
DIN 18 381	VOB Teil C: Gas-, Wasser- und Abwasser-Installations-arbeiten
DIN 19 500 bis DIN 19 508	Gußeiserne Abflußrohre und Formstücke (z. Z. noch Entwürfe)
DIN 19 531	Abflußrohre und -formstücke aus PVC-hart (Polyvinylchlorid-hart) für Abwasser-leitungen (z. Z. noch Entwurf)
DIN 19 630	Gas- und Wasserverteilungsanlagen, Rohrverlegungs-Richtlinien für Gas- und Wasser-Rohrnetze
DIN 19 800 Blatt 1	Asbestzement-Druckrohre, Maße
DIN 19 800 Blatt 2	—, Technische Lieferbedingungen
DIN 19 801	Asbestzement-Druckrohrleitungen für Wasser außerhalb von Gebäuden, Richt-linien für Druckprüfung
DIN 19 802	Gußeiserne Formstücke für Asbest-zement-Druckrohrleitungen; Schaftenden (z. Z. noch Entwurf)
DIN 19 803	—; Einflanschstücke (z. Z. noch Entwurf)
DIN 19 804	—; Übergangsstücke (z. Z. noch Entwurf)
DIN 19 805	—; Krümmer (z. Z. noch Entwurf)
DIN 19 806	—; Abzweige (z. Z. noch Entwurf)
DIN 19 807	—; Anschlußstücke an Gußrohre, Stopfen (z. Z. noch Entwurf)
DIN 19 830	Asbestzement-Abflußrohre und -Form-stücke; Herstellung, Gütebestimmung, Prüfverfahren
DIN 19 831 Blatt 1 bis Blatt 9	—; mit Muffe
DIN 19 841 Blatt 1 bis Blatt 6	—; ohne Muffe
DIN 28 500	Gußeiserne Druckrohre und Formstücke; Technische Lieferbedingungen
DIN 28 501 Blatt 1	—; Schraubmuffen-Verbindung
DIN 28 502 Blatt 1	—; Stopfbuchsenmuffen-Verbindung
DIN 28 503	—; Stemmuffen-Verbindung
DIN 28 504	Gußeiserne Druckrohre und Formstücke; Flansche ND 10 (z. Z. noch Entwurf)
DIN 28 505	—; Flansche ND 16 (z. Z. noch Entwurf)
DIN 28 511	Gußeiserne Druckrohre mit Schraub-muffen Klasse LA, A und B
DIN 28 512	Gußeiserne Druckrohre mit Stopfbuchsen-muffen Klasse LA, A und B
DIN 28 513	Gußeiserne Druckrohre mit Stemmuffen Klasse LA, A und B
DIN 28 522 bis DIN 28 530 DIN 28 532 DIN 28 534 bis DIN 28 546	Gußeiserne Formstücke für Druckrohrleitungen (z. Z. noch Entwürfe)

3. Herstellen der Baugrube

3.1. Abmessungen

Die Abmessungen des Rohrgrabens beeinflussen Größe und Verteilung der Erd- und Verkehrslasten. Bei der Ausführung sind die durch die Leistungsbeschreibung oder eine statische Berechnung vorgegebenen Abmessungen nach DIN 18 300 zugrunde zu legen. Soweit örtlich größere Abmessungen notwendig werden, ist zu überprüfen, ob nicht der vorge-sehene Rohreinbau eine andere technische Ausführung erfor-dert (z. B. Betonummantelung nach Abschnitt 4.4).

Als Berechnungs-Grabenbreite zur Ermittlung der Erdauf-lasten gilt der Abstand der unverkleideten Baugrubenwände in Höhe des Rohrscheitels.

3.1.1. Arbeitsraum und Grabenbreite

Es gelten die Bestimmungen in DIN 18 300 „Erdarbeiten" über Arbeitsraum und Grabenbreite (siehe Anhang).

Wenn es die Verhältnisse erfordern, ist der Arbeitsraum ent-sprechend zu vergrößern.

3.1.2. Böschungsneigung

Es gelten die Bestimmungen in DIN 18 300 über Böschungen für unverkleidete Baugruben (siehe Anhang).

3.1.3. Grabengefälle

Es gelten die Bestimmungen in DIN 18 300 über die Sohle der Baugrube (siehe Anhang).

3.2. Grabenaushub

Es gelten die Bestimmungen in DIN 18 300 über das Ge-winnen des Bodens (siehe Anhang).

3.3. Sicherheitsmaßnahmen

Für die Sicherheitsmaßnahmen gelten die Bestimmungen in DIN 18 306 „Abwasserkanalarbeiten" (siehe Anhang).

3.4. Sicherung der Baugrube

3.4.1. Vorübergehende Grabenverkleidung

Verhindert z. B. der Einsatz von Geräten den sofortigen Grabenverbau, so kann es notwendig werden, eine vor-übergehende Sicherheitsverkleidung anzubringen. Ein Rohr-graben von mehr als 1,25 m Tiefe muß gesichert sein.

Unter besonderen Umständen, z. B. wenn mit Verkehrs-belastungen zu rechnen ist, kann es notwendig werden, auch Gräben von kleinerer Tiefe zu sichern.

3.4.2. Grabenverbau

Es gelten die Bestimmungen in DIN 18 303 „Baugruben-verkleidungsarbeiten" des Abschnittes Allgemeines (siehe Anhang).

3.4.2.1. Verkleiden mit waagerechten Bohlen (Bild 4)

Es gelten die Bestimmungen in DIN 18 303 über das Ver-kleiden mit waagerechten Bohlen (siehe Anhang).

3.4.2.2. Verkleiden mit senkrechten Bohlen (Bild 5)

Es gelten die Bestimmungen in DIN 18 303 über das Ver-kleiden mit senkrechten Bohlen (siehe Anhang).

3.4.2.3. Verkleiden mit Bohlen zwischen gerammten oder in Bohrlöcher eingebrachten Trägern (Bild 6)

Es gelten die Bestimmungen in DIN 18 303 über das Ver-kleiden mit Bohlen zwischen gerammten oder in Bohrlöcher eingebrachten Trägern (siehe Anhang).

3.4.2.4. Verkleiden mit stählernen Kanaldielen (Bild 7)

Es gelten die Bestimmungen in DIN 18 303 über das Ver-kleiden mit stählernen Kanaldielen (siehe Anhang).

3.4.2.5. Verkleiden mit Spundwänden

Es gelten die Bestimmungen in DIN 18 303 über das Ver-kleiden mit Spundwänden (siehe Anhang).

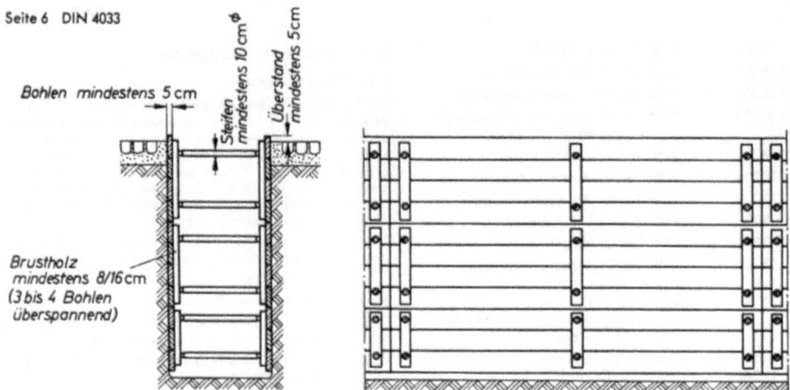

Bild 4.   Ausführungsbeispiel eines waagerechten Verbaus

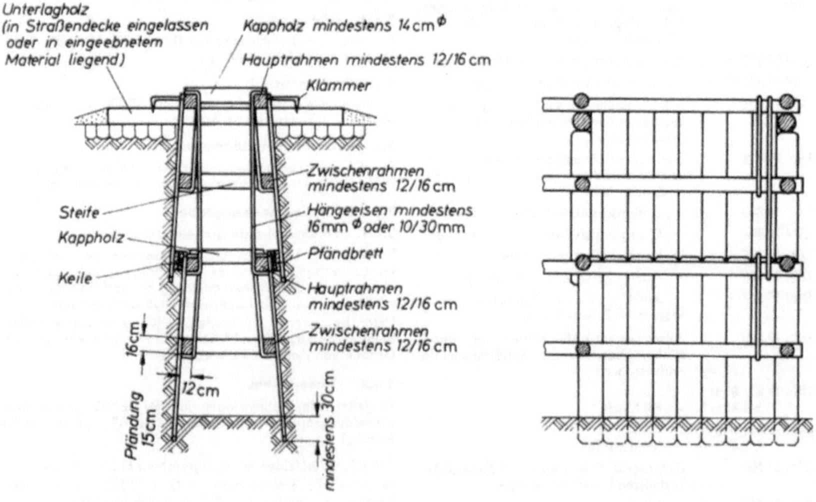

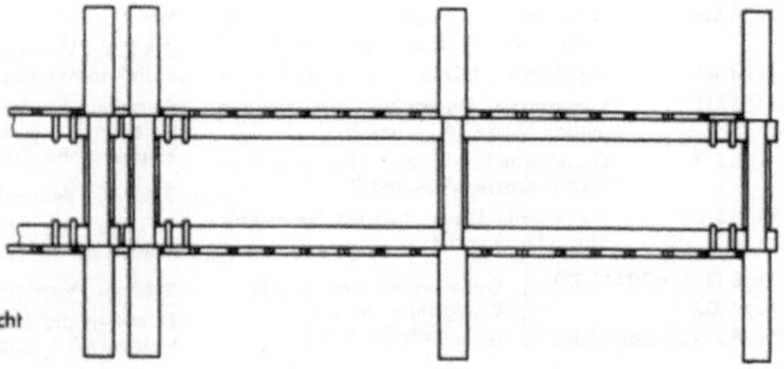

Bild 5.   Ausführungsbeispiel eines senkrecht
          gepfändeten Verbaus

DIN 4033　Seite 7

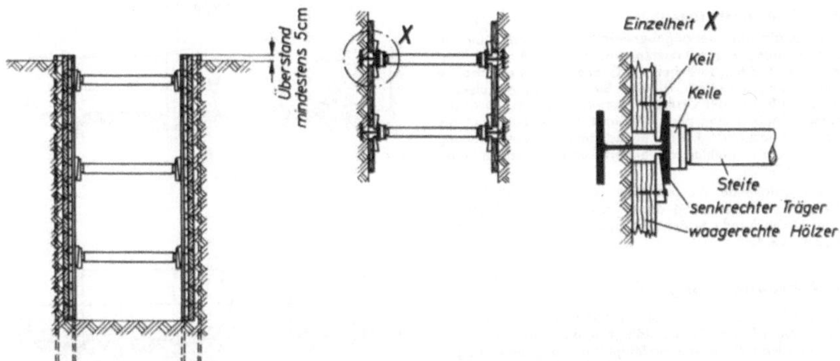

Bild 6.　Ausführungsbeispiel eines Verbaus mit Bohlen zwischen gerammten oder in Bohrlöcher eingebrachten Trägern

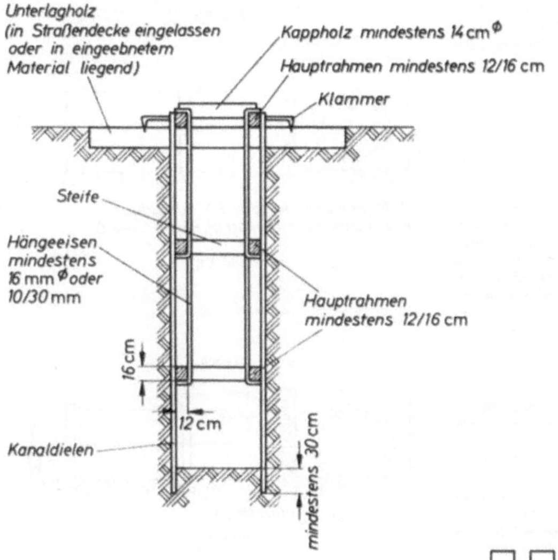

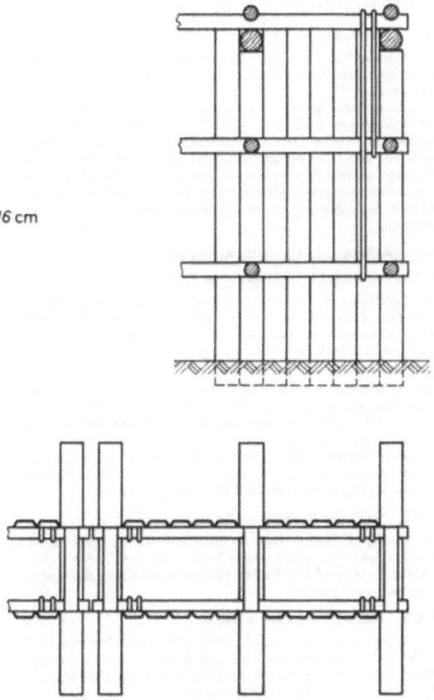

Bild 7.　Ausführungsbeispiel für einen senkrechten
Verbau mit stählernen Kanaldielen

3.5. Grabenentwässerung

Unabhängig von einer gegebenenfalls erforderlichen Grundwasserhaltung ist zum Erzielen einwandfreier Aushub-, Verlege- und Dichtungsarbeiten die Grabensohle wasserfrei zu halten. Gegebenenfalls ist eine Sickerleitung einzulegen; hierzu muß u. U. der Graben verbreitert werden. Durch geeignete Maßnahmen ist zu verhindern, daß Boden in die Sickerleitung eindringt. Nach Beendigung der Wasserhaltung kann es sich empfehlen, die Sickerleitungen abschnittsweise zu verschließen.

Ist die anfallende Wassermenge nur gering, so kann an Stelle einer Sickerleitung durch Dichtriegel im Rohrgraben eine durchgehende Strömung längs der Rohrleitung unterbunden werden.

4. Rohrauflagerung

Die Größe und Art der Rohrauflagerung ist von wesentlichem Einfluß auf die Tragfähigkeit der Rohrleitung. Die Auflagerung soll eine gleichmäßige Verteilung der Auflagerspannungen gewährleisten. Die Rohre sind daher so zu verlegen, daß weder Linien- noch Punktauflagerung auftritt (siehe auch Abschnitt 4.5).

Bei üblicher Auflagerung kreisförmiger Rohre ohne Fuß beträgt der Auflagerwinkel 90° (Bild 8a). Größere oder kleinere Auflagerwinkel, jedoch bei Beton-, Stahlbeton-, Stahlbetondruck- und Steinzeugrohren nicht kleiner als 60°, können ausgeführt werden, wenn sie in der statischen Berechnung berücksichtigt sind (Bild 8b).

Bei Rohren mit Fuß ist der Auflagerwinkel von der Ausbildung des Fußes abhängig (Bild 8c).

4.1. Herstellen der Grabensohle

Abmessung und Form der Grabensohle sind nach dem notwendigen Arbeitsraum und der Art der Rohrauflagerung zu bemessen.

Die Grabensohle darf nicht aufgelockert werden. Sie ist deshalb gegen Befahren, Aufwühlen, Ausspülen und Auffrieren zu sichern. Dennoch aufgelockerter bindiger Boden muß vor der Rohrverlegung bis zur Tiefe der Auflockerung abgehoben und durch nichtbindigen Boden oder ein besonderes Rohrauflager ersetzt werden. Bei nichtbindigem Boden ist die Auflockerung durch Stampfen oder Rütteln zu beseitigen.

4.2. Auflager in gewachsenem Boden

4.2.1. Auflager in nichtbindigem Boden

Bei sandigem Boden und Feinkies soll die Auflagerfläche vor dem Einlegen der Rohre entsprechend der Form der Rohraußenwand so aus dem gewachsenen Boden herausgeformt werden, daß das verlegte Rohr auf der ganzen Rohrlänge satt aufliegt (Bild 8a).

Bei Asbestzement-, Gußeisen-, Kunststoff- und Stahlrohren aller Nennweiten sowie bei Beton-, Stahlbeton-, Stahlbetondruck- und Steinzeugrohren bis NW 600 einschließlich kann die satte Auflagerung auch durch Auflegen der Rohre auf die eben abgeglichene Grabensohle erreicht werden, wenn die Rohre so unterstopft werden, daß eine gleichmäßig tragfähige Auflagerung nach Bild 8b sichergestellt ist.

4.2.2. Auflager in bindigem Boden

Bei bindigem Boden kann nach Abschnitt 4.2.1 verfahren werden, wenn der gewachsene Boden und der für die Unterstopfung vorgesehene Boden für die Herstellung des Rohrauflagers geeignet ist.

4.2.3. Auflager in anderen Böden

In anderen Böden als nach Abschnitt 4.2.1 und Abschnitt 4.2.2 (z. B. Böden mit grobem Kies und Steinen, feste nicht von Hand bearbeitbare Böden und Fels) ist eine unmittelbare Auflagerung der Rohre nicht möglich.

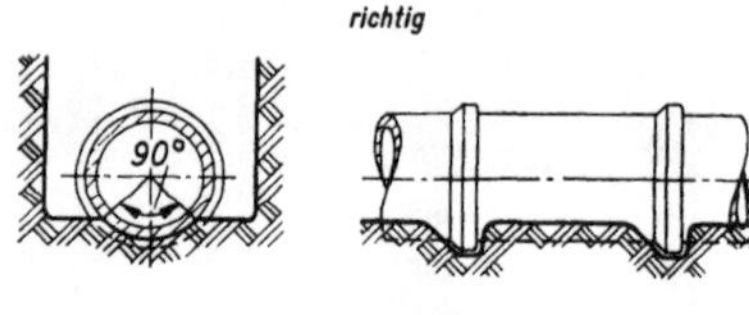

Bild 8a

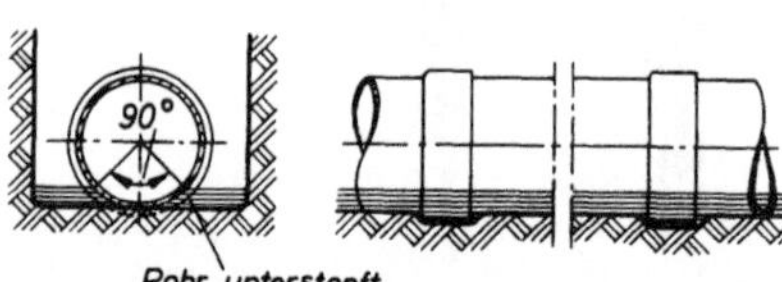

für Beton-, Stahlbeton-, Stahlbetondruck- und Steinzeugrohre nur bis NW 600 einschließlich zulässig

Bild 8b

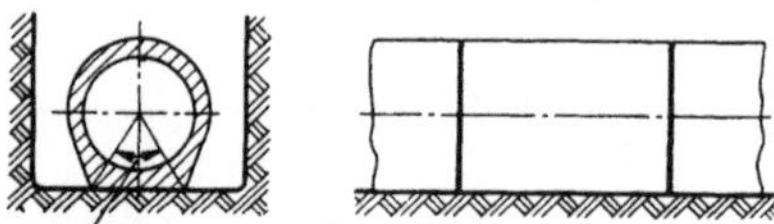

Auflagerwinkel je nach Fußausbildung für Betonrohre nach DIN 4032, Form A und C

Bild 8c

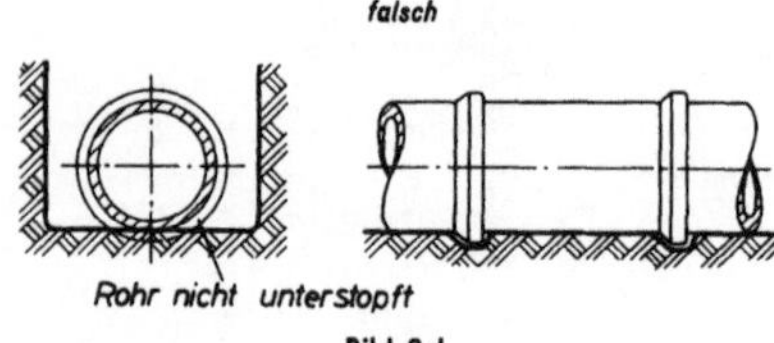

Bild 8d

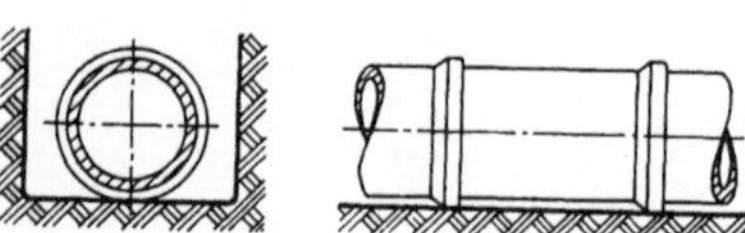

Bild 8e

Bild 8.   Auflager in gewachsenem Boden

4.3. Auflager auf eingebrachtem Sand, Feinkies oder Beton

In Fällen, bei denen in der Grabensohle kein geeigneter Boden für ein unmittelbares Auflager ansteht, ist die Grabensohle tiefer auszuheben und ein Auflager aus Sand, Feinkies oder Beton einzubringen.

4.3.1. Sand- und Feinkiesauflager (Bild 9)

Die Dicke des Auflagerbettes in der Sohllinie muß mindestens 10 cm + $^1/_{10}$ der Nennweite der Rohre betragen.

Das eingebrachte Auflagermaterial ist mit geeigneten Geräten zu verdichten, so daß das verlegte Rohr im Bereich des vorgesehenen Auflagerwinkels satt aufliegt.

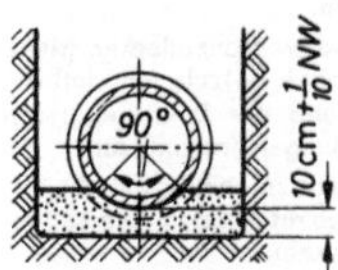

Sandbett
sorgfältig verdichtet

Bild 9.
Sand- und Feinkiesauflager

Ausführung für Rohre mit Fuß sinngemäß

4.3.2. Betonauflager (Bild 10)

Ist der in der Grabensohle anstehende Boden für die Ausbildung eines Sand- oder Feinkiesauflagers nicht geeignet, die Grabensohle stark geneigt oder Ausspülen des Sandes durch Dränwirkungen möglich, so empfiehlt es sich, die Rohre durchgehend auf Beton aufzulagern.

Das Betonauflager ist 5 cm + $^1/_{10}$ der Nennweite der Rohre, mindestens 10 cm, dick. Die Grabensohle ist entsprechend tiefer auszuheben.

Als Auflagerbeton ist mindestens ein Beton B 120 einzubringen. Es kann sich empfehlen, eine Bewehrung vorzusehen (siehe auch Abschnitt 4.5).

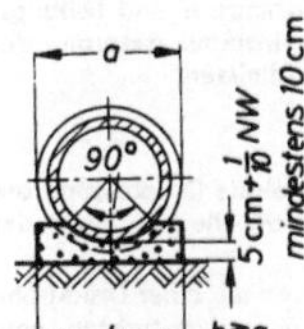

Rohr satt
auf Beton aufliegend

Bild 10. Betonauflager

Ausführung für Rohre mit Fuß sinngemäß

Die Oberfläche des Betonauflagers ist entsprechend der Form der Rohraußenwand auszubilden, damit die verlegten Rohre im Bereich des vorgesehenen Auflagerwinkels satt aufliegen. Das Auflager kann nach dem Einrichten des Rohres betoniert werden. Wird es vor dem Einbringen der Rohre hergestellt, müssen die Rohre auf eine frische Mörtelschicht verlegt werden.

Zum Verhindern des Reitens der Rohre kann längs der Sohllinie eine Aussparung vorgesehen werden.

4.4. Betonummantelung

Um die Tragfähigkeit der Rohrleitung zu erhöhen, kann eine Betonummantelung vorgesehen werden. Bei ihrer Bemessung ist von Bedeutung, ob gegen den gewachsenen Boden oder z. B. gegen Spundwände betoniert wird, durch deren Ziehen die entlastende Wirkung des waagerechten Erddrucks beeinträchtigt wird.

Betonummantelungen können nach den Bildern 11 und 12 ausgeführt werden. Eine teilweise Betonummantelung wird bis auf Kämpferhöhe ausgebildet (Bild 11). Die volle Ummantelung erstreckt sich über den gesamten Rohrumfang (Bild 12). Als Ummantelungsbeton ist mindestens ein Beton B 120 einzubringen. Arbeitsfugen sind durch kurze Bewehrungsstäbe zu sichern.

Es kann zweckmäßig sein, die Betonummantelung in geeigneten Abständen an Rohrverbindungen durch Fugen zu unterteilen.

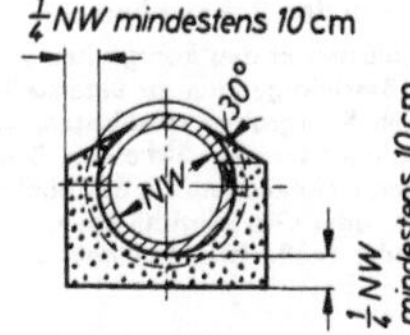

Bild 11.
Ausführungsbeispiel einer Teilummantelung mit Beton

Ausführung für Rohre mit Fuß sinngemäß

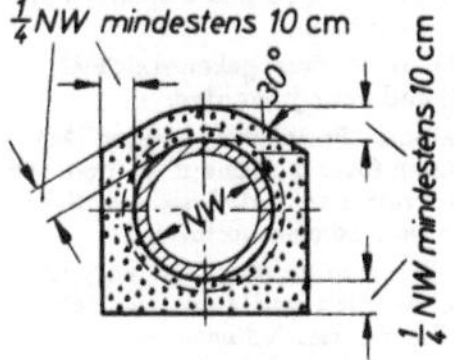

Bild 12.
Ausführungsbeispiel einer vollen Ummantelung mit Beton

Ausführung für Rohre mit Fuß sinngemäß

4.5. Sonderausführungen

Die Auflagerung auf Betonsätteln ist im allgemeinen zu vermeiden. Kann diese Art der Lagerung nicht umgangen werden, bedarf es eines besonderen statischen Nachweises. Gleiches gilt für die Lagerung von Rohren auf Pfahljochen.

Bei nicht standfestem Boden oder wenn größere Setzungen zu erwarten sind, sind besondere Maßnahmen nötig, z. B. Gründung der Rohrleitung auf Pfählen oder Verlegen auf einer Stahlbetonplatte, wobei Abschnitt 4.3.2 zu beachten ist.

Beim Übergang zwischen Bodenarten unterschiedlicher Setzungseigenschaften sind Sicherungsmaßnahmen vorzusehen. Bei Rohrleitungen unter Böschungen ist den gegebenenfalls auftretenden Längszug- und Biegespannungen Rechnung zu tragen.

4.6. Anschluß an Bauwerke

Der Anschluß von Rohren an Bauwerke ist gelenkig auszuführen. Bei Schächten kann das Gelenk in die Schachtwand eingebaut werden. Wenn es die Gegebenheiten zulassen, kann das Gelenk auch in einem maximalen Abstand von einem Meter, gemessen von der Schachtwandinnenfläche in der Kanalachse, angeordnet werden.

Bei anderen Bauwerken ist sinngemäß zu verfahren.

4.7. Abstützung und Verankerung

Im Grundwasser verlegte Rohrleitungen sind bei nicht ausreichendem Eigengewicht und nicht ausreichenden Auflasten gegen Auftrieb durch Verankerung oder Zusatzbelastungen zu sichern.

Sind in Druckrohrleitungen, Abzweige, Krümmer, Übergangsstücke, Verschlußorgane usw. nicht längskraftschlüssig eingebaut, so sind diese so zu sichern, daß die auftretenden Kräfte aufgenommen werden.

Seite 10   DIN 4033

5. Einbau der Rohre

5.1. Lagerung der Rohre

Die zu verlegenden Rohre sind in solcher Entfernung vom Graben zu lagern, daß sie die Grabenwände nicht in unzulässiger Weise belasten. Die Rohre dürfen vom Aushubboden nicht bedeckt werden. Müssen die Rohre bei Frost im Freien gelagert werden, so ist dafür zu sorgen, daß sie nicht mit dem Boden zusammenfrieren und sich in ihnen kein Wasser ansammeln kann.

5.2. Ablassen der Rohre in den Rohrgraben

Die Rohre sind vor dem Ablassen in den Rohrgraben sorgfältig auf wahrnehmbare Beschädigungen zu untersuchen. Sie sind sachgemäß in den Rohrgraben abzulassen, z. B. unter Verwendung von Verlegehaken mit Sicherung, Seilen oder geschützten Gurten und Hebezeugen. Ein Beschädigen der Rohre, z. B. durch Halte- oder Greifvorrichtungen, durch unzulässige Aufhängung oder Stöße ist unbedingt zu vermeiden.

5.3. Verlegen

Die mit dem Dichtmittel in Berührung kommenden Rohrflächen müssen sauber sein. Beim Einbau sind Dichtmittel und Rohre vor Verschmutzung zu schützen.

Ist bei Rohren der Scheitel besonders gekennzeichnet, so müssen die Rohre entsprechend verlegt werden.

Die Rohre können mit Dreibock, Portalkran, Bagger, Autokran oder anderen geeigneten Geräten verlegt werden. Die Hubgeräte müssen so ausgerüstet sein, daß sie ein gleichmäßiges und feines Heben und Senken gestatten.

Das Zusammenführen der Rohre in Richtung der Rohrachse muß zentrisch durchgeführt werden und kann mit Hebeln, Greifzügen, Winden oder Pressen geschehen.

Jedes einzelne Rohr ist nach Höhe und Seite einzumessen. Dies geschieht mit Peilbrettern, Visiertafeln, Nivellierinstrumenten usw.

Leitungsenden oder Abzweige, an die erst später angeschlossen werden soll, sind dicht abzuschließen.

Bestehen ergänzende Anleitungen der Rohrhersteller, so sind diese zu beachten.

5.4. Besondere Maßnahmen bei aggressiven Wässern und Böden

Bei aggressiven Wässern und Böden können neben der Wahl von Rohren aus besonderen widerstandsfähigen Baustoffen die Oberflächen von Rohren und Verbindungen durch besondere Schutzmaßnahmen gesichert werden. Auch durch Wahl eines geeigneten Bodens für das Einbettungsmaterial kann eine Gefährdung der Rohrleitung gemindert werden. Soweit erforderlich, sind DIN 4030 und DIN 19 630, Ausgabe März 1959, Abschnitt 9, zu beachten.

6. Rohrverbindungen

Rohrverbindungen sind auch unter schwierigen Baustellenverhältnissen sorgfältig herzustellen. Es sind nur erfahrene Fachkräfte einzusetzen. Als Dichtmittel kommen nur bewährte Stoffe in Betracht.

Beim Herstellen der Rohrverbindungen sind die einschlägigen Normen (z. B. DIN 4038, DIN 4039, DIN 4062, DIN 19 630) zu beachten. Darüber hinaus gelten die Anleitungen der Herstellerwerke.

7. Prüfung der Rohrleitung

7.1. Lageprüfung

Die verlegte Rohrleitung ist vor dem Einbetten und Zufüllen des Rohrgrabens auf ihre planmäßige Lage zu prüfen, z. B. mit Visiertafeln, Nivelliergerät oder Kanalspiegel.

7.2. Prüfung auf Wasserdichtheit

Es wird empfohlen, eine Prüfung der Leitung auf Wasserdichtheit vorzunehmen. Dabei können die einzelnen Rohrverbindungen, Leitungsabschnitte oder die ganze Leitung geprüft werden.

7.2.1. Wasserdichtheit der Rohrverbindung

Die einzelnen Rohrverbindungen können mit innen oder außen angesetzten Prüfgeräten geprüft werden.

7.2.2. Wasserdichtheit der Rohrleitung

7.2.2.1. Vorbereitung der Prüfung

Die Prüfung ist an der noch nicht zugefüllten und nicht überschütteten Rohrleitung vorzunehmen.

Erforderlichenfalls ist die Leitung so weit anzudecken (siehe auch Abschnitt 8) und mit dem Erdreich festzulegen, daß bei der Prüfung keine Lageveränderung der Rohre eintreten kann. Dabei sind die Rohrverbindungen freizulassen.

Sämtliche Öffnungen des zu prüfenden Leitungsabschnittes sind wasserdicht und drucksicher abzuschließen. Die Leitungen sind gegen Aufschwimmen zu sichern.

Die Leitung ist vor dem Füllen mit Wasser nicht nur an den Enden der Prüfstrecke, sondern auch an allen Leitungsabschnitten usw. nach Abschnitt 4.7 so zu sichern, daß Lageveränderungen und damit eine Gefährdung der Dichtheit der Rohrverbindungen während der Prüfung vermieden werden.

7.2.2.2. Füllen der Rohrleitung

Die Leitung ist mit Wasser so zu füllen, daß sie luftfrei ist. Sie wird deshalb zweckmäßig vom Leitungstiefpunkt aus so langsam gefüllt, daß an den ausreichend groß bemessenen Entlüftungsstellen am Leitungshochpunkt die in der Rohrleitung enthaltene Luft entweicht. Zwischen dem Füllen und Prüfen der Leitung ist ein ausreichender Zeitraum vorzusehen, um der vom Füllvorgang her in der Leitung noch verbliebenen Luft die Möglichkeit zum allmählichen Entweichen zu geben und erforderlichenfalls die Rohrwandungen ausreichend mit Wasser zu sättigen. Der Zeitraum ist abhängig von Rohrwerkstoff, Wanddicke, Durchmesser und Leitungslänge sowie gegebenenfalls dem Austrocknungszustand der Rohrleitung und den Witterungsverhältnissen.

7.2.2.3. Prüfdruck und Prüfdauer

Zur Prüfung sind Standrohre oder geeichte Druckmeßgeräte zu verwenden. Die Ablesung ist auf den tiefsten Punkt der Prüfstrecke zu beziehen.

Es wird empfohlen, Freispiegelleitungen mit einer Druckhöhe bis zu 5 m Wassersäule, gemessen über den tiefsten, vom Wasser benetzten Punkt der zu prüfenden Rohrstrecke, zu prüfen. Der Prüfdruck ist 15 Minuten lang, gegebenenfalls unter ständigem Nachfüllen oder Nachpumpen der für die Wasseraufnahme benötigten Wassermenge, zu halten. Die zugegebene Wassermenge ist zu messen.

7.2.2.4. Wasserzugabe während der Prüfdauer (Freispiegelleitungen)

Die Wasserzugabe während der Prüfdauer von 15 Minuten, bezogen auf einen Quadratmeter benetzter Rohrinnenfläche, darf die in den Tabellen 1 bis 4 angegebenen Werte nicht überschreiten.

Bei Errechnung der zulässigen Wasserzugabe ist die tatsächliche lichte Weite der Rohre einzusetzen.

Zeigen sich bei der Prüfung undichte Stellen an der Leitung, so ist die Prüfung zu unterbrechen, und die Fehlstellen sind auszubessern. Das kann durch Nacharbeiten, Betonummantelung und bei zementgebundenen Werkstoffen — soweit es die örtlichen Gegebenheiten zulassen — mittels Selbstdichtung (Nachsintern) geschehen. Erforderlichenfalls sind die fehlerhaften Rohre auszuwechseln.

Die Leitung gilt als wasserdicht, wenn die Wasserzugabe die in den Tabellen angegebenen Werte nicht überschreitet und die Rohrverbindungen dicht sind. Feuchte Flecken oder einzelne Tropfen dürfen an der Rohrleitung auftreten.

Tabelle 1. Betonrohrleitungen

Kreisprofil NW	Wasser- zugabe l/m² benetzte Innenfläche	Eiprofil mm	Wasser- zugabe l/m² benetzte Innenfläche
100 bis 250	0,40	300×450 bis 500×750	0,30
300 bis 600	0,30	600×900 bis 800×1200	0,25
700 bis 1000	0,25	900×1350 bis 1200×1800	0,20
über 1000	0,20		

Die Werte der Wasserzugabe gelten für eine Druckhöhe von 5 m Wassersäule. Dabei ist vorausgesetzt, daß die Leitung zuvor **24 Stunden** in vollgefülltem Zustand gehalten wird.

Tabelle 2. Stahlbetonrohrleitungen

Kreisprofil NW	Wasser- zugabe l/m² benetzte Innenfläche	Eiprofil mm	Wasser- zugabe l/m² benetzte Innenfläche
100 bis 250	0,20	300×450 bis 500×750	0,15
300 bis 600	0,15	600×900 bis 800×1200	0,13
700 bis 1000	0,13	900×1350 bis 1200×1800	0,10
über 1000	0,10		

Die Werte der Wasserzugabe gelten für eine Druckhöhe von 5 m Wassersäule. Dabei ist vorausgesetzt, daß die Leitung zuvor **24 Stunden** in vollgefülltem Zustand gehalten wird.

Tabelle 3. Steinzeugrohrleitungen

NW	Wasserzugabe l/m² benetzte Innenfläche
100 bis 1500	0,20

Der Wert der Wasserzugabe gilt für eine Druckhöhe von 5 m Wassersäule. Vorher ist die Leitung **1 Stunde** lang in vollgefülltem Zustand unter einem Druck von 5 m WS zu halten.

Tabelle 4. Asbestzementrohrleitungen

NW	Wasserzugabe l/m² benetzte Innenfläche
100 bis 1000	0,02

Der Wert der Wasserzugabe gilt für eine Druckhöhe von 5 m Wassersäule. Vorher ist die Leitung **1 Stunde** lang in vollgefülltem Zustand unter einem Druck von 5 m WS zu halten.

7.2.2.5. Prüfung der Druckleitungen

Für Druckleitungen aus Stahlbeton- und Spannbetondruckrohren gelten besondere Prüfbedingungen nach DIN 4037.

Für Asbestzement-Druckrohrleitungen gilt DIN 19 801.

Für Guß- und Stahlrohrleitungen gilt sinngemäß DIN 4279.

Für Kunststoffrohre gilt sinngemäß das DVGW-Arbeitsblatt W 322 „Hinweise für die Durchführung der Druckprüfung von Kunststoff-Druckrohrleitungen für Wasser außerhalb von Gebäuden" [2]).

8. Zufüllen der Baugrube von Grabenleitungen und Überschüttung von Dammleitungen [3])

8.1. Allgemeine Angaben

Im Sinne dieser Norm ist zwischen dem Einbetten der Rohrleitung bis zu einer Schütthöhe von 30 cm über dem Scheitel und dem Zufüllen des Rohrgrabens zu unterscheiden.

Das Einbetten der Rohrleitung, das Beseitigen des Verbaus und das Zufüllen des Rohrgrabens sind Arbeitsvorgänge, die unmittelbar ineinandergreifen.

Mit dem Einbetten und Zufüllen ist erst zu beginnen, wenn Rohrverbindungen und Rohrauflager durch Erdlast und andere beim Zufüllen auftretende Kräfte belastet werden dürfen.

Bodenarten, die Rohrleitungen und ihre Bauwerke schädigen können (z. B. Asche und Schlacke), sowie Bodenarten und Stoffe, die ein späteres unregelmäßiges Nachgeben zur Folge haben (z. B. Grassoden und Holzstücke), dürfen nicht eingefüllt werden.

Einschlämmen ist nur bei nichtbindigen Böden zulässig, jedoch nicht im Bereich der Einbettung. Gefrorener Boden darf nicht eingebracht werden, ebenso darf gefrorener Grund nicht überschüttet werden.

Der für das Einbetten und Zufüllen bestimmte Boden muß ein einwandfreies Verdichten zulassen. Steht kein zum einwandfreien Verdichten geeigneter Boden zur Verfügung, so ist eine Verbesserung des Bodens durch Zugabe nicht bindigen Materials oder durch Anfahren und Verwenden anderen geeigneten Bodens vorzusehen.

8.2. Einbetten der Rohrleitung

Das Einbetten der Rohrleitung ist eine Teilarbeit der Ausbildung des Rohrauflagers und bestimmt wesentlich die Erddruck- und Erdauflast-Verteilung sowie die Möglichkeit der Ausbildung eines entlastend wirkenden seitlichen Erddrucks auf die Rohrleitung. Steinfreier Boden ist beiderseits der Rohrleitung bis zu einer Höhe von 30 cm über dem Scheitel in Lagen bis zu 30 cm anzuschütten und zu verdichten.

---

[2]) Zu beziehen durch ZfGW-Verlag, Frankfurt am Main, Zeppelinallee 38.

[3]) Es wird auch verwiesen auf das „Merkblatt über das Zufüllen von Leitungsgräben", herausgegeben von der Forschungsgesellschaft für das Straßenwesen e. V., Köln, Deutscher Ring 17, Arbeitsgruppe „Untergrund".

Das Unterstopfen und Verdichten muß mit größter Sorgfalt durchgeführt werden und darf nur von Hand mit Flachstampfern oder mit leichten maschinellen Verdichtungsgeräten geschehen. Es soll gleichzeitig von beiden Seiten unterstopft werden, um eine Verschiebung der Leitung zu vermeiden.

Ein etwaiger Außenschutz der Rohrleitungen darf nicht beschädigt werden.

8.3. Zufüllen und Überschütten

Das Zufüllen und Überschütten soll lagenweise in solchen Schichthöhen vorgenommen werden, daß einerseits die Standsicherheit der Rohrleitung nicht gefährdet ist und andererseits die Schüttung ausreichend verdichtet werden kann.

Darüber hinaus ist die Wahl der Verdichtungsgeräte nach den Bodenverhältnissen und dem Verbau zu treffen.

Der Einsatz von schweren Stampf- und Rüttelgeräten bei Scheitelüberdeckungen unter 1 m ist nicht zulässig.

Besondere Belastungen während des Bauzustandes, z. B. durch Befahren der überschütteten Rohrleitung mit schweren Baugeräten oder Fahrzeugen, sowie unzulässig hohe Überschüttungen sind zu vermeiden.

Bei Dammleitungen ist insbesondere darauf zu achten, daß die Lage und Standsicherheit beim Überschütten durch die eingesetzten Förder- und Verdichtungsgeräte nicht gefährdet werden.

8.4. Beseitigen des Verbaus

Das Beseitigen des Verbaus, insbesondere das Entsteifen, muß im gleichen Schritt mit dem Zufüllen vor sich gehen und darf nur stückweise so vorgenommen werden, daß der entsteifte Teil der Baugrube sofort gefüllt und verdichtet werden kann. Einstürze und schädliche Senkungen beeinflussen die Auflastentwicklung über den Rohren und sind zu vermeiden.

Beim Beseitigen der Verkleidung ist darauf zu achten, daß die Verdichtung des Zufüllmaterials eine satte Verbindung mit dem gewachsenen Boden der Grabenwand ergibt. Nur dadurch kann die entlastende Wirkung der Wandreibung bei der Grabenbedingung nach Bild 1 erfüllt werden.

Anhang

Zur Information werden hier die Abschnitte aus den Allgemeinen Technischen Vorschriften (ATV) der Verdingungsordnung für Bauleistungen (VOB) abgedruckt, soweit sie für DIN 4033 notwendig sind. Maßgebend ist jeweils der Wortlaut der genannten ATV in der VOB in ihrer neuesten Ausgabe (z. Z. Dezember 1958).

Zu Abschnitt 3.1.1.

DIN 18300; Abschnitt 3.051.1: Wenn ein betretbarer Arbeitsraum zwischen Baukörper und Baugrubenwand nötig ist, muß er mindestens 50 cm breit ausgeführt werden.

Als Breite des Arbeitsraumes gelten:

bei u n v e r k l e i d e t e n Baugruben der waagerecht gemessene Abstand zwischen dem Böschungsfuß und der Außenseite des Mauerwerks oder der Schalwandaußenseite des Baukörpers,

bei v e r k l e i d e t e n Baugruben der lichte Abstand zwischen der Schalwand des Verbaues und der Außenseite des Mauerwerks oder der Schalwandaußenseite des Baukörpers.

DIN 18300; Abschnitt 3.051.2: Bei Rohrleitungsgräben beträgt die lichte Mindestbreite der Baugrube mit betretbarem Arbeitsraum, wenn in der Leistungsbeschreibung keine größeren Maße vorgeschrieben sind,

für Rohrleitungen mit mehr als 40 cm äußerem Durchmesser oder mehr als 40 cm größter Breite des Querschnittes

bei unverkleideter Baugrube mit Böschungen,
die steiler als 60° sind . . . . 70 cm mehr,
bei unverkleideter Baugrube
mit flacheren Böschungen . . . . 40 cm mehr,
bei verkleideter Baugrube. . . . . 70 cm mehr,

für Rohrleitungen bis zu 40 cm äußerem Durchmesser oder bis zu 40 cm größter Breite des Querschnittes

bei verkleideter und
unverkleideter Baugrube . . . . 40 cm mehr
als der äußere Durchmesser bzw. die größte Breite der Rohrleitung, jedoch nicht weniger als 60 cm bei Rohrgrabentiefen bis zu 1,75 m
und nicht weniger als . . . . 80 cm
bei Rohrgrabentiefen darüber. Als lichte Breite gelten bei unverkleideter Baugrube die Sohlenbreite, bei verkleideter Baugrube der Abstand der Schalwände.

DIN 18300; Abschnitt 3.051.3: Die Mindestbreiten nach den Abschnitten 3.051.1 und 3.051.2 gelten nicht für unverkleidete Gräben, die zwar bis zu einer Tiefe von 1,25 m betreten werden, die aber einen betretbaren Arbeitsraum zum Verlegen und Prüfen der Leitungen nicht haben müssen, z. B. Erdkabelgräben, Drängräben.

DIN 18300; Abschnitt 3.051.4 (Auszug): Arbeitsräume an Muffen und Flanschen (Kopflöcher) sind so tief und so breit anzulegen, daß die Verbindungen einwandfrei hergestellt und geprüft werden können.

Zu Abschnitt 3.1.2.

DIN 18300; Abschnitt 3.053.1: Die Neigung der Böschung richtet sich nach den Eigenschaften des Bodens unter Berücksichtigung der Zeit, während der die Baugrube offen zu halten ist, sowie nach den Belastungen und Erschütterungen innerhalb und in der Nähe der Baugrube.

DIN 18300; Abschnitt 3.053.2: Bei Böden, deren Zusammenhalt sich durch Austrocknen, Eindringen von Wasser, Frost oder durch Bildung von Rutschflächen verschlechtern kann, sind entsprechende flachere Böschungen herzustellen und Maßnahmen zum ungefährlichen Ableiten des Wassers zu treffen.

DIN 18300; Abschnitt 3.053.3: Die Wahl der Böschungsneigungen bleibt dem Auftragnehmer überlassen, wenn die Neigungen nicht in der Leistungsbeschreibung vorgeschrieben sind. Das Sichern und Unterhalten der Böschungen während der Vertragsdauer obliegt dem Auftragnehmer. Werden dagegen die Böschungsneigungen vom Auftraggeber nachträglich vorgeschrieben, hat der Auftragnehmer das Sichern und Instandhalten der Böschungen mit dem Auftraggeber besonders zu vereinbaren.

DIN 18300; Abschnitt 3.053.4: Am oberen Rand von Böschungen sind Schutzstreifen von mindestens 60 cm Breite freizuhalten.

Zu Abschnitt 3.1.3.

DIN 18300; Abschnitt 3.052.5 (Auszug): Bei Rohrgräben und Drängräben sind das vorgeschriebene Gefälle und die vorgeschriebene Ausbildung der Grabensohle genau einzuhalten.

Zu Abschnitt 3.2.

DIN 18300; Abschnitt 3.031: Die Art des Gewinnens (des Bodens) ist dem Auftragnehmer überlassen, wenn in der Leistungsbeschreibung nichts anderes vorgeschrieben ist.

DIN 18300; Abschnitt 3.032: Ausschachtungen, die Einstürzen oder Nachrutschen verursachen können, sind abschnittsweise auszuführen. Gefährdete Bauwerke sind dabei zu sichern. Dies gilt besonders für Unterfangungen. Der Auftragnehmer hat das Sichern mit dem Auftraggeber besonders zu vereinbaren.

Zu Abschnitt 3.3.

DIN 18306; Abschnitt 3.41: Bei allen Maßnahmen zum Schutz der Bauwerke, Leitungen, Kanäle oder Kabel sind die Vorschriften der Eigentümer (oder der anderen Weisungsberechtigten) zu beachten. Aufgehängte und abgestützte Leitungen, Kanäle oder Kabel dürfen nicht betreten oder belastet werden.

DIN 18306; Abschnitt 3.42: Bei Arbeiten an Abwasserkanälen und Einzelbauwerken, wie Einsteigschächten usw., ist auf die Erstickungs-, Vergiftungs- und Zerknallgefahren sowie auf genaue Durchführung der Absperrmaßnahmen besonders zu achten. Bestehende Kanäle dürfen ohne Genehmigung des Auftraggebers nicht betreten werden.

Zu Abschnitt 3.4.2.

DIN 18303; Abschnitt 3.102: Die Baugrube ist so zu verkleiden und abzusteifen, daß der Arbeitsraum möglichst wenig beengt wird. Das Umsetzen von Steifungen (Umsteifen) ist auf das Notwendigste zu beschränken und bei hohem Erddruck, starken Erschütterungen oder Verwendung schwerer Steifen möglichst zu vermeiden.

DIN 18303; Abschnitt 3.103: Der Verbau muß gegen Knicken, Kippen und Beulen stabil sein.

DIN 18303; Abschnitt 3.104: Die Steifen müssen dauernd einwandfrei sitzen und knicksicher sein. Die unvermeidbare oder unbeabsichtigte Schrägstellung der Steifen ist von vornherein zu berücksichtigen. Mittelstützen sind gegen Herausziehen besonders zu sichern.

DIN 18303; Abschnitt 3.105: Die Abmessungen aller Teile des Verbaues müssen rechnerisch bestimmt sein. Der Nachweis der Knick-, Kipp- und Beulsicherheit hat sich nicht nur auf die Tragebene des Verbaues, sondern auch auf seinen räumlichen Zusammenhang zu erstrecken. Bei den Stabilitätsuntersuchungen ist DIN 4114 „Stahlbau, Stabilitätsfälle (Knickung, Kippung, Beulung)" sinngemäß zu beachten. Statische Berechnung und Ausführungszeichnungen sind auf Verlangen zur Genehmigung vorzulegen.

Seite 14   DIN 4033

DIN 18 303; Abschnitt 3.106: Der Verbau muß nach den zu erwartenden höchsten Belastungen in ungünstigster Stellung bemessen werden. Die Lasten sind nach DIN 1055 anzunehmen, soweit nicht besondere Lastannahmen im Einzelfall zu treffen sind.

DIN 18 303; Abschnitt 3.107: Für die Lastannahmen aus Straßen- und Bahnverkehr sind die maßgebenden Sondervorschriften zu beachten (z. B. DIN 1072 „Straßen- und Wegbrücken, Lastannahmen").

DIN 18 303; Abschnitt 3.108: Quellungen, Setzungen und Erschütterungen des Baugrundes auch in der Umgebung der Baugrube, ferner Wasserstände und ihre Änderungen sowie etwaige gestörte Bodenverhältnisse sind zu berücksichtigen.

DIN 18 303; Abschnitt 3.109: Teile des Verbaues dürfen für zusätzliche Zwecke der Bauausführung nur verwendet werden, wenn dadurch die Standsicherheit nachweislich nicht gefährdet wird.

DIN 18 303; Abschnitt 3.110: Die Verkleidung muß mindestens 5 cm über Geländeoberfläche oder Schutzstreifen hinausragen. Hölzerne Verkleidungsbohlen müssen mindestens 5 cm dick, gleichlaufend besäumt und an einer Seite scharfkantig sein.

DIN 18 303; Abschnitt 3.111: Bolzenverbindungen müssen ausreichend große und dicke Unterlagscheiben erhalten. Holzsteifen sind an den Enden abzufasen und bei größeren Längen mit Keilen gegen die Auflager anzutreiben. Bei Einbau von Holzsteifen sind die Regeln des Holzbaues zu beachten.

DIN 18 303; Abschnitt 3.112: Gegen Abgleiten und Lockern der Steifen sind geeignete Vorkehrungen zu treffen. Keile, Anker, Spannschrauben und Bolzen müssen das Spannen, Nachtreiben oder Nachziehen zulassen. Alle Versteifungen und Verankerungen sind ständig auf Spannung zu halten und regelmäßig hierauf zu überwachen. Bei Erschütterungen und veränderlicher Belastung ist besonders sorgfältige Überwachung notwendig.

DIN 18 303; Abschnitt 3.113: Erforderlichenfalls sind besondere Bedienungsstege vorzusehen. Für den Einstieg in die Baugrube sind grundsätzlich Leitern oder Treppen zu verwenden. Bedienungsstege, Leitern oder Treppen müssen im Winter schnee- und eisfrei gehalten werden.

DIN 18 303; Abschnitt 3.114: Etwaige Hohlräume zwischen Verkleidung und Erdwand sind sofort gut zu verfüllen.

DIN 18 303; Abschnitt 3.115: Alle Absteifteile müssen an ihren Auflager- und Stützflächen satt anliegen.

DIN 18 303; Abschnitt 3.116: Das Anstücken von Holzsteifen ist unzulässig.

DIN 18 303; Abschnitt 3.117: Am oberen Rand der Baugrube sind Schutzstreifen von mindestens 60 cm Breite freizuhalten.

Zu Abschnitt 3.4.2.1.

DIN 18 303; Abschnitt 3.21: Das Verkleiden mit waagerechten Bohlen kann angewendet werden, wenn der Boden so standfest ist, daß er auf die Tiefe einer Bohlenbreite frei abgeschachtet werden kann, ehe die Bohle eingezogen wird. Das Verbauen muß mit dem Ausschachten Schritt halten. Das Ausschachten darf immer nur um etwa eine Bohlenbreite voraus sein.

DIN 18 303; Abschnitt 3.22: Die Bohlen müssen beim endgültigen Absteifen — im allgemeinen in Abständen von 1,5 bis 2,5 m — durch Brusthölzer oder Laschen gefaßt werden, die über mindestens drei Bohlen greifen. Nahe dem Bohlenende muß je eine Absteifung angeordnet werden. Jedes Brustholz ist durch mindestens zwei Steifen abzustützen.

Zu Abschnitt 3.4.2.2.

DIN 18 303; Abschnitt 3.31: Das Verkleiden mit lotrechten Bohlen kann angewendet werden bei losem Boden, der das

Verkleiden mit waagerechten Bohlen nach Abschnitt 3.2 nicht zuläßt.

DIN 18 303; Abschnitt 3.32: Die Bohlen sollen mit dem Fortschreiten der Baugrubenausschachtung lotrecht eingetrieben werden und in jedem Bauzustand mit ihrer Spitze mindestens 30 cm im Boden stecken. Lassen sich die Bohlen nur bis zur Sohle eintreiben, dann sind besondere Sicherungsmaßnahmen zu treffen.

DIN 18 303; Abschnitt 3.33: Damit tiefe Baugruben nicht nach unten verengt werden, können die Bohlenreihen schräg nach außen geneigt eingetrieben werden. Die Gurthölzer müssen an den schräg eingetriebenen Bohlen keilförmige Futter erhalten und sorgfältig unterstützt oder aufgehängt werden.

Zu Abschnitt 3.4.2.3.

DIN 18 303; Abschnitt 3.41: Abmessungen, Abstände und Einbindetiefen der Rammträger müssen der Tiefe der Baugrube, der Bodenart und den zu erwartenden Lasten und Erschütterungen entsprechen. Bei losem Boden müssen Rammträger als Außenstützen mindestens 1,5 m, als Mittelstützen mindestens 3 m unter die Baugrubensohle reichen.

DIN 18 303; Abschnitt 3.42: Im übrigen gelten für Rammträger die Abschnitte 2 und 3 von DIN 18 304 — Rammarbeiten —.

DIN 18 303; Abschnitt 3.43: Die Schalbohlen müssen fest am Erdreich anliegen.

DIN 18 303; Abschnitt 3.44: Die Absteifung ist zwischen die Rammträger zu spannen. Wenn in besonderen Fällen im Felde zwischen den Trägern gesteift werden muß, sind Holme, Laschen, Verteilungsträger oder andere geeignete Hilfsmittel vorzusehen.

Zu Abschnitt 3.4.2.4.

DIN 18 303; Abschnitt 3.51: Das Verkleiden mit stählernen Kanaldielen kann angewendet werden, wenn eine Dichtung und der Zusammenschluß der Verkleidung durch ein Schloß nicht nötig ist.

DIN 18 303; Abschnitt 3.52: Die stählernen Dielen müssen in ihrer ganzen Länge gleiche Form haben und die benachbarte Diele nach dem Eintreiben gut überdecken. Verbeulte oder verbogene Dielen dürfen nicht verwendet werden. Stählerne Dielen müssen in jedem Bauzustand mit ihrer Unterkante mindestens 30 cm im Boden stecken. Lassen sich die Dielen nur bis zur Sohle eintreiben, dann sind besondere Sicherungsmaßnahmen zu treffen.

DIN 18 303; Abschnitt 3.53: Die Steifen sind auf Gurten so anzusetzen, daß die Dielen nicht ausweichen können und sich nicht zweckwidrig durchbiegen.

DIN 18 303; Abschnitt 3.54: Im übrigen gelten die Abschnitte 2 und 3 von DIN 18 304 — Rammarbeiten —.

Zu Abschnitt 3.4.2.5.

DIN 18 303; Abschnitt 3.61: Die Einbindetiefen sind unter Berücksichtigung der Boden- und Wasserverhältnisse zu ermitteln und auszuführen.

DIN 18 303; Abschnitt 3.62: Die Spundwände sind mit Zangen, Gurten oder Holmen zusammenzufassen. Alle Teile sind so zu bemessen, daß die zulässigen Beanspruchungen und Durchbiegungen nicht überschritten werden. Bohlen, die nicht satt anliegen, sind zu unterfuttern. Die Steifen dürfen nur gegen die Zangen und Gurte gesetzt werden.

DIN 18 303; Abschnitt 3.63: Die Ausbildung der Spundung bei Spundbohlen aus Holz oder Stahlbeton und die Wahl der Stahlspundwände bleiben, wenn sie in der Leistungsbeschreibung nicht vorgeschrieben sind, dem Auftragnehmer überlassen, der dabei die notwendige Dichtigkeit der Wand zu berücksichtigen hat.

DIN 18 303; Abschnitt 3.64: Im übrigen gelten die Abschnitte 2 und 3 von DIN 18 304 — Rammarbeiten —.

DIN 19630 (März 1959)[1]
Gas- und Wasserverteilungsanlagen
Rohrverlegungs-Richtlinien für Gas- und Wasserrohrnetze

Vorbemerkung

Die in dieser Norm enthaltenen Richtlinien gelten, soweit sie über die ganze Breite der Spalte gedruckt sind, für Gas- und Wasserleitungen. Bestimmungen, die sich nur auf der

linken	*rechten*

Hälfte einer Spalte befinden, beziehen sich nur auf

Gasleitungen	*Wasserleitungen*

1. Geltungsbereich

1.1 Die Richtlinien gelten für in die Erde zu verlegende Rohrleitungen für Gas oder Wasser in Orts- und Stadtrohrnetzen [1]. Für frei zu verlegende Rohrleitungen können sie sinngemäß angewendet werden. Sondervorschriften [2] für Mittel-, Hochdruck- und Fernleitungen gehen diesen Richtlinien vor.

1.2 Anlagen zur Steigerung oder Minderung des Betriebsdruckes und zur Mengenmessung fallen nicht unter diese Richtlinien.

2. Allgemeines

2.1 Die Zubehörteile und Baustoffe müssen den einschlägigen Normen entsprechen.

Rohre und Zubehörteile sind nach den zu erwartenden höchsten Betriebsdrücken, mindestens aber für ND 10 zu bemessen.

Fernleitungen können fallweise unter ND 10 nach dem zu erwartenden höchsten Betriebsdruck und sonstigen zusätzlichen Beanspruchungen bemessen werden.

2.2 Die Verlegungsarbeiten sind durch zuverlässige Fachkräfte unter sachkundiger Aufsicht auszuführen [3].

2.3 Beim Bau der Leitungen sind die Anleitungen der Lieferwerke zu beachten.

3. Rohre und Zubehör [4]

3.1 Gußeiserne Druckrohre

3.11 Es sind Rohre für ND 10 oder höher nach DIN 2431 „Muffendruckrohre (Schleudergußrohre), Grauguß, für Nenndruck 10 und 16" und DIN 2432 „Muffendruckrohre, Grauguß, für Nenndruck 10" mit Schraubmuffen nach DIN 2855 „Schraubmuffen, Schraubringe, Dichtringe" oder Flanschenrohre nach DIN 2422 „Flanschenrohre, Grauguß, für Nenndruck 10" sowie genormte Formstücke nach DIN 2829 „Grauguß-Formstücke, für Nenndruck 10, Übersicht", zu verwenden.

3.12 Für Werkstoff, Oberflächenbeschaffenheit und Form sowie für Maß- und Gewichtsabweichungen gilt DIN 2420 „Graugußrohre und Formstücke, Technische Lieferbedingungen".

3.2 Stahlrohre

Nahtlose Stahlrohre müssen DIN 1629 „Nahtlose Flußstahlrohre, Technische Lieferbedingungen" oder DIN 2460 „Nahtlose Stahlmuffenrohre für Gasleitungen bis NW 600 und bis 1 kg/cm² Betriebsdruck, für Wasserleitungen bis NW 300 und ND 20, über NW 300 bis ND 16", geschweißte Stahlrohre DIN 1626 „Stahlrohre, schmelzgeschweißt, Technische Lieferbedingungen" oder DIN 2461 „Sondergeschweißte Stahlmuffenrohre von NW 300 bis 800, für Gasleitungen bis 1 kg/cm² Betriebsdruck und für Wasserleitungen bis ND 16", Gewinderohre DIN 2440 „Gewinderohre, mittelschwer" oder DIN 2441 „Gewinderohre, schwer" entsprechen.

Rohre mit Gewindeverbindungen dürfen nur für Betriebsdrücke unter 5000 mm WS angewendet werden.

3.21 Bei Rohren aus St 00 kann mit einem Werkstoffkennwert von 15 kg/mm² (nach DIN 2413, Ausgabe Mai 1954, „Stahlrohre, Berechnung der Wanddicke gegen Innendruck", Abschnitt 4.11) gerechnet werden. Rohre für Schweißverbindungen müssen schmelzschweißbar sein, Gewinderohre aus St 00 sind nicht immer schweißbar.

Es können auch Rohre aus den Werkstoffen St 35 oder St 34 oder aus anderen Werkstoffen mit höherer Zugfestigkeit und Streckgrenze gewählt werden.

---

[1]) Richtlinien für Fernleitungen in Vorbereitung.

[2]) DVGW-Arbeitsblatt G 460 „Richtlinien für den Bau und Betrieb von Gasleitungen mit einem Betriebsdruck von 500 bis 10 000 mm WS in industriellen und gewerblichen Anlagen".

DVGW-Arbeitsblatt G 461 „Richtlinien für Gasrohrleitungen mit mehr als 1 atü Betriebsdruck aus gußeisernen Rohren und Formstücken".

DIN 2470 „Gasrohrleitungen von mehr als 1 kg/cm² Betriebsdruck aus Stahlrohren mit geschweißten Verbindungen, Richtlinien (Richtlinien für Ferngasleitungen)."

[3]) Siehe auch: „DVGW-Richtlinien für die Überprüfung von Firmen des Rohrleitungsbaus im Gas- und Wasserfach" GWF 97 (1956) S. 1010.

[4]) Für Kunststoffrohre besteht das DVGW-Arbeitsblatt W 321 „Richtlinien für die Verlegung von Kunststoffrohren in Wasserversorgungsanlagen außerhalb von Gebäuden".

---

[1] Eine Entwurfsfassung der DIN 19 630 vom September 1966 liegt vor.

3.22

Stahlrohrleitungen sollen möglichst mit geschweißten Rohrverbindungen hergestellt werden.	Stahlrohrleitungen sollen wegen der notwendigen inneren Nachisolierung nur ab NW 600 mit geschweißten Rohrverbindungen hergestellt werden.

3.3   Asbestzementrohre

	Asbestzement-Druckrohre nach DIN 19 800 Blatt 1 „Asbestzement-Druckrohre, Maße" und Blatt 2 „Asbestzement-Druckrohre, Technische Lieferbedingungen".

3.4   Stahlbetonrohre

	Stahlbetondruckrohre nach DIN 4036 „Stahlbetondruckrohre, Bedingungen für die Lieferung und Prüfung" unter Beachtung des vorstehenden Abschnittes 2.1.

4. Befördern und Lagern der Leitungsteile

4.1   Die Leitungsteile sind mit geeigneten Vorrichtungen und Fahrzeugen auf- und abzuladen und zu befördern. Beschädigungen der Leitungsteile sind zu vermeiden.

4.2   Alle Leitungsteile sind so zu lagern (erforderlichenfalls auf Hölzern) und zu bewegen, daß sie nicht durch Erde, Schlamm, Abwasser und dergleichen verunreinigt werden können. Besondere Vorsicht ist beim Lagern auf Grasböden erforderlich, da Pflanzenwurzeln in den Rohrschutz eindringen können. Gestapelte Leitungsteile sind durch Holzzwischenlagen zu trennen und zu sichern.

4.3   Für das Befördern auf der Baustelle sind Rohrwagen oder andere geeignete Vorrichtungen zu verwenden. Schleifen und längeres Rollen sind zu vermeiden. In der Querrichtung können Rohre auf genügend breiten Vierkanthölzern mit abgerundeten Kanten bewegt werden.

5. Rohrgraben

5.1   Der Rohrgraben ist so anzulegen und auszuheben, daß alle Leitungsteile

in frostfreier Tiefe (Rohrdeckung je nach klimatischen und Bodenverhältnissen 1,00 bis 1,80 m) liegen und

einwandfrei verlegt werden können. Beiderseits des Rohrgrabens muß zwischen Grabenkante und Grabenaushub bzw. Rohr ein Streifen frei bleiben, der nicht belastet werden darf und dessen Breite den Unfallverhütungsvorschriften entspricht.

5.2   Die Sohlenbreite des Rohrgrabens richtet sich nach dem Außendurchmesser des Rohres und nach dem zum Verlegen der Rohre notwendigen Arbeitsraum. Das lichte Maß muß aber bei Grabentiefen bis 1,75 m mindestens 0,60 m, bei größeren Tiefen mindestens 0,80 m betragen.

5.3   Die Grabensohle ist in der angegebenen Breite und Tiefenlage so herzustellen, daß die Leitung auf der ganzen Länge aufliegt. Vor dem Legen der Rohre hat der Rohrlegeunternehmer (-Betrieb) die Grabensohle zu prüfen. Bei Ab-

weichungen der Grabentiefe, ungenügender Sohlenbreite und Planierung, schlechten Untergrundverhältnissen usw. hat er Abhilfe zu veranlassen.

5.31   In trockenem, tragfähigem und steinfreiem Untergrund sind für die Rohrbettung keine besonderen Maßnahmen erforderlich, falls durch das Ergebnis der Bodenuntersuchung nichts anderes geboten erscheint.

5.32   In felsigem und steinigem Untergrund ist die Grabensohle mindestens 0,15 m tiefer auszuheben und der Aushub durch eine steinfreie Schicht zu ersetzen. Hierzu wird Sand, Feinkies, neutraler Lehm, gesiebter neutraler Boden, Magerbeton (B 80) oder Splittmaterial (kein Hochofensplitt) in entsprechender Schichtdicke eingebracht und festgestampft.
In Gefällstrecken muß durch Einbau von Beton- oder Lettenriegeln das Abschwemmen dieser Auflageschicht verhindert werden, ggf. ist eine Dränung vorzusehen.

5.33   Bei wenig tragfähiger und stark wasserhaltiger Grabensohle ist die Leitung auf eine Steinvorlage mit Feinkiesschüttung zu legen oder durch andere Baumaßnahmen zu sichern.

5.34   Bei aggressiven Böden sind besondere Maßnahmen zu treffen, z. B. verstärkter Rohrschutz, Umhüllen der Leitung mit nicht aggressivem Boden, Entwässern des Rohrgrabens, Ändern der Linienführung.

5.35   Bei wechselnden Schichten und damit verbundener Tragfähigkeitsänderung der Grabensohle ist an den Übergangsstellen eine Feinkies- oder Sandschüttung über mehrere Rohrlängen vorzusehen.

5.36   An Berghängen ist das Abrutschen der Leitung durch entsprechende Maßnahmen zu verhüten. Die Grabensohle ist gegen Ausspülen durch Sickerwasser zu sichern.

5.4   Die Kopflöcher sind so auszuführen, daß die Herstellung der Rohrverbindungen, der Einbau von Armaturen und Formstücken und deren Nachprüfung möglich ist. Kopflöcher für Schweißarbeiten sind nach DIN 2470 „Gasrohrleitungen von mehr als 1 kg/cm² Betriebsdruck aus Stahlrohren mit geschweißten Verbindungen, Richtlinien (Richtlinien für Ferngasleitungen)" auszuführen.

5.5

Während der Verlegungsarbeiten sind Rohrgräben und Kopflöcher, während der Druckprüfung mindestens die Kopflöcher, wasserfrei zu halten.

5.6   In unmittelbarer Nähe von Leitungen darf nicht gesprengt werden.

6. Einbau der Leitungsteile

6.1   Die Leitungsteile sind vor dem Einbringen in den Graben außen und innen zu säubern und zu überprüfen.

Beschädigungen des Außen- und Innenschutzes der Leitungsteile sind vor dem Ablassen in den Rohrgraben nach Abschnitt 9 auszubessern. Zum Einbringen der Rohre müssen Geräte verwendet werden, die ein stoßfreies und gleichmäßiges Absenken der Rohre ohne Beschädigung gewährleisten. Hierbei sind zur Schonung des Rohrschutzes keine Ketten oder Seile zu verwenden.

6.2 Längsgeschweißte Rohre sind so zu verlegen, daß die Längsnaht im oberen Drittel des Rohres liegt, jedoch möglichst nicht im Rohrscheitel. Die Nähte zweier aneinanderstoßender Rohre sind bei Schweißverbindungen versetzt anzuordnen.

6.3 Rohrschnitte müssen glatt verlaufen und einen einwandfreien Übergang haben. Unebenheiten an der Schnittfläche und Grate sind zu beseitigen. Die Schnitte sind mit Rohrsäge oder Rohrschneider auszuführen; bei Stahlrohren können sie auch mit dem Schneidbrenner ausgeführt werden, wenn dadurch keine nachteiligen Wirkungen eintreten.

6.4 Die Leitungen sind nach den Bauplänen mit dem vorgeschriebenen Gefälle einzubauen. Rohre mit Schweiß- und Stemmuffen sind bei starken Steigungen mit der Muffe gegen die Steigung zu verlegen.

6.5 Richtungsänderungen in der Rohrtrasse durch Abwinkelung der Rohre aus der Rohrachse dürfen nur nach der Verlegeanweisung der Rohrhersteller vorgenommen werden; sonst sind Krümmer einzubauen.

6.6 Krümmer, Endstücke, Schieber, Hydranten, Dehner, Abzweige usw. sind unter Berücksichtigung der auftretenden Kräfte abzustützen und zu verankern. Es ist zu beachten, daß diese Kräfte von bedeutender Größe sein können.

6.7 In der Rohrleitung soll immer eine dicht anliegende Rohrbürste sitzen, die beim Vorstrecken weiterer Rohre nachzuziehen ist. Bei Arbeitsunterbrechungen sind alle Öffnungen durch Stopfen, Deckel oder Blindflansche zu verschließen.

6.8 Vor dem Verfüllen des Rohrgrabens ist der Außenschutz der Rohre nochmals zu überprüfen.

Beim Verfüllen des Rohrgrabens ist zunächst die Leitung auf der ganzen Länge mit steinfreiem, das Rohr nicht angreifendem Material sorgfältig zu unterstopfen, seitlich und nach oben festzulegen. Zum Unterstopfen sind gebogene hölzerne Stampfer zu verwenden. Dabei darf der Rohrschutz nicht beschädigt werden.

6.81 Nach dem Unterstopfen ist der Rohrgraben mit Boden nach Abschnitt 6.8 von Hand in Lagen unter sorgfältigem Stampfen bis auf 0,30 m über Rohrscheitel zu verfüllen (1 Stampfer auf 2 Einwerfer). Geeigneter Boden muß gegebenenfalls angefahren werden.

> Die Rohrverbindungen bleiben bis zur Druckprobe frei.

6.9 Für den Bau geschweißter Stahlrohrleitungen gelten DIN 2470 sowie folgende Bestimmungen:

6.91 In den Rohrgraben abgesenkte Rohre sind, nachdem sie die Erdtemperatur angenommen haben, mit dem bereits verlegten Rohrstrang zu verschweißen und nach Abschnitt 6.81 einzudecken.

Freiliegende Rohrstränge sollen durch Abdecken mit Brettern, Dachpappe, Strohmatten usw. gegen Sonnenbestrahlung geschützt werden.

Leitungen in offenen Gräben sind bei langer Sonneneinstrahlung besonders gefährdet und deshalb zügig zu verfüllen. In der warmen Jahreszeit soll der Rohrgraben möglichst in den frühen Morgenstunden verfüllt werden, während in der kalten Jahreszeit wärmere Tage mit Temperaturen über dem Gefrierpunkt zu bevorzugen sind.

b Hünerberg, AZ

7. Herstellung von Rohrverbindungen

7.1 Vor Herstellen der Rohrverbindungen sind störende, die Dichtheit gefährdende Isolierstoffe, Anstrichreste und andere Verunreinigungen an den Rohr- und Flanschdichtungsflächen zu entfernen.

7.2 Bewegliche Rohrverbindungen

7.21 Als bewegliche Rohrverbindungen gelten:
bei Gußrohren die Schraubmuffenverbindung für Rohre bis NW 600 und die Stopfbuchsenmuffen-Verbindung für Rohre der NW 500 bis 1200;
bei Stahlrohren die Schraubmuffenverbindung für Rohre bis NW 500 und die Rollgummiverbindung für Rohre bis NW 800;

> bei Asbestzementrohren selbstdichtende Keilringverbindungen sowie die Rollgummiverbindung.

Diese Rohrverbindungen lassen — ohne Beeinträchtigung der Dichtwirkung — eine begrenzte Ablenkung des Rohres aus der Leitungsachse zu.

7.22 Vor Herstellen der Rohrverbindung sind die Dichtflächen mit einer Spezialmasse (z. B. Graphitmasse) zu bestreichen. Bei Schraubmuffenverbindungen gilt das insbesondere für glatte Rohrenden, das Muffeninnere, den Schraubring und den Dichtungsring.

7.23 Beim Herstellen der Rohrverbindungen muß die zentrische Lage des Rohrendes in der Muffe gesichert sein. Zwischen dem glatten Rohrende und dem Muffengrund ist das vom Hersteller angegebene Abstandsmaß einzuhalten. Für die elastischen Rohrverbindungen sind Dichtungsringe zu verwenden, die vom Hersteller auf Eignung und Güte geprüft sind.

7.24 Eine Ablenkung in der Rohrverbindung darf erst nach Fertigstellung der Rohrverbindung vorgenommen werden.

7.25 Schraub- und Stopfbuchsenmuffen - Verbindungen müssen sofort fest angezogen und vor der Druckprüfung des verlegten Leitungsstranges — soweit möglich — nochmals nachgezogen werden.

7.3 Stemmuffen-Verbindungen

7.31 Stemmuffen-Verbindungen sollen auf Ausnahmefälle beschränkt werden, da die Muffenverbindungen mit elastischen Dichtungen erhebliche Vorteile aufweisen.

7.32 Die Rohrverbindung wird mit Dichtungsstrick und Blei hergestellt.

Als Dichtungsstrick ist ein Teerstrick (in Holzteer schwach getränkt, langfaseriger, ungekräuselter Hanfstrick) zu verwenden. Als Abschluß der Verstrickung wird zweckmäßig ungetränkter Hanfstrick eingebracht.

Als Dichtungsstrick ist ein ungetränkter, langfaseriger, ungekräuselter Hanfstrick zu verwenden.

Als Blei (Gußblei, Riffelblei oder Bleiwolle) ist doppelt raffiniertes Hüttenweichblei mit 99,9 % Reinheit zu verwenden.

7.33 Bei Verwendung von Riffelblei oder Bleiwolle ist das Blei in gleichmäßigen Lagen einzustemmen und gut zu verdichten (metallisches Klingen, Prellschläge).

7.34 Gußblei kann bei Rohren bis NW 250 unter Verwendung von Gießstricken mit vorgesetzter Tonwulst eingebracht werden. Bei Rohren über NW 250 sollen abgedichtete Gießschellen verwendet werden. Das Blei ist gut fließend in einem Guß einzubringen. Der Bleiring ist mit

Seite 4 DIN 19 630

geeigneten Setzern — mit den kleinsten Setzern beginnend — in der Weise zu verdichten, daß der Vorguß in einem Ring abfällt.

7.4 Schweißverbindungen

7.41 Als Schweißverbindungen kommen die Schweißmuffenverbindung und die Stumpfschweißverbindung in Frage. Für ihre Herstellung gelten sinngemäß die Bestimmungen von DIN 2470.
Bei Lufttemperaturen unter − 5 °C dürfen Schweißarbeiten an Rohrleitungen nicht ausgeführt werden. Bei unter 0 °C ist vor dem Schweißen der Rohrstrang beiderseits der Muffe anzuwärmen.
Die Schweißer müssen die Prüfung nach DIN 8560 „Vorschriften für die Prüfung und Überwachung der Schweißer" (Prüfgruppe R I, mit Muffennaht) abgelegt haben und von fachkundigem Personal bei der Arbeit überwacht werden.

7.42 Die Schweißverbindung soll möglichst außerhalb des Rohrgrabens hergestellt werden. In diesem Fall kann auch die Innen- und Außenisolierung der Schweißverbindung im Gelände ungehindert aufgebracht werden.

7.43 Lichtbogenschweißung ist im allgemeinen anzuwenden, Gasschmelzschweißung (möglichst unter Verwendung von Flaschengas) kann bei kleinen Wanddicken angewendet werden.

7.431 Bei Lichtbogenschweißung sind die Elektroden nach DIN 1913 „Lichtbogen-Schweißelektroden für Verbindungsschweißen" zu wählen. Mehrlagenschweißung ist vorzuziehen, da hierdurch die tieferen Lagen vergütet werden.

7.432 Bei Gasschmelzschweißung sind die Schweißverbindungen in Nachrechtsschweißung auszuführen. Der Schweißdraht ist nach DIN 8554 „Gasschweißdrähte für das Verbindungsschweißen von Stählen, Bezeichnung, Technische Lieferbedingungen" zu wählen. Nach dem Schweißen ist das zuletzt geschweißte Stück der Naht in rotwarmem Zustand abzuhämmern.

7.44 Bei Kugelschweißmuffen sind die Muffen so fest ineinander zu ziehen, daß die Außenkugel sich satt an das eingesteckte Rohr anschmiegt. Ein dann noch verbleibender Muffenspalt ist durch Anrichten zu beseitigen. Das Anrichten darf nur in rotwarmem Zustand vom Muffengrund zur Muffenstirn hin erfolgen.
Bei Stumpfschweißungen sind die Stöße zu zentrieren.

7.45 Werden Rohrstutzen aufgeschweißt, so soll das Hauptrohr — mindestens bei Abgängen ab NW 150 oder ND 16 — ausgehalst und der Stutzen mittels Stumpfnaht angeschweißt werden. Beim Aufschweißen von Stutzen kann eine Verstärkung der Wanddicke des Hauptrohres notwendig werden (s. AD-Merkblatt B 9 „Verstärkung von Ausschnitten" (in Vorbereitung)).

7.46 Kaltverformung beim Bördeln, Aushalsen, Anrichten usw. ist zu vermeiden.

7.47 Undichtheiten an den Schweißnähten sind nicht durch unmittelbares Nachschweißen oder Stemmen zu beseitigen, die fehlerhaften Stellen sind zu entfernen und sorgfältig nachzuschweißen.
Bei ausgedehnten Schadenstellen sind andere Maßnahmen zu ergreifen, z. B. Einbau eines Überschiebers.

7.48 Es empfiehlt sich, in wichtigen Fällen die Schweißnähte zu durchstrahlen (s. DIN 54 111 „Richtlinien für die Prüfung von Schweißverbindungen metallischer Werkstoffe mit Röntgen- und Gammastrahlen") oder mit Ultraschall zu prüfen. Als Anhalt für die Beurteilung der Schweißnähte kann bis zur Herausgabe von Richtlinien folgendes gelten:

7.481 Schweißnähte mit kleinen Fehlern können belassen werden. Als solche können gelten: schwache Einbrandkerben, kleine Bindefehler, auch in der Wurzel, kleine Schlackeneinschlüsse und kleine Gasblasen.

7.482 Bei größeren Fehlern und Rissen sind die Nähte auszubessern oder ganz herauszuschneiden.

7.5 Flanschverbindungen

Die Dichtflächen der Flansche sind vor Herstellen der Verbindungen zu säubern, die Schrauben nötigenfalls zu entrosten, die Oberflächen zu schützen und die Gewinde zu ölen. Nach dem Anbringen der Dichtung und dem Ausrichten sind die Schrauben gleichmäßig über Kreuz anzuziehen. Das Gewinde soll möglichst nicht mehr als 1 bis 2 Gang hervorstehen. Für die Isolierung der Flanschverbindungen gilt Abschnitt 9.

8. Druckprüfungen

8.1

Für Leitungen mit Betriebsdrücken über 1 atü soll die Prüfung bei Gußrohren nach dem DVGW-Arbeitsblatt G 461, bei Stahlrohren nach DIN 2470 erfolgen.
Bei Betriebsdrücken unter 1 atü sollen die Prüfungen entsprechend dem DVGW-Arbeitsblatt G 460 durchgeführt werden, wobei ein Prüfdruck von mindestens 1 atü auf eine Zeitdauer von 1 bis 2 Stunden gehalten werden soll.
Das Prüfen mit Sauerstoff oder Wasser ist unzulässig. Vor dem Prüfen ist die Rohrleitung gegen Lageänderung zu sichern (siehe Abschnitt 6.6, 6.8 und 6.81).

Die Prüfungen sind bei Guß- und Stahlrohren nach DIN 4279 „Guß- und Stahlrohrleitung für Trink- und Brauchwasser außerhalb von Gebäuden, Richtlinien für Druckprüfung (Innendruckprüfung)" und bei Asbestzement-Druckrohren nach DIN 19 801 „Asbestzement - Druckrohrleitungen für Wasser außerhalb von Gebäuden, Richtlinien für Druckprüfung", bei Stahlbetonrohren und Spannbetondruckrohren nach DIN 4037 „Stahlbetondruckrohre, Richtlinien für die Abnahme von Stahlbetondruckrohrleitungen" durchzuführen. Die Art und Dauer der Prüfung (Luftdruck, Wasserdruck, Vakuum), die Höhe des Druckes oder Vakuums richten sich nach den technischen Anforderungen, denen die Anlage genügen soll.

8.2

Bei Außentemperaturen unter 0 °C sind Druckprüfungen zu unterlassen.

9. Rohrschutz [5])

9.1 Gußrohre

Die beim Befördern und Einbauen beschädigten Stellen des Rohrschutzes sind zu reinigen, zu entrosten, nötigenfalls zu trocknen und mit einem phenolfreien Rohrschutzmittel auszubessern.

9.2 Stahlrohre

Die Rohre sind gegen schädliche Einflüsse des Bodens und des Durchflußstoffes zu schützen. Für die Auswahl von Rohrschutzmitteln sind die Einbauverhältnisse maßgebend (siehe DIN 2460, Ausgabe 11. 42, Abschnitt 6, und DIN 2461, Ausgabe 11. 42, Abschnitt 7).

9.21 Außenschutz

9.211 Bei Schaden und Druckstellen wird der nicht mehr haftende Rohraußenschutz entfernt. Ein Abschlagen mit dem Hammer ist hierbei zu vermeiden. Zweckmäßig ist es, mit einem Meißel eine rechteckige Fläche um die Schadenstelle vom gesunden Rohrschutz abzutrennen und dann die Reste des Schutzstoffes bis auf die Grundschicht zu entfernen. Die so freigelegte Stelle ist mit Schaber oder Drahtbürste von

---

[5]) Auf die Richtlinien der Arbeitsgemeinschaft DVGW/VDE für Korrosionsfragen (VDE 0150) und die Erdungsrichtlinien (VDE 0190) wird hingewiesen. VDE-Verlag GmbH, Berlin-Charlottenburg 4.

Schmutz und Rost zu reinigen. Nach Aufbringen des Grundanstriches und dessen Trocknung ist die vorbereitete Stelle mit heißfließender Rohrschutzmasse auszugießen, darüber ein entsprechend zugeschnittenes Stück Wickelband aufzulegen, anzudrücken und das Ganze nochmals mit heißfließender Rohrschutzmasse zu überstreichen. Schadenstellen können auch mit Rohr-Schutzbinden ausgebessert werden, deren Material sich mit dem Rohrschutz verträgt. Ein entsprechendes Stück Binde wird nach dem Aufschmelzen seiner Oberfläche mit einem Isolierbrenner auf die vorbereitete Fläche (Grundanstrich, Kleber) aufgelegt und angedrückt.

Bei beiden Maßnahmen ist darauf zu achten, daß der Rand der gesunden Umwicklung in genügender Breite, mindestens 2 cm, überdeckt wird und keine Hohlstellen verbleiben. Oberflächenbeschädigungen und Eindruckstellen, die nur die Außenseite des Rohrschutzes betreffen und keine Hohlstellen bilden, werden durch Übergießen mit heißfließender Rohrschutzmasse oder durch Ausbügeln mit einem angewärmten geeigneten Werkzeug ausgebessert.

9.212 Der Außenschutz für die Rohrverbindungen ist erst nach der Druckprüfung anzubringen. Er ist durch Umgeben mit glasfaserverstärkten Bitumenbinden herzustellen; er kann auch durch andere Mittel (z. B. durch Umwickeln mit in heißfließender Rohrschutzmasse getauchtem Wickelverband) hergestellt werden, wenn die technischen Voraussetzungen dafür vorliegen und diese Mittel einen ausreichenden Rohrschutz gewährleisten.

9.22 Innenschutz

9.221

Schnittstellen und die Stirnflächen der Rohrenden sind vor dem Zusammenführen mit Rohrschutzmasse zu streichen.

9.222

Bei geschweißten Rohrverbindungen ist das Rohrinnere im Bereich der Schweißzone entsprechend dem DVGW-Merkblatt W 341 „Innen-Nachisolieren geschweißter Verbindungsstellen von Wasserleitungsrohren mit verstärktem Innenschutz" zu schützen.

9.223 Bei Arbeiten in den Leitungen ist darauf zu achten, daß der Innenschutz nicht beschädigt wird; es sind Schuhe mit weichen Sohlen zu benutzen.

9.224 Bei Innenarbeiten sind besonders die Unfallverhütungsvorschriften hinsichtlich Anseilen und Atemschutz zu beachten.

9.3 Flanschverbindungen
Flanschverbindungen im Schacht sind nach Säubern, Entrosten und Trocknen mindestens zweimal mit einem Rostschutzmittel zu streichen. Flanschverbindungen im Erdreich sind außerdem durch Umwickeln mit plastischen Binden zu schützen. Die Zwischenräume zwischen den Flanschen können mit plastischer Masse ausgefüllt werden.

9.4 Asbestzementrohre und Stahlbetonrohre

Die beim Befördern und Einbauen beschädigten Stellen des Rohrschutzes sind zu reinigen, nötigenfalls zu trocknen und mit einem phenolfreien Rohrschutzmittel auszubessern.

9.5 Prüfung des Rohrschutzes
Zur Prüfung der Dichtheit des Rohraußen- und -innenschutzes können elektrische oder andere Prüfgeräte verwendet werden.

10. Verfüllen des Rohrgrabens

10.1 Das restliche Verfüllen des Rohrgrabens (ab 0,30 m über Rohrscheitel) ist nach der Druckprobe entsprechend dem „Merkblatt über Zufüllen von Leitungsgräben"⁴) vorzunehmen.

10.2 Einschlämmen ist in der Regel unzulässig. Es darf nur bei geeigneten Bodenarten (z. B. bei wasseraufnahmefähigem Sand oder Kies) angewendet werden, wenn Schäden wie Kolkbildung, Aufschwimmen der Leitung, Rutschungen, Unterspülen von Betonverankerungen, Frostschäden u. a., nicht eintreten können.

10.3 Für Leitungen, die durch Auftrieb gefährdet sind, sind besondere Vorkehrungen, z. B. stellenweises Verfüllen des Rohrgrabens oder Füllen der Leitungen mit Wasser zu treffen.

10.4 Straßenkappen und Schachtabdeckungen sind verkehrssicher einzubauen.

11. Besondere Maßnahmen

11.1 Bei Hangleitungen und Steilstrecken sowie bei möglichen Bodenbewegungen können besondere Schutzmaßnahmen notwendig werden (Bodenuntersuchung, Abfangen des Leitungsgewichtes, Einbau von Dehnern, besondere Verankerungen der Rohrteile gegeneinander, Sperriegel gegen Unterspülung und Dränung. Vergleiche Abschnitt 5.32).

11.2 Werden Leitungen im Bereich fremder Verwaltungen verlegt, so sind etwa bestehende Vorschriften zu beachten.

12. Inbetriebnahme

Unmittelbar vor dem Einlassen von Gas ist festzustellen, ob an den Leitungen kein Auslaß offen ist. Danach ist die Leitung unter Beachtung der Unfallverhütungsvorschriften zu entlüften.

Leitungen sind vor ihrer ersten Inbetriebnahme sorgfältig zu säubern und zu spülen. Über das Füllen siehe auch DIN 4279 und DIN 19801. Große Versorgungsleitungen sind grundsätzlich zu entkeimen (im übrigen gilt DIN 2000 „Leitsätze für zentrale Trinkwasserversorgung").

13. Einmessen, Bestandszeichnungen

Die eingebauten Leitungsteile sind einzumessen und in einer Bestandszeichnung festzuhalten (s. DIN 2425 „Richtlinien für Rohrnetzpläne der Gas- und Wasserversorgung"). Die Leitungen sind durch Schilder nach DIN 4065 „Hinweisschilder, Fern-Gasleitungen", DIN 4066 „Hinweisschilder, Feuerlöschwesen", DIN 4067 „Hinweisschilder, Wasser", DIN 4068 „Hinweisschilder, Abwasser" oder DIN 4069 „Hinweisschilder, Gasleitungen" zu kennzeichnen.

---

⁴) Herausgegeben von der Forschungsgesellschaft für das Straßenwesen e V. Köln, Deutscher Ring 17.

b*

DIN 19800, Blatt 1 (Januar 1956)
Asbestzement-Druckrohre
Maße

Maße in mm

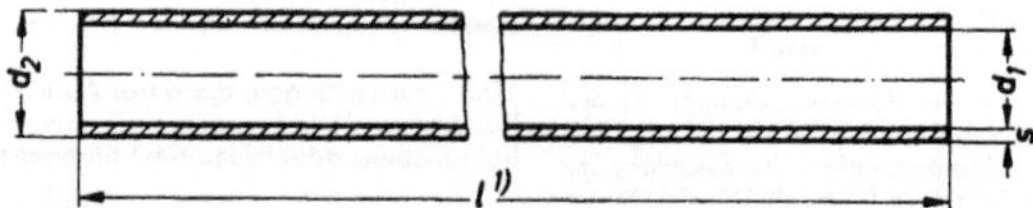

Bezeichnung eines Asbestzement-Druckrohres von Nennweite $d_1 = 65$ mm und Länge $l = 4000$ mm [1]) für Nenndruck 12,5 kg/cm²:

Asbestzement-Druckrohr 65 × 4000 [1]) − ND 12,5 − DIN 19800

Nenn-weite NW	Für Nenndruck ND kg/cm²							
	2,5		6		10		12,5	
d_1	d_2	s	d_2	s	d_2	s	d_2	s
65	—	—	—	—	—	—	83	9
80	—	—	—	—	98	9	100	10
100	—	—	118	9	120	10	126	13
125	—	—	145	10	149	12	153	14
150	170	10	172	11	178	14	184	17
200	222	11	226	13	236	18	244	22
250	274	12	280	15	288	19	300	25
300	328	14	334	17	346	23	360	30
350	380	15	388	19	404	27	420	35
400	436	18	442	21	460	30	480	40

Die Normung größerer Nennweiten ist in Vorbereitung

[1]) Länge l (bei Bestellung angeben); übliche Herstellänge: 4000 mm

Werkstoff:
Asbestzement

Ausführung:
nach DIN 19800 Blatt 2, Asbestzement-Druckrohre, Technische Lieferbedingungen

Geliefert werden in der Regel Rohre ohne besondere Schutzbehandlung. Wird ein Rohrschutz verlangt, so ist dies besonders zu vereinbaren.

Die Enden der Rohre können nach Wahl des Herstellers bearbeitet werden. Dann gelten die in Blatt 2, Tabelle 1 angegebenen engeren zulässigen Abweichungen.

DIN 19 800, Blatt 2 (Januar 1956)
Asbestzement-Druckrohre
Technische Lieferbedingungen

Maße in mm

1. Geltungsbereich

1.1 Herstellung

Diese Lieferbedingungen gelten für maschinell und unter Druck nahtlos geformte Asbestzement-Druckrohre, die aus einer innigen und maschinell bewirkten Mischung von Asbestfasern und Zement bestehen.

Asbestzement-Druckrohre werden für Nenndrücke von

2,5   6   10   12,5   [kg/cm²]

hergestellt.

1.2 Anwendung

Rohre nach dieser Norm können für Druckleitungen von Wasser und Abwasser entsprechend den in den einschlägigen Normen [1] getroffenen Festlegungen verwendet werden.

2. Allgemeine Anforderungen

2.1 Beschaffenheit

Die Rohre sollen gerade sowie innen und außen rund sein. Neben der glatten inneren Oberfläche soll auch die äußere Oberfläche der Rohre — der Herstellung und Verwendung entsprechend — glatt sein. Geringfügige Unebenheiten, die innerhalb der zulässigen Abmaße liegen und den Verwendungszweck nicht beeinträchtigen, sind zulässig.

Die Stirnflächen der Rohre müssen ohne Bruchstellen (Ausbrüche) und Bearbeitungsgrate sein und rechtwinklig zur Rohrachse liegen.

2.2 Werkstoff- und Rohrgüte

Asbestzement-Druckrohre dürfen nur aus Asbestfasern, die frei sein müssen von anderen anorganischen oder organischen Fasern und Verunreinigungen, und aus Zement, der den Bedingungen von DIN 1164 „Portlandzement, Eisenportlandzement, Hochofenzement" entsprechen muß, hergestellt werden. Die Asbestfasern dürfen nicht durch Füllstoffe gemagert sein.

Die fertigen Rohre müssen geschnitten, gesägt und gebohrt werden können.

2.3 Maße und zulässige Abweichungen

Die Rohre werden im allgemeinen in Längen von *l* = 4000 mm geliefert. Die Rohrlängen dürfen um ± 3% vom Nennmaß abweichen.

5% der zur Lieferung kommenden Rohre dürfen Kurzlängen sein, die jedoch mindestens 75% der bestellten Rohrlängen haben müssen.

Die zulässigen Maßabweichungen der Außendurchmesser, der Wanddicken und von der Geraden müssen bei allen Rohren innerhalb der Werte nach Tabelle 1 und 2 liegen.

Die Wanddicken von Asbestzement-Druckrohren sind nach DIN 19 800 Blatt 1, „Asbestzement-Druckrohre, Maße", so bemessen, daß der beim Versuch nach Abschnitt 4.2 zum Bruch führende Innendruck nicht kleiner ist als

bei Rohren bis NW 100   der 4fache Nenndruck
bei Rohren von NW 125 bis NW 200   der 3,5fache Nenndruck
bei Rohren von NW 250 bis NW 400   der 3,0fache Nenndruck
bei Rohren über NW 400   bis zur Erweiterung der Norm nach Vereinbarung.

Tabelle 1

Nennweite NW d_1	zulässige Abweichungen für Außendurchmesser		von der Geraden (siehe Bild 1)
	an unbearbeiteten Rohrenden	an bearbeiteten Rohrenden	
65	+ 2,0 — 0,8	+ 0,7 — 0,8	0,0055 *l*
80	+ 2,6 — 0,8	+ 0,7 — 0,8	0,0055 *l*
100	+ 2,6 — 0,8	+ 0,7 — 0,8	0,0055 *l*
125	+ 3,0 — 0,8	+ 0,7 — 0,8	0,0055 *l*
150	+ 3,2 — 0,8	+ 0,7 — 0,8	0,0045 *l*
200	+ 3,6 — 0,8	+ 0,7 — 0,8	0,0045 *l*
250	+ 4,2 — 0,8	+ 0,7 — 0,8	0,0035 *l*
300	+ 4,2 — 0,8	+ 0,7 — 0,8	0,0035 *l*
350	+ 4,6 — 1,5	+ 1,0 — 1,5	0,0035 *l*
400	+ 4,6 — 1,5	+ 1,0 — 1,5	0,0035 *l*

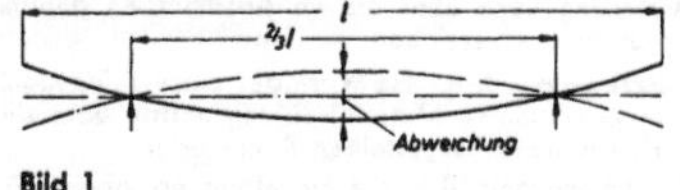

Bild 1

Tabelle 2

Wanddicke der Rohrenden	zulässige Abweichung
bis 10	± 1,5
über 10 bis 20	± 2,0
über 20 bis 30	± 2,5
über 30	± 3,0

---

[1] z. B. DIN 19 630 · „Wasserversorgungsanlagen, Guß-, Stahl- und Asbestzement-Rohrleitungen für Trinkwasser, Richtlinien für den Bau" (z. Z. noch Entwurf).

Seite 2   DIN 19 800 Blatt 2

3. Festigkeiten

Die Festigkeit wird jeweils als Mittel aus 3 Prüfungen festgestellt, wobei kein Einzelwert der Prüfungen unter den nachfolgend angeführten Festigkeitswerten liegen darf.

- a) Ringzugfestigkeit   = 200 kg/cm²
- b) Scheiteldruckfestigkeit = 450 kg/cm²
- c) Biegezugfestigkeit   = 250 kg/cm²

4. Prüfungen

4.1 Werksprüfung

Der Nachweis über die laufend vorgenommenen Prüfungen wird in der Regel durch eine Werksbescheinigung nach DIN 50 049 „Bescheinigung über Werkstoffprüfungen" erbracht. Das Lieferwerk hat zu bescheinigen, daß sämtliche Rohre die Prüfung auf Wasserdichtheit bestanden haben und daß ihre Festigkeitswerte dieser Norm entsprechen.

4.11 Vorbehandlung

Die Rohre sind — nicht weniger als 28 Tage alt — in nassem Zustand zu prüfen. Falls der Hersteller über eine Schnellhärteanlage verfügt, kann die Wartefrist vor der Prüfung abgekürzt werden. Die Proberohre sind mindestens 48‑Stunden vor der Prüfung in Wasser zu lagern, nach der Wassereinlagerung mit einem Schwamm leicht abzutrocknen und dann zu prüfen.
Über die Vorbehandlung muß das Prüf‑ oder Abnahmezeugnis nach Abschnitt 4.2 Auskunft geben.

4.12 Beschaffenheit

Jedes Rohr ist vor der Werkstoffprüfung nach entsprechender Säuberung auf die geforderte Oberflächenbeschaffenheit zu untersuchen.

4.13 Prüfung auf Wasserdichtheit

Alle Rohre sind vor Aufbringen eines etwaigen Rohrschutzes einem Abdruckversuch nach DIN 50 104 „Innendruckversuch für Hohlkörper beliebiger Form bis zu einem bestimmten Innendruck (Abdrückversuch)" mit Wasser in der zweifachen Höhe des Nenndruckes zu unterziehen. Während der Prüfung, bei der der Druck mindestens 30 Sekunden zu halten ist, dürfen sich keinerlei Undichtheiten oder Wasserflecken und Tropfen zeigen.

4.14 Kennzeichnung

Nach bestandener Prüfung auf Wasserdichtheit werden alle Rohre mit Nenndruck (ND), Nennweite (NW), Herstellerzeichen und Prüfdatum in dauerhafter Weise gekennzeichnet.

4.2 Besondere Abnahmeprüfungen

Bei Bestellung kann über die im Abschnitt 4.1 genannten Prüfungen hinaus vereinbart werden:

- a) Werkzeugnis, d. h. die Vorlage eines Prüfzeugnisses einer anerkannten Materialprüfungsanstalt über die im Betrieb laufend hergestellten Rohre oder
- b) Abnahmezeugnis, d. h. die Einzelprüfung, abgestellt auf die in Frage kommende Rohrlieferung.

4.21 Anzahl der Proberohre

Zur Vornahme der nachstehenden Werkstoffprüfungen bei der Abnahme nach Abschnitt 4.2 b sind die Rohre nach Nenndruck und möglichst auch nach Nennweite geordnet in Gruppen von 400 Stück einzuteilen.
Für die Prüfung selbst sind aus jeder Gruppe nach freier Wahl 2 Rohre herauszugreifen, wobei 25% der Proberohre, mindestens jedoch 1 Rohr, nach Abschnitt 4.23 und 4.24 zu prüfen sind.

4.22 Prüfung auf Ringzugfestigkeit

Die Ringzugfestigkeit wird durch einen Innendruckversuch nach DIN 50 105 „Innendruckversuch für Hohlkörper bis zur Zerstörung des Probestückes" mit Wasser bis zum Bruch des Rohres festgestellt.

Die Ringzugspannung wird nach der Formel

$$\sigma_z = \frac{p \cdot d}{2 \cdot s} \text{ in kg/cm}^2$$

berechnet, wobei

p = Wasserdruck in kg/cm²
d = tatsächliche lichte Weite des Rohres in cm
s = tatsächliche Wanddicke des Rohres in cm (an Bruchstücken gemessen)

bedeutet. Die Länge der Probekörper ist 50 cm.

Der Druck wird gleichmäßig auf den maßgebenden Prüfdruck gebracht und dann so lange mit höchstens 2 kg/cm² je Sekunde gesteigert, bis der Bruch eintritt.

4.23 Prüfung auf Scheiteldruckfestigkeit

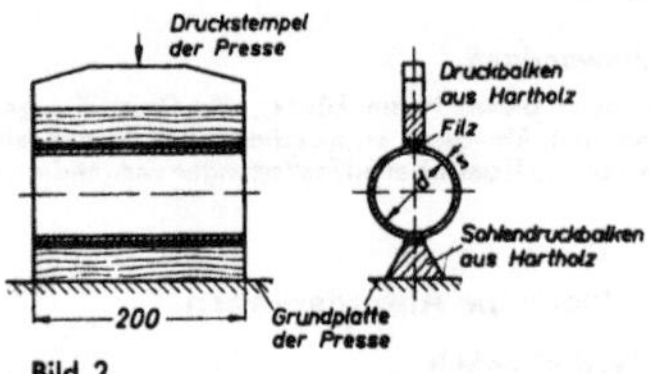

Bild 2

Die Prüfung auf Scheiteldruckfestigkeit wird nach DIN 52 150 „Prüfung von Rohren aus spröden Stoffen, Widerstandsfähigkeit gegen Scheiteldruck (Scheiteldruckfestigkeit)" und entsprechend Bild 2 ausgeführt (Zwei‑Linien‑Lagerung).

Zwischen das Rohr und die Platten der Prüfpresse werden Filzschichten von mindestens 10 mm Dicke gelegt.

Die Scheiteldruckfestigkeit wird nach der Formel

$$\sigma_d = \frac{3 P \cdot (d + s)}{\pi \cdot s^2 \cdot l} \text{ in kg/cm}^2$$

berechnet, wobei

P = Bruchlast in kg
d = tatsächliche lichte Weite des Rohres in cm
s = tatsächliche Wanddicke des Rohres in cm (an Bruchstücken gemessen)
l = 20 cm Länge der belasteten Rohrmantellinie

bedeutet.

Die Belastung wird um 40 bis 60 kg je Sekunde gesteigert, bis die Bruchlast P erreicht ist, d. h. bis die Lastanzeige bei fortschreitendem Zusammendrücken des Rohres nicht mehr steigt.

4.24 Prüfung auf Biegezugfestigkeit

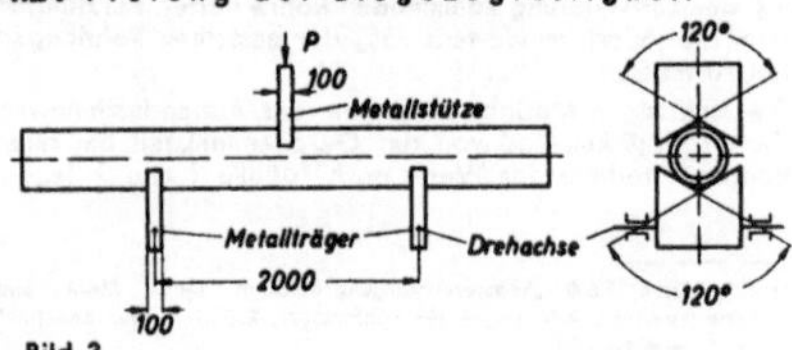

Bild 3

Die Biegezugfestigkeit wird bei geraden Rohren nur bis Nennweite 200 wie folgt ermittelt. Zwischen die um zwei waagerechte Achsen drehbaren Metallträger und das Rohr sowie zwischen die lastübertragende Metallstütze und das Rohr wird eine mindestens 10 mm dicke Schicht von Filz gelegt (siehe Bild 3). Die Biegezugfestigkeit wird nach der Formel

$$\sigma_b = \frac{8\,P \cdot l}{\pi} \cdot \frac{d + 2\,s}{(d + 2\,s)^4 - d^4} \text{ in kg/cm}^2$$

berechnet, wobei

P = Bruchlast in kg

l = Abstand zwischen den Mitten der Stützen in cm

s = tatsächliche Wanddicke des Rohres in cm (an Bruchstücken gemessen)

d = tatsächliche lichte Weite des Rohres in cm

bedeutet.

Die Belastung wird um 40 bis 60 kg je Sekunde gesteigert, bis die Bruchlast P erreicht ist.

4.3 Abnahme

Bestehen alle Proberohre nach Abschnitt 4.21 die vorgeschriebene Prüfung, so gilt dies als Nachweis für sämtliche Rohre der betreffenden Lieferung. Ist der Grund für das Versagen eines Rohres nicht offenkundig, dann kann der Auftraggeber verlangen, daß die Prüfung an der doppelten Zahl von Rohren aus der gleichen Lieferung wiederholt wird. Bestehen diese neuerlich ausgesuchten Proberohre die Prüfung, dann gilt die gesamte Lieferung als abgenommen. Fällt auch diese Prüfung ungenügend aus, so ist der Auftraggeber berechtigt, die betreffende Rohrgruppe zurückzuweisen.

5. Rohrschutz

Die Rohre werden nur auf Bestellung mit einem inneren und/oder äußeren Rohrschutz geliefert. Der Rohrschutz wird kalt oder warm aufgebracht. Er muß festhaften. Der Innenschutz darf die strömungstechnischen Eigenschaften der Rohre nicht mindern und muß den durch die jeweiligen Durchflußmittel bedingten Anforderungen entsprechen. Er muß insbesondere bei Trinkwasserleitungen frei von gesundheitsschädlichen Bestandteilen sein und darf dem Wasser weder Geruch noch Geschmack und Farbe geben.

6. Rohrverbindungen[2])

Die Brauchbarkeit der Rohrverbindungsart muß durch ein Prüfzeugnis einer anerkannten Materialprüfungsanstalt[3]) erwiesen sein. Bei Anschlüssen an Armaturen ist DIN 19 630 „Wasserversorgungsanlagen, Guß-, Stahl- und Asbestzement-Rohrleitungen für Trinkwasser, Richtlinien für den Bau" (z. Z. noch Entwurf) zu beachten.

7. Formstücke[2])

Formstücke aus Asbestzement, im wesentlichen Rohrbögen, die nicht zu dieser Norm gehören, können zur Einhaltung der an die einzelnen Nenndrücke gestellten Anforderungen mit entsprechend größeren Wanddicken hergestellt werden.

Formstücke aus Grauguß unterliegen den Bestimmungen der DIN 2420 „Graugußrohre und Formstücke, Technische Lieferbedingungen".

---

[2]) Normung in Vorbereitung.

[3]) Materialprüfanstalten in der Bundesrepublik: sind beim Arbeitsausschuß Asbestzement-Druckrohre zu erfragen.
Materialprüfanstalten in der DDR: . . . . .

C*

DIN 19801 (Dezember 1956)
Asbestzement-Druckrohrleitungen für Wasser
außerhalb von Gebäuden
Richtlinien für Druckprüfung

Inhalt

1. Allgemeines

Asbestzement-Druckrohrleitungen für Wasser müssen vor ihrer Inbetriebnahme einer Innendruckprüfung mit Wasser unterworfen werden. Dabei findet im Rohrwerkstoff eine gewisse Wasseraufnahme statt, die im Druckprüfverfahren berücksichtigt ist.

2. Druckprüfverfahren

Die Druckprüfung ist eine zeitlich begrenzte Prüfung mit einem den Nenndruck übersteigenden Prüfdruck.

Die Druckprüfung wird eingeteilt in

a) V o r p r ü f u n g
b) H a u p t p r ü f u n g.

Eine Leitung kann nicht immer in einem einzigen Prüfvorgang unter Druck geprüft werden, sie ist dann streckenweise zu prüfen (T e i l s t r e c k e n p r ü f u n g).

In diesem Falle werden die Verbindungsstellen zwischen den einzelnen Teilstrecken durch eine
G e s a m t p r ü f u n g (siehe Abschnitt 4.7)
auf Dichtheit geprüft.

3. Bemessen der Teilstrecken

Im allgemeinen sollen die Teilstrecken nicht länger als 500 m sein. Wenn die Leitung größere Höhenunterschiede aufweist, so muß gewährleistet sein, daß bei der Prüfung am höchsten Punkt der Leitung noch mindestens der Nenndruck vorhanden ist.

4. Durchführung der Druckprüfung

4.1 Absteifen und Verankern

Vor der Druckprüfung ist jedes Rohr unter Freilassen der Rohrverbindungen so einzudecken, daß Achsabweichungen einzelner Rohre keine Lageveränderung der Rohrleitung bewirken können. Die Leitung ist vor dem Füllen mit Wasser nicht nur an den Enden der Prüfstrecke, sondern auch an allen Krümmern und Abzweigungen ausreichend abzusteifen und zu verankern, um Lageveränderungen und damit Gefährdungen der Dichtheit der Rohrverbindungen während der Prüfung und im Betrieb zu vermeiden.

Die Absteifungen und Verankerungen müssen für den jeweiligen Prüfdruck bemessen sein. Die zulässige Bodenpressung ist zu berücksichtigen.

Die Endabsteifungen dürfen erst entfernt werden, wenn die Leitung vollkommen druckentlastet ist.

4.2 Füllen der Rohrleitung

Die Leitung ist mit möglichst einwandfreiem Wasser so zu füllen, daß sie luftfrei ist.

4.3 Anordnung der Preßpumpe

Die Preßpumpe ist an einem unfallsicheren Ort aufzustellen.

4.4 Messen von Prüfdruck und Wasseraufnahme

4.41 Zur Prüfung sind geeichte Druckmesser zu verwenden. Sie müssen eine Teilung haben, die ein einwandfreies Ablesen von 0,1 kg/cm² Druckänderung gestattet.

Zu empfehlen sind selbstschreibende Meßgeräte und ein zusätzlicher Kontrolldruckmesser. Der Druckmesser ist im allgemeinen am tiefsten Punkt der Prüfstrecke anzubringen.

4.42 Die zur Druckerzeugung nötigen Wassermengen werden an einer Literteilung am Behälter der Preßpumpe abgelesen oder durch Zufüllen der verbrauchten Wassermenge am Schluß der Druckprüfung in Litern ermittelt. Die Größe des Behälters ist so zu wählen, daß eine genügend genaue Nachmessung des verbrauchten Wassers möglich ist.

4.43 Während der Prüfdauer soll der Arbeitnehmer eine Fachkraft stellen, die erforderlichenfalls in der Lage ist, einzugreifen.

Um einen ungestörten Ablauf der Prüfung zu gewährleisten, sowie aus Sicherheitsgründen, sind Arbeiten im Rohrgraben während der Prüfung unzulässig.

4.5 Vorprüfung [1])

Nach dem Füllen ist die Leitung nochmals zu entlüften und 24 Stunden lang einer Vorprüfung mit dem Nenndruck zu unterziehen. Während dieser Zeit soll sich die Leitung mit Wasser sättigen und die restliche Luft absorbiert werden. Zeigen sich dabei Lageveränderungen einzelner Bauteile oder undichte Verbindungen, so ist der Druck zu steigern — wenn möglich bis zum Prüfdruck —, damit die Fehler leichter zu erkennen sind.

---

[1]) Gilt vor allem für längere Leitungen (siehe Erläuterungen zu Abschnitt 3).

4.6 Hauptprüfung

Wenn bei der Vorprüfung keine Lageveränderung einzelner Bauteile oder sichtbare Wasseraustritte an den Rohrwandungen oder an den Rohrverbindungen, Undichtheiten an Armaturen und dgl. auftreten, so kann anschließend die Hauptprüfung durchgeführt werden.

Nach Beendigung der Hauptprüfung ist die Prüfstrecke solange mit dem Nenndruck zu belasten, bis die Rohrverbindungen mindestens 30 cm über Rohrscheitel eingedeckt sind, damit beim Eindecken eintretende Beschädigungen vom Druckmesser angezeigt werden können.

4.61 Höhe des Prüfdrucks

Der Prüfdruck beträgt für Leitungen von

ND 2,5   5 kg/cm²   *Nicht für Versorgungs- und An-*
ND 6   10 kg/cm²   *schlußleitungen für Trinkwasser*
ND 10   15 kg/cm²   *(siehe DIN 19 630)*
ND 12,5 18 kg/cm²

Der Prüfdruck von Rohrleitungen über NW 400 soll das 1,5fache des der Bemessung der Leitung zugrundegelegten Druckes betragen, jedoch 5 kg/cm² nicht unterschreiten.

4.62 Prüfdauer

Die Prüfdauer ist abhängig von der Rohrnennweite, der Bedeutung der Leitung sowie von der Länge der Prüfstrecke. Sie soll solange ausgedehnt werden, daß alle Schäden erkannt werden können.

Es wird empfohlen, die Prüfdauer auf eine halbe Stunde je angefangene 100 m Leitungslänge festzusetzen.

4.63 Zulässige Wasseraufnahme

Bei der Hauptprüfung wird der Prüfdruck alle ½ Stunde wieder hergestellt. Die dazu erforderlichen Wassermengen (Wasseraufnahme) dürfen die Werte nach Tabelle 1 nicht überschreiten:

Tabelle 1

Zeit	ND	Wasseraufnahme l/m² Innenfläche
während der 1. halben Stunde	2,5	0,0173
	6	0,0245
	10	0,0300
	12,5	0,0328
während der 2. halben Stunde	2,5	0,0115
	6	0,0163
	10	0,0200
	12,5	0,0219
während der 3. halben Stunde	2,5	0,0086
	6	0,0122
	10	0,0150
	12,5	0,0164
während der 4. halben Stunde	2,5	0,0086
	6	0,0122
	10	0,0150
	12,5	0,0164
von der 5. halben Stunde ab je ½ Stunde	2,5	0,0058
	6	0,0082
	10	0,0100
	12,5	0,0109

Die Wasseraufnahme in Litern je 100 m Leitung ist in Tabelle 2 zusammengestellt:

Tabelle 2

NW		65	80	100	125	150	200	250	300	350	400
nach ½ Stunde für ND	2,5	0,35	0,44	0,54	0,68	0,82	1,09	1,36	1,63	1,90	2,17
	6	0,50	0,62	0,77	0,96	1,15	1,54	1,92	2,31	2,69	3,08
	10	0,61	0,76	0,94	1,18	1,41	1,89	2,36	2,83	3,30	3,77
	12,5	0,67	0,82	1,03	1,29	1,55	2,06	2,57	3,09	3,61	4,12
nach 1 Stunde für ND	2,5	0,58	0,72	0,90	1,13	1,35	1,81	2,26	2,71	3,16	3,62
	6	0,83	1,02	1,27	1,60	1,92	2,56	3,20	3,84	4,48	5,13
	10	1,02	1,27	1,57	1,96	2,37	3,14	3,93	4,71	5,50	6,28
	12,5	1,11	1,37	1,72	2,15	2,58	3,44	4,29	5,15	6,00	6,87
nach 1½ Stunden für ND	2,5	0,76	0,94	1,17	1,47	1,76	2,35	2,94	3,53	4,11	4,70
	6	1,08	1,33	1,66	2,08	2,50	3,33	4,16	4,99	5,83	6,66
	10	1,33	1,63	2,04	2,55	3,06	4,09	5,11	6,13	7,15	8,17
	12,5	1,45	1,79	2,23	2,79	3,35	4,47	5,58	6,70	7,81	8,93
nach 2 Stunden für ND	2,5	0,94	1,15	1,44	1,80	2,17	2,88	3,61	4,33	5,06	5,78
	6	1,33	1,63	2,04	2,56	3,07	4,09	5,12	6,13	7,17	8,18
	10	1,63	2,02	2,51	3,14	3,77	5,03	6,27	7,53	8,80	10,05
	12,5	1,79	2,20	2,74	3,43	4,12	5,49	6,87	8,24	9,61	10,99
nach 2½ Stunden für ND	2,5	1,06	1,30	1,63	2,03	2,44	3,25	4,07	4,88	5,70	6,51
	6	1,50	1,84	2,30	2,88	3,46	4,61	5,76	6,91	8,07	9,21
	10	1,84	2,27	2,83	3,54	4,24	5,66	7,06	8,48	9,90	11,31
	12,5	2,01	2,48	3,09	3,86	4,64	6,17	7,73	9,27	10,81	12,36
nach 3 Stunden für ND	2,5	1,18	1,45	1,81	2,26	2,71	3,61	4,53	5,43	6,34	7,24
	6	1,67	2,05	2,56	3,20	3,85	5,12	6,40	7,68	8,97	10,24
	10	2,04	2,52	3,14	3,93	4,71	6,29	7,84	9,42	11,00	12,57
	12,5	2,23	2,75	3,43	4,29	5,15	6,85	8,59	10,30	12,01	13,73
je weitere ½ Stunde für ND	2,5	0,12	0,15	0,18	0,23	0,27	0,36	0,46	0,55	0,64	0,73
	6	0,17	0,21	0,26	0,32	0,39	0,51	0,64	0,77	0,90	1,03
	10	0,20	0,25	0,31	0,39	0,47	0,63	0,78	0,94	1,10	1,26
	12,5	0,22	0,27	0,34	0,43	0,51	0,68	0,86	1,03	1,20	1,37

4.64 Undichtheiten

Zeigen sich bei der Hauptprüfung undichte Stellen an den Rohrverbindungen (Tropfenabfall, Wasserablauf und dgl.), so muß die Prüfung unterbrochen und die Leitung langsam so weit entleert werden, bis alle undichten Stellen wasserfrei sind. Die Prüfung darf erst nach Beseitigung dieser Mängel wiederholt werden.

4.7 Gesamtprüfung

Nach der Fertigstellung eines größeren Leitungsabschnittes muß dieser nochmals einer 2stündigen Druckprüfung mindestens mit dem Nenndruck unterzogen werden, damit auch die nachträglichen Verbindungsstellen zwischen den einzelnen Prüfstrecken noch geprüft werden. Diese Verbindungsstellen müssen deshalb bis zur Gesamtprüfung uneingedeckt bleiben.

5. Prüfbericht

Über die Druckprüfungen sind Niederschriften zu fertigen, die von dem Auftraggeber und Auftragnehmer anzuerkennen sind (siehe beiliegendes Muster).

6. Zu beachtende Normen

Folgende Normen sind bei Durchführung einer Druckprüfung dieser Norm mitzubeachten:

DIN 19 800 Blatt 1 Asbestzement-Druckrohre, Maße

DIN 19 800 Blatt 2 Asbestzement-Druckrohre, Technische Lieferbedingungen

DIN 1988 Wasserversorgungsanlagen, Wasserleitungsanlagen in Grundstücken, Technische Bestimmungen für den Bau und Betrieb

DIN 19 630 Wasserversorgung, Guß-, Stahl- und Asbestzement-Rohrleitungen für Trinkwasser, Richtlinien für den Bau (z. Z. noch Entwurf).

Erläuterungen

Zu Abschnitt 1:

Das Rohrnetz einer Wasserversorgungsanlage usw. bindet den größten Teil des gesamten Anlage-Kapitals. Es ist deshalb aus wirtschaftlichen Gründen dringend nötig, das Netz einwandfrei auszuführen und zu unterhalten.

Abgesehen von ganz wenigen Teilstrecken, wie Brückenleitungen, in Unterführungen von Verkehrsstraßen gelegte Leitungen; Rohrstollenleitungen und dgl. ist das Rohrnetz erdbedeckt gelegt und kann also nicht jederzeit unmittelbar geprüft werden. Es ist deshalb von jeder Leitung zu fordern, daß ihre einzelnen Bauteile — Rohre, Formstücke und Armaturen — genügende Festigkeit haben und so zusammengebaut werden, daß sie keine unerwünschte Lageveränderung erfahren können, und die fertige Leitung völlig dicht ist. Ungenügende Festigkeit und Lageveränderungen einzelner Bauteile haben Betriebsstörungen und Schäden vielfältiger Art, wie Rohrbrüche und dgl., zur Folge. Das aus undichten unter Druck stehenden Rohren und Rohrverbindungen austretende Wasser erweitert mit der Zeit die einzelnen Schadenstellen. Die hieraus bei durchlässigem Untergrund eintretenden Wasserverluste können unter Umständen einen recht beträchtlichen Umfang annehmen, bevor sie erkannt werden, und Schäden an Grundstücken und Bauwerken verursachen, die zu Schadenersatzforderungen führen können. Diese sind zu vermeiden, wenn Wasserleitungen nach ihrer Fertigstellung auf Dichtheit geprüft werden.

Zu Abschnitt 2:

Prüfdruck und Prüfdauer sind gemäß Abschnitt 4.61 und 4.62 in der Leistungsbeschreibung anzugeben.

Zu Abschnitt 3:

Die Bemessung der Teilstrecken hängt von der Anlage, von der Jahreszeit und von den örtlichen Verhältnissen ab (Bebauung des Geländes, Verkehr, Höhenlage der Anlage, Verlauf der Drucklinie des höchsten Betriebsdruckes u. a. (siehe Abschnitt 4.61).

Bei kurzen Prüfstrecken kann die Leitung rascher eingedeckt und damit Verkehrsstörungen und Gefährdungen der Leitungen eingeschränkt werden.

Bei langen Prüfstrecken ist der Zeit- und Kostenaufwand für die Prüfungen geringer, außerdem gibt es weniger ungeprüfte Verbindungen zwischen den Prüfstrecken.

Mechanische Beschädigungen (durch einstürzende Grabenwände, Aufprall schwerer Körper u. ä.) können zu Rohrbrüchen führen. Überflutungen durch Sturzregen, Schneeschmelze, auftreibenden Schwemmsand u. ä. bringen unter Umständen die nicht oder nur teilweise eingedeckte Rohrleitung durch Auftrieb zum Schwimmen, wodurch die Leitung gefährdet wird.

Zu Abschnitt 4.2:

Luftansammlungen in der Leitung gefährden diese und beeinflussen das Prüfergebnis, besonders bei größeren Temperaturänderungen.

Zweckmäßig wird die Leitung bei offenen Entlüftungen vom Tiefpunkt aus langsam gefüllt, damit die Luft entweichen kann.

Für das Füllen der Leitung werden folgende Erfahrungswerte empfohlen:

NW	Zufluß l/s	NW	Zufluß l/s
65	0,1	300	3
80	0,2	400	6
100	0,3	500	9
125	0,5	600	14
150	0,7	700	19
200	1,5	800	25
250	2	900	32

Zu Abschnitt 4.4:

Bei der geringen Wärmeleitfähigkeit von Asbestzement-Druckrohrleitungen erübrigt es sich, die Temperatur der Luft und des Leitungswassers zu messen.

Zur Prüfung des Verhaltens der Leitung wird empfohlen, Bewegungen an Krümmern und Abzweigverankerungen, Absperrorganen und Reduzierstücken zu messen, ebenso das Schieben der Muffen.

Zu Abschnitt 4.6:

Die sicherste Nachprüfung der Muffenverbindungen ist die Untersuchung jeder einzelnen Muffe während der Druckprüfung. Zu diesem Zweck sind die Muffenlöcher soweit möglich auch bei der Druckprüfung so offen zu halten, daß die Muffen beobachtet werden können.

Zu Abschnitt 4.63:

Die zulässige Wasseraufnahme in Abhängigkeit von den Nenndruckstufen ist direkt proportional den Quadratwurzel-Werten der zugehörigen Prüfdrücke.

Wenn z. B. die Wasseraufnahme für Rohre ND 10 bekannt ist, ergeben sich die zugehörigen Umrechnungsfaktoren k für andere Nenndruckstufen aus den Prüfdrücken p wie folgt:

$$k = \frac{\sqrt{p}}{\sqrt{15}}.$$

Zu Abschnitt 4.64:

Erfahrungsgemäß haben Druckprüfungen, die gegen geschlossene Schieber ausgeführt werden, im allgemeinen nur dann ein einwandfreies Ergebnis, wenn die Schieber in ihrem Neufertigungszustand mit geschlossenem Keil eingebaut sind. Anderenfalls müssen zum Abschließen Blindflansche, Verschlußdeckel oder Steckscheiben verwendet werden.

Seite 4   DIN 19 801

Muster für die Niederschrift über Druckprüfungen an Wasserleitungen aus Asbestzement

Auftraggeber: ....

Auftragnehmer: ....

Niederschrift Nr: ....

über die Durchführung der Druckprüfung der nachgenannten Wasserleitung nach den Richtlinien DIN 19 801

am ....

1. Beschreibung der Leitung

Bezeichnung der Leitung (Art und Lage) ....

....

....

Prüfstrecke Nr: .... von .... bis .... Länge der Prüfstrecke .... m

Rohrlieferwerk ....

Nennweite (NW) ....   Nenndruck (ND) ....

Art der Rohrverbindungen ....   Anzahl der Rohrverbindungen ....

2. Prüfdaten

Einbaustelle des Druckmessers: ...., Höhe .... NN

Tiefster Punkt der Prüfstrecke: ...., Höhe .... NN

Vorgeschriebene Prüfdrücke an der Einbaustelle des Druckmessers:

a) für die Vorprüfung nach Abschnitt 4.5 .... kg/cm^2

b) für die maßgebende Hauptprüfung nach Abschnitt 4.6 während .... Stunden .... kg/cm^2

c) für die Gesamtprüfung nach Abschnitt 4.7 .... kg/cm^2

Zulässige Wasseraufnahme nach Abschnitt 4.63 .... Liter

3. Durchführung der Druckprüfung
Vorprüfung:

Füllen der Leitung: Beginn .... Ende .... Füllzeit: .... Stunden

Prüfbeginn: .... Prüfende: .... Prüfdauer: .... Stunden

Ergebnis der Vorprüfung: ....

....

....

Bemerkung:

Etwaige Wiederholungen der Vorprüfung sind anzugeben, und zwar mit den jeweiligen Ergebnissen und den anschließend durchgeführten Leitungsverbesserungen.

Hauptprüfung:
Wasserbedarf zur Wiederherstellung des Prüfdrucks (Wasseraufnahme).

Prüfbeginn: .... Prüfende: .... Prüfdauer: .... Stunden

Ergebnis der Hauptprüfung: ....

... .

. . ..

Nachfüllung	Liter Wasser je ½ Stunde
nach ½ Stunde (1. Nachfüllung)	
nach 1 Stunde (2. Nachfüllung)	
nach 1½ Stunden (3. Nachfüllung)	
nach 2 Stunden (4. Nachfüllung)	
nach ... Stunden (5. Nachfüllung)	
nach ... Stunden (6. Nachfüllung)	
Summe der Nachfüllungen 1 bis ...	

Maßgebender Druckmesser Nr: .... Kontroll-Druckmesser Nr: ....

Gesamtprüfung:

Prüfbeginn: ... . Prüfende: .... Prüfdauer: .... Stunden

Ergebnis der Gesamtprüfung: ....

... ...

. .. .

Weitere Feststellungen

a) an den Druckmessern ....

b) an den Rohren und Armaturen . . . .

c) an den Rohrverbindungen ....

d) Sonstiges, z.B. Wiederholungen der Druckprüfungen mit ihren Ergebnissen und den durchgeführten Leitungsverbesserungen

. . ..

.. ..

4. Abnahmevermerk

. . ..

....

5. Unterschrift der Abnahmebeauftragten

Die anliegende Niederschrift anerkennen:

für den Auftraggeber ....

für den Auftragnehmer ....

Anlagen

1 Lageplanskizze } falls vorgeschrieben
1 Längenprofilskizze

.... , den ....

Die Internationale Normen-Organisation hat sich bereits mit der Normung der Asbest-Zement-Druckrohre befaßt und an die Nationalen Normen-Institutionen die Empfehlung **ISO/R 160** — June 1960 herausgegeben.

Der Inhalt dieser Empfehlung wird nachstehend abgedruckt.

CONTENTS

ASBESTOS CEMENT PRESSURE PIPES

1. PURPOSE AND SCOPE

This ISO Recommendation applies to pipes and joints in asbestos cement intended for use under pressure.

It specifies certain conditions of manufacture, the classification, dimensions and acceptance tests applicable to these products.

2. PIPES

2.1 Composition

Pipes should be made from a close and homogeneous mixture essentially consisting of cement, conforming to the national standards of the producing country, asbestos fibre and water, and excluding material liable to cause ultimate deterioration in the quality of the pipes.

2.2 Finish

The interior surface of the pipes should be regular and smooth.

Since pipes are to be laid with rubber ring joints, the surface on which the rings rest should satisfy the tolerances for the exterior diameters, set out in clause 2.5.1, for a sufficient length to suit the type of joint adopted.

2.3 Marking

Pipes should be marked legibly and indelibly as follows:

> Manufacturer's mark,
> Date of manufacture,
> Nominal diameter,
> Class.

The method of marking should conform to the national standards of the producing country.

2.4 Classification and dimensions

2.4.1 *Classification.* Pipes are classed according to the tightness test pressure. Either of the following series of classes * may be chosen:

Classes: Series I

Feet head	kgf/cm^2 (approximately)
200	6
400	12
600	18
800	24

Classes: Series II

kgf/cm^2	Feet head (approximately)
5	165
10	330
15	495
20	660
25	825

---

* The choice of the class of the pipes is determined by the purchaser's engineer, who alone is qualified to judge the conditions of laying and using the pipes. Nevertheless, it is recommended that a class be selected such that the working pressure does not exceed half the tightness test pressure (see clause 2.6.1) given for that class.

2.4.2 *Nominal diameters.* The nominal diameter of asbestos cement pipes corresponds to the internal diameter (bore), tolerances not being taken into account.

The series of nominal diameters is given below. The dimensions in millimetres and in inches are considered to be "Corresponding values", although they are only approximate.

Series of nominal diameters

Millimetres	Inches (approximately)	Millimetres	Inches (approximately)
50	2	350	14 or 15
60	—	400	16
80	3	450	18
100	4	500	20 or 21
125	—	600	24
150	6	700	—
200	8	800	—
250	10	900	—
300	12	1 000	—

2.4.3 *Thickness.* The actual thickness should be at least 8 mm and be such that the tightness test pressure defining the class gives, in relation to the bursting pressure (see clause 2.6.2), a safety factor of not less than

2   for pipes up to 100 mm diameter,
1.75 for pipes from 125 to 200 mm diameter,
1.5   for pipes of 250 mm diameter and over.

NOTE: The bursting pressure (see clause 2.6.2) should be not less than the working pressure (equal to a maximum of 50 per cent of the tightness test pressure), multiplied by the coefficients 4, 3.5 and 3 respectively.

2.4.4 *Length.* The nominal length (length between extremities for pipes with plain ends, effective length for pipes with sockets) should be not less than

3 m for pipes of nominal diameter of 100 mm or less,
4 m for pipes of nominal diameter greater than 100 mm.

The nominal length should preferably be a multiple of 0.50 m.

2.5   Tolerances on the dimensions

2.5.1 *Tolerances on the external diameter at finished ends*

DIMENSIONS IN MILLIMETRES

Nominal diameters		Tolerances
equal to and over	equal to and under	
50	300	± 0.6
350	500	± 0.8
600	700	± 1.0
700	1 000	± 1.2

NOTE: Should the tightness of certain types of joints necessitate more severe tolerances, these tolerances should be specified, when ordering, by agreement between the manufacturer and the purchaser.

2.5.2 *Tolerances on the internal diameter (bore) (tolerances of ovality),* (optional test). The regularity of the internal diameter should be checked by means of a sphere or a disc, of a material unaffected by water, which should pass freely along the pipe.

The disc should be kept perpendicular to the axis of the pipe. The diameter of the sphere or the disc should be less than the internal diameter of the pipe by the following value, expressed in millimetres:

$$2.5 + 0.01\ d$$

d being the internal diameter, in millimetres.

NOTE: In the acceptance conditions it should be made clear that this test will only be applied on the special request of the purchaser, to which attention is called in the title by the mention of "optional test".

2.5.3 *Tolerances on the thickness of the wall*

2.5.3.1 TOLERANCES AT FINISHED ENDS

DIMENSIONS IN MILLIMETRES

Nominal thickness *		Tolerances
over	under or equal to	
—	10	± 1.5
10	20	± 2.0
20	30	± 2.5
30	—	± 3.0

* Indicated by the manufacturer.

The above tolerances are also subject to the provision that the difference between any two internal diameters should never be greater than 10 per cent of the nominal internal diameter.

2.5.3.2 TOLERANCES ON THE BARREL OF THE PIPE. The thickness at any point should be not less than that laid down by the application of the tolerances given in clause 2.5.3.1.

NOTE: The wall thickness of a pipe should be not less than 8 mm after application of the tolerance in order to comply with clause 2.4.3.

2.5.4 *Tolerances on the nominal length*

Upper deviation: + 5 mm
Lower deviation: − 20 mm for all lengths.

2.5.5 *Tolerances on the straightness.* The deviation *j* is determined by rolling the pipe under examination on two parallel runners placed at a distance apart equal to two thirds of its length *l* (see Fig. 1, page 7). The deviation should not exceed the following values:

DIMENSIONS IN MILLIMETRES

Nominal diameter		Maximum deviation *j*
equal to or over	equal to or under	
50	60	5.5 *l* *
80	200	4.5 *l* *
250	500	3.5 *l* *
600	1 000	2.5 *l* *

* *l* = length of the pipe, expressed in metres.

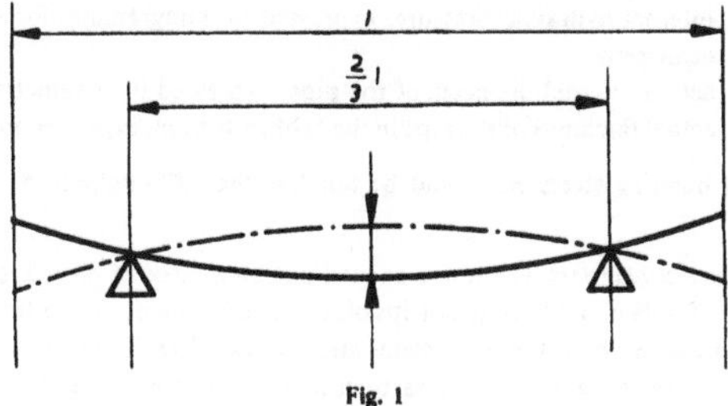

Fig. 1

2.6 Tests

Any acceptance tests are carried out at the manufacturer's works on pipes which the manufacturer guarantees to be sufficiently matured. There are two sorts of tests:

(a) Compulsory tests

1. Internal hydraulic pressure tightness test on all pipes (method as specified in clause 2.6.1).

2. Internal hydraulic pressure bursting test (method as specified in clause 2.6.2; number of tests as specified in clause 4.2.2).

(b) Optional tests at purchaser's request

3. Transverse crushing test (method as specified in clause 2.6.3; number of tests as specified in clause 4.2.2).

4. Longitudinal bending test (method as specified in clause 2.6.4; number of tests as specified in clause 4.2.2).

2.6.1 *Internal hydraulic pressure tightness test.* The pipes are placed in a hydraulic press, the tightness of the ends being ensured by an appropriate device.

The internal pressure is measured by a pressure gauge calibrated to give accurate readings. The internal hydraulic pressure is raised gradually until the gauge registers a figure corresponding to the class. This pressure is maintained for 30 seconds to check that there is no loss or visible sweating on the outside surface of the pipe.

The test time may be reduced to 10 seconds without modification of the class, provided that the internal pressure is increased by 10 per cent.

2.6.2 *Internal hydraulic pressure bursting test.* A piece not less than 50 cm long is taken from the end of a pipe and immersed in water for 48 hours. It is put under pressure by a device based on the method of jointing used in actual practice and avoiding as far as possible any axial compression of the pipe, the distance between the sealing rings being not less than 45 cm, measured between the centres of the rings.

The piece is submitted to a pressure which is raised gradually and regularly to breaking point. The rate of increase of the pressure is 1 to 2 kgf/cm² per second.

The unit bursting stress R_t, expressed in kilogrammes-force per square centimetre, is given by the conventional formula:

$$R_t = \frac{p\,d}{2\,e}$$

where

p = internal hydraulic pressure, expressed in kilogrammes-force per square centimetre,

d = actual internal diameter of the pipe, expressed in centimetres,

e = actual thickness of the pipe in the broken section, expressed in centimetres.

The unit bursting stress R_t should be not less than 200 kgf/cm². *

2.6.3 *Transverse crushing test.* The test is carried out on a piece of pipe 20 cm long after immersion for 48 hours in water. Strips of felt or soft fibre not more than 1 cm thick are interposed between the press plates and the test piece. The load transmitted by the press is raised gradually so as to increase the stresses at the rate of 40 to 60 kgf/cm² per second up to breaking point.

The unit transverse crushing stress R_e, expressed in kilogrammes-force per square centimetre, is given by the conventional formula:

$$R_e = \frac{M}{W}$$

where

$$M = \frac{1}{2\,\pi}\,P\,(d + e)$$

$$W = \frac{1}{6}\,g\,e^2$$

P = breaking load, expressed in kilogrammes-force,

d = actual internal diameter of the pipe, expressed in centimetres,

e = actual thickness of the pipe in the broken section, expressed in centimetres,

g = actual length of the loaded specimen depending on the section of potential rupture, expressed in centimetres.

The unit transverse crushing stress R_e should be not less than 450 kgf/cm². **

NOTE: The value R_e may be derived from the formula:

$$R_e = 0.955\,\frac{P\,(d + e)}{g\,e^2}\,,$$

the values being expressed in the same units.

2.6.4 *Longitudinal bending test.* Taking into account the practical possibilities of carrying out the test and the nature of the bending stresses, this test should be called for only on pipes of 150 mm diameter and less.

The test is carried out on a pipe or part of a pipe (test piece) at least 2.20 m long which has been immersed in water for 48 hours. The test piece is placed on two metal supports. The supports are V-shaped with an opening of 120°, presenting a face 5 cm wide to the pipe and are free to move in the plane of bending on two horizontal axes 2 m apart (see Fig. 2, page 9).

---

* Any tolerances on a similar bursting stress requirement, when specified by national standards, should not lead to the acceptance of values lower than the minimum indicated in this ISO Recommendation.

When national standards specify tests on non-immersed pipes, the unit bursting stress should be not less than 225 kgf/cm².

** Any tolerances on a crushing stress, when specified by national standards, should not lead to the acceptance of values lower than the minimum indicated in this ISO Recommendation.

When national standards specify tests on non-immersed pipes, the unit crushing stress should be not less than 500 kgf/cm².

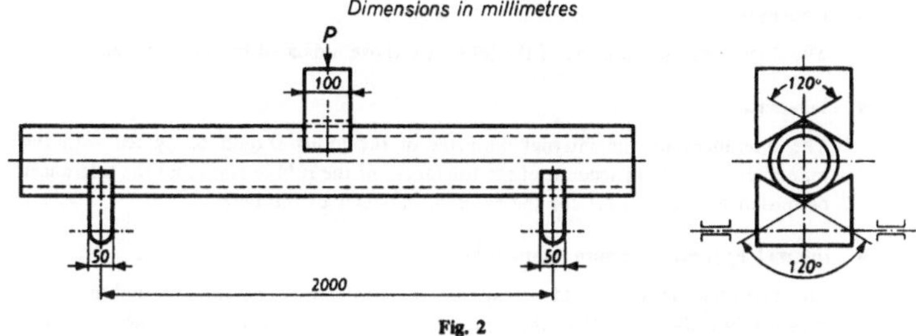

Fig. 2

The pipe is loaded at the centre of the distance between the supports by means of a metal pad having the same shape as the supports, but with a width of 10 cm. Strips of felt or soft fibre not more than 1 cm thick are interposed between the supports and the pipe, and the pad and the pipe. The applied load is raised gradually so as to increase the maximum stresses at the rate of 8 to 12 kgf/cm² per second up to breaking point.

The unit longitudinal breaking stress R_f, expressed in kilogrammes-force per square centimetre, is given by the conventional formula:

$$R_f = \frac{M}{W}$$

where

$$M = \frac{P\,l}{4}$$

$$W = \frac{\pi}{32}\,\frac{(d+2e)^4-d^4}{d+2e}\,, \text{ expressed in cubic centimetres,}$$

P = breaking load, expressed in kilogrammes-force,
l = distance between centres of supports, expressed in centimetres,
d = actual internal diameter of the pipe, expressed in centimetres,
e = actual thickness of the pipe in the broken part, expressed in centimetres.

The unit longitudinal breaking stress R_f should be not less than 250 kgf/cm².*

NOTE: The value R_f may be derived from the formula:

$$R_f = 2.547\,\frac{P\,l\cdot(d+2e)}{(d+2e)^4-d^4}\,,$$

the values being expressed in the same units.

3. JOINTS

3.1 Jointing

Pipes are jointed by means of natural or synthetic rubber rings held in place by a suitable device.

3.2 Jointing rings

The jointing rings should be suitable for the type of joint selected. If the pipes are to be used to convey drinking water, the rings should not affect the quality of the water.

3.3 Parts of the joints

The parts of the joints, other than those made in asbestos cement, should conform to the national standards for the materials of the producing country.

---

* Any tolerances on a bending stress, when specified by national standards, should not lead to the acceptance of values lower than the minimum indicated in this ISO Recommendation.
When national standards specify tests on non-immersed pipes, the unit bending stress should be not less than 275 kgf/cm².

3.4   Dimensions

The dimensions of all parts of the joints are those indicated by the manufacturer.

3.5   Tolerances

The tolerances on the internal diameter of the joints should be agreed with the manufacturer, taking account of the tolerances of the rubber rings and the tolerances permitted by clause 2.5.1 for the external diameter of the pipes.

3.6   Internal hydraulic pressure tightness test

The assembled joints should be capable of withstanding the specified tightness test pressure (see clause 2.6.1) of the pipes on which they are to be used, when the pipes are set at the maximum angular deviation indicated by the manufacturer of the joints.

4. ACCEPTANCE TESTS

Enquiries and orders should state whether the consignment is to be delivered with or without acceptance tests. Failing this statement in the order, the latter is presumed to be with acceptance tests, if agreements on the date of the tests or the nature of the optional tests have been reached between the manufacturer and the purchaser. Otherwise, the consignment is presumed to be without acceptance tests.

4.1   Checking on each item of the consignment

4.1.1   *Finish–Marking–Dimensions*

4.1.1.1 The finish (see clause 2.2), the marking (see clause 2.3), the dimensions (see clauses 2.4.2, 2.4.3 and 2.4.4) and the tolerances on pipes and joints (see clauses 2.5.1, 2.5.3, 2.5.4, 2.5.5 and 3.5) may be verified on each item of the consignment.

4.1.1.2 The test on the regularity of the internal diameter (see clause 2.5.2) should be carried out only when required by the order.

4.1.2 *Length–Delivery tolerances.* At least 95 per cent of the pipes supplied should be of the nominal length (subject to the tolerances given in clause 2.5.4), and the remainder may be shorter by not more than one metre. However, the total length of the pipes supplied should be not less than the length ordered.

4.1.3 *Internal hydraulic pressure tightness test.* The internal hydraulic pressure tightness test (see clause 2.6.1) should be carried out by the manufacturer on all pipes. The purchaser, if he so desires, may be present while the tests are being carried out.

4.2   Checking on samples

4.2.1 *Batching.* The consignment is divided by the manufacturer before testing into batches. A batch should include only items of the same diameter and class.

The batches are of 200 units.

Any homogeneous consignment smaller than this number or any remaining fraction form a batch when they are greater than 100 units.

4.2.2 *Sampling.* The purchaser selects at random the pipes or joints for testing in the ratio of one unit for each batch constituted according to clause 4.2.1.

For fractions of batches smaller than 100 units, no sampling is carried out.

4.2.3 *Internal hydraulic pressure tightness test.* If the purchaser does not witness the compulsory internal hydraulic pressure tightness test (see clause 4.1.3), he may, for checking purposes and after giving notice, ask for an additional internal hydraulic pressure tightness test (see clause 2.6.1) to be carried out, but only on a number of pipes selected in accordance with clause 4.2.2. In this instance, the pressure appropriate to the class should be maintained for 5 minutes.

4.3 Carrying out of tests

The tests are carried out on a date fixed by agreement.

For the tightness test the purchaser should observe the needs of the manufacturing programme.

Unless otherwise agreed the purchaser should inform the manufacturer, when ordering or not later than one month before dispatch, of the other tests (see clause 2.6) he wishes to have carried out.

4.4 Access to the works

The purchaser may have free access at any reasonable time to the place of testing and to the stocks for the sole purpose of inspecting and testing the materials which he has ordered.

4.5 Costs of testing

The following tests only are to be carried out at the expense of the manufacturer:

— the compulsory tests,
— any optional tests, called for when ordering,
— any optional tests, asked for after ordering, when a test results in rejection of the batch.

By preliminary agreement between the manufacturer and the purchaser when ordering, additional tests may be carried out at the purchaser's expense, at the works or in an independent laboratory designated by agreement. The manufacturer has the right to be represented.

4.6 Period for testing

All tests should be completed before dispatch of the consignment and at the latest four weeks after the date of sampling for the tests provided for in clauses 2.6.2, 2.6.3 and 2.6.4.

5. ACCEPTANCE OR REJECTION OF THE CONSIGNMENT

5.1 Checking on each item of the consignment

Any pipes and joints which fail to satisfy any of the requirements specified in clause 4.1 may be rejected.

5.2 Checking on samples

If any pipe or joint fails to satisfy any of the tests specified in clause 2.6, the tests in question are to be repeated on two further specimens selected from the same batch (see clause 4.2.1), and should either of these further specimens fail any of the tests, the batch may be rejected.

5.3 Manufacturer's certificate

5.3.1 *Orders with acceptance tests.* If the purchaser or his representative is not present at all or part of the tests, the manufacturer should supply the purchaser with a certificate showing that the pipes and joints satisfied the tests he was unable to witness.

5.3.2 *Orders without acceptance tests.* For orders without acceptance tests, the manufacturer is considered to have discharged his obligations by effecting dispatch, provided that the pipes have passed the tightness test (see clause 2.6.1) and comply with the requirements of clauses 4.1.1 and 4.1.2.

6. DRAFTING OF ORDERS

The purchaser's engineer alone is qualified to judge the conditions of installation and use of the pipes, therefore the following advice is given solely as guidance when drafting the order.

6.1 Fluid conveyed

Because of the special requirements (particularly as regards the rings of the joints), which may arise if certain fluids are to be conveyed, it is necessary that the nature of the fluid be stated beforehand to the manufacturer.

If necessary, the conditions of test for resistance to chemical agents should be, for each case, the subject of special technical directions.

6.2 Class

It is recommended that a class be selected such that the working pressure does not exceed half the tightness test pressure given for that class (see clause 2.4.1).

6.3 Length

It is recommended that those pipe lengths are selected which best suit the installation and soil requirements.

Additional material from Handbuch für Asbestzementrohre,
ISBN 978-3-662-39036-8, is available at http://extras.springer.com